新编高等院校计算机科学与技术规划教材

软件工程模型与方法

（第 2 版）

肖 丁 修佳鹏 编著

北京邮电大学出版社
www.buptpress.com

内 容 提 要

本书在第1版的基础上对基本结构进行了一些必要的改动。全书包括12个章节和3个附录，主要涉及软件工程中核心的基本概念以及一些基本活动，诸如软件生命周期模型、基于UML的面向对象方法以及基于数据流图的结构化方法等，并着重描述软件需求分析、软件概要设计以及软件测试在软件工程中的核心作用。本书的后两章介绍了基本的软件维护过程及软件项目管理的基本方法。面向对象方法是第2版重点突出的内容，重点描述用例模型、领域模型以及设计模型结合UML的用例图、顺序图以及类图的使用方法，附录三介绍了UML顺序图、活动图和状态图的高阶使用方法。

本书适合作为高校计算机专业及其他相关专业的软件工程课程的教材，也适合从事软件开发工作的相关人员进行阅读和参考。

图书在版编目（CIP）数据

软件工程模型与方法 / 肖丁，修佳鹏编著. --2版. --北京：北京邮电大学出版社，2014.8（2023.9重印）
ISBN 978-7-5635-4087-7

Ⅰ. ①软… Ⅱ. ①肖… ②修… Ⅲ. ①软件工程—高等学校—教材 Ⅳ. ①TP311.5

中国版本图书馆CIP数据核字(2014)第176105号

书　　名：软件工程模型与方法(第2版)
著作责任者：肖　丁　修佳鹏　编著
责 任 编 辑：王丹丹
出 版 发 行：北京邮电大学出版社
社　　址：北京市海淀区西土城路10号(邮编:100876)
发 行 部：电话：010-62282185　传真：010-62283578
E-mail：publish@bupt.edu.cn
经　　销：各地新华书店
印　　刷：唐山玺诚印务有限公司
开　　本：787 mm×1 092 mm　1/16
印　　张：23
字　　数：568千字
版　　次：2008年2月第1版　2014年8月第2版　2023年9月第3次印刷

ISBN 978-7-5635-4087-7　　定　价：46.00元

· 如有印装质量问题，请与北京邮电大学出版社发行部联系 ·

第 2 版前言

改编本书的时候，一直在思考本书的宗旨和意义是什么。回答这个问题之前需要首先明确本书的受众群体。软件工程涉及的范围非常广泛，从初学者到实践者，以及软件工程的研究人员，为此不同的受众所需要的内容是不相同的。本书的改编立意就是基于广大的学校初学者能够在一个学期内了解和掌握最基本的软件工程的概念和方法，而非面面俱到。

众所周知，计算机专业本科教学中软件工程课程是专业课程中最后一门综合性的课程，在其他专业课程还不是很熟悉的情况下很难引起学生们的兴趣和重视。除此之外，如果授课老师没有丰富的软件开发经历，且教学过程中只单纯讲述软件工程的各种规定、各种文档模板，很容易使得学生们认为软件工程是计算机专业的政治课，甚至认为软件工程是计算专业可有可无的课程。

相反，笔者接触了很多从事软件开发后读研的学生，他们在经过大量的实际软件开发后逐渐认识到软件工程的重要性。这说明一个问题，在校学生的知识学习有其局限性，计算机技能的学习和应用主要体现在编程语言上，而且绝大多数同学大学四年的编码量一般不会超过 3K，没有经历过软件项目完整开发过程的洗礼，为此他们不会认为软件工程对于计算机专业的学习有何帮助，相反还会有大量烦人的文档工作。还有一个很重要的原因在于软件工程学科来源于实际的软件开发，或者说是来源于众多失败的软件开发经验，究其原因主要体现在软件规模和软件所面对的纷繁复杂的各式各样的业务背景，而这些因素又是在校学生所无法接触到的。

综上所述，笔者结合多年来的软件开发实践和软件工程的教学经验，在短短一个学期的授课过程中，希望能够从一个具有一定规模的课程作业体现软件工程的重要性，并使实际的软件编码与软件设计与需求分析相结合，体现软件结构设计和软件需求的重要性。

本书的第 1 版本着“一本书尽揽全貌”的宗旨，由四位老师通力合作，融合了软件工程的各个方面的知识点，但同时也给本科学习的同学带来了一些不必要的负担。为此，第 2 版的内容尽可能突出本科教学的重点内容，缩减不必要的有关软件管理和软件质量的篇幅，使得学生在短短的 48 学时中能够充分体验软件开发与软件工程之间的有机关系。

第 2 版的重点内容可以通过“一个模型，两种方法”来概括，其中“一个模型”主要体现的是软件生命周期模型中的“瀑布模型”及其多样性的变化；“两种方法”主要讲述基于 UML 的面向对象方法和基于数据流图的结构化方法。

本书的基本结构进行了一些必要的改动，同时删除了一些相对于本科教学的宗旨不太重要的章节，全书分为 12 个章节和 3 个附录。第 1 章概括了软件的定义及软件工程诞生的原因与历史背景；第 2 章综述了到目前为止常用的软件生命周期模型；第 3～5 章主要阐述软件需求分析及其常用的面向对象和结构化需求分析方法；第 6～8 章主要阐述软件设计及其常用的面向对象和结构化设计方法；第 9 章从软件工程的角度阐述对软件实现的要求；第 10 章详细解释了软件测试概念及其常用的测试方法；最后两章分别简单介绍了软件维护和软件项目管理的基本内容。附录一和附录二给读者提供了面向对象方法对应的软件需求规格说明书和软件概要设计说明书的模板；附录三主要描述了 UML 中有关活动图、书序图及状态图的三种使用方法,以弥补前面章节中疏漏的环节。

本次参与改编的人员有两位:第1～8章及三个附录由肖丁负责,第9～12章由修佳鹏负责。

书稿中难免出现不合理及疏漏之处,敬请各位读者指正,如有需要请电邮:dxiao@bupt.edu.cn。

编 者

2014年1月

第 1 版前言

信息化推动工业化，工业化促进信息化。作为信息化技术核心的计算机软件技术在社会信息化过程中起着至关重要的作用。如何更快、更好、更经济地开发满足用户需求的计算机软件一直以来就是软件从业者的追求。然而，随着软件需求不断变化、软件复杂程度不断增加、软件规模不断扩大，软件开发组织一直饱受着"软件危机"的折磨。于是，一门研究软件开发与维护的普遍原理、原则、方法和技术的工程学科——软件工程学从 20 世纪 60 年代末开始迅速发展起来。目前，软件工程学已经成为计算机科学技术的一个重要分支。事实表明，严格遵守软件工程方法可以显著提高软件开发的效率和质量。

软件工程学研究的范围非常广泛，包括软件开发过程中的各种原理、原则、方法、技术和工具等多个方面，并且新技术和新方法还不断涌现。国内外有大量介绍软件工程的书籍，但是由于编写的时代不同，编写者的出发点不同，其涉及的内容都有所局限。有的书籍以传统的结构化方法为主，对于目前广泛使用的面向对象方法介绍不足；有的书籍从实用化角度介绍，理论性不强；有的书籍虽然结合了结构化和面向对象开发方法，却缺少完整的实际例子；有的书籍着重强调软件工程技术，对软件工程管理内容介绍有限。以上情况造成了一些高校的软件工程课程找不到合适的教材，教师授课时往往须向学生推荐多本参考教材，这不仅增加了学生负担，而且影响教学效果。有鉴于此，本书作者希望在借鉴国内外软件工程大量相关教材和参考资料的基础上，编写一本全面介绍当前主流软件工程原理、原则、方法、技术和工具的教材。

本书以软件工程生命周期为主线，深入浅出地介绍了软件工程的原理、原则、方法、过程和工具。全书共分为 17 章：软件工程概述、软件生命周期模型、系统需求分析、软件需求分析、结构化分析方法、软件设计、结构化设计、面向对象基础、面向对象分析、面向对象设计、软件实现、软件测试、软件维护、软件项目管理、软件过程管理、软件质量管理、软件工程环境。

本书内容全面，不仅对软件的分析、设计、开发、测试和维护的过程进行了详尽的讲解，还配以丰富贴切的实例，演示了结构化和面向对象两种不同软件开发技术的使用方法。此外，内容还涵盖了软件项目管理、软件过程管理、软件质量管理和软件工程环境等知识，让读者掌握软件工程技术的同时深刻领会软件工程管理的重要性。

本书由北京邮电大学计算机科学与技术学院从事软件工程教学多年、具有丰富软件工程实践经验的教师编写完成。其中，第 1、2、14、15、16 章由吴建林编写；第 3、4、5、6、7 章由肖丁编写；第 8、9、10 章由周春燕编写；第 11、12、13、17 章由修佳鹏编写。本书部分章节涉及通信领域知识，有些实例也来自于通信行业，但都是围绕通信软件工程展开的，并不影响非通信领域读者的阅读。因此，本书既适合用作大学本科的软件工程教材，又可以用作全面了解软件工程技术和管理知识的参考书籍。

计算机软件技术发展日新月异，本书在编写过程中已经融入了部分软件工程最新发展的内容，但由于时间和精力有限，有些内容难免深度不够或者缺失。另外，限于编者对软件工程知识的理解层次，书中也难免会存在错误和欠妥之处，殷切希望广大读者和使用该教材的师生提出宝贵的意见和建议，以便我们及时修正。

编　者

2007 年 8 月

目　　录

第1章　软件工程概述

1.1　计算机软件

计算机是20世纪最重大的工业革命成果之一。自从1946年2月15日世界上第一台电子数字积分计算机(Electronic Numerical Integrator And Computer ,ENIAC)问世以来,计算机已经被广泛地应用于科学计算、工程设计、数据处理、自动控制、通信、互联网、计算机辅助设计与制造、计算机辅助教育、家庭娱乐等涉及人们日常生活的广大领域,成为人们生产和生活中不可或缺的工具。

随着科学技术的进一步发展,特别是通信技术、自动控制技术、计算机技术的高度发展,人类社会进入信息时代。21世纪是信息化时代,信息是主要的战略资源,大多数人都从事信息的管理与生产工作,知识老化快、更新快,单凭人的脑力劳动还不够。信息处理的绝大部分核心技术仍然与计算机相关,计算机在国家信息基础结构中起到中枢神经的作用。

计算机应用离不开计算机软件,随着计算机应用领域逐步扩大和延伸,计算机软件也从简单到复杂、从小型到大型,从封闭的自动化孤岛发展成为一种开放的系统。

1.1.1　软件的定义

许多人认为“软件就是程序”或者“程序就是软件”,将软件定义为“是一系列按照特定顺序组织的计算机数据和指令的集合”,一些词典甚至将软件解释为“控制计算机硬件功能及指示其运行的程序、子程序和符号语言”,这种解释可以认为是具有历史痕迹的一种表述,然而随着计算机和程序设计语言的发展,这种定义亟须补充。

IEEE对软件的定义是:软件是计算机程序、规程,以及运行计算机系统可能需要的相关文档和数据。其中:计算机程序是计算机设备可以接收的一系列指令和说明,为计算机执行提供所需的功能和性能;数据是事实、概念或指令的结构化表示,能够被计算机接收、理解或处理;文档是描述程序研制过程、方法及使用的图文材料。

另一种对软件的公认解释是:软件是包括程序、数据及其相关文档的完整集合。

1.1.2　软件的特点

软件是计算机系统中与硬件相互依存的另一部分,运行于计算机硬件系统中,并很大程度上扩展了计算机的应用领域。相对于计算机硬件,计算机软件具有如下一些特点。

1. 软件是一种具有抽象的逻辑实体

软件表现为程序、数据和文档,这些信息可以被存储在磁盘、光盘、内存等不同的介质中,但却无法直接看到软件的形态,必须通过观察、分析、思考或运行使用,才能了解软件的功能、性能和其他特性。

2. 软件的开发是一种逻辑思维成熟的过程,而无明显的制造过程

计算机硬件一旦研制成功就可以批量制造,在制造过程中控制硬件产品的质量。软件的研制是一个复杂的过程,是软件工程师根据软件的功能需求,把知识和技术转化成信息的过程。软件一旦研制成功,其制造过程就是复制、部署或使用同一内容的副本,所以软件质量的控制手段必须和软件的研制过程交织在一起,这样才能够保障软件的质量。

3. 软件没有磨损和老化问题,但存在软件退化问题

计算机硬件在运行的初期,由于机械电子器件尚未配合良好,常常出现运行问题,需要一段时间的磨合调整,才能够稳定运行。当各器件经磨损老化而达到生命周期的终点时,计算机硬件就彻底失效,如图 1-1(a)所示。

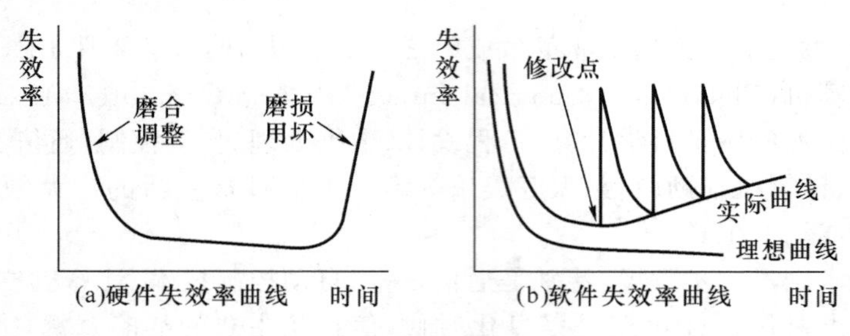

图 1-1 计算机硬件和软件的失效率曲线

由于软件的研制环境和实际运行环境之间存在差异,而且软件的错误不可能在研制环境下全部清除,所以在软件刚投入运行时,失效率是较高的;随着错误的不断发现和改正,软件的运行逐步稳定。但是,软件在使用过程中,由于业务变化和问题出现,须不断对软件进行修改,而在修改软件的同时可能又会引入新的错误,使得软件的失效率在修改点再一次提高,如图 1-1(b)所示。由于用户的需求是不断变化的,随着软件投入运行时间的延长,软件功能与实际业务的匹配度越来越低,经过反复修改的软件稳定性和可维护性越来越差,软件的可用性逐渐降低,出现软件退化现象。当软件已经不能满足用户需求,或维护软件费用过高时,软件往往会被废弃。

4. 软件的开发依然很原始

软件的开发自从产生以来,至今尚未完全摆脱手工艺的开发方式,大部分软件产品都是“定制”的,很难完全通过组装的方式完成软件开发。虽然软件开发技术、语言,以及 CASE 工具已经有了长足的发展,很大程度上提高开发效率,但由于软件开发是一种高强度的脑力劳动,开发人员必须充分利用智力理解需求,满足需求,并综合运用软件技术来提高开发效率和质量,因此还无法完全使软件开发过程自动化。

5. 软件是高度复杂的逻辑体

软件的复杂性主要来自软件需求的复杂性,软件是用来解决实际问题的,人在认识实际问题时,存在两重复杂性:一是感性认识的复杂性,这是由问题本身的复杂性,以及人知识结构的缺陷导致的;一是理性认识的复杂性,因为经常存在“只可意会不可言传”的情景,所以即使人们对问题的理解正确,但是表达出来,可能已经和实际问题本身存在差异,或者不同的人对相同的表达内容产生不同的理解。人在解决实际问题时,受开发方法和工具的限制,有时会出现程序逻辑结构和问题结构之间存在些许差异的情况。

1.1.3　软件的分类

软件的应用领域十分广泛，呈现形式也多种多样，在某种程度上很难对软件类型给出一个通用的界线，然而不同类型的软件在开发过程、方法和工具的选择上存在差异。因此，下面从不同的角度对软件类型进行划分。

1. 参照《计算机软件分类与代码》的国家标准

计算机软件分类编码如表1-1所示。

表1-1　国家软件分类编码表

编码	计算机软件类别	编码	计算机软件类别
10000	**基础软件(总分类)**	30109	信息安全软件
10100	操作系统	30900	其他通用软件
10101	通用操作系统	30200	行业应用软件
10102	嵌入式操作系统	30201	政务软件
14000	其他操作系统	30202	商务(贸)软件
10200	数据库系统	30203	财税软件
10300	支撑软件	30204	金融软件
10400	嵌入式系统软件	30205	商业软件
10900	其他	30206	通信软件
20000	**中间件(总分类)**	30207	能源软件
20100	基础中间件	30208	工业控制
20200	业务中间件	30209	教育软件
20300	领域中间件	30210	旅游服务业
20900	其他中间件	30211	交通应用
30000	**应用软件(总分类)**	30212	会计核算软件/财务管理软件
30100	通用软件	30213	统计软件
30101	字处理软件	30219	其他行业应用软件
30102	报表处理软件	30300	文字语言处理
30103	地理信息软件	30301	信息检索
30104	网络软件	30302	文本处理
30105	游戏软件	30303	语音应用
30106	企业管理软件	30304	其他资源库
30107	多媒体处理软件	30305	机器翻译
30108	辅助设计与辅助制造软件(CAD/CAM)	30309	其他文字处理软件
40000	**嵌入式应用软件(总分类)**	……	……

(1) 系统软件。

基础软件也称为系统软件，处于计算机系统的最底层，与计算机硬件紧密配合，使计算机系统各个部件、相关的软件和数据协调、高效地工作的软件，是计算机系统正常运行必不可少的组成部分。最常见的系统软件是操作系统，例如Windows、Linux、UNIX等。此外，设备驱动程序、编译程序，以及通信处理程序等也属于系统软件。

(2) 应用软件。

应用软件是在特定领域内开发，为特定目的服务的一类软件，人们日常使用的软件大部分都属于应用软件。现在几乎所有的国民经济领域都使用计算机,为这些计算机应用领域服务的应用软件种类繁多。其中,商业数据处理软件是所占比例最大的一类;工程与科学计算软件大多属于数值计算问题。此外,应用软件在计算机辅助设计/制造(CAD/CAM)、系统仿真、嵌入式软件(如汽车油耗控制、仪表盘数字显示、刹车系统),以及人工智能软件(如专家系统、模式识别)等方面大显神通,使得传统的产业部门面目一新,带来惊人的生产效率和巨大的经济效益。事务管理、办公自动化方面的软件也在企事业机关迅速推广应用,中文信息处理、计算机辅助教学(CAI)、计算机网络等软件已经使得计算机普及到家庭。

(3) 中间件软件。

随着计算机网络技术的发展,应用程序的规模不断扩大,使许多应用程序须在网络环境的异构平台上运行。在这种分布式异构环境中,通常存在多种硬件系统平台,在这些硬件平台上又存在各种各样的系统软件,以及多种风格各异的用户界面,这些硬件系统平台还可能采用不同的网络协议和网络体系结构连接。为了解决分布异构系统集成问题,研究者提出中间件(Middleware)的概念,如图 1-2 所示。

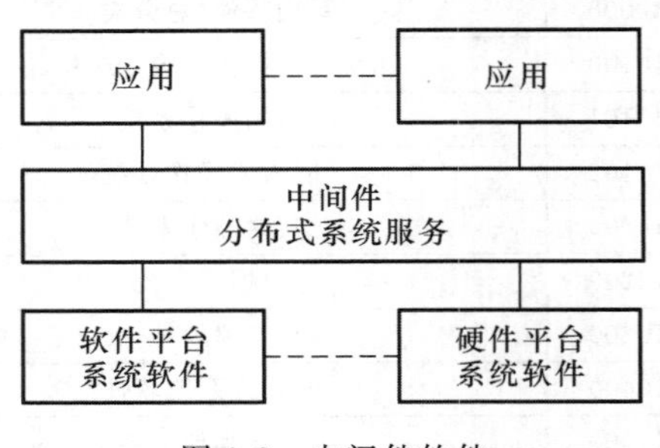

图 1-2　中间件软件

中间件是位于操作系统和应用软件之间的通用服务,用来管理分布式计算资源和网络通信,这些服务具有标准的程序接口和协议。针对不同的操作系统和硬件平台,它们可以有符合接口和协议规范的多种实现。由于有标准接口可移植性和标准协议互操作性作支撑,中间件已成为许多标准化工作的主要部分。

2. 按照软件服务对象范围划分

根据软件服务对象的范围不同,可以将软件划分为通用软件(Generic Software)、定制软件(Customized Software)和可配置软件(Configurable Software)三种类型。

(1) 通用软件。

通用软件由软件开发组织开发,面向市场用户公开销售的独立运行系统,像操作系统、数据库管理系统、字处理软件、绘图软件包和项目管理工具等都属于这种类型。通用软件由开发组织根据市场调研自主提出产品需求,并以此进行设计和开发,其最大的优势在于可以通过近乎零成本的复制来分摊最初投入的开发成本,最终使原本昂贵的软件产品的价格降至众多用户可接受的程度,从而有效地提高市场份额和利润。但是,为了分摊最初的开发投入,通用软件必须面对足够大的市场空间,其功能设计也只能面向大规模用户普遍存在的共性需求。

(2) 定制软件。

定制软件是软件开发组织按照客户个性化的要求,在合同的约束下,以软件项目的方式开发的软件系统。定制软件往往是为某个特定的企业、机构或行业应用所设计和开发的,其需求具有一定的特殊性。由于定制软件只能给一个客户使用,所以其成本都比较高。

(3) 可配置软件。

通用软件对于所有用户来说,其功能和流程都是固定的,缺乏灵活性;定制软件虽然可以按照客户要求开发,但是成本高昂,并且开发完成后再进行修改代价也很大。在不同的企业中,存在大量相似的业务,例如办公自动化、客户关系管理、人力资源管理、生产管理、进度管理等。这些业务的主要功能都是类似的,但是不同企业会存在个性化的流程和要求。所以,目前软件企业开发企业级应用软件时,将其设计为可配置软件。可配置软件指软件本身具备完善的功能,在某个客户使用系统时,首先须按照企业自身的业务特点,对系统进行配置,之后再投入使用。在系统使用过程中,如果业务流程改变,可以随时对软件进行重新配置,以满足新的要求,而无须重新开发。可配置软件提高了软件的复用率,满足了企业对软件灵活性的要求,降低了软件开发成本,延长了软件的使用寿命,已经逐渐成为大型企业级应用的主流开发方案。在可配置软件中,广泛存在工作流引擎、报表引擎、规则引擎等底层工具,以支持软件的灵活配置。

3. 按照软件使用方式划分

按照软件的使用方式,可以把软件划分为单机软件、服务器软件和客户端软件。

(1) 单机软件。

单机软件指安装在计算机内部,运行时只使用本地计算机资源,不与其他计算机或网络设备进行通信的软件。例如,计算器、记事本、画图等程序都是单机软件。

(2) 服务器软件。

服务器软件指运行在网络中,能够向其他程序提供某些服务的软件。在网络中,有大量的服务器软件在运行,例如门户网站、企业 MIS 系统、天气预报服务器、聊天服务器、邮件服务器、音乐服务器、网络安全服务器等。这些服务器软件的特点是长期运行、不断监听,当收到服务请求时,调用服务器程序,并向客户端反馈运行结果。目前,服务器平台直接向用户提供软件服务已经成为一种趋势,即"软件即服务"(Software-as-a-Service ,SaaS)。SaaS 提供商为用户搭建信息化所需要的所有网络基础设施及软件、硬件运作平台,并负责所有前期的实施、后期的维护等一系列服务,用户无须购买软硬件、建设机房、招聘 IT 人员,即可通过互联网使用信息系统。用户根据实际需要,从 SaaS 提供商租赁软件服务。

(3) 客户端软件。

客户端软件指运行在客户计算机中,与服务器进行通信,向客户提供服务结果的软件,例如聊天工具、网络浏览器、邮件接收工具、音乐播放器、下载软件、炒股软件等都属于客户端软件。这类软件运行后,与其对应的服务器进行通信,请求服务,并在接收到服务器返回的结果后,在客户端界面上显示服务内容。

4. 按照软件功能划分

计算机软件都是为了实现某种功能设计和开发的,在人们日常使用计算机过程中,须用到各种各样的软件。按照功能可以将软件划分为以下 9 类。

(1) 办公软件。

办公软件是为了支撑人们办公的各项需求开发的软件,例如 Office、WPS、各种办公自动化(Office Automation,OA)软件、文档管理软件等均属于办公软件。

(2) 网络软件。

随着互联网的飞速发展,支持网络应用的软件越来越多,例如浏览器、电子邮件、聊天工具、下载工具等。这些网络软件支撑人们畅游互联网,是使用最为频繁的软件。

(3) 系统工具软件。

系统工具软件是辅助人们灵活、高效、安全地使用计算机系统的工具。系统配置工具、磁盘备份工具、系统恢复工具、内存管理工具、程序管理工具等都属于系统工具软件。

(4) 系统安全软件。

用户在使用计算机的过程中,要保障计算机系统的安全,防止感染计算机病毒和受到黑客的攻击。安装系统安全软件是保障系统安全的重要手段,防火墙、杀毒软件、网络安全防护软件等都属于系统安全软件。

(5) 多媒体软件。

多媒体技术的发展极大扩展计算机应用的范围,为广大用户带来更生动的使用体验。在计算机内,与多媒体处理相关的软件层出不穷,包括影音播放软件、图像处理软件、动画制作软件、音视频剪辑软件、流媒体软件等。

(6) 设计与开发软件。

设计与开发软件是用来支撑其他软件设计和开发的,包括各种语言的程序开发环境、需求管理软件、系统设计工具、各种测试工具等。

(7) 游戏软件。

计算机和智能终端是人们日常娱乐的重要工具,各种游戏软件为人们提供丰富的选择。游戏软件分为单机游戏和网络游戏,单机游戏不需要网络,在计算机中即可运行使用;网络游戏必须接入互联网,通过网络上的游戏服务器与其他网络用户共同参与。

(8) 家庭应用软件。

随着计算机的普及,现在城市大部分家庭都拥有计算机,很多家庭事务也通过相应的软件进行管理,例如金融理财软件、教育学习软件、炒股软件等。

(9) 行业软件。

以上介绍的各类软件大多是个人用户在日常使用计算机过程中经常使用的软件,还有一些软件是在特定的应用场景下使用的,这类软件可以称为行业软件,例如电信运营支撑系统(BOSS)、企业资源计划(ERP)、客户关系管理(CRM)、财务管理软件(FMS)、医疗信息系统(HIS)、交通管理系统(TMS)等都属于行业软件。

以上只是对不同功能的软件进行大致的分类。用户在使用过程中还会用到大量其他的软件,正是这些软件使计算机的功能变得非常强大,也使人们的生产和生活变得非常方便和丰富多彩。

5. 按照软件规模划分

代码行(Line Of Code ,LOC)是软件规模度量的传统方法,这种方法的优点是直接、简单,能够从量上反映软件的规模。但是,其与使用的程序设计语言密切相关,对于不同开发技术和编程语言开发的程序,用代码行衡量其规模显得不是很准确。同时,使用代码行方法只有在软件完全开发完成后,才能得到精确的代码行数,从而对软件规模进行准确的度量。

此外,还可以按照系统功能点对软件规模进行度量,在系统分析和设计阶段,就可以对系统的功能点数进行计算,并根据计算的结果衡量软件的规模。

按照软件的规模,可以将软件划分为微型、小型、中型、大型、甚大型和极大型软件。本章给出LOC法的软件分类,并给出软件项目参与的人数和开发周期作为衡量软件规模的参量,如表1-2所示。

表1-2　软件规模的分类

类别	参加人员数	开发周期	产品规模(LOC)
微型	1	1～4周	0.5k
小型	1	1～6月	1k～2k
中型	2～5	1～2年	5k～50k
大型	5～20	2～3年	50k～100k
甚大型	100～1 000	4～5年	1M(=1000k)
极大型	2 000～5 000	5～10年	1M～10M

6. 按照软件工作方式划分

按软件工作方式,将其划分为实时处理软件、分时软件、交互式软件、批处理软件。

(1) 实时处理软件。

实时处理软件指软件在处理事件或数据时,有严格的响应时间限制,系统必须在要求的时间内给予处理,并及时反馈信号。

(2) 分时软件。

允许多个联机用户同时使用计算机。系统把处理器时间分片轮流分配给各联机用户,使各用户都感到在独占计算机资源。

(3) 交互式软件。

能实现人机通信的软件是交互式软件。这类软件接收用户给出的信息,但在时间上没有严格的限定。随着计算机深入到人们生活的方方面面,大部分计算机软件都具有图形界面,用户与软件的交互方式也日新月异,鼠标、键盘是传统的交互设备,目前手写触摸屏已经成为主流的交互方式。

(4) 批处理软件。

把一组输入作业或一批数据以成批处理的方式一次运行,按顺序逐个处理完的软件称为批处理软件。这是最传统的程序工作方式。

1.2　软件的发展和软件危机

1.2.1　软件发展阶段

伴随第一台计算机的问世,计算机程序随之出现。在以后几十年的发展过程中,人们逐步认识了软件的本质特性,发明了许多有意义的开发技术与开发工具,同时软件的规模和复杂度不断扩大,其应用几乎渗透到各个领域。纵观整个软件的发展过程,大致可以将其分成以下4个重要的阶段。

1. 程序设计阶段:20世纪50—60年代

从1947年到20世纪60年代初,是计算机软件发展的初期。这个时期,人们最关心的是计算机能否可靠、持续地运行以解决数值计算问题,软件仅仅被看作是工程技术人员为解决某个实际问题而专门编写的程序,而且程序规模小,程序的开发者和使用者又往往是同一个人,无须向其他人作任何的交代和解释。因此,程序设计只是一个隐含在开发者头脑中的过程,程序设计的结果除了程序流程图和源程序清单可以留下来之外,没有任何其他形式的文档资料保留下来。此时只有程序的概念,没有软件的概念。因此,这个时期软件开发就是指程序设计,其生产方式为个体手工方式,而且程序设计很少考虑通用性。

20世纪60年代初,由于硬件体积大、存储容量小、运算速度慢、硬件价格高,因此,为了提高运行效率、节约成本,程序设计人员非常讲究编程技巧,主要采用汇编语言,甚至机器语言,以解决计算机内存容量不够和运算速度太低的矛盾。由于过度追求编程技巧,程序设计被视为某个人的神秘技巧,程序除作者本人外,其他人很难读懂。

2. 程序系统阶段:20世纪60—70年代

20世纪60—70年代初,计算机硬件技术有了较大的发展,稳定性与可靠性也极大提高。通道技术、中断技术的出现,外存储设备、人机交互设备的改进为计算机应用领域的扩大奠定基础。计算机从单一的科学计算,扩展到数据处理、实时控制等方面,工程界对计算机辅助设计(CAD)应用软件的制作要求也越来越迫切。

与此同时,人们为摆脱汇编语言和机器语言编程的困难,相继研制出一批高级程序设计语言(如ALGOL、FORTRAN、BASIC、PASCAL、COBOL、C语言等),这些高级程序设计语言大大加速了计算机应用普及的步伐,各种类型的应用程序相继出现。高级程序设计语言使得该时期结构化程序设计成为主要的开发技术和手段。

另外,一些商业计算机公司为了扩大系统的功能,方便用户使用,合理调度计算机资源,提高系统运行效率,也投入大量人力、物力从事系统软件和支撑软件的开发研究。

此时,无论是应用软件,还是系统软件,软件的规模都比较大,各个软件成分之间的关系也比较复杂,软件的通用性也很强。因此,提出了“软件”概念,但人们对软件的认识仅仅局限于“软件=程序+说明”。

该时期软件开发的特征主要表现在以下三个方面:

- 由于程序的规模增大,程序设计已不可能由一个人独立完成,而需要多人分工协作。软件的开发方式由“个体生产”发展到“小组软件作坊”。
- 程序的运行、维护也不再由一个人来承担,而是由开发小组承担。
- 程序已不再是计算机硬件的附属成分,而是计算机系统中与硬件相互依存、共同发挥作用不可缺少的部分。在计算机系统的开发过程中,起主导作用的已不仅仅是硬件工程师,同时也包括软件工程师。

这个时期的软件已经达到中小型规模,逻辑关系复杂,软件开发与维护难度很大。当软件投入运行时,须纠正开发时期潜在的错误,须补充开发用户提出的新需求,须根据运行环境的变化对软件进行调整,由于“小组软件作坊”本身的个体化开发特征,缺乏良好的小组管理水平,使得许多软件产品不可维护,最终导致软件危机。

3. 传统软件工程阶段:20世纪70—90年代

微处理器的出现与应用使个人计算机真正成为大众化的商品,而软件系统的规模、复杂性,以及在关键领域的广泛应用,促进软件开发过程的管理及工程化的开发。在这个时期,人们认识到软件开发不再仅仅是编制程序,还包括开发、使用和维护过程所需的文档,软件的工作范围已经扩展到从需求定义、分析、设计、编码、测试到使用、维护等整个软件生命周期。

这个时期软件产业已经兴起，“软件作坊”已经发展为软件公司。软件的开发不再是“个体化”或“手工作坊”式的开发方式，而是以工程化的思想作指导，用工程化的原则、方法和标准来开发和维护软件。软件开发的成功率大大提高，软件的质量也有了很大的保证。软件也已经产品化、系列化、标准化、工程化。

在这一时期，软件工程开发环境 CASE(Computer Aided Software Engineering)及其相应的集成工具大量涌现，软件开发技术中的度量问题受到重视，出现了 COCOMO 软件工作量估计模型、软件过程改进模型 CMM 等。20 世纪 80 年代后期，以 Smalltalk、C++等为代表的面向对象技术使得传统的结构化技术受到严峻的挑战。

4. 现代软件工程阶段：20 世纪 90 年代至今

Internet 技术的迅速发展使得软件系统从封闭走向开放，Web 应用成为人们在 Internet 上最主要的应用模式，异构环境下分布式软件的开发成为一种主流需求，软件复用和构件技术成为技术热点，出现以 SUN 公司的 EJB/J2EE、Microsoft 公司的 COM+/DNA(分布式网络架构)和对象管理组织(Object Management Group，OMG)的 CORBA/OMA 为代表的 3 个分支。与此同时，需求工程、软件过程、软件体系结构等方面的研究也取得有影响的成果。

进入 21 世纪，Internet 正在向智能网络时代发展，以网格技术(Grid Computing)和 Web 服务(Web Service)为代表的分布式计算日趋成熟，从而实现信息充分共享和服务无处不在的应用环境。这个时代的主流应用技术包括：面向对象技术、软件复用技术(设计模式、软件框架、软件体系结构等)、构件设计技术、分布式计算技术、软件过程管理技术等。

1.2.2　软件危机

1. 软件危机的背景

所谓软件危机(Software Crisis)指由于落后的软件生产方式无法满足迅速增长的计算机软件需求，从而导致软件开发与维护过程中出现一系列严重问题的现象。

在 20 世纪 60 年代以前，计算机投入实际使用，软件设计往往只是为了一个特定的应用而在指定的计算机上运行程序，程序的编制采用密切依赖计算机的机器代码或汇编语言，软件的规模比较小，文档资料通常也不存在，很少使用系统化的开发方法，设计软件往往在编制程序过程中完成，基本上是个人设计、个人使用、个人操作的软件生产方式。20 世纪 60 年代中期，大容量、高速度的计算机出现，使计算机的应用范围迅速扩大，几乎涉及社会生活的各个方面，如工厂管理、银行事务、学校档案、图书馆流通、旅馆预订等软件开发急剧增长，软件系统的规模越来越大，复杂程度越来越高，开发周期越来越长。在软件的开发过程中，人们遇到许多困难：有的软件开发彻底失败；有的软件虽然开发完成，但运行的结果极不理想，如程序中包含许多错误，每次错误修改之后又会有一批新的错误出现；有些软件因无法维护而不能满足用户的新要求，最终被淘汰；有些软件虽然完成，但比原计划推迟好几年，而且成本上大大超出预算。

IBM 公司开发的 OS/360 系统就是一个典型的例子。该系统由 4 000 多个模块组成，约100万条指令，人工为5 000人年(一个人年为一个人工作一年的工作量)，耗费达数亿美元。该系统投入运行后发现2 000多个错误，而以后每个版本的更新均有1 000多个大大小小的错误存在，系统开发陷入僵局。

2. 软件危机的表现

软件开发的高成本与软件产品的低质量之间的尖锐矛盾终于导致软件危机。具体地说，软件危机主要有以下7方面的表现。

(1) 软件开发计划难以制订。

由于缺乏软件开发经验和软件开发数据，对软件开发成本和进度的估计常常很不准确，主观盲目地制订计划，执行起来和实际情况有很大差距，致使经费预算常超支。对工作量估计不足，进度计划无法遵循，使得开发工作的完成期限一拖再拖，这种现象降低开发组织的信誉，导致软件开发投资者和软件用户对软件开发工作既不满意，也不信任。

(2) 软件开发费用和进度失控。

软件开发过程中费用超支、进度拖延的情况屡屡发生。有时为了赶进度或压成本不得不采取一些权宜之计，这样又往往严重损害软件产品的质量。

(3) 软件产品无法让用户满意。

作为软件设计依据的用户需求，由于在开发的初期阶段提得不够明确，或是未能确切地表达；在开发工作开始后，软件人员和用户又未能及时交换意见，使得一些问题不能及时解决，造成开发后期的矛盾集中暴露。

(4) 软件产品的质量难以保证。

软件可靠性和质量保证的确切定量概念才出现，软件质量保证技术(审查、复审和测试)还没有坚持不懈地应用到软件开发的全过程中，这些都会导致软件产品发生质量问题。1963年，美国用于控制火星探测器的计算机软件中的一个“,”号被误写为“.”，而致使飞往火星的探测器发生爆炸，造成高达数亿美元的损失。

(5) 软件通常是不可维护的。

软件设计的复杂性往往使程序中的错误很难改正，修改错误后往往会带来更多新的错误。软件也很难根据用户的需求在原有程序中增加新的功能，更无法适应新的硬件环境，这些往往导致软件的可维护性很差。

(6) 软件通常没有适当的文档资料。

软件不仅是程序，还应该有一整套文档资料。这些文档资料是在软件开发过程中产生出来的，而且应该是最新的(与代码完全一致)。软件缺乏文档，必然给软件的开发和维护带来许多严重的困难和问题。

(7) 软件成本在计算机系统总成本中所占的比例逐年上升。

随着微电子技术的进步和生产自动化程度的提高，硬件的集成度越来越高，英特尔(Intel)公司的戈登·摩尔这样描述近年来计算机芯片集成度发展的轨迹：每隔一年半，计算机行业将芯片上的晶体管数翻一番。由于芯片的生产技术提高了，产品合格率也随之提高，因此硬件成本逐年下降。然而，软件开发的生产率以每年4%～7%的速度增长，远远落后于硬件的发展速度；而且软件开发需要大量的人力，软件成本随着通货膨胀，以及软件规模和数量的不断扩大而逐年上升。

3. 软件危机的解决途径

导致软件危机发生的原因主要有两方面：一方面是由软件本身存在着复杂性，另一方面是软件开发和维护所使用的方法不合理。

软件开发过程是复杂的逻辑思维过程，其产品极大程度地依赖开发人员高度的智力投入。早期软件开发过度推崇程序设计人员的技巧，导致程序的可读性和可维护性差，这是发生软件危机的一个重要原因。此外，软件不同于一般的程序，它的一个显著特点就是规模庞大，复杂度随程序规模的增加而呈指数上升。为了在预定时间内开发出规模庞大的软件，必须由许多人分工合作，然而，如何保证每个人完成的工作确实能构成一个高质量的大型软件系统，这更是一个极端复杂困难的问题。

随着软件规模的不断扩大，软件开发往往具有一个明确的周期，从对用户需求的理解，到系统的设计、开发、测试，以及维护，均缺乏科学的理论。不同的开发组织虽然都希望能够保质、保量、及时地交付软件产品，然而在软件开发过程中会遇到各种各样不可预知的困难。例如，开发的软件功能与客户的需求不符，这是由于缺乏对需求准确刻画的工具，缺少对需求进行确认的环节，或者客户需求发生变化，却未及时进行需求变更所导致的；软件无法进行扩充，这是由于系统架构设计不合理所导致的；软件上线后错误不断，这是由于缺乏有效的测试环节所导致的；软件无法在不同的操作系统环境下运行，这是由于系统缺乏可移植方面的考虑所导致的。

基于以上原因，人们逐渐感到采用工程化的方法从事软件系统开发过程研究的必要性，1968年在原联邦德国召开的北大西洋公约组织（North Atlantic Treaty Organization，NATO）会议上，第一次讨论软件危机问题，并正式提出“软件工程”一词，从此一门新兴的工程学科——软件工程学，为研究和克服软件危机应运而生。

1.3 软件工程

1.3.1 软件工程定义

“软件工程”正是为了克服软件危机而提出的一种概念，人们在实践中借鉴工程学的某些原理、原则和方法，不断探索软件工程的原理、技术和方法，形成一门新的学科——软件工程学。

1968年10月，NATO科学委员会在原联邦德国的加尔密斯开会讨论软件可靠性与软件危机的问题，Fritz Bauer 首次提出“软件工程”的概念。

- Fritz Bauer 的定义：软件工程是为了经济地获得能够在实际机器上高效运行的可靠软件而建立和使用的一系列好的工程化原则。
- Boehm 的定义：运用现代科学技术知识来设计并构造计算机程序及为开发、运行和维护这些程序所必需的相关文件资料。
- Fairley 的定义：软件工程学是为在成本限额以内按时完成开发和修改软件产品所需系统生产和维护的技术和管理的学科。
- IEEE 计算机学会将“软件工程”定义为：①应用系统化、规范化、定量的方法来开发、运行和维护软件,即将工程应用到软件;②对①中各种方法的研究。

尽管后来又有一些人提出许多更为完善的定义,但主要思想都强调在软件开发过程中须应用工程化的原则。

从这些定义中可以看出,软件工程包括以下两方面的重要内容。

- 软件工程是工程概念在软件领域里的一个特定应用。与其他工程一样,软件工程是在环境不确定和资源受约束的条件下,采用系统化、规范化、可定量的方法进行有关原则的实施和应用,这些原则一般是以往经验的积累和提炼,经过实践检验并证明是正确的。因此,软件工程师须选择和应用适当的理论、方法和工具,同时还要不断探索新的理论和方法解决新的问题。
- 软件工程涉及软件产品的所有环节。人们往往偏重于软件开发技术,忽视软件项目管理的重要作用。统计数据表明,导致软件项目失败的主要原因并不是采纳的技术和工具,而是不适当的管理方法。

1.3.2 软件工程要素

软件工程包括三个要素:方法、工具和过程。

软件工程方法为软件开发提供"如何做"的技术。在软件开发的各个阶段都须由工程化方法指导,如项目计划的制订、项目进度的管理、软件系统的需求分析、系统总体结构的设计,以及数据结构及算法的设计、编码、测试,和维护等。软件工程方法是从软件开发实施过程中总结出的一系列行之有效的做法,按照科学的方法进行软件开发能够最大限度保障软件开发取得令人满意的效果。

软件工具为软件工程方法提供自动的或半自动的软件支撑环境。目前,已经开发出许多软件工具,已经能够支持上述的软件工程方法,而且已经有人把诸多软件工具集成起来,使得一种工具产生的信息可以为其他工具所使用,这样建立起一种称之为计算机辅助软件工程(CASE)的软件开发支撑系统。CASE将各种软件工具、开发机器和一个存放开发过程信息的工程数据库组合而形成一个软件工程环境。

软件工程的过程则是将软件工程的方法和工具综合起来以达到合理、及时地进行计算机软件开发的目的。过程定义方法使用的顺序、要求交付的文档资料、为保证质量和适应变化所需要的管理,以及软件开发各个阶段完成的任务。

软件工程是研究上述方法、工具和过程的科学,并将这些方法、工具和过程应用到实际的软件开发过程中,以提高软件开发质量,规避软件开发风险。

1.3.3 软件工程的目标

软件工程的目标:在给定成本、进度的前提下,开发出满足用户需求且具有可修改性、有效性、可靠性、可理解性、可维护性、可重用性、可适应性、可移植性、可追踪性和可互操作性的软件产品。

在软件工程理论指导下进行软件开发,最主要的目的是在规定时间、费用的条件下开发出满足用户需求的软件产品,然而为了保障软件产品的质量,降低软件维护的困难,延长软件的使用寿命,还要注意开发出的软件要具有良好的可修改性、有效性、可靠性、可理解性、可维护性、可重用性、可适应性、可移植性、可追踪性和可互操作性。下面分别介绍这些概念。

(1) 可修改性(Modifiability)。

容许对系统进行修改而不增加原系统的复杂度。

(2) 有效性(Efficiency)。

软件系统能最有效地利用计算机的时间资源和空间资源。各种计算机软件无不将系统的时空开销作为衡量软件质量的一项重要技术指标。在许多场合下,计算机软件在追求时间有效性和空间有效性方面会发生矛盾,这时不得不以时间效率换取空间有效性或以空间效率换取时间有效性。时空折中处理是经常出现的。有经验的软件设计人员巧妙地利用折中方法,在具体的物理环境中实现用户的需求和软件设计人员的设计。

(3) 可靠性(Reliability)。

能防止因概念、设计和结构等方面不完善造成软件系统失效,具有挽回因操作不当造成软件系统失效的能力。可靠性是一个非常重要的目标,如果可靠性得不到保证,一旦出现问题,后果不堪设想。因此在软件开发、编码和测试过程中,必须将可靠性放在重要地位。

(4) 可理解性(Understandability)。

系统具有清晰的结构,能直接反映问题的需求。可理解性有助于控制软件系统的复杂度,并支持软件的维护、移植或重用。

(5) 可维护性(Maintainability)。

软件产品交付用户使用后,能够对它进行修改,以便改正潜在的错误,改进性能和其他属性,使软件产品适应环境的变化等。由于软件是逻辑产品,只要用户需要,可以无限期使用,因此软件维护是不可避免的。软件维护费用在软件开发费用中占有很大的比重。可维护性是软件工程中一项十分重要的目标。

(6) 可重用性(Reusability)。

概念或功能相对独立的一个或一组相关模块定义为一个软部件。软部件可以在多种场合应用的程度称为部件的可重用性。可重用的软部件有的可以不加修改直接使用,有的修改后再用。可重用软部件应具有清晰的结构和注解,应具有正确的编码和较低的时空开销。各种可重用软部件还可以按照某种规则存放在软部件库中,供软件工程师选用。可重用性有助于提高软件产品的质量和开发效率,有助于降低软件的开发和维护费用。从更广泛的意义上理解,软件工程的可重用性还应该包括:应用项目的重用、规格说明的重用、设计的重用、概念和方法的重用等。一般来说,重用的层次越高,带来的效益越大。

(7) 可适应性(Adaptability)。

软件在不同的系统约束条件下,使用户需求得到满足的难易程度。适应能力强的软件应采用广为流行的程序设计语言编码,在广为流行的操作系统环境中运行,采用标准的术语和格式书写文档。适应能力强的软件较容易推广使用。

(8) 可移植性(Portability)。

软件从一个计算机系统或环境搬到另一个计算机系统或环境的难易程度。为了获得比较高的可移植性,在软件设计过程中通常采用通用的程序设计语言和运行环境支撑。对依赖计算机系统的低级(物理)特征部分,如编译系统的目标代码生成,应相对独立、集中。这样,与处理机无关的部分可以移植到其他系统上使用。可移植性支持软件的可重用性和可适应性。

(9) 可追踪性(Traceability)。

根据软件需求对软件设计、程序进行正向追踪,或根据程序、软件设计对软件需求进行逆向追踪的能力。软件可追踪性依赖软件开发各个阶段文档和程序的完整性、一致性和可理解性。降低系统的复杂性提高软件的可追踪性。软件在测试或维护过程中或程序在执行期间出现问题时,应记录程序事件或有关模块中的全部或部分指令现场,以便分析、追踪产生问题的因果关系。

(10) 可互操作性(Interoperability)。

多个软件元素相互通信并协同完成任务的能力。为了实现可互操作性,软件开发通常须遵循某种标准,支持折中标准的环境为软件元素之间的可互操作提供条件。可互操作性在分布计算环境下尤为重要。

1.3.4 软件工程研究内容

基于软件工程的目标,软件工程的理论和技术研究的内容主要包括:软件开发技术和软件工程管理。

1. 软件开发技术

软件开发技术包括:软件开发方法学、开发过程模型、开发工具和软件工程环境,其主体内容是软件开发方法学。软件开发方法学是根据不同的软件类型,按不同的观点和原则,对软件开发中应遵循的策略、原则、步骤和必须产生的文档资料等作出规定,从而使软件的开发能够进入规范化和工程化的阶段,以避免早期的手工作坊生产中随意性和非规范的问题。

2. 软件工程管理

软件工程管理包括:软件管理学、软件工程经济学、软件心理学等内容,按工程化生产时的重要环节,要求按照预先制订的计划、进度和预算执行,以实现预期的经济效益和社会效益。统计数据表明,多数软件开发项目失败,并不是软件开发技术方面的原因,而是由于不适当的管理方法。因此,人们对软件项目管理重要作用的认识有待提高。软件管理学包括人员组织、进度安排、质量保证、配置管理、项目计划等。

软件工程经济学是研究软件开发中成本估算、成本效益分析的方法和技术,用经济学的基本原理来研究软件开发中的经济效益问题。

软件心理学是软件工程领域具有挑战力的一个全新的研究视角,它是从个人心理学、人类行为、组织行为和企业文化等角度来研究软件工程管理的。

1.3.5 软件工程的原则

围绕软件开发技术以及软件工程管理,提出以下4条基本原则。

- 第一条原则:选取适宜的开发模型。该原则与系统设计有关。在系统设计中,软件需求、硬件需求,以及其他因素之间是相互制约、相互影响的,经常需要权衡。因此,必须认识需求的易变性,采用适宜的开发模型予以控制,以保证软件产品满足用户的要求。

- 第二条原则:采用合适的设计方法。在软件设计中,通常应考虑软件的模块化、抽象与信息隐藏、局部化、一致性,以及适应性等特征。合适的设计方法有助于实现这些特征,以达到软件工程的目标。
- 第三条原则:提供高质量的工程支持力度。在软件工程中,软件工具与环境对软件过程的支持作用颇为重要。软件工程项目的质量与开销直接取决于对软件工程所提供的支撑质量和效用。
- 第四条原则:重视开发过程的管理。软件工程的管理直接影响可用资源的有效利用、生产满足目标的软件产品、提高软件组织的生产能力等问题。因此,仅当软件过程予以有效管理时,才能实现有效的软件工程。

1.3.6 软件工程原理

1. 软件工程的一般原理

为了达到软件工程的目标,在软件开发过程中,必须遵循软件工程的一般原理。这些原理适用于所有软件项目,包括以下8个方面。

(1) 抽象。抽取事物最基本的特性和行为,忽略非本质细节。采用分层抽象、自顶向下、逐层细化的方法,控制软件开发过程的复杂度。

(2) 信息隐藏。采用封装技术,将模块设计成“黑箱”,实现细节隐藏在模块内部,禁止模块的使用者直接访问,使用者只能通过模块接口访问模块。信息隐藏要求访问与实现分离,将实现细节隐藏,使模块访问接口尽量简单。

(3) 模块化。模块是程序中相对独立的部分,一个独立的编程单位应有良好的接口定义。模块的大小适中,模块过大会使模块内部的复杂度增加,不利于对模块的理解和修改,也不利于模块的调试和重用。模块太小会导致整个系统表示过于复杂,不利于控制系统的复杂度。模块化有助于信息隐藏和抽象,有助于表示复杂的系统。

(4) 局部化。要求在一个物理模块内集中逻辑上相互关联的计算资源,保证模块间具有松散的耦合关系,模块内部有较强的内聚度,这有助于控制系统的复杂度。

(5) 确定性。软件开发过程中所有概念的表达应是确定的、无歧义的、规范的。这有助于人们之间在交流时不会产生误解、遗漏,保证整个开发工作协调一致。

(6) 一致性。整个软件系统(包括程序、文档和数据)的各个模块应使用一致的概念、符号和术语,程序内部接口应保持一致,软件和硬件、操作系统的接口应保持一致,系统规格说明与系统行为应保持一致,用于形式化规格说明的公理系统应保持一致。

(7) 完备性。软件系统不丢失任何重要成分,可以完全实现系统所要求功能的程度。为了保证系统完备性,在软件开发和运行过程中须进行严格的技术评审。

(8) 可验证性。开发大型的软件系统须对系统自顶向下逐层分解。系统分解时应遵循系统易于检查、测试、评审的原则,以确保系统正确。

2. 软件工程的基本原理

美国著名的软件工程专家 Boehm 综合当时研究软件工程的专家和学者们提出的100多条关于软件工程的准则或信条,并总结 TRW 公司多年开发软件的经验,于1983年提出软件工程的7条基本原理。Boehm认为,这7条原理是确保软件产品质量和开发效率的最小集合,它们是相互独立、缺一不可的最小集合,同时又是相当完备的集合。

(1) 用分阶段的生命周期计划严格管理。

这一条是吸取前人的教训而提出来的。统计表明,50%以上的失败项目是由于计划不周而造成的。在软件开发与维护的漫长生命周期中,须完成许多性质各异的工作。这条原理说明,应该把软件生命周期分成若干阶段,并相应制订出切实可行的计划,然后严格按照计划对软件的开发和维护进行管理。整个软件生命周期应指定并严格执行6类计划:项目概要计划、里程碑计划、项目控制计划、产品控制计划、验证计划、运行维护计划。

(2) 坚持进行阶段评审。

统计结果显示,大部分错误是在编码之前造成的,大约占63%,而且错误发现得越晚,改正时付出的代价越大。因此,软件的质量保证工作不能依赖编码结束之后的测试工作,应坚持进行严格的阶段评审,以便尽早发现错误。

(3) 实行严格的产品控制。

从大量实践中发现,需求的改动往往是不可避免的,因此必须采用科学的产品控制技术来顺应这种要求,也就是采用变更控制,又称为基线配置管理。当需求变更时,其他各个阶段的文档或代码随之相应变更,以保证软件一致。

(4) 采用现代程序设计技术。

从20世纪60~70年代的结构化软件开发技术,到如今的面向对象技术,从第一代、第二代语言,到第四代语言,人们已经充分认识到采用先进的技术既可以提高软件开发的效率,又可以减少软件维护的成本。

(5) 结果应能清楚地审查。

软件是一种看不见、摸不着的逻辑产品。软件开发小组的工作进展情况,难于评价和管理。为更好地进行管理,应根据软件开发的总目标及完成期限,尽量明确地规定开发小组的责任和产品标准,从而使所得到的软件能清楚地审查。

(6) 开发小组的人员应少而精。

开发人员的素质和数量是影响软件质量和开发效率的重要因素,应该少而精。这是基于两点原因:

- 高素质开发人员的效率比低素质开发人员的效率高几倍到几十倍,开发工作中犯的错误也少得多。
- 当开发小组为 n 人时,可能的通信信道为 $n(n-1)/2$,可见随着人数 n 的增大,通信开销急剧增大。

(7) 承认不断改进软件工程实践的意义。

只是对现有的经验总结和归纳并不能保证赶上技术不断发展的步伐。因此,Boehm提出应把承认不断改进软件工程实践的意义作为软件工程的第7条原理。根据这条原理,不仅须积极采纳新的软件开发技术,还须注意不断总结经验,收集进度和消耗等数据,进行出错类型和问题报告统计。这些数据既可以用来评估新的软件技术的效果,也可以用来指明必须着重注意的问题和应该优先进行研究的工具和技术。

1.4　软件工程知识体系

1.4.1　软件工程知识体系指南简介

1998 年，美国联邦航空管理局在启动一个旨在提高该局技术和管理人员软件工程能力的项目时，发现其找不到软件工程师应具备且公认的知识结构。管理局向美国联邦政府提出关于开发“软件工程知识体系指南”的项目建议。美国 Embry-Riddle 航空大学计算与数学系的 Thomas B. Hilburn 教授接受该研究项目，并于 1999 年 4 月完成《软件工程知识本体结构》报告。该报告迅速引起世界软件工程界、教育界和一些政府机构对建立软件工程本体知识结构的兴趣。人们普遍认识到建立软件工程本体知识的结构是确立软件工程专业至关重要的一步，如果没有一个得到共识的软件工程本体知识结构，则无法验证软件工程工程师资格，无法设置相应的课程，或者无法建立对相应课程进行认可的判断准则。对建立权威的软件工程知识本体结构的需求迅速从世界各地反映出来。

1999 年 5 月，ISO 和 IEC 的第一联合技术委员会为顺应这种需求，立即启动标准化项目——软件工程知识体系指南（Guide to SoftWare Engineering Body of Knowledge ，SWEBOK）。美国电子电器工程师学会与美国计算机联合会联合建立的软件工程协调委员会、加拿大魁北克大学及美国的 MTTRE 公司等共同承担 SWEBOK 指南编写的任务。

几十个国家和地区的几百名软件工程专家先后参加 SWEBOK 指南草案的三次公开审查工作，提出几千条意见和建议。整个 SWEBOK 指南项目实施过程分为三大阶段，即草人阶段、石人阶段和铁人阶段。草人阶段产生软件工程本体知识指南的雏形，主要是为该指南确定恰当的组织结构；石人阶段产生指南的试用版本；铁人阶段产生目前作为标准指南的 2004 版本。

1.4.2　软件工程知识体系指南目的

建立 SWEBOK 指南的目的是一致确认软件工程学科的范围，指导支持该学科的本体知识。具体有下面 5 个目的：

（1）促进世界范围内对软件工程的一致观点。

（2）阐明软件工程相对其他学科（如计算机科学、项目管理、计算机工程和数学等）的关系，并确立它们的界线。

与软件工程相关的学科如表 1-3 所示。

表 1-3　软件工程相关学科

计算机工程	Computer Engineering	项目管理	Project Management
计算机科学	Computer Science	质量管理	Quality Management
管理	Management	软件人类工程学	Software Ergonomics
数学	Mathematics	系统工程	System Engineering

(3) 确定软件工程学科的内容。

将软件工程知识体系组织为10个知识域(Knowledge Area ,KA),如表1-4所示。

表1-4 软件工程知识域

软件需求	Software Requirements	软件配置管理	Software Configuration Management
软件设计	Software Design	软件工程管理	Software Engineering Management
软件构造	Software Construction	软件工程过程	Software Engineering Process
软件测试	Software Testing	软件工程工具和方法	Software Engineering Tools and Methods
软件维护	Software Maintenance	软件质量	Software Quality

(4) 确定软件工程本体知识的各个专题。

(5) 为相应的课程和职业资格认证材料的编写奠定基础。

1.4.3 软件工程知识体系知识域

SWEBOK指南将软件工程学科的本体知识分为10个知识域,各种重要概念之间的区别在每个知识域描述中详细阐述,便于读者迅速查找感兴趣的专题。每个知识域有进一步分解为可识别的标签主题。SWEBOK指南知识域如图1-3(a)和图1-3(b)所示。

本章只给出SWEBOK的知识域主题框架,具体的SWEBOK指南内容参见http://www.swebok.org网站。

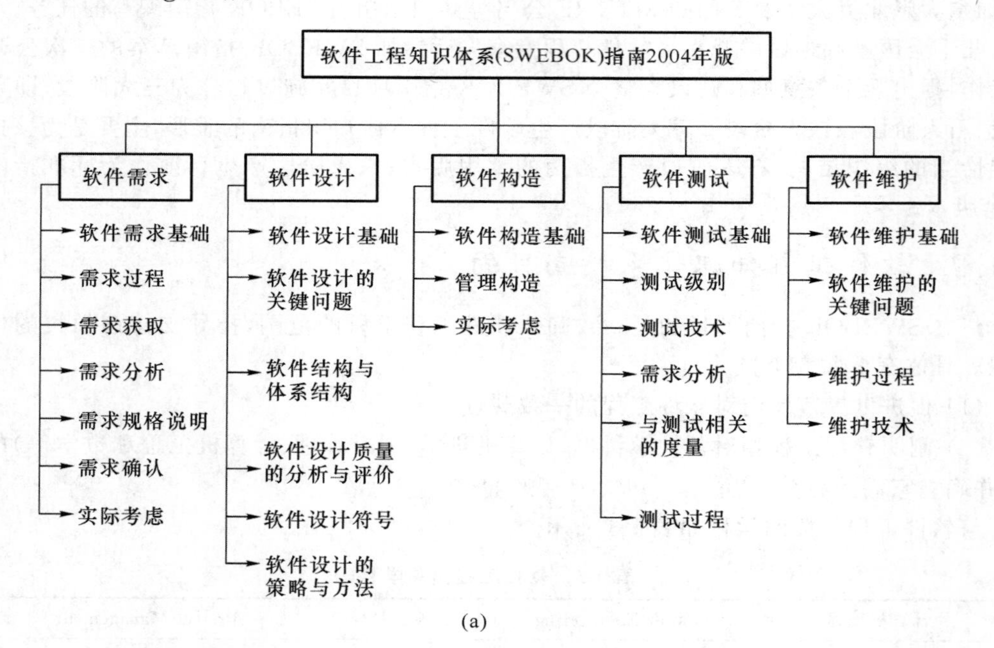

(a)

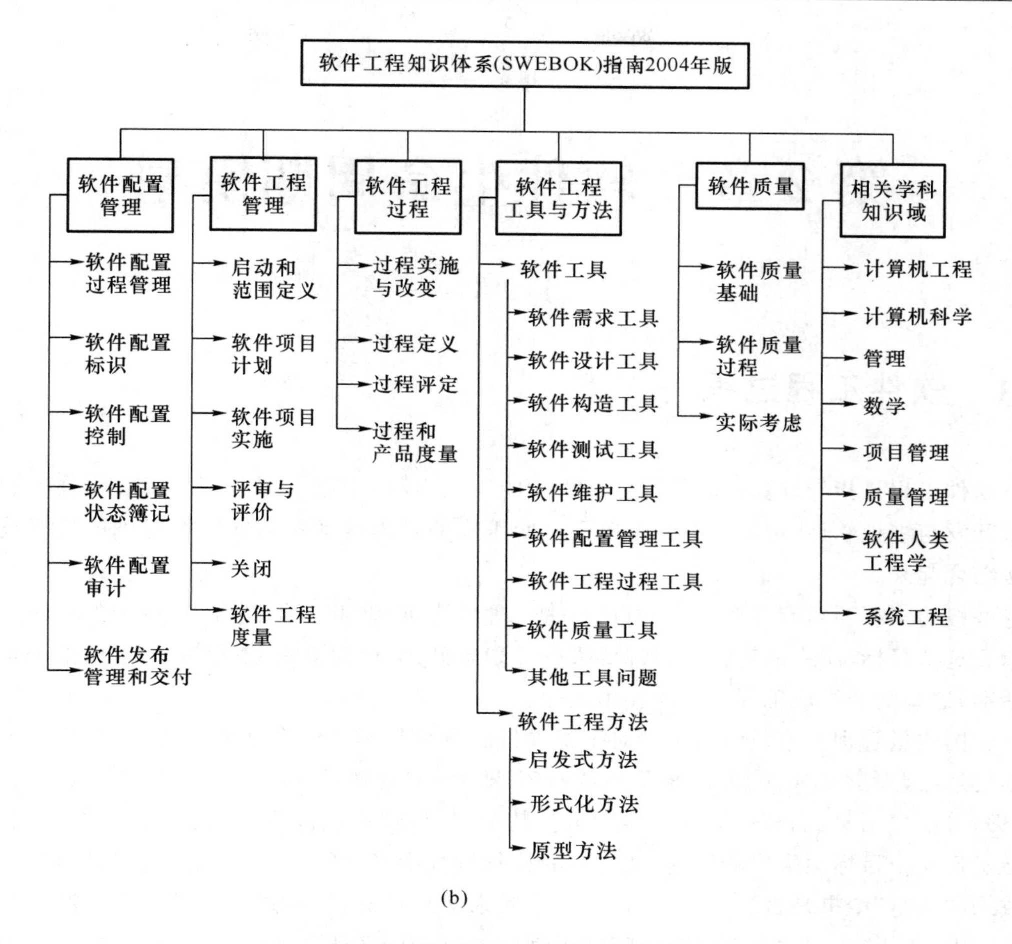

(b)

图1-3 SWEBOK知识域主题框架

习 题

1. 什么是软件？软件具有哪些特点？
2. 什么是软件危机？
3. 软件危机表现在哪些方面？
4. 软件危机产生的原因是什么？
5. 时至今日，软件危机是否已经全部解决？
6. 什么是软件工程？软件工程包含哪几个要素？
7. 试述软件工程的基本原理和原则。
8. 软件工程的现实目标和终极目标是什么？
9. 软件工程知识体系知识域包括哪些内容？

第2章　软件生命周期模型

2.1　软件工程过程

软件工程是指导计算机软件开发和维护的工程学科，采用工程的概念、原理、技术和方法来开发与维护软件，把经过时间考验而证明正确的管理技术和当前能够得到的最好技术方法结合起来。

一般的工程项目有3个基本的目标：①合理的进度；②有限的经费；③一定的质量。为了达到这些目标，所有的工程项目都要进行计划制订、可行性研究、工程审核、质量监督等工程活动，这些活动组成工程项目的实施过程。

美国质量管理专家戴明博士针对工程项目的质量目标，将"全面质量管理"思想引入工程项目过程，提出PDCA循环，也称为戴明环，即Plan（规划）、Do（执行）、Check（检查）、Act（处理）等抽象活动的循环，如图2-1所示。其中，"规划"不仅包括工程项目的目标，而且也包括实现这个目标须采取的措施；在规划的执行过程中，须"检查"、"执行"过程是否达到预期效果，"执行"结果是否达到预期目标，如果尚未达到目标，须通过"检查"找出问题及其产生的原因，并为下一步"处理"制订任务"规划"；若目标已经达到，通过"处理"活动将工程项目经验和教训进行归纳总结，为工程项目过程改进制订"规划"。

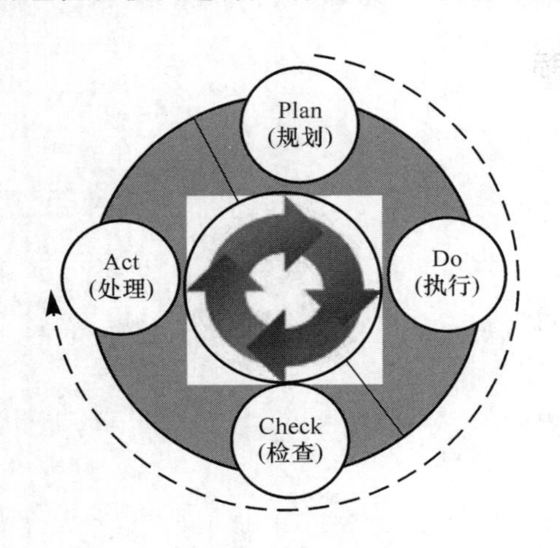

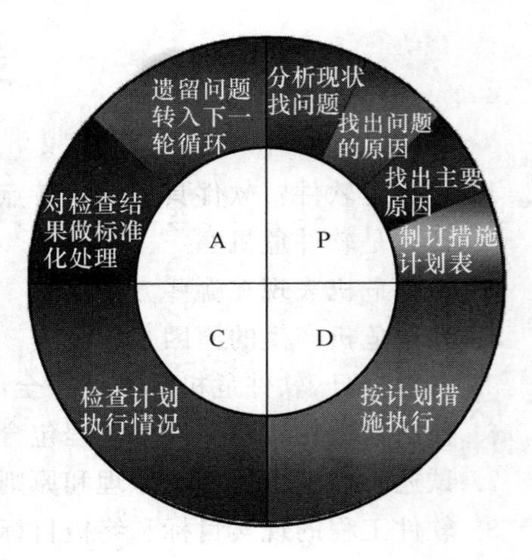

图2-1　戴明环

软件工程也必须经过一系列的软件开发活动才能够满足使用者对于软件的需求。为了能够达到使用者提出的各种质量要求,也须按照工程项目的组织过程规范来管理软件项目的开发和维护,这就是软件工程过程。

软件工程过程的定义是为了获得软件产品,在软件工具的支持下由软件工程师完成的一系列软件工程活动。为了规范软件工程过程,不同的开发机构针对不同类型的软件项目制定许多不同的软件工程过程,但是大都遵循戴明环指出的 4 种抽象活动。软件工程过程也包含 4 种基本的过程活动。

(1) 软件规格说明(specification):规定软件的功能及其使用限制;

(2) 软件开发(development):产生满足规格说明的软件;

(3) 软件确认(validation):通过有效性验证以保证软件能够满足客户的要求;

(4) 软件演进(evolution):为了满足客户的变更要求,软件必须在使用过程中不断地改进。

每一个软件工程过程都是沿着上述 4 个方面的活动展开的,只是详细程度和目标要求不一样而已。

2.2 模型及软件生命周期定义

2.2.1 模型的定义及作用

本章节的主题是软件生命周期模型。定义软件生命周期之前须先定义什么是模型,以及模型对于软件开发的作用。模型是实际事物、实际系统的抽象化表示,是针对所须了解和解决的问题,抽取其主要因素和主要矛盾,忽略一些不影响基本性质的次要因素,形成对问题域的表示方法。

模型的表示形式有多种,最直接的就是人们常见的数学表达式、物理模型或图形文字描述等。总之,能回答所需研究问题的实际事物或系统的抽象表达式,都可以称为模型。由于模型省略了一些不必要的细节,所以对模型操作比对原始系统操作更加容易。模型从实际系统中提取而来,反之又可以通过对模型的理解作用于其他的实际系统中。

软件过程模型是从一个特定角度提出的对软件开发过程的简化描述或称之为框架描述,是对软件开发实际过程的抽象,包括构成软件过程的各种活动、软件工件(Artifact),以及参与开发的角色等元素。由软件过程的 3 个组成成分可以将软件过程模型划分为以下 3 种类型。

- 工作流(Work Flow)模型:这类模型描述软件过程中各种活动的序列、输入和输出,以及各种活动之间的相互依赖性。它强调软件过程中活动的组织控制策略。
- 数据流(Data Flow)模型:这类模型描述将软件需求变换成软件产品的整个过程中的活动,这些活动完成将输入工件变换成输出工件的功能。它强调软件过程中工件的变换关系,对工件变换的具体实现措施没有加以限定。
- 角色/动作模型:这类模型描述参与软件过程的不同角色及其各自负责完成的动作,即根据不同的参与角色将软件过程应该完成的任务划分成不同的职能域(Function Area)。它强调软件过程中角色的划分、角色之间的协作关系,并对角色的职责和活动进行具体的确定。

这3种类型的软件过程模型又可以在具体的软件开发过程中具体化为软件生命周期模型,本书又将软件生命周期模型根据发展的时间历程分为传统的软件生命周期模型和现代软件生命周期模型。

2.2.2 软件生命周期

软件生命周期(Software Life Cycle)是指软件产品从考虑其概念开始,到该软件产品不再使用为止的整个时期,一般包括概念阶段、分析与设计阶段、构造阶段、移交阶段等不同时期。

- 对于软件开发人员而言,软件的生命周期是从构思到开发完成,并交付给使用者的一系列活动和过程;
- 对于软件的使用者或者是软件的维护人员而言,软件的生命周期是从安装开始,然后经过长时间的使用,甚至经历一系列的功能改进和版本升级,直到该软件被淘汰的过程。

相对于戴明环定义的4个抽象活动而言,整个软件生命周期可以归纳出贯穿于软件工程的6个基本活动,以下详述。

1. 制定计划(Planning)

确定待开发软件系统的总目标,给出它的功能、性能、可靠性及接口等方面的要求。由系统分析员和用户合作,研究完成该项软件系统任务的可行性,探讨解决问题的可能方案,并对可利用的资源(计算机硬件、软件、人力等)、成本、可取得的效益、开发的进度进行估计,制订出完成开发任务的实施计划,连同可行性研究报告,提交管理部门审查。

2. 需求分析和定义(Requirement Analysis and Definition)

对待开发软件提出的需求进行分析并给出详细的定义。软件人员和用户共同讨论决定:哪些需求是可以满足的,并对其加以确切地描述,然后编写出软件需求说明书(系统功能说明书)及软件需求规格说明书,以及初步的系统用户手册,提交管理机构评审。

3. 软件设计(Software Design)

设计是软件工程的技术核心。在设计阶段中,设计人员把已确定的各项需求转换成一个相应的体系结构。体系结构中的每一个组成部分都是意义明确的模块,每个模块都和某些需求相对应,即概要设计。进而对每个模块待完成的工作进行具体的描述,为源程序编写打下基础,即详细设计。所有设计中的"环节"都应以设计说明书的形式加以描述,以供后继工作使用并提交评审。

4. 程序编写(Coding)

把软件设计转换成计算机可以接受的程序代码,即写成以某一种特定程序设计语言表示的源程序清单。这一步工作也称为编码。显然,写出的程序应当是结构良好、清晰易读,且与设计说明书相一致的。

5. 软件测试(Testing)

测试是保证软件质量的重要手段,主要方式是在设计测试用例的基础上检验软件的各个组成部分。首先进行单元测试,查找各模块在功能和结构上存在的问题并加以纠正;其次进行组装测试，将已测试过的模块按一定顺序组装起来；最后按规定的各项需求，逐项进行有效性测试（或称确认测试），决定已开发的软件是否合格，能否交付用户使用。

6. 运行/维护（Running/Maintenance）

交付用户的软件投入正式使用，便进入运行/维护阶段。这一阶段持续到用户不再使用该软件为止。软件在运行中可能由于多方面的原因，须对它进行修改。其原因可能有：运行中软件出现错误，须修正；为了适应软件运行环境的变化，须适当变更；为了增强软件的功能，须变更。

软件生命周期的长短取决于很多的因素，不考虑硬件环境的快速发展因素时，通常影响软件生命周期的因素是软件的质量、软件的灵活性和适应能力。软件的生命周期越长说明该软件的价值越高，开发和维护软件的成本越低。在微软的各种操作系统产品中，据统计到目前为止 Windows XP 是在用系统中使用时间最长的产品。

2.3　传统软件生命周期模型

软件过程模型也称为软件生命周期模型，即描述从软件需求定义直至软件经使用后废弃为止，跨越整个生存期的软件开发、运行和维护所实施的全部过程、活动和任务的结构框架，同时描述生命周期不同阶段产生的软件工件，明确活动的执行角色等。它是指导软件开发人员按照确定的框架结构和活动进行软件开发的标准。

几十年来，软件生命周期模型发展很快，提出了一系列模型以适应不同类型和规模软件开发的需要：既有以瀑布模型为代表的传统软件生命周期模型，又有以敏捷思想为代表的新型软件生命周期模型。

2.3.1　瀑布模型

在软件开发早期，软件开发简单地分成编写程序代码和修改程序代码两个阶段。拿到项目后根据需求开始编写程序，调试通过后交付用户使用，项目即结束。如果应用中出现错误，或者有新的要求，须修改代码。

这种小作坊式的软件开发方式有明显的弊端：缺乏统一的项目规划、不太重视需求的获取和分析、对软件的测试和维护考虑不周等都会导致软件已开发出来的功能废弃，进而重新开发，甚至导致软件项目失败，这种情况在软件项目规模增大时表现特别明显。

吸取软件危机带来的教训，并为了增加使用者的满意度，以及降低软件开发成本，借鉴生产制造，以及计算机硬件开发的成功经验，人们开始按照工程的管理方式将软件开发划分成不同的开发阶段：制订计划、需求分析和定义、软件设计、程序编写、软件测试、运行/维护等 6 个步骤。Winston Royce 在“软件生命周期”概念的基础上，于 1970 年在其论文 Managing the Development of Large Software Systems 中第一次明确地描述这种模型，即著名的“瀑布模型”（waterfall model）。

Winston Royce（1929—1995 年）就学于 California Institute of Technology 并取得物理学学士学位，进而从师于 Julian David Cole，获得航空工程学硕士和博士学位。1970 年后在得克萨斯州的奥斯汀任洛克希德公司的软件技术中心主任。Winston Royce 之子 Walker

Royce 是现代软件生命周期模型 RUP 的主要创建者之一,现就职于 IBM 公司的 Rational 部门。

瀑布模型规定软件生命周期提出的一些基本工程活动,并且规定它们自上而下、相互衔接的固定次序,如同瀑布流水,逐级下落,如图 2-2 所示。

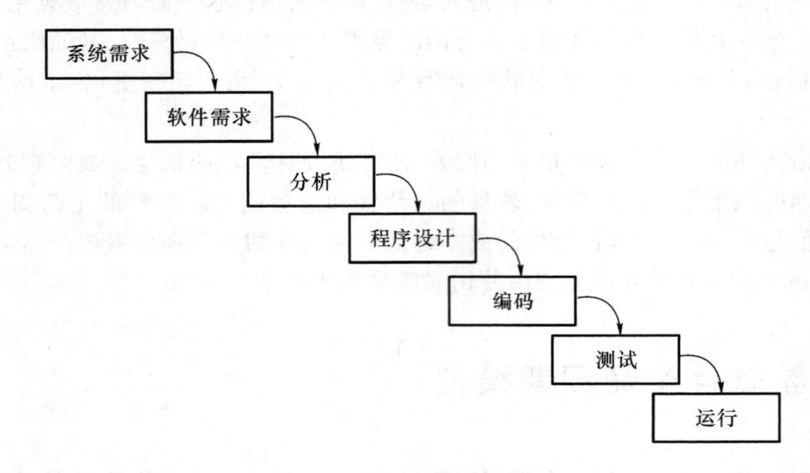

图 2-2　基本的瀑布模型

瀑布模型将软件生命周期划分为 7 个活动,尤其是在需求之后清晰定义软件开发的 5 个主要活动:需求分析、程序设计、编码、测试和运行,除此之外,在需求部分还将软件需求特别从系统需求中摘取出来,作为后期软件开发的基础。瀑布模型中的每一个开发活动具有下列特征:

(1) 本活动的工作对象来自上一项活动的输出,这些输出一般是代表本阶段活动结束的里程碑式文档。一个阶段的输出文档能够成为该阶段的里程碑,必须经过严格的文档评审,以保证阶段软件工件的质量。上一活动的阶段文档输出到本阶段活动之前,必须进行"冻结",防止文档随意改动而造成对随后活动的执行影响。

(2) 根据本阶段的活动规程执行相应的任务。

(3) 产生本阶段活动相关产出,即软件工件,作为下一活动的输入。

(4) 对本阶段活动执行情况进行评审。如果活动执行确认,则继续进行下一项活动,否则返回前项,甚至更前项的活动进行返工。由于须重新更改返工阶段此前活动的产出文档,因此,须对之前"冻结"的某些文档执行"解冻"操作,以便返工时进行修改。

从瀑布模型特征(4)可知,各项活动的组织次序并非完全是自上而下的瀑布线性图式,而是在软件未确认时回归,如图 2-3 所示。

瀑布模型为软件开发和软件维护提供一种有效的管理模式,在软件开发早期为消除非结构化软件、降低软件复杂度、促进软件开发工程化方面有显著的作用,其优点体现在以下 3 方面。

(1) 软件生命周期的阶段划分不仅降低软件开发的复杂程度,而且提高软件开发过程的透明程度,便于将软件工程过程和软件管理过程有机地融合,从而提高软件开发过程的可管理程度。

(2) 推迟软件实现,强调在软件实现前必须进行分析和设计工作。早期的软件开发,或者没有软件工程实践经验的软件开发人员，接手软件项目时往往急于编写代码，缺乏分析与设计的基础工作，最后导致代码频繁、重复地改动，代码结构变得不清晰，甚至混乱，不仅降低工作效率，而且直接影响到软件的质量。

（3）瀑布模型以项目的阶段评审和文档控制为手段有效地对整个开发过程进行指导，保证阶段之间正确衔接，能够及时发现并纠正开发过程中存在的缺陷，从而能够使产品达到预期的质量要求。由于通过文档控制软件开发阶段的进度，在正常情况下可以保证软件产品及时交付。一旦出现频繁的缺陷，特别是前期存在但潜伏到后期才发现的缺陷，则导致不断返工，从而导致进度拖延。

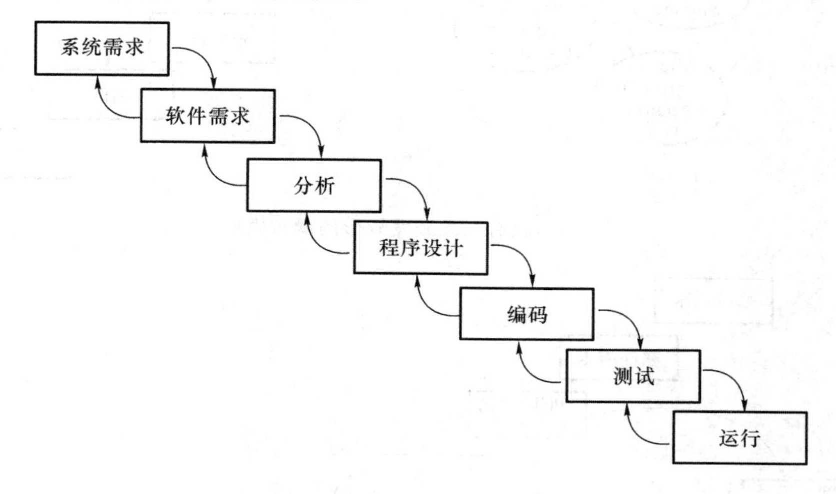

图 2-3　具有返工过程的瀑布模型

随着瀑布模型在软件工程实践中的不断应用，一些严重的缺点逐渐暴露：

（1）模型缺乏灵活性，特别是无法解决软件需求不明确或不准确的问题，这是瀑布模型最突出的缺点。因此，瀑布模型只适合于需求明确的软件项目。

（2）模型的风险控制能力较弱。一方面体现在软件成品只有当软件通过测试后才能可见，用户无法在开发过程中间看到的软件半成品，增加了降低用户满意度的风险；软件开发人员只有到后期才能看到开发成果，降低了开发人员的信心。另一方面体现在软件体系结构级别的风险只有在整体组装测试之后才能发现；同样，前期隐匿的错误也只能在固定的测试阶段才能被发现，这个时候的返工极有可能导致项目延期。

（3）瀑布模型中的软件活动是由文档驱动的，当阶段之间规定过多的文档时，则极大地增加系统的工作量；当管理人员以文档的完成情况来评估项目完成进度时，往往会产生错误的结论，因为后期测试阶段发现的问题导致返工，前期完成的文档只不过是一个未经返工修改的初稿，而一个应用瀑布模型无须返工的项目是很少见的。

该模型运用初期的成功率较低，很多人归纳为该模型的工期太长。但是，Winston Royce 在其文章中有一段话耐人寻味，可以理解为在交付给使用者之前的软件开发要“do twice”，在分析之前添加一个阶段，称为初步程序设计（Preliminary Program Design），为此有人将其模型改为如图 2-4 和图 2-5 所示的框架，这个模型可以认为是演化模型的基础。

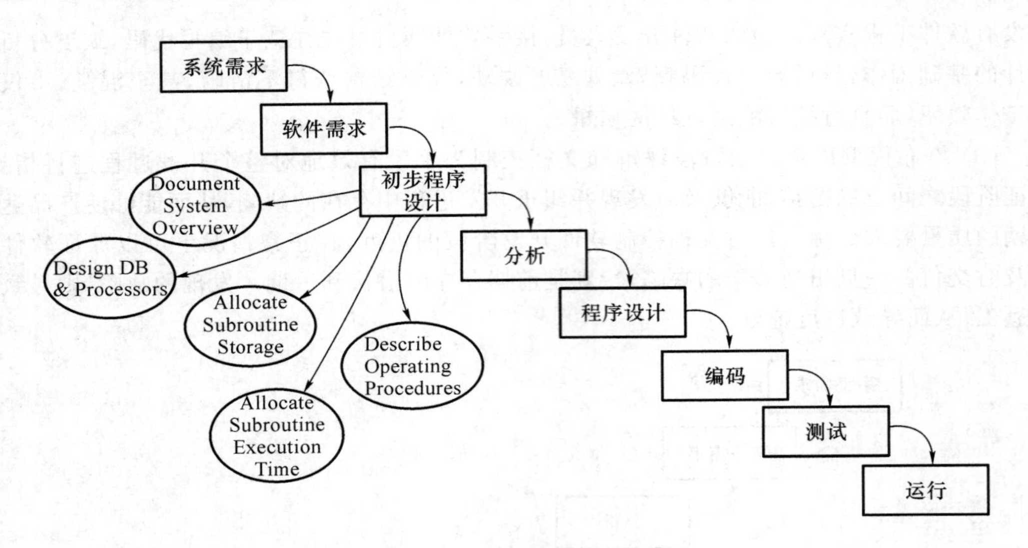

图 2-4 具有二次开发雏形的瀑布模型

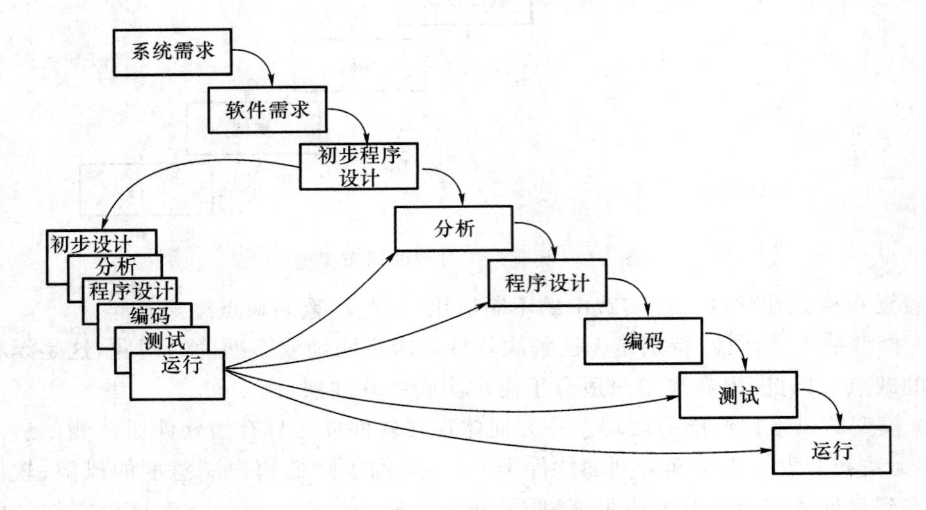

图 2-5 具有二次开发的瀑布模型

进而在基本的瀑布模型基础上,对每一个阶段的可实施性进行补充和修改,甚至引入使用者的反馈等活动,其目的是使瀑布模型能够适应实际的软件开发过程的需要,如图 2-6 所示。

须注意的是瀑布模型中的运行/维护活动,在正常情况下,这是一个具有最长生命周期的阶段,它是在软件移交给用户,经安装投入实际使用后的阶段。维护活动包括修正在早期各阶段未被发现的错误,因运行环境的变化而改善系统单元的实现,满足用户提出的新需求从而提高系统的服务能力等。维护周期中每一次对软件的变更仍然须经历瀑布模型中的各个活动,而且应循环往复,如图 2-7 所示。

随着软件项目规模和复杂度的不断扩大,项目需求的不稳定程度更加明显,瀑布模型中一旦需求固定就很难修改的缺点变得越来越严重,为了弥补瀑布模型的不足,后期又提出多种其他的生命周期模型。

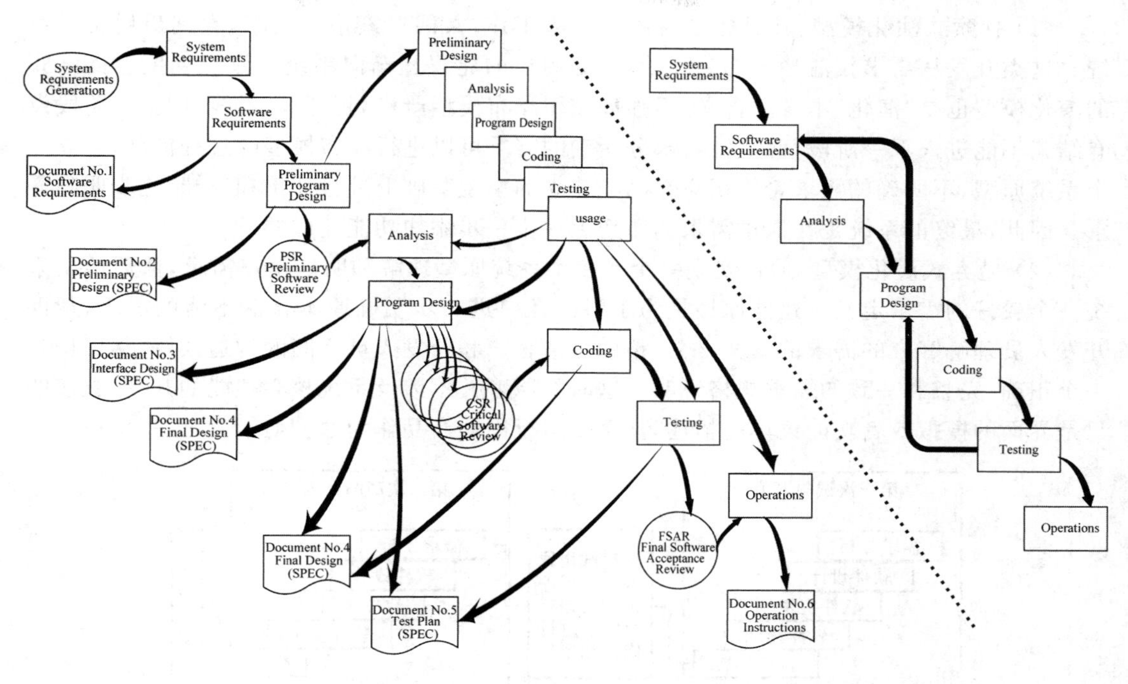

图 2-6　具备实际运用价值的瀑布模型

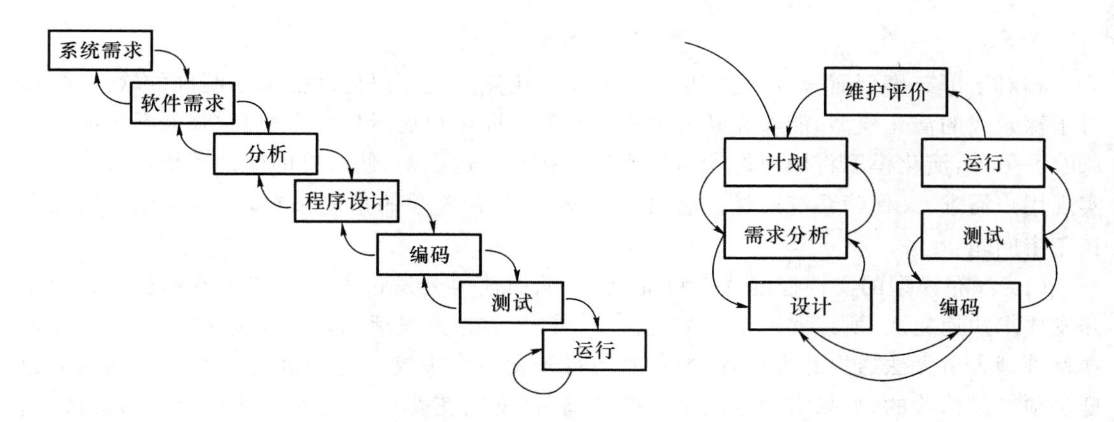

图 2-7　具有维护阶段的瀑布模型

2.3.2　演化模型

演化模型(Evolutional Model)有时也称为进化模型,是基于软件开发人员在应用瀑布模型的软件工程实践中体会出来的一种认识:在项目开发的初始阶段人们对软件需求的认识常常不够清晰,使得项目难以一次开发成功,返工在所难免。有人说,往往要"做两次"后开发出的软件才能较好地令用户满意。第一次只是试验开发,得到原型产品,其目标只是在于探索可行性,确定软件需求;第二次则在此基础上获得较为满意的软件产品,如图 2-8 所示。

演化模型主要针对需求不是很明确的软件项目,希望通过第一个原型来逐步探索和理解用户需求。按照不同的原型应用策略,演化模型也可以分为两类。

(1) 探索式演化模型:其目标是与用户一起工作,共同探索系统需求,直到最后交付系统。这类开发从需求较清楚的部分开始,根据用户的建议逐渐向系统中添加功能。探索式的演化模型也是"演化"本身的含义,不强调按照瀑布模型严格划分阶段界线,即上一阶段没有结束不能进入下一阶段,而是针对部分明确的需求可以进行瀑布模型的过程活动,建立一个系统原型,不明确的需求希望用户在已经建立的原型基础上进行评价和反馈,逐步明晰需求。因此,最终的系统是在探索需求的原型上一步一步添加功能完成的。

(2) 抛弃式演化模型:通过实现一个或多个系统原型理解和明确用户需求,然后给出系统一个较好的需求定义。建立原型是为了帮助客户进一步明确原本含混不清的需求,帮助开发人员理解客户的需求的真实含义,帮助澄清客户和开发人员之间的沟通误解,从而得到一个正确、完整和一致的需求规格说明。这时的原型并不涉及系统核心功能的开发,更多的只是界面的模拟或者功能菜单的描述,甚至是运行同类产品作为原型演示。

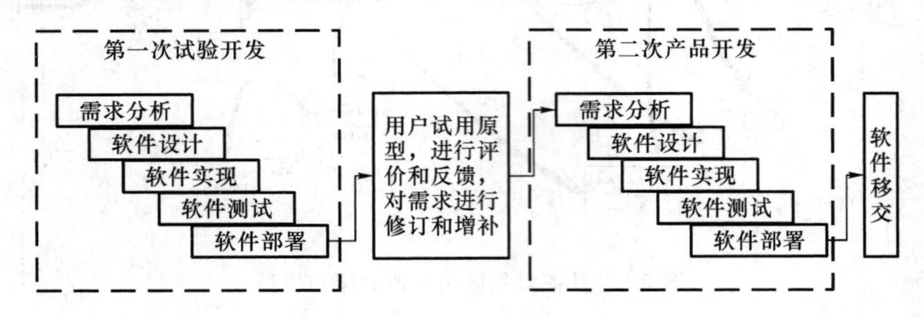

图 2-8 演化模型示意图

相对于瀑布模型而言,演化模型的一个明显优点就是可以处理需求不明确的软件项目,对于探索式的演化模型,能够在开发过程中间逐步向用户展示软件半成品,降低系统的开发风险。另外,演化模型将用户的参与始终贯穿在开发过程中,使最终的软件系统能够真实地实现用户需求,又保障系统质量。然而,从工程学和管理学的角度来看,使用演化模型也存在三个问题:

(1) 瀑布模型的文档控制优点可能丧失,从而使得开发过程对管理人员不透明。由于开发要求快速完成,所以实际应用演化模型时经常省略开发活动之间的衔接文档,从而导致项目管理人员无法透视开发过程,严重时使得开发过程失控。这是因为开发人员都认为原型是须经过修改的,如果有规范的文档要求编写,则须花费很多时间来维护变更的文档,这和快速开发本身是不相符合的。因此,在实际应用演化模型时,要在文档的规范和快速间进行权衡,不可偏废。

(2) 软件系统的系统结构较差。因为在原型基础上进行变更可能损坏系统结构,因此在应用探索式演化模型时,注意保持系统体系结构一致,必要时对系统进行重构。

(3) 为了达到快速开发原型的目的,可能用到一些特殊的工具和技术,而这些特殊的工具和技术往往与主流方向不相容,或者不符合项目要求,甚至是不成熟的技术和工具。因此,在应用演化模型时,尽量采用成熟、符合项目要求的技术和工具来构造原型。

由于存在上述问题,因此在小规模系统或者中小型系统且生存期较短时,演化模型不失为一种好方法。然而,对于大型、生命周期很长的系统,演化模型给项目管理带来的问题就显得很突出。纯粹使用演化模型是不合适的,须综合运行多种模型,如对于需求不明确的部分使用抛弃式演化模型,待需求明确后再使用瀑布模型来组织软件开发过程;对于系统中事先无法准确识别的需求,比如用户界面,可以采用探索式演化模型逐步诱导并逼近用户的真实想法,并直接在探索式演化原型的基础上实现这部分需求。

2.3.3　增量模型

瀑布模型利用阶段评审和文档控制保证软件项目的进度和质量,但缺乏适应变化需求的灵活性;演进模型能够适应变化的需求,却导致系统体系结构混乱、管理不透明等问题,从而失去瀑布模型的优点。增量模型(Incremental Model)结合瀑布模型和演化模型的优点。

增量模型首先由 Mills 等于 1980 年提出,可以让客户得到一些机会以延迟对详细需求的决策,即客户的需求可以逐步提出来;另外,每一次增量需求的划分与增量实现的集成是以不影响系统体系结构为前提的。其开发过程的组织如图 2-9 所示。

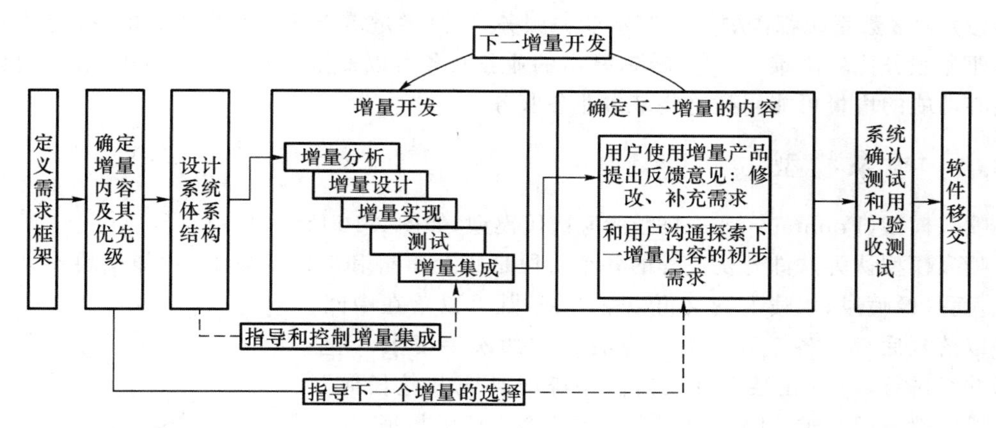

图 2-9　增量模型示意图

在增量模型中,客户大概或模糊地提出系统须提供的服务或功能,即给出系统的需求框架,以及这些服务或功能的重要作用,从而可以确定系统需求实现的优先级。为了避免多个增量集成时导致不一致的系统体系结构,增量模型在获取系统框架需求后,针对核心需求及系统的性能要求确定系统的体系结构,并以此体系结构指导增量的集成,保证在整个开发过程中体系结构稳定。

待开发增量的选择是依照优先级确定的,核心需求的优先级较高,一般在最初的增量中解决。例如,使用增量模型开发字处理软件时,可以考虑第 1 个增量实现基本的文件管理、编辑和文档生成功能,第 2 个增量实现更加完善的编辑和文档生成功能,第 3 个增量实现拼写和文法检查功能,第 4 个增量完成高级的页面布局功能。一旦待开发增量确定,则采用合适的模型组织增量开发,如果该增量需求比较明确,可以直接采用瀑布模型,否则采用演化模型。因此,不同的增量根据内容的特点来选择合适的开发模型。在增量开发过程中一般不接受对本增量的需求变更,但对其他增量的需求探索一直在并行进行。

一旦一个增量开发完成,客户就可以使用实现核心需求的部分产品,并对其进行评价,反馈需求修改和补充意见。下一个增量的内容包括这些反馈意见,同时可以包括下一个优先级的增量需求。新的增量开发完成时,系统的功能就随每个增量的集成而改进,并最终实现系统,经系统测试和验收测试交付用户使用。增量模型具有下列优点:

(1) 客户可以在第一次增量后使用系统的核心功能,增强客户使用系统的信心,同时客户可以在此核心功能产品的基础上逐步提出对后续增量的需求。

(2) 项目总体失败的风险较低,因为核心功能先开发出来,即使某一次增量失败,核心功能的产品客户仍然可以使用。另外,为了竞争的需要,当对手推出类似产品时,可以在尚未完成整体功能的情况下提前推出包含核心功能的产品,降低市场风险。

(3) 由于增量是按照从高到低的优先级确定的,最高优先级的功能得到最多次的测试,保障系统重要功能部分。

(4) 所有增量都是在同一个体系结构指导下进行集成的,提高系统的稳定度和可维护度。

增量模型也存在缺点,表现在以下两个。

(1) 增量的粒度选择问题:增量应该相对较小,而且每个增量应该包含一定的系统功能,然而,很难把客户的需求映射到适当规模的增量上。

(2) 大多数系统都需要一组基本业务服务,但是增量需求却是逐步明确的,确定所有的基本业务服务比较困难。一般来讲,基本的业务服务可以安排在初期的增量中完成,因为包含核心功能的增量可能用到这些基本业务服务。

2.3.4 喷泉模型

喷泉模型(Fountain Model)也称为迭代模型,如图2-10所示。

喷泉模型认为软件开发过程的各个阶段是相互重叠和多次反复的,功能模块不是一次完成,而是像喷泉,水喷上去又可以落下来,既可以落在中间,又可以落到底部。各个开发阶段没有特定的次序要求,完全可以并行进行,可以在某个开发阶段中随时补充其他任何开发阶段中遗漏的需求。喷泉模型有以下两个主要的特征:

(1) 迭代性。该特征从瀑布模型开始已经体现出来,当后阶段发现前阶段隐匿下来的错误时,应该返回到前阶段纠错。演化模型、增量模型、螺旋模型都体现软件开发迭代的特征。

(2) 无间隙性。为了克服软件危机,人们从手工作坊式的无规范开发过程中总结出规范的过程模型,将软件开发过程分解为多个开发阶段,并对每个阶段的活动,以及阶段之间的衔接进行规范管理,从而提高开发效率和质量。但是,严格的阶段划分,特别是活动间的严格划分,从而破坏开发活动本身的无间隙性,即后一阶段的活动能够自然复用前一阶段活动的成果,如设计能够复用分析的结果、实现能够复用设计的结果。

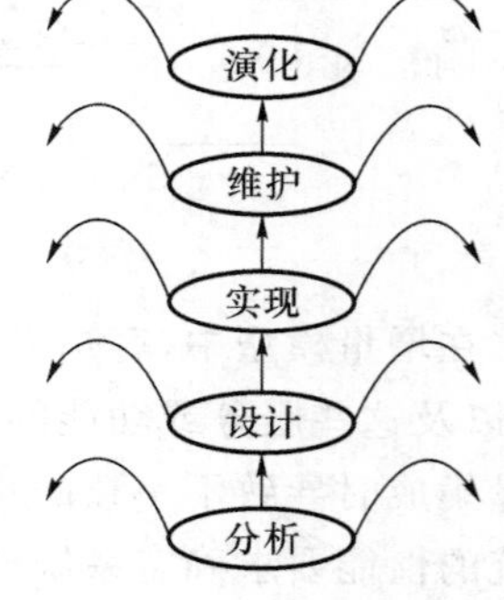

图2-10 喷泉模型示意图

喷泉模型是以面向对象驱动的模型,主要用于描述面向对象的软件开发过程。软件的某个需求部分通常重复开发多次,实现需求的相关对象在每次迭代中加入渐进的软件产品。由于对象概念的引入,对象及对象关系在分析、设计和实现阶段的表达方式中统一,使得开发活动之间的迭代和无间隙能够容易地实现。

喷泉模型不像瀑布模型在需要分析活动结束后才开始设计活动,设计活动结束后才开始编码活动,该模型的各个阶段没有明显的界线,开发人员可以针对不同的对象集合并行进行开发,即存在多个子开发流程,这些子开发流程在对象集成时同步。其优点是可以提高软件项目开发效率,节省开发时间。

但是,由于各个开发阶段有重叠现象,开发人员的管理和阶段生成的工件管理存在困难,因此,在应用喷泉模型时须结合其他模型,比如结合增量模型在增量管理方面的优点,合理地划分并发任务,控制开发人员的调度;结合瀑布模型在文档控制方面的优点,严格控制每一个迭代周期应该产生的文档,并进行评审,对于在本周期没有完成的任务,不应该不允许进入下一阶段,而是纳入下一次迭代周期。统一过程模型(Rational Unified Process,RUP)本质上就是喷泉模型,较好地结合增量模型和瀑布模型的优点,其相关内容参阅后续章节。

2.3.5　螺旋模型

演化模型和增量模型对于需求不明确的项目比较合适。系统原型不仅能用来逐步明确需求,还可以来评价设计方案的可行性,评价实现技术的可行性,评价算法的性能等,但是对于大型项目及项目周期长且需求多变的情况,演化模型和增量模型都无法解决最终的系统产品能否满足用户的要求,最终可能会导致项目失败。这些导致项目失败的原因和风险应该尽早在开发过程中处理和规避,即软件开发过程中的各类风险须进行甄别和处理,螺旋模型很大程度上解决这些问题。

螺旋模型(Spiral Model)是 Boehm 于 1988 年提出来的,它是针对大型软件开发项目的特点而提出来的:

(1) 大型软件项目的特点是不仅需求不可能一开始完全明确,而且一旦进入到设计阶段,设计方案、技术实现方案不允许出现任何问题,这就需要多次原型的试验才能明确;另外,大型项目周期较长,中途会有很多需求变化,这不仅影响分析结果,对设计和实现方案也有影响。因此,演化模型和增量模型仅用一种明确需求的原型是远远不够的。

(2) 大型软件项目往往存在诸多风险因素,比如,项目需求不明确、项目成本限制太紧、项目进度要求严格、项目性能要求苛刻等,这些风险因素都会对项目开发带来影响,而瀑布模型、演化模型和增量模型都没有考虑对这些风险因素进行分析。

实践证明:项目规模越大,问题越复杂,资源、成本、进度等不确定的因素就越大,项目承担风险也就越大。因此,风险是软件开发不可忽视的潜在不利因素,它可能在不同程度上损害软件开发过程和软件产品的质量,必须在风险造成危害之前,及时对风险进行识别、分析,并采取风险管理策略,减少甚至消除风险带来的损害。

螺旋模型如图 2-11 所示,它不像瀑布模型将软件开发过程用一系列活动和活动之间回退来表示,而是将过程用螺旋线表示,螺旋中沿横轴一圈的回路表示软件过程的一个阶段,因此,最里面的回路可能与系统可行性有关,下一个回路与系统需求定义有关,再下一个回路与系统设计有关等。螺旋线是根据纵轴上的软件开发累计成本展开的。

螺旋模型的每个回路被分在 4 个象限上,分别表达 4 个方面的活动:

(1) 制订计划。确定软件项目目标;明确对软件开发过程和软件产品的约束;制订详细的项目管理计划;根据当前的需求和风险因素,制订实施方案,并进行可行性分析,选定一个实施方案,并对其进行规划。

(2) 风险分析。明确每一个项目风险,估计风险发生的概率、频率、损害程度,并制订风险管理措施,以规避这些风险,如需求不清晰的风险,须开发一个原型来逐步明确需求;可靠度要求较高的风险须开发一个原型来试验技术方案能否达到要求;对于时间性能要求较高的风险须开发一个原型来试验算法性能能否达到时间要求等。风险管理措施应该纳入选定的项目实施方案。

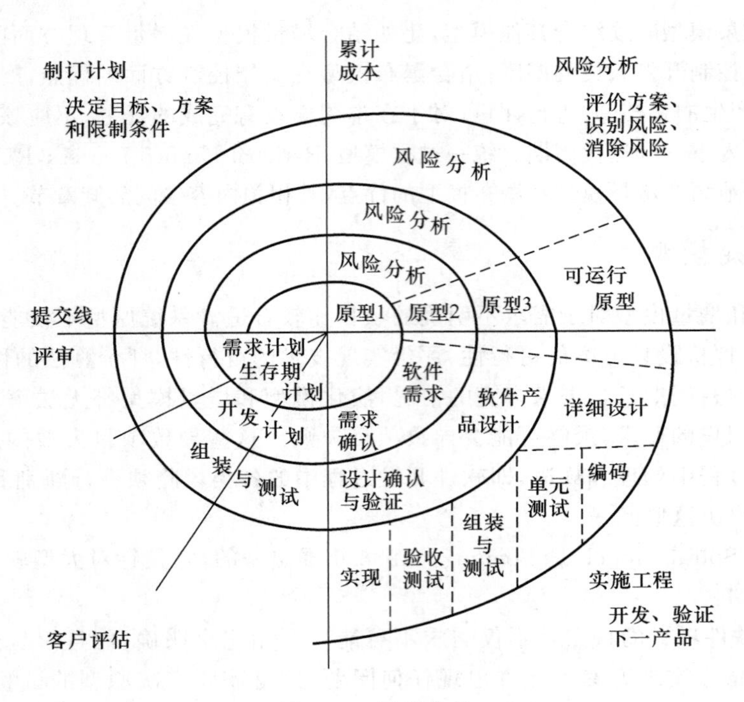

图 2-11 螺旋模型

(3) 实施工程。当采用原型方法对系统风险进行评估之后,须针对每一个开发阶段的任务要求执行本开发阶段的活动,如需求不明确的项目须用原型来辅助进行需求分析;界面设计不明确时须用进化原型来辅助进行界面设计。这一象限中的工作就是根据选定的开发模型进行软件开发。

(4) 客户评估。客户使用原型,反馈修改意见;根据客户的反馈,对产品及其开发过程进行评审,决定是否进入螺旋线的下一个回路。

螺旋模型和其他软件过程模型的最大区别就是:螺旋模型中的风险考虑是明确的。当每一个螺旋回路开始时,须明确软件项目的功能和性能目标、实现方式,以及实现约束等,并且对每个目标的所有可选实现方式进行评估。在根据项目目标和约束对实现方式进行评估的过程中,引起风险的因素就开始逐步被识别出来,下一步就是对这些风险进行详细分析,并通过原型方法对风险进行评估,制订风险规避措施。一旦风险管理方案集成进项目管理计划,即采取适当的开发模型进行项目开发。

螺旋模型包含软件开发其他的模型,如原型方法既可以用来解决需求不明确的问题,也可以帮助试验技术实现方案的可行性;当需求明确时,螺旋模型又可能包括瀑布模型。

螺旋模型适合于大型软件的开发。它吸收演化模型的"演化"概念,要求开发人员和客户对每个演化过程中出现的风险进行分析,并采取相应的规避措施。然而,风险分析需要相当丰富的评估经验,风险规避又需要深厚的专业知识,这给螺旋模型的应用增加了难度。

2.3.6 V 模型和 W 模型

瀑布模型将测试作为软件实现之后的一个独立阶段,使得在分析和设计阶段潜在的错误得到纠正的时机大为推迟,造成较大的返工成本,而且体系结构级别的缺陷也只能在测试阶段才能被发现,使得瀑布模型驾驭风险的能力较低。

针对瀑布模型这个缺点,20 世纪 80 年代后期 Paul Rook 提出 V 模型,如图 2-12 所示。

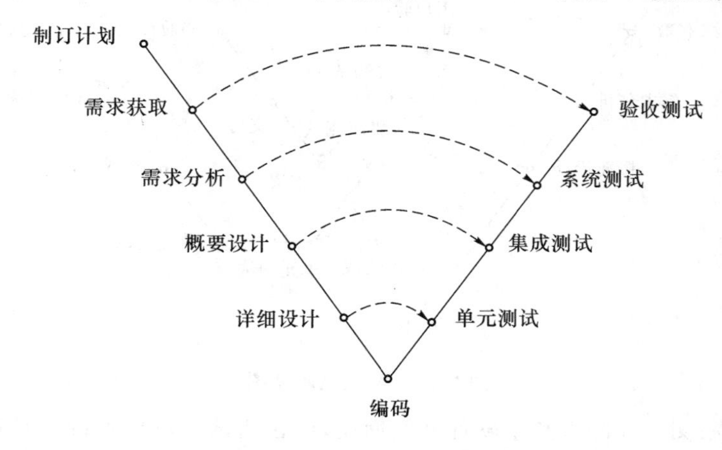

图 2-12　V 模型示意图

从图 2-12 可以看出,V 模型的左半部分就是在测试阶段之前的瀑布模型,即 V 模型的开发阶段,右半部分是测试阶段。V 模型明确地划分测试的级别,并将其与开发阶段的活动对应。

(1) 单元测试(Unit Test)的主要目的是发现编码过程中可能存在的各种错误,并且验证编码是否和详细设计的要求相一致。单元测试主要和开发阶段的详细设计相对应。

(2) 集成测试(Integration Test)的主要目的检查软件各组成单元之间的接口是否存在缺陷,同时检查每个组成单元完成的功能是否和接口一致。集成测试主要和开发阶段的概要设计相对应。

(3) 系统测试(System Test)的主要目的是检查系统功能、性能的质量特性是否达到系统要求的指标,同时检查软件系统和外围系统之间的接口是否存在缺陷。系统测试主要和开发阶段的系统和软件需求分析相对应。

(4) 验收测试(Acceptance Test)的主要目的是确认计算机系统是否满足用户需求或者合同要求,主要和开发阶段的用户需求获取相对应。

瀑布模型将测试阶段独立于编码之后,从而造成一种不良的影响,即相对于编码而言,分析与设计工作更重要,而并没有强调测试的重要作用,尽管测试有时占据项目周期的一半时间。V 模型的价值在于纠正这种错误的认识,将测试分等级,并和前面的开发阶段对应。

正是由于 V 模型只是在测试阶段对瀑布模型进行改动,所以在美国很难接受,但是在欧洲,特别是在英国却得以广泛认同和理解。

V 模型虽然强调测试阶段的重要作用(对测试进行分级,并和开发阶段相对应),但它保留了瀑布模型的缺点,即将测试作为一个独立的阶段,所以并没有提高模型抵抗风险的能力。为了尽早发现分析与设计的缺陷,必须将测试广义化,即扩充确认(Validation)和验证(Verification)内容,并将广义的测试作为一个过程贯穿整个软件生命周期。基于这个出发点,Evolutif 公司在 V 模型的基础上提出 W 模型,如图 2-13 所示。

W 模型由两个 V 型模型组成,分别代表测试与开发过程,图 2-13 明确表示测试与开发的并行关系。

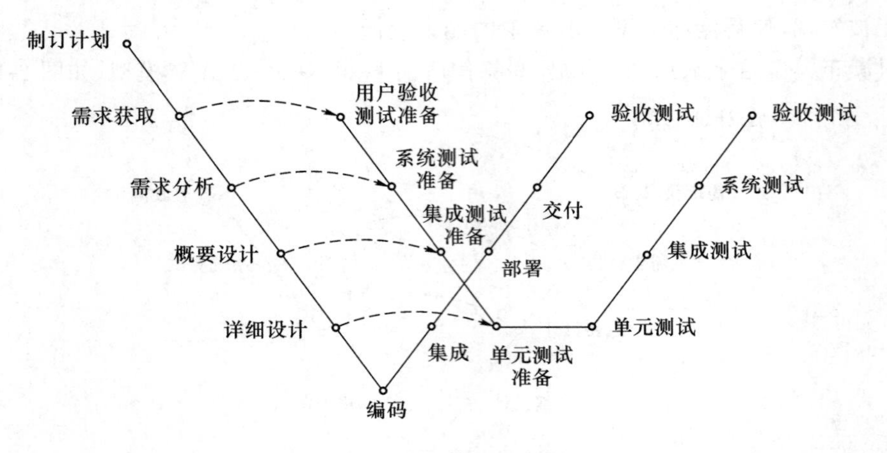

图 2-13　W 模型示意图

W 模型强调:测试伴随着整个软件开发周期,而且测试的对象不仅仅是程序,需求和设计同样需要测试,即测试与开发是同步进行的。由于 W 模型扩展测试的内容:增加确认和验证活动,所以它有利于尽早地全面发现问题。例如,需求分析完成后,测试人员就应该参与需求的确认和验证活动,以尽早找出分析中的缺陷;同时,对需求的测试也有利于及时了解项目的难度和测试风险,及早制订应对措施,以减少总体测试时间,加快项目进度。

W 模型也存在局限性:并没有改变瀑布模型中需求、设计和编码等活动的串行关系:同时,测试和开发活动也保持一种线性的前后关系,上一阶段完全结束,才可正式开始下一个阶段的工作。因此,W 模型仍然只适合需求比较稳定的软件项目。

2.3.7　构件组装模型

构件组装模型利用模块化思想将整个系统模块化,并在一定构件模型的支持下复用构件库中的一个或多个软件构件,通过组装高效率、高质量地构造软件系统。构件组装模型本质上是演化的,开发过程是迭代的,如图 2-14 所示。

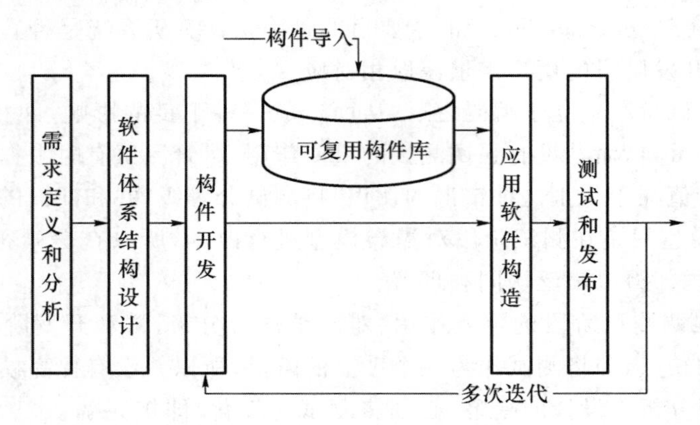

图 2-14　构件组装模型

构件组装模型由软件的需求定义和分析、软件体系结构设计、构件开发、应用软件构造、测试和发布等五个阶段组成。其中,软件体系结构设计尤为关键,它不仅规划迭代开发的构件数量和次序,而且指导通过组装的方式构造应用软件。应用软件构造从标识候选构件开始，通过搜索已有构件库，确认所需要的构件是否存在，如果存在则从构件库中提取出来复用，否则进行构件开发，将可复用的构件导入构件库中，然后利用已开发和可复用的构件组装在一起实现系统，并进行测试和部署发布。这个过程是迭代的。

构件组装模型使得软件开发不再一切从头开始，开发的过程就是构件组装的过程，维护的过程就是构件升级、替换和扩充的过程。其优点是：①充分利用软件复用，提高软件开发的效率。构件可由一方定义其规格说明，被另一方实现，然后供给第三方使用。②允许多个项目同时开发，降低费用，提高可维护性，可实现分步提交软件产品。

构件组装模型也存在一些缺点：①由于存在多种构件标准，缺乏通用的构件组装结构标准，如果自行定义标准，会引入较大的风险；②构件可重用性和软件系统高效率之间不易协调，须权衡；③由于过度依赖构件，构件质量影响最终产品的质量，因此须严把构件质量关，在进行构件组装之前还须对构件的语法和语义进行检查，确保构件的使用和集成是合适的。

2.3.8 快速应用开发模型

快速应用开发（Rapid Application Development，RAD）是一种增量型的软件开发过程模型，强调极短的开发周期。RAD模型使用构件组装方法进行快速开发。如果需求理解得很好且约束项目范围，RAD过程使得一个开发队伍能够在很短时间内（如60到90天）创建系统。

如图2-15所示，RAD模型包含如下阶段。

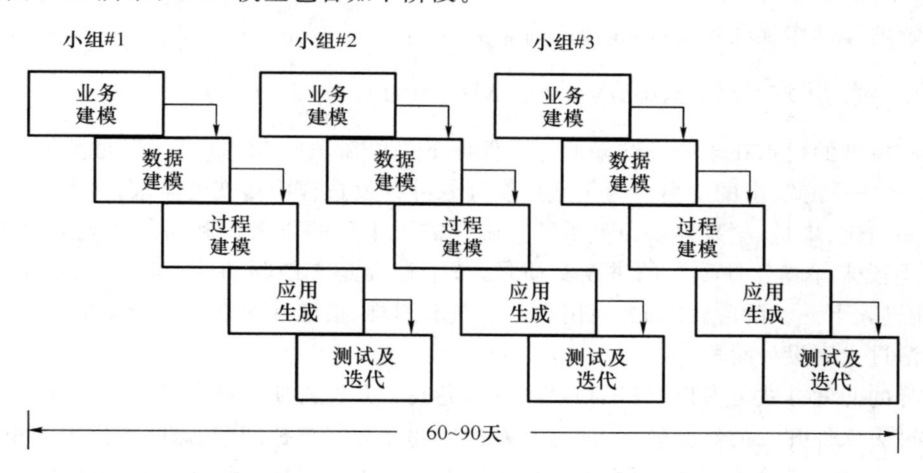

图2-15 RAD模型示意图

（1）业务建模。通过捕获业务过程中信息流的流动及处理情况描述业务处理系统应该完成的功能，主要回答下列问题：什么信息驱动业务流程？生成什么信息？谁生成该信息？该信息流往何处？谁处理它？

（2）数据建模。对业务建模阶段中部分定义的信息流进行细化，形成一组支持该业务处理功能所需的数据对象。标识出每个数据对象的特征，并定义这些数据对象之间的关系。

（3）过程建模。数据建模阶段定义的数据对象被变换以实现完成一个业务功能所需的信息流，过程建模则对业务建模中的业务处理功能进行详细定义，这些业务处理功能的操作对象就是数据建模阶段形成的数据对象。

(4) 应用生成。RAD利用第四代语言技术(4GL),复用已有的程序构件或是创建新的可复用构件,在自动化工具辅助下,完成软件的构件组装或者软件的自动生成,从而快速构造软件系统。

(5) 测试及迭代。RAD模型强调复用,许多程序构件已经是测试过的,以减少软件系统测试的时间,但新构件必须测试,所有构件间的接口也必须完全测试。一轮需求快速开发完成后,迭代进入下一轮的需求开发。

与瀑布模型不同的是,RAD采用第四代语言技术快速生成应用。因此,RAD模型对项目的完成时间约束在一个可伸缩的范围内。如果一个业务处理系统能够容易模块化,而且每一个主要的功能模块可以在不到3个月的时间内完成,则可以采用RAD模型组织软件开发过程,每一个主要的功能模块可由一个单独的RAD组来实现,最后集成一个整体。

RAD模型通过大量使用可复用构件加快开发速度,对管理信息系统的开发特别有效。但是,RAD模型存在如下缺陷。

(1) 并非所有应用都适合采用RAD。因为RAD模型对模块化要求较高,如果一个应用不能被模块化,那么构造应用的构件无法快速获取。即使有类似的构件,如果因通过接口调整来适配应用功能要求而影响系统整体性能,那么RAD不合适。

(2) 由于时间所限,开发人员和客户必须在较短的时间内完成一系列的需求分析,沟通配合不当都会导致应用RAD模型失败。

(3) RAD适合于管理信息系统的开发,对于其他类型的应用系统,如技术风险较高、与外围系统的互操作程度较高等,则不太合适。

2.3.9 原型方法(Prototyping Method)

瀑布模型的优点在于阶段结果的评审保证下一个阶段活动的质量,但是其缺点也非常突出,即无法适应需求的变更。为了适应实际软件开发过程中多变的需求,在瀑布模型之后出现诸如演化、增量、喷泉等以原型系统为确定需求手段的方法。利用阶段划分评审、文档控制等手段来保障软件项目的进度和质量,整个过程是文档驱动的,即上一个阶段没有完成,不能进入下一个阶段。因此,当用户需求获取困难,很难一次准确进行需求分析时,软件项目无法进入到设计阶段。

传统的开发方式之所以严格的开发阶段,尤其是开发初期要有良好的软件规格说明,主要源于过去软件开发的经验教训,即在开发的后期或运行维护期间,修改不完善的规格说明必须付出巨大的代价。因此,开发人员投入极大的努力来严格加强各阶段的活动,特别是前期的需求分析阶段,希望得到完善的规格说明以减少后期难以估量的经济损失。但是,很难得到一个完整准确的规格说明,特别是对于一些大型的软件项目,原因如下所述。

(1) 开发早期用户往往对系统只有一个模糊的想法,很难完全准确地表达对系统的全面要求,软件人员对于所要解决应用问题的认识更是模糊不清,经过详细的讨论和分析,也许能得到一份较好的规格说明,但很难期望该规格说明能将系统的各个方面都描述得完整、准确、一致,并与实际环境相符,很难通过它在逻辑上推断(不是在实际运行中判断评价)出系统运行的效果,以此达到各方对系统的共同理解;

(2) 随着开发工作的推进,用户可能会产生新的要求,或因环境变化,要求系统也能随之变化;

（3）开发者又可能在设计与实现的过程中遇到一些没有预料到的实际困难，改变需求来解脱困境。因此，难以完善的规格说明、中途变更的需求、用户和开发人员之间通信上的模糊和误解等都会成为软件开发顺利推进的障碍。尽管瀑布模型及随后的 V 模型和 W 模型通过加强评审和测试来缓解上述问题，但问题仍然没有从根本上解决。

为了解决这些问题，开发人员逐渐形成了软件系统的原型（Prototyping）建设思想。

1. 原型方法概述

原型通常是指模拟某种最终产品的原始模型，在工程领域中应用广泛，如一座大桥在开工建设之前须建立很多原型：风洞实验原型、抗震实验原型等，以检验大桥设计方案的可行性。在软件开发过程中，原型是软件的一个早期可运行的版本，反映最终系统的部分重要特性。

由于现实世界是不断变化的，而且变化的速度越来越快。因此，软件开发在需求获取、技术实现手段选择、应用环境适应等方面都出现前所未有的困难，特别是需求变化的控制和技术实现尤为突出。为了应对早期需求获取困难，以及后期需求的变化，开发人员采取原型方法构造软件系统。获得一组基本需求后，通过快速分析构造出一个小型的软件系统原型，满足用户的基本要求。用户可在试用原型系统的过程中亲身感受启发，以便反应和评价。然后，开发人员根据用户的反馈意见对原型加以改进。随着不断构造、交付、使用、评价、反馈和修改，一轮一轮产生新的原型版本，如此周而复始，逐步减少分析过程中用户和开发人员之间的沟通误解，逐步使原本模糊的各种需求细节变得清晰。对于需求的变更，可以在变更后的原型版本中调整，从而提高最终产品的质量。

软件原型方法是在分析阶段为了明确需求而研究的方法和技术中产生的，但它也可面向软件开发的其他阶段，比如用在概要设计阶段以选择不同的软件体系结构，用在详细设计阶段以试验不同算法的实现性能等。由于软件项目特点和运行原型的目的不同，原型主要有 3 种不同的作用类型。

（1）探索型：这种原型的目的是明确用户对目标系统的要求，确定所期望的特性，并探讨多种实现方案的技术可行性。它主要针对需求模糊、用户和开发者对项目开发都缺乏经验的情况。

（2）实验型：这种原型用于大规模开发和实现之前，考核技术实现方案是否合适，分析和设计的规格说明是否可靠。

（3）进化型：这种原型的目的是在构造系统的过程中能够适应需求的变化，通过不断地改进原型，逐步将原型进化成最终的系统。它将原型方法的思想扩展到软件开发的全过程，适用需求变动的软件项目。

由于运用原型的目的和方式不同，在使用原型时可采取以下两种不同的策略。

（1）废弃策略：先构造一个功能简单而且性能要求不高的原型系统，针对用户使用这个原型系统后的评价和反馈，反复进行分析和改进，形成比较好的设计思想，据此设计出较完整、准确、一致、可靠的最终系统。系统构造完成后，原来的原型系统废弃不用。探索型和实验型原型属于这种策略。

（2）追加策略：先构造一个功能简单而且性能要求不高的原型系统，作为最终系统的核心，然后通过不断地扩充修改，逐步追加新要求，最后发展成为最终系统。它对应进化型原型。

具体采用什么形式、什么策略的原型主要取决于软件项目的特点和开发者的素质,以及支持原型开发的工具和技术。须根据实际情况的特点加以决策。

原型系统不同于最终系统,它须快速实现,并投入运行。因此,必须注意功能和性能取舍,可以忽略一切暂时不必关心的部分,力求原型快速实现。根据构造原型的目的,明确规定对原型进行考核和评价的内容,如界面形式、系统体系结构、功能或性能模拟等。构造出来的原型可能是一个忽略某些细节或功能的整体系统结构,也可以是一个局部,如用户界面、部分功能的算法程序等。总之,在使用原型方法进行软件开发之前,必须明确使用原型的目的,从而决定分析与构造内容。

原型方法具有如下两方面的特点。

(1) 从认知论的角度看,原型方法遵循人们认识事物的规律,因而更容易为人们所普遍接受,这主要表现在:

① 人们对任何事物的认知都不可能一蹴而就,也不可能尽善尽美。

② 认识和学习的过程都是循序渐进的。

③ 对于事物的描述,往往都是受环境的启发而不断完善的。

④ 人们批评指责一个已有的事物比空洞地描述各自的设想容易得多;改进一些事物比创造一些事物容易得多。

(2) 原型方法将模拟的手段引入分析的初期阶段,沟通人们的思想,缩短用户和开发人员之间的距离。这主要表现在:

① 所有问题的讨论都是围绕某一个确定原型而进行的,彼此之间不存在误解和答非所问的情况,为准确认识问题创造了条件。

② 原型启发人们确切地描述原来想不到或不易准确描述的问题。

③ 能够及早地暴露出系统实现后存在的一些问题,促使人们在系统实现之前加以解决。

由于原型方法的上述特点,应用原型方法进行系统的分析和构造有下列优势。

(1) 原型方法有助于增进软件人员和用户对系统服务需求的理解,使比较含糊且具有不确定因素的软件需求(主要是功能)明确化。对于系统用户来说,想象最终系统,或者描述当前有什么要求,都是很困难的。但是,系统用户评价一个系统的原型比写出规格说明容易得多。当用户看到原型不是原来所想象的时,原型化方法允许并鼓励其改变原来的要求。由于这种方法能在早期就明确用户的要求,因此可防止以后由于不能满足用户要求而造成的返工,从而避免不必要的经济损失,并缩短开发周期。

(2) 原型方法提供一种有力的学习手段。通过原型演示,用户可以亲身体验早期的开发过程,获得关于计算机和所开发系统的专门知识,对使用者培训有积极作用。软件开发者也可以获得用户对系统的确切要求,学习到应用领域的专业知识,使开发工作更好。

(3) 使用原型方法可以容易地确定系统的性能,确认各项主要系统服务可应用,确认系统设计可行,确认系统作为产品的结果,因而它可以作为理解和确认软件需求规格说明的工具。

(4) 软件原型的最终版本,有的可以原封不动地成为产品,有的略加修改就可以成为最终系统的一个组成部分,这样有利于建成最终系统。

原型法有一定的适用范围和局限性,主要表现在:

(1) 对于一个大型系统,如果不经过系统分析得到系统的整体划分,那么直接用原型来模拟系统部件是很困难的。

(2) 对于大量运算且逻辑较强的程序模块,原型方法很难构造出该模块的原型用于评价。

(3) 对于原有应用的业务流程、信息流程混乱的情况,原型构造与使用有一定的困难,即使构造出,也是对旧系统的模拟,很难达到新系统的目标。这须先行对业务流程和信息流程进行再造(reengineering),然后再考虑新系统的需求目标,利用原型逐步演进系统。

(4) 对于一个批处理系统,由于大部分活动是内部处理的,因此应用原型方法会有一定的困难。

从软件工程管理的角度来观察,原型方法存在下列问题:

(1) 文档容易忽略。这是由原型的快速构造本质特点决定的,对原型的后期改进和维护带来困难。但是,过多的文档影响原型快速构造,所以须权衡文档规范和原型快速之间的矛盾。

(2) 建立原型的许多工作被浪费,特别是对于丢弃型原型策略。这样可能增加系统的开发成本,降低系统的开发效率。

(3) 项目难以规划和管理。一个软件项目到底应该建立几个原型,原型的演进到什么程度结束,这些问题经常困扰软件项目管理人员。

然而,原型方法的优点更加明显:能够逐步明确用户需求,能够适应需求的变化;用户介入软件开发过程,因此能够及早发现问题,从而降低风险。在软件开发过程中,面对快速变化的市场需求和新技术发展,最大的风险往往来自对需求的分析和技术实现手段,通过原型方法可以以合理的成本细化需求、试验技术手段,把最主要的风险降到最低,从而在总体上降低软件开发的风险,加快软件产品的形成速度,降低软件开发的成本。

2. 原型方法应用过程

由于原型方法的应用具有一定的局限性,所以须根据软件项目的特点和应用原型的目的选择不同类型的原型方法。

1984年,Boar提出一系列影响原型方法选择的因素。如果在需求分析阶段决定使用原型方法,必须从系统结构、逻辑结构、用户特征、应用约束、项目管理和项目环境等多方面来考虑。

(1) 系统结构:联机事务处理系统、相互关联的应用系统适合应用原型方法,而批处理系统不适宜应用原型方法。

(2) 逻辑结构:有结构的系统,如运行支持系统、管理信息系统等适合应用原型方法,而基于大量算法和逻辑结构的系统不适宜应用原型方法。

(3) 用户特征:不满足于预先的系统定义说明,愿意为定义和修改原型投资,难于明确详细需求,愿意承担决策的责任,准备积极参与的用户是适合使用原型的用户。

(4) 应用约束:对在线运行系统补充,不能用原型方法。

(5) 项目管理:只有项目负责人愿意使用原型方法,才适合用原型的方法。

(6) 项目环境:需求说明技术应当根据每个项目的实际环境来选择。

当系统规模很大、要求复杂、系统服务不清晰时,在需求分析阶段先开发一个系统原型是很值得的。特别是当性能要求比较高时,在系统原型上先安排一些试验也是很必要的。

不论选择哪种类型的原型方法,其应用过程基本一致,如图2-16所示。

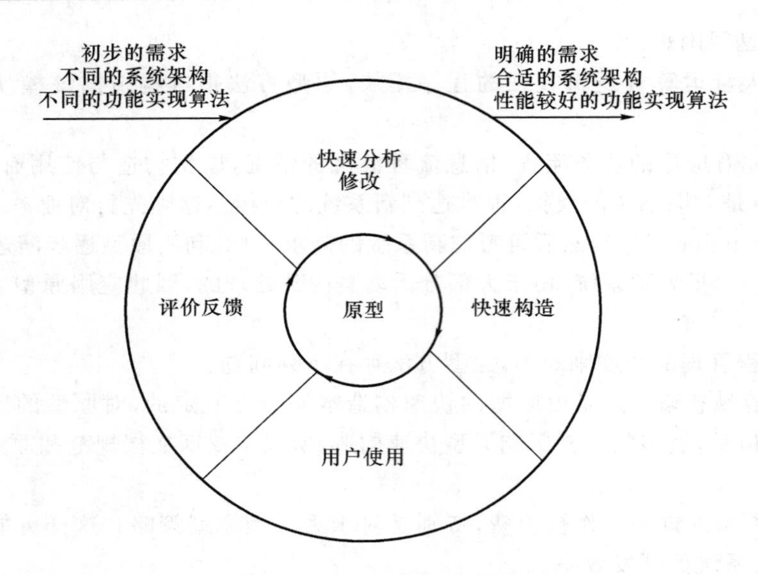

图 2-16　原型方法的应用过程

(1) 快速分析。

在分析员和用户的紧密配合下,快速确定软件项目的初步需求,并根据原型所要体现的特性(界面形式、处理功能、总体结构、性能模拟等),针对初步的需求进行快速分析,描述其基本需求规格说明,以便构造原型。

(2) 快速构造。

针对初步需求快速分析产生的基本需求规格说明,尽快实现一个可运行的系统。一般情况下需要软件工具的支持,例如采用可视化开发工具实现原型界面,应用第四代语言(4GL)描述原型运行结果,引入以数据库为核心的开发工具等。在考虑原型应反映的待评价特性的情况下,可忽略目标系统在某些细节(如安全性、健壮性、异常处理等)上的要求。例如,如果构造原型的目的是确定系统输入界面的形式,那么可以利用可视化开发工具设计输入界面,而暂时不考虑参数检查、值域检查和后处理工作,从而尽快把原型提供给用户使用。如果利用原型确定系统的总体结构,可借助菜单生成器迅速实现系统的程序控制结构,而忽略备份和恢复等维护功能,使用户能够通过运行菜单来了解系统的总体结构。

(3) 用户使用。

用户运行原型系统。由于原型忽略许多内容,集中反映待评价的特性,外观似乎残缺不全。用户在开发者的指导下试用原型。

(4) 评价反馈。

这是用户和开发者之间通过沟通而发现问题、消除误解的重要阶段,其目的是分析原型的运行结果,观察其是否满足规格说明的要求,并且是否反映用户的真实愿望。同时,通过用户的评价和反馈,还可以纠正分析过程中的一些误解和错误。另外,用户可以在现有原型需求的基础上增补新的要求,这些需求可能是因环境变化而引起的,也可能因用户的新设想而引起的。

(5) 修改。

开发者根据用户试用原型系统后提出的评价和反馈意见制订下一个原型版本的修改方

案,并对原型进行修改。如果原型的运行结果未能满足规格说明中的需求,反映用户和开发者对系统真实需求的理解上不一致,或者实现方案不够合理。如果和用户的真实需求背道而驰,则应该立即放弃已经形成的需求规格说明,否则,可以对不一致、不准确的地方进行修改,补充不完整的需求,增加一些新的需求,形成新的需求规格说明,然后再重新构造或者修改原型,这就形成原型开发的迭代过程,具体内容参见"演化模型"部分。

当经过修改或者改进的原型达到参与者一致认可的程度时,则原型开发的迭代过程可以结束。原型开发结束后,应该根据原型的应用目的整理相关文档,为进一步开发提供依据。

3. 原型方法支持的软件生命周期

原型方法可以支持软件生命周期的不同阶段,如图 2-17 所示。

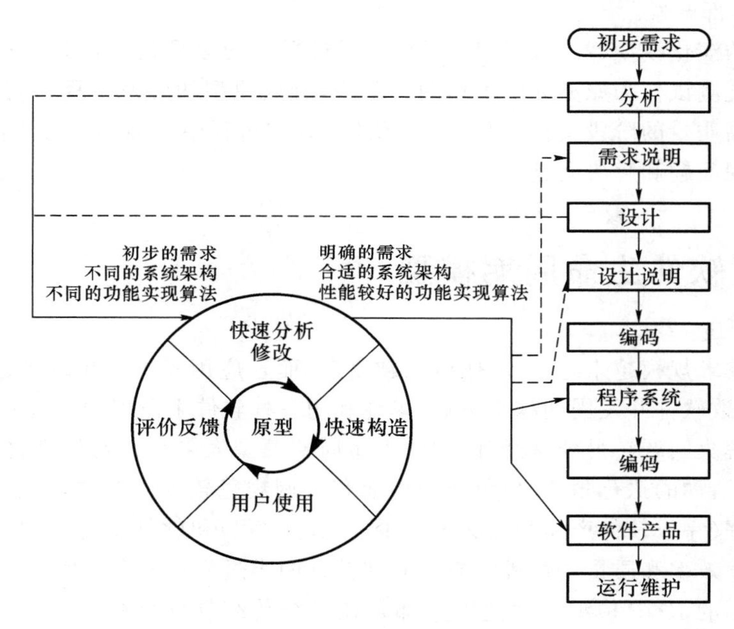

图 2-17　原型方法支持下的软件生命周期

在图 2-17 中,原型开发过程处于核心,表示可在软件生命周期的任何阶段引入原型开发过程。同时,也可以合并若干阶段,用原型开发过程来代替。

(1) 辅助或代替分析阶段。

在分析阶段利用原型方法可以得到良好的需求规格说明。在整体上仍然采用传统的过程组织模式,从可行性分析结果出发,使用原型方法来补充和完善需求说明,必要时可以细化需求说明,以达到一致、准确、完整地反映用户要求,从而代替传统的仅由复审和确认来提高需求规格说明质量的方法。尽管在整体上仍然采用传统思想,但是在阶段内体现原型的思想,给用户提供一个可运行的系统,通过试用来发现问题,从而确定用户的需求。

(2) 辅助设计阶段。

在设计阶段引入原型,可根据需求分析得到的规格说明进行快速分析,得到实现方案后立即构造原型,通过运行考察设计方案的可行性与合理性。在这个阶段引入原型,可以迅速得到完善的设计规格说明。原型可能成为设计的总体框架,也可能成为最终设计的一部分或补充的设计文档。

(3) 代替分析与设计阶段。

这时不再遵循传统的严格按阶段进行软件开发的要求,而是把原型方法直接应用到分析与设计过程,即不再考虑完善的需求说明,交织问题定义、分析和设计在一起,通过原型的构造、使用、评价与改进的迭代过程,逐步向最终系统的全面要求靠近。在原型完成后,可同时得到良好的需求规格说明和设计规格说明,原型系统可以成为目标系统的总体结构,也可以作为最终系统的雏形,供进一步开发实现使用。

(4) 代替分析、设计和实现阶段。

这种方式是在强有力的软件开发环境(CASE)支持下,通过原型生存期反复迭代,直接得到软件的程序系统,交付系统测试。

(5) 代替全部开发阶段。

这是典型的演化模型(2.4节重点介绍)。通过反复的原型迭代过程,直接得到最终的软件产品。系统测试作为原型评价工作的一部分,融入原型的开发过程。它不再强调严格的开发阶段和高质量的阶段文档,而在反复的原型迭代过程中加强用户与开发者的通信,从而更有效地发现问题和解决问题。

2.4 新型软件生命周期模型

随着应用需求规模越来越大,问题越来越复杂,而且应用需求变化越来越频繁,变化速度越来越快,导致软件开发周期越来越短,单纯利用一种软件生命周期模型来组织软件开发过程已经不能解决问题。另外,传统的软件生命周期模型大多是针对软件过程中的活动进行组织的,对于活动的执行角色、角色间的沟通和协调规范较少。同时,大多数模型并未区分软件开发过程(完成软件产品开发必不可少的核心过程)和软件支持过程(支持软件产品开发以提高开发效率和质量的过程),更没有涉及这两类过程在整个开发过程中如何协调的问题。本节介绍的RUP模型和敏捷思想都是在融合传统软件生命周期模型的基础上,结合计算机编码语言和新技术,而提出的一种有别于传统模型的新型软件生命周期模型,其目的是更高效率、更加灵活和更高质量地组织软件开发过程。

2.4.1 RUP

RUP(Rational Unified Process)是由Rational公司(现被IBM公司收购)开发的一种软件工程过程框架,是一个面向对象的程序开发方法论。它是一个在线的指导者,可以为所有方面和层次的软件开发提供指导,是一种用以分配与管理任务和职责的规范化方法;它能提高开发队伍的开发效率,并能给所有开发人员提供最佳的软件开发实践。因此,RUP既是一种软件生命周期模型,又是一种支持面向对象软件开发的工具,将软件开发过程要素和软件工件要素整合在统一的框架中。

1. RUP的基本结构

1995年,Rational软件公司与Objectory AB公司合并,将两种产品Rational Approach和Objectory 3.8取长补短,进行合并,其核心继承“过程结构”和Use Case(用例)的概念。1996～

1997 年，其产品定义为 Rational Objectory，并在此期间融入 UML 1.0 规范。最终于 1998 年首次将产品命名为 RUP，并首次在产品中加入业务建模、性能测试、配置和变更管理，从而奠定以用例为驱动、体系结构为核心、迭代增量式开发的产品特点。2002 年，IBM 公司耗资 2.1 亿美元收购 Rational 的一系列产品，目前 Rational 产品系列经过 IBM 公司的融合和改进后已经成为 IBM 主推的一类软件开发平台产品包。最新的 RUP 2010 版本融合在 Rational Method Composer 7.5 版本中，并将其分为 RUP for small Project 和 Classic RUP for SOMA 两个版本。

RUP 既是一种软件生命周期模型，又是一种支持面向对象软件开发的工具，将软件开发过程要素和软件工件要素整合在统一的框架中。RUP 是一种二维可视化的软件开发模型，如图 2-18 所示。横轴在时间上将生命周期过程展开成 4 个阶段（Phase），每个阶段特有的里程碑（Milestone）是该阶段结束的标志，从第 2 个阶段开始又划分为多次的迭代（Iteration），体现软件开发过程的动态灵活的特点；纵轴按照活动的内容进行组织，包括活动（Activity）、活动产出的工件（Artifact）、活动的执行角色（Worker），以及活动执行的工作流（Workflow），体现软件开发过程中每次迭代时必须执行活动的静态结构。

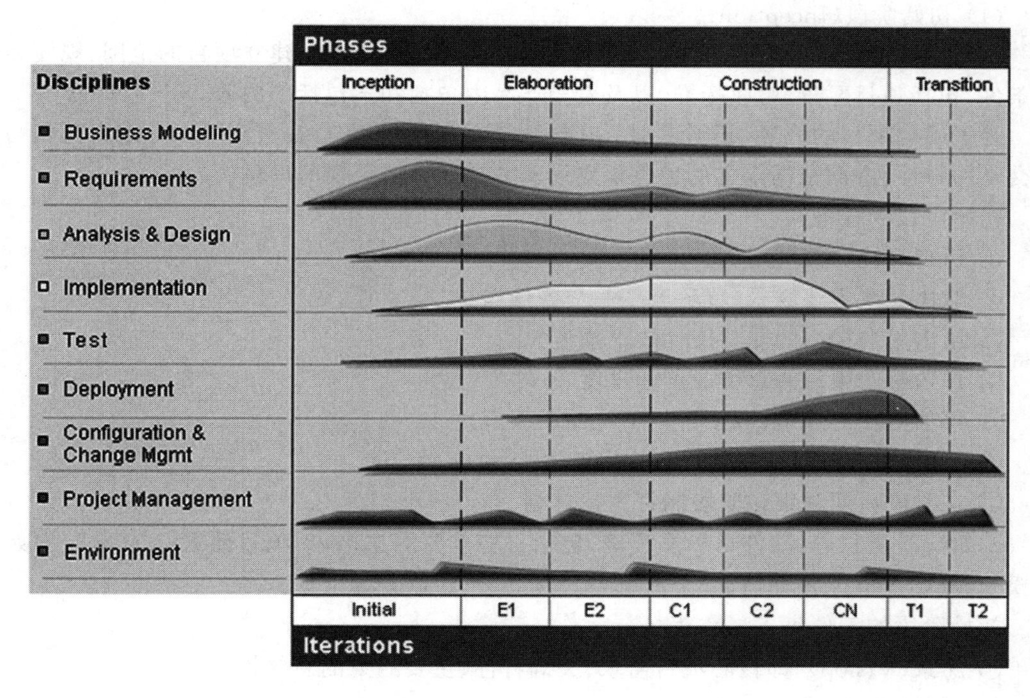

图 2-18　RUP 二维软件开发模型

RUP 与传统生命周期模型的不同点是突出表明软件开发活动中的每一项活动不是一次能完成的，相反说明每一项活动不仅随软件开发过程的进展而有所变化：图 2-18 中的曲线展示每一项活动在不同阶段的工作量的动态分配；说明每一项活动在不同阶段与其他活动之间的关系，展示每一个迭代所必须执行的活动。RUP 将软件开发过程通过时间、阶段、迭代与开发活动有机地结合。

综上所述，RUP 的特点可以概述为用例为驱动，以架构为核心的迭代增量式开发模型。通过多次迭代将瀑布一个完整的开发过程分解成多个小的瀑布过程，其优点正好解决瀑布模型开发周期太长的问题，并且在短时间内可以给客户和用户呈现系统的结构，以及对需求理解是否正确。

RUP中的软件生命周期在时间上被分解为4个顺序的阶段,分别是初始阶段(Inception)、细化阶段(Elaboration)、构造阶段(Construction)和交付阶段(Transition)。每个阶段结束于一个主要的里程碑(Major Milestone),如图2-19所示,并在阶段结尾执行一次评估以确定这个阶段的目标是否已经满足。如果评估结果令人满意的话,可以允许项目进入下一个阶段。

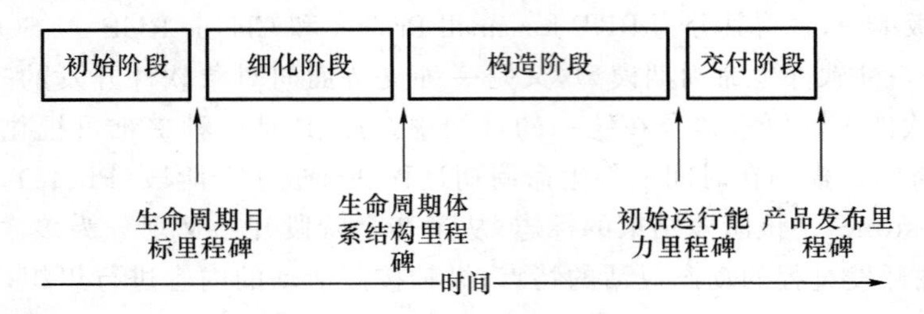

图2-19 RUP的生命周期及其里程碑

(1) 初始阶段(Inception)。

初始阶段的目标:通过业务用例(Business Case)了解业务并建立项目的范围、规模和边界条件,包括项目愿景、验收标准,以及希望产品中包括和不包括的内容。

为了确定项目的边界,必须识别所有与系统交互的角色,并在较高层次上定义角色与系统交互的特性,进而根据定义的角色识别用例并描述一些重要的用例。

初始阶段的任务:

① 识别系统的关键用例。

② 对比一些主要场景,展示至少一个备选构架。

③ 给出用户提出的非功能性要求描述。

④ 评估整个项目的总体成本和进度。

⑤ 评估潜在的风险(源于各种不可预测因素)。

⑥ 准备项目的支持环境。

⑦ 在阶段后期为细化阶段制订迭代计划。

初始阶段里程碑:软件目标里程碑,包括一些重要的文档,如项目愿景(Vision)、原始用例模型、原始业务风险评估、一个或者多个原型、原始业务场景等。

初始阶段的工件集:

① 愿景(Vision),即核心项目需求、关键特性、主要约束的总体构想。

② 业务用例(Business Case)。

③ 用例模型(Use-Case Model),即初始的关键用例模型,占10%~20%的数量。

④ 风险列表(Risks List)。

⑤ 计划(Plan),包括以下3部分。

- 软件开发计划(Software Development Plan)。
- 迭代开发计划(Iteration Plan)。
- 产品验收计划(Product Acceptance Plan)。

⑥ 开发用例(Development Case)。

⑦ 开发工具(Tools)。

⑧ 词汇表(Glossary)。

(2) 细化阶段(Elaboration)。

细化阶段的目标：分析问题领域，建立健全的体系结构基础，编制项目计划，完成项目中高风险需求部分的开发。该阶段的关键问题是：用例、构架和计划是否足够稳定可靠，风险是否充分控制，以便能够按照合同的规定完成整个开发任务。

细化阶段的任务：

① 详细说明系统的绝大多数用例，并根据关键用例的实现在第 1～2 次迭代中设计出系统的构架。

② 通过关键用例的实现确定系统的构架基线。

③ 在细化阶段末期规划完成项目的活动，估算完成项目所需的资源。

④ 处理在构架方面具有重要意义的所有项目风险。

⑤ 细化和修改前景文档。

⑥ 在细化阶段后期为构造阶段制订详细的迭代计划。

⑦ 为项目建立支持环境，包括创建开发案例，创建模板、准则并准备工具。

细化阶段里程碑：生命周期体系结构(Lifecycle Architecture)里程碑，包括风险分析文档、软件体系结构基线、项目计划、可执行的进化原型、初始版本的用户手册等。

细化阶段的工件集：

① 愿景(Vision)。

② 系统原型(Prototypes)，包括以下 6 部分。

- 用例模型(Use-Case Model)：至少 80%的用例待完成，所有用例均被识别，大多数用例描述被开发。
- 领域模型(Domain Model)：结合用例模型完成相应的领域模型构建。
- 分析模型(Analysis Model)：可选，主要用于帮助确定大规模系统结构。
- 设计模型(Design Model)：结合用例给出系统的静态和动态结构。
- 数据模型(Data Model)：结合用例模型和领域模型给出相应的数据模型。
- 实现模型(Implementation Model)：将部分用例转化为代码。

③ 风险列表(Risks List)。

④ 开发工具(Tools)。

⑤ 软件体系结构说明文档(Software Architecture Document)。

⑥ 软件开发计划(Software Development Plan)。

⑦ 迭代计划(Iteration Plan)。

(3) 构造阶段(Construction)。

构造阶段的目标：将所有剩余稳定业务需求及组件开发出来，并集成为软件产品，并将所有功能进行详细测试。从某种意义上说，构造阶段只是一个制造过程，其重点是管理资源及控制开发过程以优化成本、进度和质量。

构造阶段的任务：

① 进行资源管理，监控并优化开发过程。

② 根据制订的迭代计划完成组件开发和测试工作。

③ 根据愿景文档中定义的验收标准进行产品评估。

构造阶段里程碑:初始运行能力(Initial Operational Capability)里程碑,包括可以运行的软件产品、用户手册等。它决定产品是否可以在测试环境中进行部署。此刻,须确定软件、环境、用户是否可以开始运行系统。此时的产品版本也常被称为 beta 版。

构造阶段的工件集:

① 系统(System),包括以下3部分。

- 实现模型(Implementation Model)。
- 数据模型(Data Model)。
- 测试模型(Test Model)。

② 计划(Plan),包括以下3部分。

- 部署计划(Deployment Plan)。
- 迭代计划(Iteration Plan)。
- 设计计划(Design Plan)。

③ 培训资料(Training Materials)。

④ 开发工具(Tools)。

(4) 交付阶段(Transition)。

交付阶段的目标:软件产品正常运行并交付用户使用。交付阶段可以跨越几次迭代,包括为发布准备的产品测试,基于用户反馈的少量调整。

交付阶段的任务:

① 执行部署计划。

② 在开发环境中进行产品交付前的测试工作。

③ 完成维护和售后支持文档手册并培训用户和维护人员。

④ 生成最终的软件产品。

⑤ 获取用户反馈并根据反馈信息进行产品微调。

⑥ 确保部署的软件产品符合用户的验收标准。

交付阶段的里程碑:产品发布(Product Release)里程碑。此时,确定最终目标是否实现,是否应该开始产品下一个版本的另一个开发周期。在一些情况下,这个里程碑可能与下一个周期的初始阶段相重合。

交付阶段的工件集:

① 软件产品包(The Product Build)。

② 软件版本说明(Release Notes)。

③ 软件安装介质(Installation Artifacts)。

④ 培训手册(Training Materials)。

⑤ 用户支持手册(End-User Support Material)。

⑥ 测试模型(Test Model)。

2. RUP 的迭代增量开发思想

RUP 的每一个阶段可以进一步划分为一个或多个迭代过程,如图 2-20 所示(图中每一阶段的迭代次数只是示意)。迭代过程是导致可执行产品版本(内部和外部)的完整开发循环,每一次迭代都能够产生一个中间版本的产品,它是最终产品的一个子集,从一个迭代过程到另一个迭代过程增量形成最终的系统。因此,RUP 是融合喷泉模型和增量模型的一种综合生命周期模型。

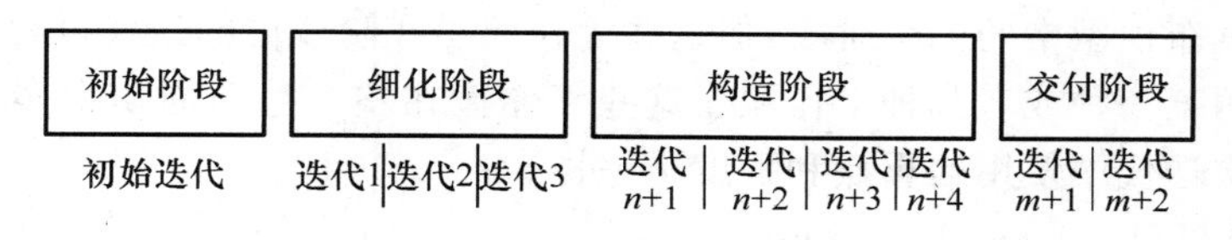

图 2-20　RUP 中的迭代增量开发

按照迭代模型和增量模型的过程组织方法，RUP 将整个项目的开发目标划分成一些更易于完成和达到的阶段小目标，每个小目标都有一个定义明确的阶段评估标准。每一次迭代是为完成一定阶段小目标而从事的一系列开发活动，如图 2-21 所示。

(1) 在每次迭代开始前(一般是在上一次迭代结束时)，根据项目当前的状态和所要达到的阶段小目标制订迭代计划；

(2) 每个迭代过程都包含需求、设计、实施(编码)、部署、测试等各种类型的开发活动，不同迭代侧重点有所不同；

(3) 迭代完成之后，开发人员和客户一起对产生的中间版本产品进行评估，并根据客户的反馈进行调整，从而制订下一次迭代的目标。

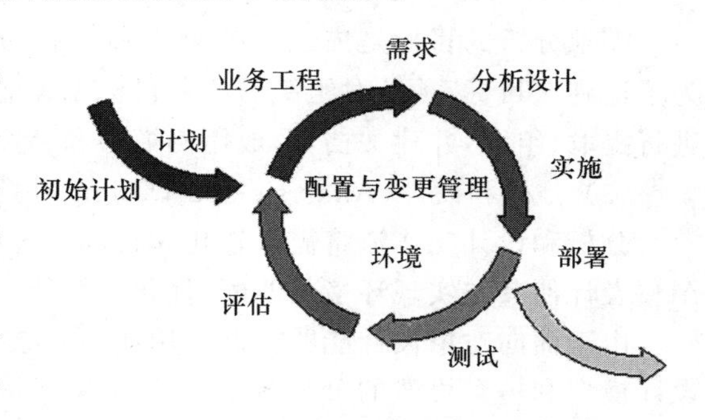

图 2-21　RUP 中的迭代过程

RUP 中的迭代周期要求一个固定的时间周期：不宜过长，避免开发人员出现前松后紧的情况；不宜过短，避免引起阶段小目标划分粒度过低而破坏项目。RUP 建议在 2～4 周。在制订迭代计划时，由于迭代周期的刚性要求，如果在一次迭代中目标没有完成，须将尚未完成的目标转移到下一次迭代目标，并对迭代计划过程进行改进，逐步使迭代计划更加合理。因此，RUP 中的迭代计划也是逐步改进的。

每一次迭代内容的制订是风险驱动的，即根据业务需求重要程度、技术风险等级高低来决定迭代内容的安排。因此，项目的风险解决集中在初始阶段和细化阶段，特别是在细化阶段，解决所有的技术风险，形成稳定的软件体系结构；同时，在几次迭代后，通过用户对中间版本产品的反馈，对捕获的需求进行调整，从而逐步稳定用户需求。这样，进入构造阶段后，需求已经基本稳定。

RUP 通过迭代增量建模思想提高风险控制能力，这体现在以下 4 方面。

(1) 迭代计划安排是风险驱动的，高风险因素集中在前两个阶段解决，特别是体系结构级的风险在细化阶段解决，及早降低系统风险；

(2) 每一次迭代都包括需求、设计、实施、部署和测试活动，因此，每一个中间产品都进行集成测试，而且这个集成测试是在一个统一的软件体系结构指导下完成的；

(3) 每一个阶段结束时还有严格的质量评审，保证里程碑文档的质量；

(4) 由于中间版本的产品是逐步产生的，而且核心功能和性能需求已经包含在前面的版本中。所以，可以根据市场竞争的情况适时推出中间版本，降低市场风险。

3. RUP 的核心工作流

RUP 有 9 个核心工作流(Core Workflow)，分为 6 个核心过程工作流(Core Process

Workflows)和3个核心支持工作流(Core Supporting Workflows)。6个核心过程工作流非常类似于传统瀑布模型中的几个阶段,但这些工作流是在阶段内的迭代过程中实施的,并非某个阶段只使用某一种或者几种工作流。这些工作流在整个生命周期中多次被访问,区别仅仅是在每一次迭代中使用的重点和强度不一样。

(1) 业务建模(Business Modeling)。

业务建模使用业务用例(Business Case)对企业的业务过程、角色及其责任建文档,并在业务对象模型中核实业务过程中角色的责任。这个环节对于帮助软件开发人员理解业务背景并正确把握需求有至关重要的作用。

(2) 需求(Requirements)。

需求分析的目标是描述系统应该做什么,并使开发人员和用户就需求描述达成共识。为了达到该目标,须针对组织的项目目标创建愿景,对功能需求、非功能需求,以及约束条件进行提取、组织,并建文档,形成用例模型和补充规范。

(3) 分析和设计(Analysis and Design)。

分析和设计工作流将需求转化为目标系统的设计,为系统开发一个稳定的体系结构并调整设计使其与实现环境相匹配,优化其性能。

由于面向对象设计能够自然复用面向对象分析的成果,所以分析和设计的结果是一个设计模型和一个可选的分析模型。设计模型是源代码的抽象,由设计类和一些描述组成。设计类被组织成具有良好接口的设计包(Package),进而形成子系统,而描述则体现类的对象如何协同工作,以实现用例场景(Scenario)。设计活动以体系结构设计为中心,体系结构由若干视图(View)来表达,视图是整个设计的抽象和简化,它省略一些细节,使重要的特点体现得更加清晰,如用例(Use Case)视图、逻辑(Logical)视图、并发(Concurrent)视图、部署(Deployment)视图、构件(Component)视图等。

(4) 实现(Implementation)。

实现的目的包括以层次化子系统形式定义代码的组织结构,以组件形式(源文件、二进制文件、可执行文件)实现类和对象,将开发出的组件作为单元进行测试,以及集成由单个开发者(或小组)所产生的结果,使其成为可执行的系统。

(5) 测试(Test)。

测试验证对象间的交互作用,验证软件中所有组件正确集成,检验所有的需求已被正确实现,识别并确保软件缺陷在部署之前已处理。

(6) 部署(Deployment)。

部署的目的是成功生成版本并将软件发布给最终用户。部署工作流描述那些与确保软件产品对最终用户可用的相关活动,包括软件打包、生成软件本身以外的产品、安装软件、为用户提供帮助等活动。在有些情况下,还可能包括计划并进行beta版本测试,移植现有的软件和数据,以及正式验收等活动。

(7) 配置和变更管理(Configuration and Change Management)。

配置和变更管理描绘如何在多个成员组成的项目中控制大量的工件。配置和变更管理工作流提供准则来管理演化系统中的多个变体,跟踪软件创建过程中的版本;描述如何管理并行开发、分布式开发,以及如何自动化创建工程;同时,阐述需求变更管理,如产品修改原因、时间、人员保持审计记录的管理等。

(8) 项目管理(Project Management)。

项目管理平衡各种可能产生冲突的项目目标,管理项目风险,克服各种约束并成功交付使用户满意的产品。其目标包括:为项目的管理提供框架,为项目计划、项目人员配备、项目执行和监控提供实用的准则,为风险管理提供框架等。

(9) 环境(Environment)。

环境工作流的目的是向软件开发组织提供软件开发环境,包括过程和工具。它集中配置项目开发过程中所需要的活动,也包括支持项目开发规范的活动。为此,环境工作流提供指导手册以指导如何在组织中逐步实现过程;同时,提供定制流程所必需的准则、模板、工具等开发工具箱。

4. RUP 的最佳实践

RUP 描述如何为软件开发队伍有效部署经过商业化验证的软件开发方法,这些方法已经被许多成功的机构普遍运用,RUP 将其总结为"最佳实践",并为团队有效利用"最佳实践"提供必要准则、模板和工具指导。

(1) 短时间分区式的迭代:2~4 周,不鼓励时间推迟。

(2) 适应性开发:小步骤、快速反馈和调整。

(3) 在早期迭代中解决高技术风险和高业务价值的问题。

(4) 不断地让用户参与迭代结果的评估,并及时获取反馈信息,以逐步阐明问题并引导项目进展。

(5) 在早期迭代中建立内聚的核心架构。该实践是和早期处理高技术风险和高业务价值问题有关的,因为核心架构一般和高风险因素紧密相关。

(6) 不断地验证质量;尽早、经常和实际地测试。

(7) 使用用例驱动软件建模:用例是获取需求、制订计划、设计、测试,以及编写终端用户文档的驱动力量。

(8) 可视化软件建模:使用统一建模语言(Unified Modeling Language,UML)进行软件建模。

(9) 认真管理需求:不草率地对待需求,有机地进行需求的提出、记录、等级划分、追踪工作。拙劣的需求管理是项目陷入困境的一个常见原因。

(10) 实行变更请求和配置管理。首先是变更请求管理:尽管 RUP 能够适应需求变更,但变更必须在受控的环境下进行,即迭代中出现新的需求请求时,不盲目接受,而对其进行工时和影响面的合理评估后才决定是否接受,如果接受,须修改项目的计划安排。变更请求管理还包括跟踪所有变更请求的生命周期。其次是配置管理:从项目运作开始,配置管理工具就用来支持频繁的系统集成和测试、并行开发、版本控制等,RUP 所有的项目资产都应该置于配置管理和版本控制之下。

RUP 是一种通用的过程模板,包含很多开发指南、工件、开发过程所涉及的角色说明等。因此,具体开发机构在应用 RUP 开发项目时须裁剪。RUP 裁剪可以分为以下 5 步:

(1) 确定本项目需要的工作流。

(2) 确定每个工作流需要的工件。

(3) 确定 4 个阶段之间的演进计划。以风险控制为原则,决定每个阶段实施的工作流、每个工作流的执行程度、生成的工件及其完成程度等。

(4) 确定每个阶段内的迭代计划,规划 RUP 的 4 个阶段中每次迭代开发的内容。

(5) 规划工作流内部结构,用活动图(Activity Diagram)规划工作流中涉及的角色、角色负责的活动及产出的工件。

2.4.2 敏捷思想与 XP 方法

传统的生命周期模型将无序的软件开发带入有章可循的时代,很大程度上解决软件危机的主要问题。经过 20～30 年的发展历程,随着计算机技术和软件市场需求的不断扩大,一些新的问题也在凸显传统方式无法应对的情况,尤其是客户和用户对需求不断变化的要求和对开发周期大幅度缩短的要求,使得大多数软件公司的技术人员疲于应付,甚至导致委托方与实施方之间的矛盾且相互不理解,甚至发展到相互对立。

在这种环境下,以及面向对象技术的飞速发展,产生能否运用快速原型的方式来解决上述两个主要矛盾的想法,并于 2001 年年初美国犹他州雪鸟滑雪胜地,一些软件工程咨询性质的组织结合在一起,对现存的一些基于变更的软件开发方法进行分类,将其共性归纳出来,取名"敏捷"(Agile),正式成立敏捷联盟(http://www.agilealliance.org/),并共同起草了敏捷宣言(http://www.agilemanifesto.org)。

敏捷建模(Agile Modeling,AM)是由 Scott W. Ambler 从许多的软件开发过程实践中归纳总结出来的一些建模价值观、原则和实践等组成的。它只是一种态度,不是一个说明性过程;它描述一种建模风格,用于实际开发环境中能够提高开发质量和效率,同时能够避免过度简化和不切实际的期望。AM 已有生命周期模型的补充,本身不是一个完整的方法论。在应用传统的生命周期模型时可以借鉴 AM 的过程指导思想,将主要焦点置于建模过程上,然后才是文档,而不过度建模,过度编制文档。AM 思想有以下 7 种具体的体现方法:

- Extreme Programming(XP);
- Scrum;
- Crystal Methods;
- FDD (Feature-Driven Development);
- ASD (Adaptive Software Development);
- DSDM (Dynamic System Development Methods);
- RUP。

1. 敏捷宣言(Manifesto for Agile Software Development)

We are uncovering better ways of developing software by doing it and helping others do it. Through this work we have come to value:

Individuals and interactions over processes and tools

Working software over comprehensive documentation

Customer collaboration over contract negotiation

Responding to change over following a plan

That is, while there is value in the items on the right, we value the items on the left more.

Kent Beck　Mike Beedle　Arie van Bennekum　Alistair Cockburn
Ward Cunningham　Martin Fowler　James Grenning　Jim Highsmith
Andrew Hunt　Ron Jeffries　Jon Kern　Brian Marick
Robert C. Martin　Steve Mellor　Ken Schwaber　Jeff Sutherland
Dave Thomas

2. 敏捷建模价值观

(1) 沟通:建模不但能够促进团队内部开发人员之间沟通,还能够促进团队和项目干系人(Project Stakeholder)之间沟通。

(2) 简单:画一两张图表来代替几十,甚至几百行的代码,通过这种方法,建模成为简化软件和软件开发过程的关键。

(3) 反馈:通过图表来交流建模想法,可以快速获得彼此的反馈。

(4) 勇气:如果一项决策证明不合适,则需要勇气做出重大的决策:放弃或重构(Refactor)先前的工作,修正建模方向。

(5) 谦逊:最优秀的开发人员都拥有谦逊的美德,总能认识到其并不是无所不知的。事实上,无论是开发人员,还是客户,甚至所有的项目干系人,都有各自的专业领域,都能够为项目做出贡献。一个有效的做法是假设项目参与者都有相同的价值,都应该被尊重。

3. 敏捷建模原则

AM 定义一系列的核心原则和补充原则,它们为软件开发项目中的建模实践奠定基石。核心原则如下所述。

(1) 主张简单:从事软件开发工作时,应当主张最简单的解决方案就是最好的解决方案。不对软件进行过度建模,只要基于现有的需求进行建模,日后需求有变更时,再来重构这个系统。因此,尽可能地保持模型简单。

(2) 拥抱变化:需求时刻在变,人们对于需求的理解也时刻在变。项目进行中,项目组织结构会变,项目目标也会发生变化。这说明随着项目的进行,项目环境也在不停地变化,因此选择的生命周期模型必须能够适应这些变化。

(3) 软件开发的第二个目标应是可持续性:当一个软件产品开发完成并成功交付用户使用时,如果软件产品本身缺少健壮性,不能够适应日后的扩展,那么这个项目仍然可能是失败的。因此,除了成功开发出软件产品这个第一目标之外,软件开发的第二个目标保持软件产品可持续的发展,可以是软件产品的下一个版本,也可以是对正在运行的软件产品的维护支持。因此,为达到此目的,不仅需要构建高质量的软件产品,还需要创建足够的文档和支持材料。

(4) 递增的变化:不在模型中包容所有的细节,只要足够的细节。不试图一开始建立一个囊括一切的模型;开发一个小模型,或是概要模型,然后慢慢地改进模型,或是在不再需要时丢弃这个模型,这就是递增的思想。

(5) 令客户收益最大化:客户为让开发者开发出满足需求的软件,需要投入时间、资金、设备等各种资源。客户拥有投资的最后决策权,因此项目开发过程务必让干系人的收益最大化。

(6) 有目的地建模:首先明确建模的目的,以及模型的受众,然后保证模型足够正确和足够详细。一旦一个模型实现目标,即可结束目前的工作,把精力转移到其他的工作,例如编写代码,以检验模型。

(7) 多种模型:从多个角度对软件系统进行建模,如从功能、信息和行为角度建模,每个模型只描述软件系统的某个方面。

(8) 高质量的工作:在建模过程中保证每项活动的执行质量。

(9) 快速反馈:和其他人一同开发模型,一个人的想法可以立刻获得其他开发人员的反馈。

(10) 软件产品是主要目标:软件开发的主要目标是以有效的方式开发满足项目干系人所需要的软件,而不是编写无关的文档、用于管理的无关工件,甚至无关的模型。任何一项活动如果不能有助于实现主要目标,都应该审核,甚至取消。

(11) 轻装前进:构建的模型越复杂、越详细,极可能越难实现发生的变化,因为对模型维护的负担很重。因此,每当决定保留一个模型时,需权衡模型载有的信息对团队有多大的作用。如果一个开发团队决定开发并维护一份详细的需求文档、一组详细的分析模型,再加上一组详细的架构模型,以及一组详细的设计模型,那么其大部分时间不是用于写源代码,而是用于更新文档。

补充原则如下所述。

(1) 内容比表示更重要:一个模型有很多种表示方法,利用不同建模方法的优点,而不把精力用于在创建和维护文档上。

(2) 三人行必有我师:一个人不可能完全精通所有技术,应该把握住团队开发的机会,和他人一同工作,向他人学习。

(3) 了解软件建模方法:只有了解不同软件建模方法的优缺点,才能够在软件开发过程中有效地使用它们,建立多个模型。

(4) 了解软件开发工具:软件建模工具各有各的特点,针对每一种建模工具,应当了解该工具合适的使用时机。

(5) 局部调整:根据软件开发的特定环境对项目计划中选择的软件过程模型和软件开发方法、开发工具进行必要的调整。

(6) 开放诚实的沟通:人们需要能够自由提出的建议,开放诚实的沟通使人们能够更好地决策,因为作为决策基础的信息更加准确。

(7) 利用直觉:随着软件开发经验的增加,开发人员的直觉变得更敏锐,因此应该充分利用有经验开发人员的直觉。

2.4.3 极限编程

极限编程(Extreme Programming,EXP)是 Kent Beck 在 20 世纪 90 年代初期与 Ward Cunningham 共事时,共同探索出新型的软件开发方法,希望能使软件开发更加简单而有效。Kent 仔细观察和分析了各种简化软件开发的前提条件、开发价值以及面临的困难。1996 年 3 月,Kent 终于在为 Daimler Chrysler 所开发的一个项目中引入新的软件开发观念——极限编程 XP,相对于传统的软件工程方法,它具有以下特点:

(1) 一种轻量级的软件开发方法,以实践为基础的软件工程过程和思想。

(2) 它使用快速的反馈,大量而迅速的交流,通过及时和大量的测试来最大限度地保证和满足用户的需求。

(3) 强调用户满意,开发人员可以快速反应需求的变化。

(4) 认为代码质量的重要程度超出其他所有的内容。

(5) 强调团队合作,除了开发人员,还特别将用户置于开发团队之内,两者的关系不是对立的,而是互相协作的,具有共同的目标,即提交正确的软件。

相对于瀑布模型要求一次确定需求,XP 特别适用于需求经常改变的领域:

(1) 客户可能对系统的功能并没有清晰的认识;

(2) 系统的需求可能经常变动。

XP 也适用于风险比较高的项目:

(1) 当开发人员面对一个新的领域或技术时,XP 可以帮助减低风险;

(2) XP 适用于小的项目,人员为 2~12 人;XP 不适用于人员太多的项目。

对比传统的项目开发方式,XP 强调把它列出的每个方法和思想发挥到极限、表现得最好;其他 XP 所不提倡的则一概忽略(如开发前期的整体设计等文档工作)。对于一个严格实施 XP 的项目,其开发过程应该是平稳、高效和快速的,能够实现一周 40 小时工作制而不拖延项目进度。事实上,在需求经常变化或风险比较高的项目中,少量而有效的 XP 开发人员效率远远高于大量的开发人员。极限编程提出的四大准则(沟通、简单、反馈和勇气)被后期成立的敏捷联盟作为敏捷思想的核心准则。

1. XP 的工作流程

从图 2-22 中可以看到,XP 是以 User Stories (US)为驱动并考虑相应的软件体系结构探索和确认后,对大多数的 US 进行评估和优先级设置后给出初始的版本发布计划(相当于里程碑计划)。之后团队进入到迭代开发过程中,其中包括迭代计划的制订和基于 US 的迭代开发过程。每个迭代之后都会进行版本的发布,随之根据客户制订的验收测试用例进行验收测试。迭代过程可能根据团队的能力及对 US 理解的难易程度随时调整迭代周期的长短;验收测试时如果发现问题,团队进行 Bugs 的修复开发和新一轮的验收测试。直到每一个迭代提交的版本通过测试和客户确认后,发布一个新的版本。

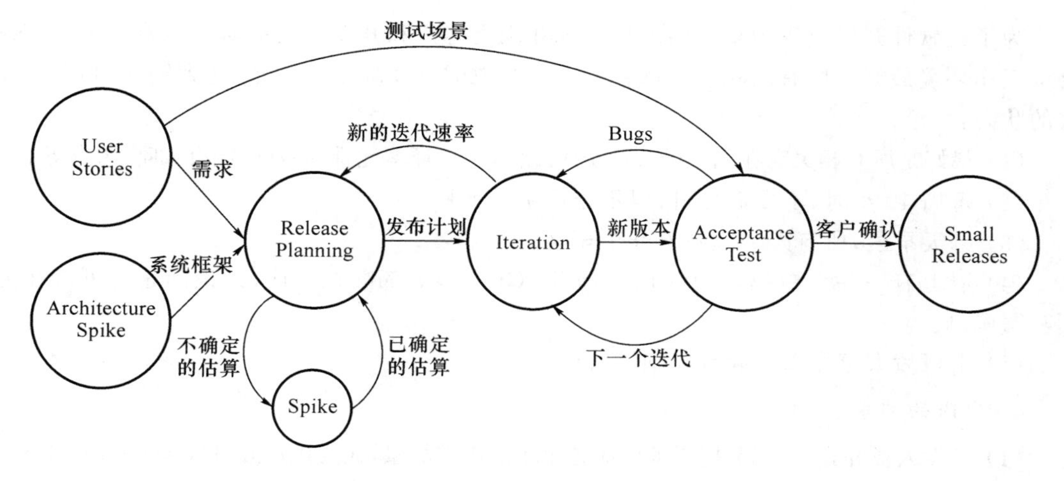

图 2-22 XP 的工作流程

2. 极限编程中的角色及其职责

(1) 用户。

用户是项目组的一部分,具有以下职责。

- 编写 US,并确定优先级。
- 和开发人员讨论需求。
- 编写验收测试,并运行验收测试。
- 用户驱动 Iteration (Release Plan, Iteration Plan)。

(2) 开发人员。

- 与用户讨论 US,并估计开发时间。
- 将 US 细化成编码任务。
- 编写单元测试用例。
- 编码。
- 进行重构。
- 整合及测试,保证完全通过。

(3) 项目经理。

- 负责对外联系,组织团队。
- 获取必要的资源,管理团队。

(4) 项目跟踪人员。

- 负责跟踪版本计划、迭代计划及验收测试。

(5) 教练/指导员。

- 发挥顾问指导作用,监督及必要的帮助。
- 教练和开发人员相互尊重。教练不仅善于倾听,而且随时准备对出现的问题发表意见。教练的责任是在团队出现困难时提供必要的帮助。
- 监督进展,确保过程和规则,必要时改变过程,帮助解决问题,也可以参加配对编程。

3. 极限编程的环境要求

为了在软件开发过程中最大限度地实现和满足客户和开发人员的基本权利和义务,XP 要求工作环境最好。所有的相关者都在同一个开放的开发环境中工作,达到轻松、和谐及高效的状态:

(1) 最好是所有相关者在同一个大房子中工作,不仅环境优雅,而且应该有咖啡、茶点等。

(2) 每周 40 小时,不提倡加班,但不排斥主动加班。

(3) 每天早晨,所有人一起站着开个短会。

(4) 墙上有一些大白板,所有的 Story 卡、CRC 卡等都贴在上面,讨论问题时可以在上面写写画画。

(5) 下班后大家可以一起玩电脑游戏……

4. 极限的需求

(1) 开发人员和客户一起,把需求变成各个小的需求场景,成为用户故事(User Story, US)。

(2) 这些 US 又根据实际情况组合,或者被分解成更小的 US,且它们都被记录在一些小卡片(Story Card)上。

（3）客户根据每个 US 的商业价值来指定它们的优先级。

（4）开发人员确定每个 US 的开发风险。

（5）经过开发人员和客户评估后，各个 US 被安排在不同的迭代里，客户得到一个尽可能准确的开发计划。

（6）客户为每个 US 指定验收测试(功能测试)。

5. 极限的设计

（1）从开发的角度来看，XP 内层的过程是一个基于测试驱动的开发周期(Test-Driven Development)，每个开发周期都有很多相应的单元测试。

（2）随着这些测试的进行，通过的单元测试越来越多。通过这种方式，客户和开发人员都很容易检验是否履行对客户的承诺。

（3）XP 还大力提倡设计复核(Review)、代码复核，以及重整和优化(Refectory)，所有的这些过程也是优化设计的过程。

6. 极限编程

（1）提倡配对编程(Pair Programming)，而且代码所有权归于整个开发队伍(Collective Code Ownership)。

（2）程序员在写程序和重整优化程序时，严格遵守编程规范。

（3）任何程序员都可以修改其他程序员写的程序，修改后确定新程序能通过单元测试。

7. 极限测试

（1）提倡在开始写程序之前先写单元测试。

（2）开发人员应该经常把开发好的模块整合，每次整合后都运行单元测试。

（3）任何的代码复核和修改时须运行单元测试。

（4）发现 Bug 时，增加相应的测试。

（5）除了单元测试，还有整合测试，功能测试、负荷测试和系统测试等。

（6）所有这些测试是 XP 开发过程中最重要的文档之一，也是最终交付给用户的内容之一。

习　题

1. 什么是软件生命周期过程？包括哪些主要的活动？
2. 试比较瀑布模型、演化模型、螺旋模型的优缺点。
3. 什么是原型？试述原型方法在软件生命周期中的应用。
4. 分析增量模型在演化模型的基础上进行哪些方面的改进。
5. 软件工程对于软件开发最主要的贡献是什么？
6. RUP 模型定义与哪一个传统的生命周期模型更加贴近？
7. RUP 模型融合哪些传统生命周期模型的特点？
8. 试比较 RUP 和瀑布模型在风险控制能力方面的区别。
9. 试分析瀑布模型及原型开发方法与 XP 的关系。

第3章 软件需求分析

从第2章中可以发现，软件需求分析活动在软件开发过程中起到承上启下的作用，它的正确理解和表达对后期的软件开发活动成功与否起到至关重要的作用。即无论系统开发人员设计如何完善、编码如何正确，但系统开发出来的功能如果不能与用户的需求相符合，也只能给用户带来不满和失望，同时也会给系统开发人员带来不必要的麻烦。只有通过软件需求分析的活动才有可能把用户对软件的功能和性能的想法转化为软件需求规格说明书，进而为软件的设计和开发奠定基础。

在软件需求分析和制订软件需求规格说明的过程中，为了准确和深刻理解软件需求，不仅需要软件开发人员参与，系统用户的参与也起着至关重要的作用。用户不仅要对软件的功能和性能提出初步的要求，而且还必须对该系统所处的业务背景及业务流程进行必要的解释。同时，软件分析人员认真理解用户对需求的描述，细致地进行调查和分析，把用户“做什么”的要求最终转换成一个完整精细的软件逻辑模型，最终形成软件的需求规格说明书。

需求分析过程和制订软件需求规格说明看似是相当简单的任务，但这其中存在大量的信息，须正确理解和书面表达，这个过程可能存在错误的解释或误传的可能性或理解上的二义性，因而需要一个需求分析的原则和方法来指导。

3.1 需求分析之前的活动

在实际的软件开发项目中，需求分析活动之前还有一系列的准备活动。一般来说，软件开发活动分为两类：

（1）一种是软件产品的开发活动，其特征主要是以自身积累的经验和知识开发相对固定的软件制品。

（2）另一种是软件项目的开发活动，其特征是项目的活动围绕软件委托方的需求，软件实施方开展的一系列软件开发活动。

根据这两大类软件开发活动，软件项目正式启动也分为两种：一种是内部立项并启动；另一种是委托方和软件实施方签订正式的软件委托开发合同。无论哪一种类型的软件开发活动，软件项目的前期准备活动通常包括：项目预研和项目可行性分析，有时统称为系统分析。其目的是期望利用最短的时间和最小的成本进行必要的技术和经济等方面的分析，用以判断该项目是否能够达到预期的目标，是否能够获得预期的收益，技术上是否成熟并能满足系统开发的要求等。

3.1.1　系统分析

系统分析是一组统称为计算机系统工程的活动。由于这个术语常用来特指软件需求分析活动的环境，故须特别注意加以区分。讨论此问题的目的就是表明，系统分析着眼于所有与计算机相关的系统元素，而不仅仅是软件。

在进行系统分析时需要硬件工程师、软件工程师，以及数据库专家与客户和用户共同合作来实现以下目标：

（1）识别用户要求，包括系统建设目标、范围和软件、硬件，功能和性能等方面的要求。

（2）进一步界定软件需求的范围，以及和其他计算机系统元素的关系。

（3）根据用户的各种需求进行技术可行性分析。

（4）建立成本和进度限制，并进行必要的经济可行性分析。

（5）生成系统规格说明，形成所有后续工程（包括软件和硬件）的基础。

3.1.2　可行性分析

所有软件开发项目均是可行的，但前提是在给定无限的资源和无限的时间的情况下。通常情况下，软件项目的成功受制于三个条件：用户各种要求、时间和成本。只有三个条件都满足，软件项目才算成功；只要有一个条件不能满足，软件项目即失败。

计算机的系统开发往往受困于资源不足和紧张的开发时间。为此，在尽可能早的时间内评估项目的可行性既是必要的，也是应该的，如果在系统定义阶段能够较早地识别一个错误构思的系统，那么可以避免大量的人力、物力、时间上浪费，以及数不清的专业开发人员的抱怨。

1. 可行性分析的任务和步骤

首先，针对项目确定问题域并对问题域进行概要的分析和研究，初步确定项目的规模、约束和限制条件。其次，针对问题域中的关键和核心问题进行简要的需求分析，抽象出问题域的逻辑结构，并构建逻辑模型。最后，从逻辑模型出发，通过小规模的设计和技术实现论证，探索出若干种可供选择的解决方案，并对每种方案进行可行性方面的论证。

可行性分析主要集中在4个方面：

（1）经济可行性。进行开发成本的估算，以及可能取得的经济效益，确定待开发系统是否值得投资开发。

（2）技术可行性。对待开发的系统进行功能、性能和限制条件的分析，确定在现有资源的条件下，技术风险有多大，系统是否能实现。资源包括已有或可以获得的硬件、软件资源，以及现有技术人员的技术水平与已有的工作基础。

（3）法律可行性。确认待开发系统可能涉及的任何侵权、妨碍、责任的问题。

（4）方案的选择。对待开发系统的不同方案进行比较评估，尤其是成本和时间限制。

下面主要针对前两个方面的问题进行阐述：经济可行性分析和技术可行性分析。

2. 经济可行性分析

软件开发需要投资，软件运行后需要收益，在进行可行性分析时首先从经济的角度评价软件项目是否可行。成本/效益分析是对软件的开发成本和可能取得的效益进行权衡比较，目的是从经济角度评价一个新项目是否可行，是否划算，从而帮助投资人或者用户正确地做出是否投资这个项目的开发决策。短期/长远利益分析是从另一种角度来评价成本和效益之间的关系。下面介绍两种主要方法:成本估算技术和效益度量方法。

3. 成本估算技术

在进行成本估算时,除了主要考虑软件开发所必需的软件开发成本之外,还须考虑一些支撑该软件开发所必需的市场、销售,以及行政开销等。软件开发成本主要通过代码行、功能点、任务分解、经验估算模型、COCOMO模型等技术进行初步的软件度量,以及软件规模的成本估算,具体的详细内容参见《软件项目管理》。

(1) 代码行技术。

这是一种比较简单的定量估算方法,把开发每个软件功能的成本和实现这个功能需要的源代码行数联系起来。通常根据经验和历史数据估计实现这些功能需要的源代码行数。一旦估算出源代码行数,用每行代码的平均成本乘以行数可以确定软件的成本。每行代码的平均成本取决于软件的复杂程度和开发人员的工资水平。

(2) 功能点技术。

面向功能的软件度量使用软件所提供的功能作为测量的依据。然而"功能"不能直接测量,所以必须通过其他的测量方式来导出。面向功能度量是由Albrecht首先提出来一种称为功能点的测量。功能点是基于软件信息领域中可计算的(直接的)测量及软件复杂度的评估而导出的。

(3) 任务分解技术。

这种方法根据所采用的软件开发模型把软件开发工程分解成若干个相对独立的任务,再分别估计每个任务单独开发的成本,最后累加得出软件开发工程的总成本。估计每个任务的成本时,通常先估计完成该项任务需要的人力(以"人月"为单位),再乘以每人每月的平均工资而得出每个任务的成本。

(4) 经验估算模型。

软件规模的估算模型使用由经验导出的公式来预测工作量,工作量是LOC或FP的函数,并利用LOC或FP的值插入到估算模型。支持大多数估算模型的经验数据一般来源于以往项目的样品集。因此,不存在任何估算模型能够适用于所有类型的软件及所有开发环境。一般来讲,在具体应用一个估算模型时,应能根据当前项目情况对模型的指数及系数加以调整。

(5) COCOMO模型。

Barry Boehm在其经典著作"软件工程经济学"中介绍了一种软件估算模型的层次体系,称为COCOMO(Constructive Cost Model),该模型层次又分为基本模型、中级模型和高级模型。基本COCOMO模型是一个静态单变量模型,用一个以已估算出来的源代码行数为自变量(经验)的函数来计算软件开发工作量。中级COCOMO模型则在用LOC为自变量的函数计算软件开发工作量(此时称为名义工作量)的基础上,再用涉及产品、硬件、人员、项目等方面属性的影响因素来调整工作量估算。高级COCOMO模型包括中级COCOMO模型的所有特性,但用上述各种影响因素调整工作量估算时,还须考虑对软件工程过程中每一步骤(分析、设计等)的影响。

(6) 软件方程式。

软件方程式是一个多变量模型,假设在软件开发项目的整个生命周期中一个特定的工作量分布。该模型是从4 000多个当代的软件项目中收集的生产率数据中导出的。

(7) 软件的其他成本估算内容。

软件开发的其他成本:除了以上主要的软件开发成本之外,还必须考虑支撑软件开发所必需的市场、销售和行政等项的开支。根据经验,如下内容须考虑:

① 办公室房租、现场开发住宿费等。

② 办公用品,如桌、椅、书柜、照明电器、空调等。

③ 计算机、打印机、网络等硬件设备。

④ 电话、传真等通信设备,以及通信费用。

⑤ 资料费。

⑥ 办公消耗,如水电费、打印复印费等。

⑦ 软件开发人员与行政人员的工资。

⑧ 差旅费、国内外出差补贴等。

⑨ 市场调查、可行性分析、需求分析的交际费用。

⑩ 公司人员培训费用。

⑪ 产品宣传费用。如果用 Internet 宣传,则考虑建设 Web 站点的费用。

4. *效益度量方法*

(1) 货币的时间价值。

用货币的时间价值进行估算,可用利率来表示货币的时间价值。成本估算的目的是因为对项目进行投资,但由于投资在前,取得效益在后,因此考虑到货币的时间价值。设年利率为 i,现存入 P 元,n 年后货币价值为 F,若不计复利则

$$F=P(1+i)^n$$

反之,若 n 年能收入 F 元,那么这些钱的现值是

$$P=\frac{F}{(1+i)^n}$$

例如,假设利用购买的一套计算机辅助开发工具来代替部门大部分的人工设计工作,每年估算可节约 9.6 万元。若该软件的生命周期为 5 年,则 5 年可节省总开支 48 万元。开发这套软件系统共投资 20 万元。

考虑货币的时间价值时,不能简单地用节省的总开支减去系统的投资费用得出系统的利润。因为投资的费用 20 万元是现在的费用,而 48 万元是 5 年以后节省的费用。为此须把 5 年内每年预计节省的费用折合成现在的价值才能进行比较。

假设,年利率是 5%,利用上面计算货币现在价值的公式,可以算出引入该计算机系统后每年预计节省费用的现在价值,参见表 3-1。

表 3-1　货币的时间价值

年份	将来值/万元	$(1+i)^n$	现在值/万元	累计的现在值/万元
1	9.6	1.050 0	9.142 9	9.142 9
2	9.6	1.102 5	8.707 5	17.850 3
3	9.6	1.157 6	8.292 8	26.143 2
4	9.6	1.215 5	7.897 9	34.041 1
5	9.6	1.276 3	7.521 9	41.563 0

(2) 投资回收期。

使累计的经济效益等于最初的投资费用所需的时间。投资回收期越短,越能快获得利润。根据上面的例子,引入计算机辅助开发工具两年后,可以节省 17.85 万元,比预期的投资还少 2.15 万元,但第三年累计的节省金额就可达到 26 万,同时考虑到第三年可节省的金额为 8.29 万元,则

$$2.15/8.29=0.259$$

因此,投资回收期是 2.259 年。

(3) 纯收入。

项目的纯收入是衡量项目价值的另一个经济指标。纯收入是在整个生存期之内系统的累计经济效益(折合成现在值)与投资之差,根据上面的例子,5 年内项目的纯收入预计为 41.56－20＝21.56 万元。

如果纯收入为零,则项目的预期效益与把资金存入银行所取得的利益一样。开发一个有风险的项目,从经济观点分析,这个项目是不值得投资的。如果纯收入小于零,显然这项工程不值得投资。只有当纯收入大于零,才能考虑项目投资。

(4) 投资回收率。

把资金存入银行或贷给其他企业能够获得利息,通常用年利率衡量利息。类似可以计算投资回收率,用这个方法衡量投资效益,并且可以把它和年利率相比较。在衡量工程的经济效益时,它是最重要的参考数据。

已知现在的投资额,并且已经估计出将来每年可以获得的经济效益,那么给定软件的使用寿命之后怎样计算投资回收率?设把数量等于投资额的资金存入银行,每年年底从银行回收的钱等于系统每年预期可以获得的效益,在时间等于系统寿命时,正好把在银行中的存款全部取完。那么,年利率应等于多少?这个假设的年利率等于投资回收率。根据上述条件,不难列出方程式:

$$P=F_1/(1+j)+F_2/(1+j)^2+\cdots+F_n/(1+J)^n$$

其中,P 是现在的投资额;F_i 是第 i 年年底的效益($i=1,2,\cdots,n$);n 是系统的使用寿命;j 是投资回收率。

解出这个高阶代数方程即可求出投资回收率。

5. 技术可行性分析

除了对经济方面进行可行性论证,同时必须对软件项目本身所需要的各种技术解决方案进行探讨和论证。对待开发的系统进行功能、性能和限制条件进行分析,确定在当前的条件下,存在多少技术风险,系统是否能实现。系统的分析人员对软件进行分析时,必不可少地了解有关该软件所处的环境及业务背景,以及该软件所处的计算机系统的大环境。此阶段技术可行性分析中的技术方案很难进行决断和评价,因为此阶段系统的目标、功能、性能还比较模糊,因此目前流行的方式是通过 1～2 个原型来验证技术是否能满足系统开发的要求。通常,技术可行性主要考虑的内容有以下 3 种。

(1) 开发风险:在给定的限制范围内,能否设计出系统,并实现必需的功能和性能?

(2) 资源可用性:是否有充足的熟练技术人员可以支配?其他必要的资源(软件和硬件)对建造系统可用么?

(3) 技术条件:相关的技术条件是否能够支持系统的开发?

在技术可行性分析中，软件开发人员评估系统概念层次上的技术优点，同时收集关于性能、可靠性、易维护性和生产率的附加信息，在某些情形下该系统分析也应涉及有限数量的研究和设计。

技术可行性分析从对系统的技术生存力的建议评估开始，完成系统功能和性能需要什么技术？需要什么新材料、方法、算法或处理，并且它们的开发风险是什么？这些技术问题如何影响成本？

从技术可行性分析得到的结果形成关于系统的一个“可行，还是不可行”决策的基础，如果技术风险很严重，如果模型能够指明希望的功能或性能不能实现，而且各部分也不能平稳地集成时，那么项目组的决策人员必须取舍相关的项目。

一旦可行性分析的结论确认，则软件开发活动可以正式进入需求分析阶段。

3.2　什么是需求

需求，什么是需求？需求为何表达？需求表达什么内容？软件和需求有什么关系？软件需求分析的结果是什么？

简单地理解，大多数情况下需求可以理解为别人的想法、理解者提出的模糊想法、作为软件开发的功能和性能需求，都可以统称为软件需求。

在第一种情况下，别人的想法无论如何清晰，作为理解想法的人必须加以分析并和提出想法的人确认之后才可以行动。比如，某位同学正好去图书馆，他的同学说：“顺道请你帮忙给我借一本数学书。”笔者猜测可能有以下 4 种借书的情形：

（1）在图书馆将看到的第一本数学书借出来。

（2）看到第一本数学书，发现忘记问是什么类型的书，根据以往的上课经验，找到自认为合适的数学书。

（3）与第二种情况类似，但在不确认的情况下又不敢擅自决定，只好打电话给这位同学询问，然后再借书。

（4）在听到这个问题后，直接询问有无书号、作者、出版社等基本信息后，再去借书。

第一种和第二种情况下，这位同学在不确认他的同学具体要借哪本书的情况下借了某一本很可能不正确的书。再比如，大家都有去商场购物的经验，尤其是买衣服和鞋，绝大多数的人都有买东西的需求，但是并不十分确定自己计划购买物品的款式、大小和价格空间，为此需要一定的时间去挑选后才能确定。

通过以上两种看似极为简单的例子，发现生活中有很多并不确定的因素影响需求。有过软件开发经历的人会发现，没有需求的软件开发是非常困难的，甚至是不可能的。但是，即便有了需求，却又发现需求的表达方式和清晰度，又会给软件开发带来很大的麻烦。需求，尤其是软件需求是如此难以捉摸，以至于软件发展到 21 世纪的今天，它依然是软件开发过程中最难以回避的问题。

如果以软件编码为目标考虑软件开发的方式，可以得到以下 3 种开发模式：

（1）需求→编码；

（2）需求→需求分析→编码；

(3) 需求→需求分析→软件设计→编码。

3.2.1 需求的定义

宽泛地讲,需求来源于用户对所需产品的一些"需要"或者是"要求",这些需求代表所需产品必须提供的功能和性能指标。这些"需求"被分析、确认后形成需求的说明文档,该文档详细地说明产品必须或应当做什么。

根据IEEE软件工程标准词汇表(1997年),软件需求定义为:

(1) 用户解决问题或达到目标所需的条件或权能(Capability)。

(2) 系统或系统部件满足合同、标准、规范或其他正式规定文档所需具有的条件或权能。

(3) 一种反映上面(1)或(2)所描述的条件或权能的文档说明。

通俗的软件需求定义为:是针对待开发的软件产品,软件开发人员通过与软件产品的拥有者和使用者的交流和调研获取相关的业务职能、业务知识和业务流程等信息,并对这些信息进行分析和整理后形成的有关该软件产品必须提供的功能和性能等指标的规格描述。

3.2.2 需求的不确定性

需求的不确定性恰好说明需求的重要作用。一种观点认为,在软件开发的各种活动中,核心是编码或者说是编码的能力。但是,再好的软件,或者说功能上没有任何缺陷的软件如果与用户的需求不一致,可能会造成驴唇不对马嘴的后果。为此,软件开发必须有的放矢,即必须基于用户的目的进行软件的开发。下面通过一个比喻的方式阐述软件需求不明确给后续的软件开发活动造成的不良影响,如图3-1所示。

图3-1 软件开发各阶段对需求的不同理解

图中上排(从左到右共5张图)第一张图表示客户最初对需求的描述。图中的秋千有3

个隔板，细心的读者会提出一些疑问："有这种秋千么？""这种秋千能用么？"这里表明的含义是实际情况可能出现的情况：

(1) 客户无法通过准确语言表示清楚真实的想法；

(2) 客户第一时间并不清楚最终所需的是什么。

- 图中上排第二张图是软件项目经理经过和客户的交流之后理解的需求，表示理解的内容存在致命的错误，秋千的功能在这种结构下不可能运转。
- 图中上排第三张图是软件的分析和设计人员经过分析后，发现需求描述存在问题，为了将秋千的功能实现，对软件的功能结构进行修改。其结果是秋千的功能虽然实现，但是整体架构出现风险。
- 图中上排第四张图是编码人员根据分析和设计结果得到的软件产品，其中秋千的功能完全不能实现。这里展示从设计到编码过程中由于各种技术条件和能力限制的因素，造成编码后的结果与设计之间的差距。
- 图中上排第五张图描述市场或者销售咨询人员对于一个具有缺陷的产品进行将腐朽变神奇的美化后描述出该产品所能实现的功能愿景。
- 图中下排第一张图表明系统开发之后没有任何的软件说明文档，说明该软件后期的维护和改进条件基本不具备。
- 图中下排第二张图表明系统交付给客户，系统安装后秋千功能基本不具备，说明提交的软件质量与销售和市场人员描述的美好前景完全不一致。
- 图中下排第三张图表明该系统运行后客户对于系统稳定性的感受，原来希望的秋千变成翻滚过山车。
- 图中下排第四张图表明系统开发后技术人员对客户的技术或者售后支持的力度，只有承诺，没有具体的支持内容。
- 图中下排第五张图表明客户对于该秋千功能的清晰描述，或者客户经过系统的使用后终于想清楚了对于需求的清晰描述。

通过这么一张形象的秋千功能需求，经过不同阶段和不同的人员理解之后可能产生的理解偏差，一定程度上说明需求是否能被清晰地描述和准确地理解是软件能否被客户接受的重要前提，也是保证软件质量的标准。

站在风险管理的角度讲，认为软件需求的获取与管理是最重要的环节。因为需求是软件产品的根源，需求分析的优劣则对软件产品的质量影响最大。就像一条河流，如果源头被污染了，那么整条河流也就被污染了。

Frederick Brooks 在他 1987 年的经典文章 No Silver Bullet 中阐述需求的重要性：

开发软件系统最困难的部分就是准确说明开发什么。最困难的概念工作是编写出详细的需求，包括所有面向用户、面向机器和其他软件系统的接口。此工作一旦出错，将给系统带来极大的损害，并且以后对它修改也极为困难。

3.3 软件需求分析的目标及任务

通过需求重要作用的说明可知，需求分析是一项必须且重要的软件工程活动。它是软件设计和软件实现活动的前提，也是保证软件质量的重要因素。为此，软件的需求分析活动

必须达到以下要求:

(1) 软件开发人员必须在具备充分信息的基础上准确描述软件的功能和性能,指明软件和其他系统元素的接口,建立软件必须满足的约束条件。

(2) 在信息不充分的条件下,通过某种方式帮助用户明确软件的需求。

(3) 允许软件开发人员对关键问题和核心问题进行深入了解,并构建相应的分析模型:数据、功能和行为模型,最终形成需求规格说明书。它也为软件测试人员和用户提供软件质量评估的依据。

软件需求分析阶段研究的对象是用户要求。需求分析的基本任务是准确定义新系统的目标,为了满足用户需求,回答系统必须“做什么”的问题并编制需求规格说明书。

为了更加准确地描述需求分析的任务,Barry Boehm 给出软件需求任务的定义:

> 研究一种无二义性的表达工具,它能为用户和软件人员双方都接受,并能够把“需求”严格地、形式地表达出来。

软件开发的最终目标是实现目标系统的物理模型,即确定待开发软件系统的系统元素,并将功能、性能和数据结构等方面分配到这些系统元素之中。然而,目标系统的物理模型是由它的逻辑模型经过实例化,即具体到某一个特定的业务领域而得到的。与物理模型不同,逻辑模型忽视系统实现机制和细节,只描述系统待完成的功能及待处理的数据。作为目标系统的参考,需求分析的任务是借助业务系统的逻辑模型导出目标系统的逻辑模型,解决目标系统的“做什么”的问题。其实现步骤如图 3-2 所示。

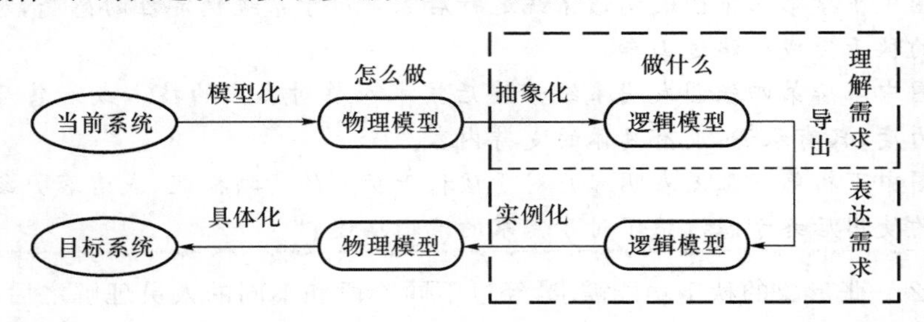

图 3-2 参考当前系统建立目标系统模型

(1) 获得当前系统的物理模型:当前系统可能是一个无软件系统支持的业务环境,也可能是须改进某个已运行的软件系统。在这一步首先分析、理解当前系统是如何运行的,了解当前系统的组织机构、岗位职责、业务流程、业务活动等信息,并用一个具体模型来反映当前系统是“怎样做”的。这一模型应客观地反映当前系统的实际情况。

(2) 抽象出当前系统的逻辑模型:在理解当前系统“怎样做”的基础上,抽取其“做什么”的本质,进而从当前系统的物理模型抽象出当前系统的逻辑模型。物理模型有许多具体的物理因素,随着分析工作的深入,有些非本质的物理因素成为不必要的负担,因而须对物理模型进行分析,区分本质和非本质的因素,去掉那些非本质的因素即可获得反映系统本质的逻辑模型。

(3) 建立目标系统,即软件系统的逻辑模型。分析目标系统与当前系统逻辑上的差别,明确目标系统到底要“做什么”,进而从当前系统的逻辑模型导出目标系统的逻辑模型,建立“需求—功能”矩阵表。具体的方法是如下 3 个:

① 决定变化的范围,即决定目标系统与当前系统在逻辑上的差别;

② 将变化的部分看作是新的处理步骤，对功能进行调整；

③ 由外向里对变化的部分进行分析，凭经验推断其结构，获得目标系统的逻辑模型。

(4) 为了完整描述目标系统，还须补充说明得到的逻辑模型。

① 说明目标系统的用户界面。根据目标系统所处的应用环境，以及与外界环境的相互关系，研究所有可能与用户发生联系和作用的部分，从而决定人机界面。

② 说明至今尚未详细考虑的细节。这些细节包括系统的启动、结束、输入/输出和系统性能方面的需求。

③ 其他。例如，系统其他必须满足的性能和限制条件等。

3.4 软件需求分析建模的原则和方法

软件工程诞生至今，已有大量的软件需求分析建模方法提出，并开发了一系列用于分析建模的符号体系和对应的启发规则以解决这些问题。每个分析方法具有各自独特的观点，所有的分析方法可被一组操作性原则相关联：

(1) 问题的信息域必须表示和理解。

(2) 软件将完成的功能必须定义。

(3) 软件的行为(作为外部事件的结果)必须表示。

第1条原则表示根据当前系统的物理模型理解并提取关键及必需的业务信息，以构建数据模型。根据图3-2，需求分析阶段的数据模型可以分成当前系统的数据模型和目标系统的数据模型。

第2条原则表示根据客户或用户对目标系统的功能需求并结合相对应的数据模型，分析并确定目标系统应该具有的功能。根据图3-2，这些功能也通过当前系统对业务数据的处理过程和方式进行分析后得出的结论。相对于第3条原则，这种功能模型可以简单理解为目标系统的静态功能模型，只针对需求定义功能及功能之间的关系和功能与数据之间的关系。

第3条原则表示在某些特殊场景下描述这些功能的交互场景，进一步解释功能的实施过程，以及和数据之间的关系。行为模型也可以参考当前系统中某个特殊场景的处理过程进行分析，以构建与目标系统相对应场景下功能单元的处理过程。相对于第2条原则，行为模型可以简单理解为目标系统的动态功能模型。

数据、功能和行为模型构成需求分析阶段的一组三元模型。通过应用这些原则，软件开发人员可以系统地分析和处理某些关键及核心问题。信息域的正确表达使功能需求更完整地理解；模型使功能和行为的特征通过简洁的方式进行交流。

除了上面提到的操作性分析原则之外，还有一组针对需求工程的指导性原则：

(1) 在开始建立分析模型前先理解问题。相当于要求在深刻理解当前系统的背景知识、业务流程和业务数据的基础上才可建立可行和可靠的分析模型。经常存在急于求成的倾向，甚至在问题被很好地理解前确定需求，这往往导致构建一个解决错误需求的软件。

(2) 记录每个需求的起源及原因，保证需求可回溯性。

(3) 给需求赋予优先级。紧张的开发时间要求尽量避免一次性实现每个软件需求，应采用灵活的开发模型。

(4) 努力删除歧义性。因为大多数需求以自然语言描述，存在歧义的可能性，正式的技术评审是发现并删除歧义的一种有效方法。

(5) 开发一个能使用户能够了解人机交互过程的原型。对于用户的需求理解,不能只停留在简单的文字理解或者文档描述,最直接的手段是尽快将一个可以展示功能的原型系统展示给用户,对于准确理解需求或者调整需求都是最简单直接的方式。其次,对软件质量的感觉经常基于对界面友好性的感觉。

3.4.1 数据建模

所有的软件应用均可被认为是用于信息或者数据处理,而数据处理包含理解软件需求的关键问题,即软件是用来处理数据的,其功能将数据从一种形式变换为另一种形式。换言之,软件接收数据输入,并以某种方式处理数据,随后软件产生输出数据,这就是所谓的 IPO(Input-Process-Output)。除此之外,针对软件系统的处理方式、处理能力和性能等需求,可以采用行为模型来进行描述。

第1条操作性原则表明须对分析对象的信息域进行检查并创建数据模型。信息域又可分为3个不同的视图:①信息内容和关系;②信息流;③信息结构。为了完全理解信息域,每个视图均应考虑。

- 信息内容和关系:表示某个具有特殊含义的一个或一组业务数据。例如,数据对象"工资"是一组重要数据项的组合,由领款人的姓名、净付款数、付款总额、扣除额等组成。因此,"工资"的信息被赋予其所需要的属性定义。其中,某个属性的取值决定该数据对象的状态。数据对象可以和其他的数据对象建立关联,例如,数据对象"工资"和数据对象"职员"、"银行"及其他对象有关系,在信息域的分析过程中,这些关系须定义。
- 信息流:表示业务信息或者数据在业务系统或者软件系统中流动的过程和方向,以及这些信息和数据在流程中变换的情况,最终转换为输出的信息或数据。
- 信息结构:表示各种数据的内部组织,数据被组织为 n 维表还是层次树形结构?在结构的概念范围内,什么信息和其他信息相关?所有的信息包含在单个结构中,还是使用不同的结构?某信息结构中的信息如何和另一个结构中的信息相关?这些问题及其他问题可通过对信息结构的评估来回答。数据结构指软件中信息结构的设计和实现。

3.4.2 功能和行为建模

功能模型:目标系统表示对进入软件的信息和数据进行变换和处理的单元,简称模块。每个模块必须至少完成3个常见的处理过程:输入、处理和输出。功能模型可以参考遵循自顶向下的分析模式,经过一系列的细化迭代,越来越多的功能细节被发现,直至得到所有系统功能。相反,也可以参考自底向上的分析模式,将一系列处于底层的功能汇聚成更容易理解的高级模块。

行为模型:基于功能模型的结果,进一步解释这些功能在系统中如何运行。软件的功能响应来自外界的事件请求,这种请求/响应特征形成行为模型的基础。计算机的一个功能(或者程序)总是处于某个状态:一种外部可观测的行为模式(如等待、运行)仅当某事件发生时才被改变。例如,软件的某个功能保持等待状态直至:①某内部时钟指明某个时间段已经过去。②某外部事件产生一个中断。③某外部系统通知该软件以某种方式动作。行为模型表示软件的一个或多个模块在不同状态下可以调用的功能，以及导致软件模块状态变化的外部事件。

3.5　软件需求工程

正如前面所描述的内容，软件的需求分析是一系列复杂的软件工程活动，为了便于对需求进行更好的管理，把所有与需求直接相关的活动通称为需求工程。需求工程中的活动可分为两大类，一类属于需求开发，另一类属于需求管理。需求工程的结构如图 3-3 所示，需求开发与需求管理的流程如图 3-4 所示。

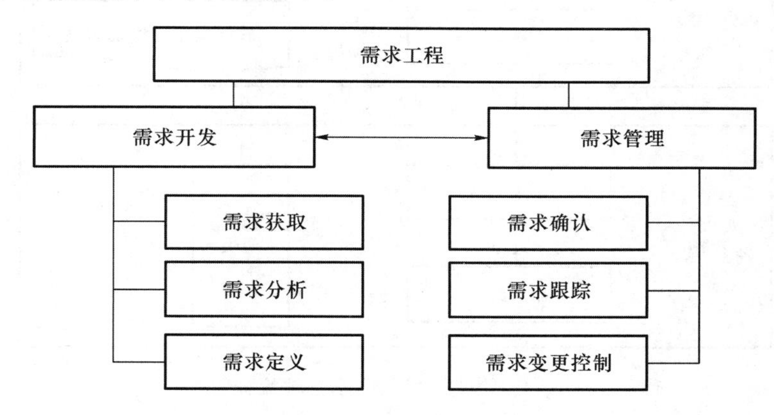

图 3-3　需求工程结构图

需求开发的目的是通过调查与分析，获取用户需求并定义软件需求。需求开发过程域有 3 个主要活动：

(1) 需求获取。其目的是通过各种途径获取用户的需求信息，明确软件系统应该或必须为什么，产生《用户需求说明书》。

(2) 需求分析。其目的是运用一种方法对各种需求信息进行分析，消除错误，刻画细节等。常见的需求分析方法有问答分析法和建模分析法两类。

(3) 需求定义。其目的是根据需求调查和需求分析的结果，进一步定义准确无误的产品需求，产生《软件需求规格说明书》。系统设计人员依据《软件需求规格说明书》开展系统设计工作。

需求开发过程可分为两个阶段：用户需求获取阶段和产品需求定义阶段。两者在逻辑上存在先后关系，实际工作中二者通常是迭代和交叉进行的。从事需求开发工作的人员称为需求分析员(亦称系统分析员)，避免与其他开发人员混淆。需求分析活动位于用户需求获取和软件需求定义两个活动之间。

需求开发过程产生的主要文档有《用户需求说明书》和《软件需求规格说明书》。

需求管理的目的是在客户与软件开发方之间建立对需求的共同理解，保持需求与其他工作成果一致，并控制需求变更。需求管理过程有 3 个主要活动。

(1) 需求确认：指软件开发方和客户或用户共同对需求文档进行评审，双方对需求达成共识后作出书面承诺，使需求文档具有商业合同效果。

(2) 需求跟踪：指通过比较需求文档与后续工作成果之间的对应关系，建立与维护需求跟踪矩阵，确保软件产品依据需求文档进行开发。

(3) 需求变更控制：指依据“变更申请-审批-更改-重新确认”的流程处理软件需求变更，防止需求变更失去控制而导致项目混乱。

需求管理过程产生的主要文档有《需求评审报告》、《需求跟踪报告》、《需求变更控制报告》。

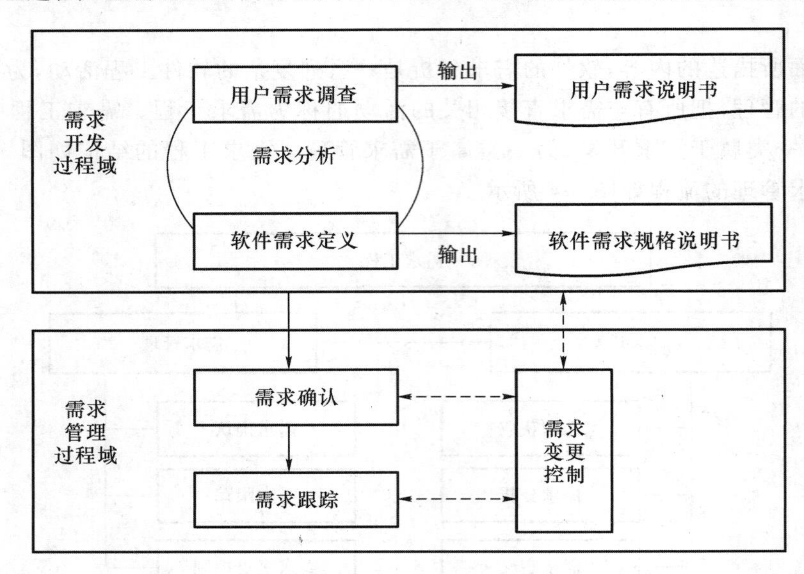

图 3-4 需求开发与需求管理流程图

3.6 软件需求分析过程

需求分析阶段的工作可以分成以下 7 个主要方面：需求沟通、需求获取、需求分析与综合、需求建模、制订需求分析规格说明、需求确认和需求评审。

3.6.1 需求获取的对象及注意事项

需求获取是在问题及其最终解决方案之间架设桥梁的第一步。需求获取的目的是清楚地理解所要解决的问题，完整地获得用户的需求，并提出这些需求的实现条件，以及需求应达到的标准，即解决所开发软件的目的，以及开发的程度。

1. 用户和客户

“用户”(User)是一种泛称，可细分为“客户”(Customer)、“最终用户”(End User)和“间接用户”(或称为关系人)。买软件的用户称为客户，而真正操作软件的用户称为最终用户。客户与最终用户可能是同一个人，也可能不是同一个人。如果软件面向企业用户，那么客户与最终用户通常不是同一个人。如果软件是面向个人用户的，那么客户与最终用户通常是同一个人。

2. 用户无法清楚地表达需求

用户对需求表达不清是普遍的现象，但这使开发人员对需求的理解和表达难以应付。有些情况下用户不知道需求是什么，有时对需求只有模糊的感觉，当然无法清楚地表达需求。开发人员可能觉得奇怪："用户自己都不知道要什么，为什么还要我们开发软件？"

有些用户虽然明白要什么，但说不清楚，这里存在表达能力的问题。举个日常生活的事例，比如说买鞋子。我们非常了解自己的脚，但很难用语言说清楚脚的大小和形状。通常拿鞋子去试，试穿时感觉到舒服才会买鞋。

进行需求分析的软件开发人员绝不能以用户说不清楚需求为借口而草率地对待需求开发工作，否则不利于整个开发团队。无论什么原因导致用户说不清楚需求，需求分析员都必须设法明确用户真正的需求，这是需求分析员的职责。

3. 需求的理解问题

人们在交流时，经常发生"问非所求，答非所问"的现象。有时用户把开发人员的建议或答复给想歪了：

有一个软件开发人员滔滔不绝地向用户讲解在"信息高速公路上发布广告"的种种优点，用户听得津津有味。最后，心动的用户对软件开发人员说："好得很，就让我们马上行动起来吧。请您决定广告牌的尺寸和放在哪条高速公路上，我立即派人办理。"

对于用户表达的需求，不同的开发人员可能有不同的理解。如果需求分析员误解需求，则导致后续的不少开发人员无法顺利开展工作。这类错误连高智商的外星人都不能避免：

有个外星人间谍潜伏到地球刺探情报，它给上司写了一份报告："主宰地球的是车。它们喝汽油，靠四个车轮滚动前进，嗓门极大，在夜里双眼能射出强光。……有趣的是，车里住着一种称为'人'的寄生虫，这些寄生虫完全控制车。"

不论是复杂的项目，还是简单的项目，需求分析员和用户都有可能误解需求，所以需求确认工作(属于需求管理)必不可少。

4. 用户经常变更需求

需求变更通常对项目的进度、人力资源、经费产生很大的影响，这是软件开发人员非常畏惧的事情。

在项目开发的初始阶段，如果软件开发人员和用户没有明确需求或者错解需求，到了项目开发后期才将需求纠正过来，必然导致软件产品的部分内容须重新开发。毫无疑问，这种需求变更使项目付出额外的代价。双方应认真学习需求开发和管理的方法，避免再犯相似的错误。

其实，需求变更并不可怕，可怕的是需求变更失去控制，导致项目混乱。

3.6.2 需求获取

1. 需求获取流程

需求获取的一般流程如表 3-2 所示。

表 3-2 需求获取的流程

目的	获取用户(客户与最终用户)的需求信息,经过分析后产生《用户需求说明书》
角色与职责	需求分析员调查、分析用户的需求,客户与最终用户提供必要的需求信息
启动准则	需求分析员已经确定
输入	任何与用户需求相关的材料
主要步骤	第一步:准备调查 第二步:调查与记录 第三步:分析需求信息 第四步:撰写《用户需求说明书》 第五步:需求确认
输出	《用户需求说明书》
结束准则	需求分析员已经撰写完成《用户需求说明书》,确保无拼写、排版等错误,并确保《用户需求说明书》的内容无二义性,且涵盖所有的用户需求
度量	需求分析员统计工作量和上述文档的规模,汇报给项目经理

2. 需求获取的准备工作

需求获取的准备工作围绕三项展开:①调查什么?②通过什么方式调查?③何人在何时调查?

首先,需求分析员应当起草需求调查问题表,将调查重点锁定在该问题表内,否则调查工作变得漫无目的。问题表可以有多份,随着调查的深入,问题表不断地被细化。根据经验,用户通常没有耐心回答复杂的论述题,所以问题表应当以选择题和是非题为主。制订问题表最简便的方法就是从《用户需求说明书》的模板中提取需求问题。

其次,需求分析员应当确定需求调查的方式,例如:

(1) 与用户交谈,向用户提问题。

(2) 参观用户的工作流程,观察用户的操作。

(3) 向用户群体发调查问卷。

(4) 与同行、专家交谈,听取他们的意见。

(5) 分析已经存在的同类软件产品,提取需求。

(6) 从行业标准、规则中提取需求。

(7) 从 Internet 上搜查相关资料。

最后,需求分析员与被调查者联系,确定调查的时间、地点、人员等,撰写需求调查计划。特别留意不漏掉典型的用户。

3. 需求获取与记录

准备工作完毕后，需求分析员按照计划执行调查。在调查过程中随时记录（或存储）需求信息，建议采用表格的形式，如表 3-3 所示。

表 3-3　需求信息表

需求标题	
调查方式	
调查人	
调查对象	
时间、地点	
需求信息记录	

需求分析员与用户面谈时应当注意以下事项：

（1）如果与用户约好了时间，切勿迟到或早退。注意礼节，尽可能获得用户的好感，并为下次面谈创造条件。

（2）需求分析员应事先了解用户的身份、背景，以便随机应变。

（3）需求调查应该先了解宏观问题，再了解细节问题。

（4）如果双方气氛融洽，可以采用灵活的访谈形式，不轻易打断用户的谈话。当双方对某些问题的交流合乎逻辑地结束后，即可继续讨论问题表中的其他问题。

（5）尽可能避免为用户添麻烦，但也不能怕给用户添麻烦而降低需求调查的力度。

（6）避免片面地听取某些用户的需求而忽视其他用户的需求。

4. 撰写用户需求说明书

需求分析员对收集到的所有需求信息进行分析，消除错误，归纳与总结共性的用户需求，然后按照指定的文档模板（见表 3-4）撰写《用户需求说明书》，调查过程中获取的需求信息（见表 3-3）可以作为《用户需求说明书》的附件。

《用户需求说明书》撰写完毕之后，需求分析员应当邀请同行专家和用户（包括客户和最终用户）一起评审《用户需求说明书》，尽最大努力使《用户需求说明书》能够正确无误地反映用户的真实意愿。之后才进一步定义产品的需求，产生《软件需求规格说明书》。《用户需求说明书》与《软件需求规格说明书》的主要区别与联系如下：

（1）前者主要采用自然语言来表达用户需求，其内容相对于后者而言比较粗略，不够详细。

（2）后者是前者的细化，更多地采用计算机语言和图形符号来描述需求，产品需求是软件系统设计的直接依据。

（3）两者之间可能并不存在一一对应的关系，因为软件开发商会根据产品发展战略、企业当前状况适当地调整产品需求，例如用户需求可能被分配到软件的数个版本中。软件开发人员应当依据《软件需求规格说明书》来开发当前产品。

表 3-4 《用户需求说明书》的参考模板

用户需求说明书

0. 文档介绍

0.1 文档目的

0.2 文档范围

0.3 读者对象

0.4 参考文档

0.5 术语与缩写解释

1. 产品介绍

提示:说明产品是什么,有什么用途;介绍产品的开发背景。

2. 产品面向的用户群体

提示:描述本产品面向的用户(客户、最终用户)的特征;说明本产品给用户带来什么好处? 用户选择本产品的概率有多大?

3. 产品应当遵循的标准或规范

提示:阐述本产品应当遵循什么标准、规范或业务规则(Business Rules),违反标准、规范或业务规则的产品通常不太可能被接受。

4. 产品的功能需求

功能类别	功能名称、标识符	描 述
特征 A	功能 A.1	
	…	
	…	
特征 C	功能 C.1	
	…	

5. 产品的非功能需求

需求类别	需求名称、标识符	描 述
用户界面需求		
软硬件需求		
质量需求		

6. 其他需求

附录:用户需求调查报告

3.6.3 需求类别

软件需求通常有以下 9 个大类:

(1) 功能需求。列举所开发软件在功能上应做什么,这是最主要的需求。

(2) 性能需求。给出所开发软件的技术性能指标,尤其是系统的实时性和其他时间要求,如响应时间、处理时间、消息传送时间等;资源配置要求、精确度、数据处理量等。

(3) 环境需求。这是对软件系统运行时所处环境的要求。例如在硬件方面，采用什么机型、有什么外部设备和数据通信接口等。在软件方面，采用什么支持系统运行的系统软件（指操作系统、网络软件、数据库管理系统等）。在使用方面，使用部门在制度上、操作人员的技术水平上应具备什么样的条件等。

(4) 可靠性需求。指软件的有效性和数据完整性。各种软件在运行时失效的影响各不相同。在需求分析时，应对所开发软件在投入运行后不发生故障的概率按实际的运行环境提出要求。对于那些重要的软件，或是运行失效后造成严重后果的软件，应当提出较高的可靠性要求，以期在开发的过程中采取必要的措施，使软件产品能够高度可靠地稳定运行，避免因运行事故而带来的损失。

(5) 安全保密要求。工作在不同环境的软件对其安全、保密的要求显然是不同的。应当把这方面的需求恰当地予以规定，以便对所开发的软件给予特殊的设计，使其在运行中安全保密方面的性能达到要求。

(6) 用户界面需求。软件与用户界面友好是用户能够方便有效愉快地使用该软件的关键之一。从市场角度来看，具有友好用户界面的软件有很强的竞争力。因此，必须在需求分析时，为用户界面细致地规定达到的要求。

(7) 资源使用需求。这是指所开发软件运行时所需的数据、软件、内存空间等各项资源。另外，软件开发时所需的人力、支撑软件、开发设备等属于软件开发的资源，须在需求分析时加以确定。

(8) 软件成本消耗与开发进度需求。在软件项目立项后，根据合同规定，对软件开发的进度和各步骤的费用提出要求，作为开发管理的依据。

(9) 预先估计系统以后可能达到的目标。便于今后对系统进行扩充与修改。一旦需要，比较容易进行补充和修改。

除了上述需求之外，还须考虑一些其他非功能的需求并进行相应的分析，因为应用类型的软件都可能根据其类型和运行环境来确定具体的需求。表3-4简要列出一些在软件需求分析时所涉及的非功能需求。

表3-4　软件的非功能需求

<table>
<tr><td rowspan="13">目标系统的限制</td><td rowspan="4">性能</td><td>实时性</td></tr>
<tr><td>其他的时间限制</td></tr>
<tr><td>资源利用，特别是硬件配置选型</td></tr>
<tr><td>精确度、质量要求</td></tr>
<tr><td rowspan="2">可靠性</td><td>有效性</td></tr>
<tr><td>完整性</td></tr>
<tr><td rowspan="2">安全/保密性</td><td>安全性</td></tr>
<tr><td>保密性</td></tr>
<tr><td rowspan="3">运行限制</td><td>使用频度、运行期限</td></tr>
<tr><td>控制方式（本地，还是远程）</td></tr>
<tr><td>对使用者的要求</td></tr>
<tr><td>物理限制</td><td>系统的规模等限制</td></tr>
</table>

续表

<table>
<tr><td rowspan="7">开发和维护的限制</td><td colspan="2">开发类型(实用型开发或试验型开发)</td></tr>
<tr><td colspan="2">开发工作量估计
在采用具有试验型的渐进开发方法时,对资源、开发时间及交付的安排</td></tr>
<tr><td rowspan="3">开发方法</td><td>质量控制标准</td></tr>
<tr><td>里程碑和评审</td></tr>
<tr><td>验收标准</td></tr>
<tr><td colspan="2">优先性和可维修性</td></tr>
<tr><td colspan="2">可维护性</td></tr>
</table>

3.6.4 需求分析与综合

需求获取之后须针对各类需求进行分析,即需求分析和方案的综合。软件开发人员须从《用户需求说明书》出发,对比较复杂的用户需求进行建模分析,以帮助软件开发人员更好地理解需求,进而逐步细化所有的软件功能,找出系统各元素之间的联系、接口特性和设计上的限制,分析它们是否满足功能要求,是否合理。依据功能需求、性能需求、运行环境需求等,剔除其不合理的部分,增加其需求部分。最终综合成系统的解决方案,给出目标系统的详细逻辑模型。

在这个过程中,分析和综合工作须反复地进行。在对现行问题和期望的信息(输入和输出)进行分析的基础上,软件开发人员可以得到一个或几个解决方案,然后检查方案内容是否符合软件计划中规定的范围等,再进行修改。总之,对问题进行分析和综合的过程一直持续到分析员与用户双方都有把握正确地制订该软件的需求规格说明为止。软件需求定义的一般流程如表3-5所示。

表 3-5 需求定义的流程

目　的	定义准确无误的软件产品需求,产生《软件需求规格说明书》
角色与职责	需求分析员定义软件需求,客户与最终用户确认软件需求
启动准则	《用户需求说明书》已经撰写完成
输　入	《用户需求说明书》
主要步骤	第一步:细化并分析用户需求 第二步:撰写软件需求规格说明书 第三步:软件需求确认
输　出	《软件需求规格说明书》
结束准则	《软件需求规格说明书》已经撰写完成。开发方和客户方已经对产品需求进行确认
度　量	需求分析员统计工作量和上述文档的规模,汇报给项目经理

(1) 细化并分析用户需求

需求分析员首先对《用户需求说明书》进行细化,对比较复杂的用户需求进行建模分析,以帮助软件开发人员更好地理解需求。例如,采用数据流图或者其他需求建模工具进行需求的建模分析，建模分析产生的文档可以作为《软件需求规格说明书》的附件。补充说明：建模分析的技术难度比较高，需求分析员应当根据自身水平进行取舍。

(2) 撰写软件需求规格说明书

需求分析员按照指定的文档模板撰写《软件需求规格说明书》。如果待开发的产品分为软件和硬件两部分，则应当分别撰写《软件需求规格说明书》和《硬件需求规格说明书》。

(3) 进行需求确认

项目负责人邀请同行专家和用户(包括客户和最终用户)一起评审《软件需求规格说明书》，尽最大努力使《软件需求规格说明书》能够正确无误地反映用户的真实意愿。需求评审之后，开发方和客户方的责任人对《软件需求规格说明书》作书面承诺。

3.6.5　需求建模

在软件需求分析阶段，软件开发人员还须构造系统的分析模型，这些模型着重描述系统必须做什么，而不是如何做系统。在很多情况下，使用图形符号体系创建模型，将信息、处理、系统行为和其他特征描述为不同且可识别的符号，模型的其他部分可以是完全文字的，也可使用自然语言或某些特殊且专用于描述需求的语言来提供信息描述。

此过程主要是给出系统的逻辑视图(逻辑模型)，以及系统的物理视图(物理模型)，这对系统满足处理需求所提出的逻辑限制条件和系统中其他成分提出的物理限制条件是必不可少的。

软件需求的逻辑模型给出软件要达到的功能和处理数据之间的关系，而不是实现的细节。例如，商店的销售处理系统获取顾客的订单，系统读取订单的功能并不关心订单数据的物理形式和用什么设备读入，无须关心输入的机制，只是读取顾客的订单而已。同样，系统中检查库存的功能只关心库存文件的数据结构，而不关心计算机中的具体存储方式。软件需求的逻辑描述是软件设计的基础。

软件需求的物理模型给出处理功能和数据结构的实际表示形式，这往往是由设备决定的，如一些软件靠终端键盘输入数据，另一些软件靠模/数转换设备提供数据。分析员必须了解系统元素对软件的限制条件，并考虑功能和信息结构的物理表示方法。

常用的建模分析方法有面向数据流的结构化分析方法(SA)、面向数据结构的 Jackson 方法(JSD)、面向对象的分析方法(OOA)等，以及用于建立动态模型的状态迁移图或 Petri 网等。这些方法都采用图文结合的方式，可以直观地描述软件的逻辑模型。

3.6.6　编制需求分析文档

已经确定的需求应当清晰准确地描述。通常把描述需求的文档称为软件需求规格说明书。同时，为了确切表达用户对软件的输入/输出要求，还须制订数据词典及编写初步的用户手册，着重反映被开发软件的用户界面和用户使用的具体要求。

此外，依据在需求分析阶段对系统进一步分析，从目标系统的分析模型出发，可以更准确地估计所开发项目的成本与进度，从而修改、完善与确定软件开发实施计划。软件需求规格说明书编制的原则如下：

(1) 从现实中分离功能，即描述“做什么”而不是“怎样实现”；

(2) 要求使用面向处理的规格说明语言，从而得到“做什么”的规格说明；

(3) 如果被开发软件只是一个大系统中的一个元素,那么整个大系统也包括在规格说明中;

(4) 规格说明必须包括系统运行环境;

(5) 规格说明必须是可操作的;

(6) 规格说明容许其不完备,并允许扩充;

(7) 规格说明必须局部化,并能松散耦合。

1. 需求文档的特点

好的《软件需求规格说明书》应具备如下属性:

(1) 正确。需求规格说明书应当正确地反映用户的真实意图,"正确"是《软件需求规格说明书》最重要的属性。如果"不正确"仅是由于错别字造成的,那么多检查文档就能解决问题。真正的困难是开发者和用户都不明白用户究竟"想要什么"和"不要什么"。为确保需求是正确的,开发方和用户必须对《软件需求规格说明书》进行确认。

(2) 清楚。清楚的需求让人易读易懂。"清楚"的反义词是"难读"、"难理解"。可以采用反问的方式来判断需求文档是否清楚:

① 文档的结构、段落是否凌乱?上下文是否不连贯?

② 文档的语句是否含糊其辞,是否累赘?

③ 认真阅读说明书后是否还不明白需求究竟是什么?

(3) 无二义性:指每个需求只有唯一的含义。对于同一句话,不同的人可能有不同的理解,那么这句话就有二义性。如果需求存在二义性,则导致人们误解需求而开发出偏离需求的产品。为了使需求无二义性,在书写《软件需求规格说明书》时措辞应当准确,切勿模棱两可。

(4) 一致。指《软件需求规格说明书》中各个需求之间不会发生矛盾。矛盾常隐藏在需求文档的上下文中。

(5) 必要。《软件需求规格说明书》中的各项需求对用户而言应当都是必要的。可以把"必要"比喻为"雪中送炭"。"必要"往前一步,要么是"画蛇添足",要么是"锦上添花"。

据说基于 Windows 系统的汽车控制软件有这么一项功能,当汽车发生碰撞时该软件会弹出一个对话框:"您需要使用安全气囊吗?按 OK 键表示需要,按 Cancel 键表示不需要。"

"画蛇添足"显然是坏事,导致开发人员的工作吃力不讨好,所以尽量剔除需求规格说明书中"画蛇添足"的需求。

"锦上添花"是好事,可能让用户获得比期望更多的喜悦,但是用户不会为此多付钱。开发者应当集中精力先完成必要的需求,如果条件允许则再锦上添花。为了避免主次颠倒,应当在《软件需求规格说明书》中将锦上添花的需求设置为较低的优先级。

(6) 完备。指《软件需求规格说明书》中没有遗漏一些必要的需求。不完备的《软件需求规格说明书》导致功能不完整的软件,用户在使用该软件时可能无法完成预期的任务。

(7) 可实现。《软件需求规格说明书》中的各项需求对开发方而言应当都是可实现的。"可实现"说明在技术上是可行的,并且满足时间、费用、质量等约束条件。对于合同项目,如果开发方不能确信某些需求是否可实现,则应事先与用户协商,达成一致的处理意见,避免将来发生商业纠纷。

(8) 可验证。《软件需求规格说明书》中的各项需求对用户方而言应当都是可验证的。如果需求是不可验证的,那么用户无法验收软件,可能会发生商业纠纷。

(9) 确定优先级。为什么确定需求的优先级？理论上，软件的所有需求都应当实现。但是，在现实之中，项目存在进度、费用、人力资源等限制因素。需求的优先级其实是需求轻重缓急的分级表述，如划分为高、中、低三级。一般而言，用户和开发方共同确定需求的优先级。

(10) 阐述"办什么"而不是"怎么办"。《软件需求规格说明书》的重点是阐述"办什么"，而不是阐述"怎么办"。"怎么办"是系统设计和实现阶段的任务。

2. 文档模版的作用与特点

《软件需求规格说明书》应当按照指定的文档模板来写，这样至少有以下好处：

(1) 文档模板已经规定了书写格式，降低了写作难度，开发人员可以把精力集中在文档的内容上。

(2) 按照文档模板写出来的《软件需求规格说明书》比较规范，容易被用户和开发人员接受。

好的文档模板有如下特性：

(1) 接近该项目。关于软件需求规格说明书的文档模板非常多，目前国际上没有，也不可能有统一的标准。不要以为文档模板大而全越好，小规模的民用项目套用美国军方大而全的文档模板显然是不合适的。所以，开发人员应当根据项目的特征，定制最接近该项目的文档模板。

(2) 结构清晰。哪怕是天下最无能的领导，都知道在作报告时要先从宏观上讲一、二、三、四、五，再从细节上讲 A、B、C、D、E。如果文档模板的结构很清晰，那么作者和读者都会比较轻松，有时候读者看标题就能了解文档的大致内容。

(3) 要点完备。软件需求规格说明书经常遗忘一些重要的内容。例如，着重写功能需求，却忘写非功能需求。要点完备的文档模板有助于写出完备的软件需求规格说明书。

3.6.7　需求确认

需求确认是指开发方和客户方共同对需求文档，如《用户需求说明书》和《软件需求规格说明书》进行评审，双方对需求达成共识后作出承诺。需求确认包含两个重要工作：需求评审和需求承诺，一般流程如表 3-6 所示。

表 3-6　需求确认的流程

目　的	开发方和客户对需求文档进行评审，并作书面承诺
角色与职责	开发方和客户共同组织人员对需求文档进行评审。双方负责人对需求文档作书面承诺，使之具有商业合同效果
启动准则	《用户需求说明书》和《软件需求规格说明书》已经完成
输　入	《用户需求说明书》和《软件需求规格说明书》
主要步骤	第一步：非正式需求评审 第二步：正式需求评审 第三步：获取需求承诺
输　出	《需求评审报告》和书面的需求承诺
结束准则	需求文档通过正式评审，并且获得开发方和客户的书面承诺
度　量	项目经理统计工作量和上述文档的规模

3.6.8 需求分析评审

作为需求分析阶段工作的复查手段，在需求分析的最后一步，应该对功能的正确性、完整性和清晰性，以及其他需求给予评价。评审的主要内容是：

- 系统定义的目标是否与用户的要求一致；
- 系统需求分析阶段提供的文档资料是否齐全；
- 文档中所有的描述是否完整、清晰、准确反映用户要求，有没有遗漏、重复或不一致的地方；
- 与所有其他系统成分的重要接口是否都已经描述；
- 所开发项目的数据流与数据结构是否足够；
- 所有图表是否清楚，在不补充说明时能否理解；
- 主要功能是否已包括在规定的软件范围之内，是否都已充分说明；
- 系统的约束条件或限制条件是否符合实际；
- 开发的技术风险是什么；
- 是否考虑过软件需求的其他方案；
- 是否考虑将来可能提出的软件需求；
- 是否详细制订检验标准，它们对系统定义是否成功确认；
- 软件开发计划中的估算是否受到影响。

需求评审究竟评审什么？细化到什么程度？严格地讲，应当检查需求文档中的每一个需求、每一行文字、每一张图表。评判需求优劣的主要指标有：正确性、清晰性、无二义性、一致性、必要性、完备性、可实现性、可验证性。

为保证软件需求定义的质量，评审应以专门指定的人员负责，并按规程严格进行。评审结束时应有评审负责人的结论意见及签字。除分析员之外，用户、开发部门的管理者，以及软件设计、实现、测试的人员都应当参加评审工作。通常，评审的结果包括一些修改意见，待修改完成后再经评审通过，才可进入设计阶段。

习　题

1. 为何进行软件需求分析？需求分析的对象是什么？
2. 通常对软件系统有哪些需求？
3. 试明确需求分析与需求工程的关系。
4. 在进行需求获取时，采用何种手段可有效地获取用户的真实需求？

第4章　面向对象需求分析方法

面向对象的需求分析方法采用统一建模语言(Unified Modeling Language,UML)的建模语言构建领域模型和用例模型,这种模型突出从用户的角度展示功能需求的方式,而非直接采用数据流图的方式展示系统的功能。面向对象的需求分析和设计的运用取决于生命周期模型的选择,无论是RUP,还是敏捷思想的极限编程等方法都采用迭代开发方式,每个迭代周期产生一个可运行的版本。为此在实际的开发过程中,一个迭代周期内不仅有面向对象的分析,还有面向对象的设计及测试。面向对象的需求分析结果是领域模型和用例模型;面向对象的设计结果是设计模型。面向对象的基本概念和UML的内容介绍参见附录。

4.1　面向对象建模方法的发展历程

随着20世纪80年代后出现的大批面向对象(Object-Oriental,OO)语言,以及这些OO语言对于软件开发方式带来的冲击和变革,应运而生就是1986年Grady Booch首先提出的“面向对象设计”的概念。随后,投入到面向对象研究的人员和组织越来越多,面向对象方法向软件开发的前期阶段发展,包括面向对象设计、面向对象分析,以及面向对象的软件工程、诸如RUP和极限编程为代表的敏捷思想。

20世纪90年代以后,面向对象分析和面向对象设计方法逐渐开始实用,一些专家按照面向对象思想,对系统分析和设计工作的步骤、方法、图形工具等进行详细的研究,并提出许多不同的实施方案,其中有P. Coad和E. Yourdon提出的OOA和OOD方法、Booch方法、J. Rumbaugh提出的OMT方法和Ivar Jacobson的OOSE方法。这些方法各有各的特点,在不同的领域得到一些组织和开发者的应用和推广,但是各自的缺陷及各种方法的相互制约造成这些方法无法很好地发展,为此Booch、Rumbaugh和Jacobson打破各自的堡垒,共同推出业界及OMG组织认可并支持的UML。

4.1.1　OOA/OOD

OOA(Object-Oriented Analysis)/OOD(Object-Oriented Design)方法是由P. Coad和E. Yourdon在1991年提出的。这是一种逐步演进的面向对象建模方法,其特点是概念清晰,简单易学。

OOA使用基本的结构化原则,并同面向对象的观点结合起来。OOA方法主要包括下面5个步骤:

(1) 确定类与对象:主要描述如何找到类和对象。从应用系统需求出发,以整个应用为基础标识类与对象,然后按这些类与对象分析系统的职责。另外,分析调查系统的环境,也可获得有价值的信息。

(2) 标识结构:按照两种不同的原则进行。第一种是按照一般化/特殊化结构,确定已标识出类之间的继承层次关系。第二种是按照整体/部分关系,确定一个对象怎样由其他对象组成,以及对象怎样组合成更大的复杂对象。

(3) 标识主题:通过把类与对象划分成更大的单元来完成。主题是一组类与对象。主题的大小应合适地选择,使得人们可以从模型很好地理解系统。主题是从更高层次看待系统的一种方法,可以按照定义好的结构来确定主题。

(4) 标识属性:通过标识与类有关的信息和关联来完成。对于每个类,只需标识必需的属性。标识好的属性应放在合适的继承层次上。"关联"通过检查问题域上的关系标识。属性用名称和描述来标识。属性上的特殊限制条件也应该标识出来。

(5) 定义服务:定义类上的操作。主要通过定义对象状态,以及诸如创建、访问、连接、计算、监控等服务来完成。对象间的消息通信关系用消息连接来标识。消息序列用执行线程来表达。服务用类似流程图的方式来表达。

OOA 方法的结果是结构化的图文档。模型自顶向下包括 5 个层次:

- 主题层;
- 类与对;
- 结构层;
- 属性层;
- 服务层。

OOA 本质上是一种面向对象的方法,把诸如类、实例、继承、封装和对象间的通信等概念都统一在一起。寻找对象的技术是启发式的,没有一种按部就班的方法来标识系统中的对象。OOA 适用于小型系统的开发。用户界面的描述不在分析的范围内,它被放在设计中完成。OOA 没有具体的方法来描述对象的动态特性。执行线程是一条途径,但它在分析的后期才确定,而且主要用来验证操作正确性。

OOD 负责系统设计,包括 4 个步骤:

(1) 设计问题域部分(细化分析结果)。问题域部分实际上是 OOA 工作的进一步延伸,在 OOA 工作基础上进行。值得说明的是,OOD 的问题域设计部分和 OOA 并没有严格的分界线,这种分析和设计之间的无缝连接更反映开发活动的本质。

(2) 设计人机交互部分(设计用户界面)。这部分突出如何使用系统,以及系统如何向用户提交信息。

(3) 设计任务管理部分(确定系统资源的分配)。任务是进程的别名,任务管理部分用来管理任务的运行、交互等。任务管理部分可设计如下的策略:

- 识别事件驱动任务;
- 识别时钟驱动任务;
- 识别优先任务和关键任务;
- 识别协调者;
- 定义每一个任务。

(4) 设计数据管理部分(确定持久对象的存储)。这部分的设计既包括数据存放方法的设计(采用关系型数据库,还是面向对象数据库),又包括相应的服务设计(设计哪些类来实现数据的持久化服务,它们应包含哪些属性和操作)。

OOA 把系统横向划分为 5 个层次,OOD 把系统纵向划分为 4 个部分,从而形成一个完整的系统模型。该方法强调面向对象基本概念的应用,但是多少留有结构化分析与设计的痕迹。

4.1.2 Booch 方法

Booch 方法在面向对象的设计中主要强调多次重复和开发者的创造力。方法本身是一组启发性的过程式建议,并不依从硬性的限制条件。这种方法强调迭代开发的特征。设计过程从发现类和对象,形成问题域的字典(具有结构化数据词典的痕迹)开始,直到不再发现新的抽象与机制,或者所有发现的类和对象已经可以由现有的类和对象实现为止。

(1) 标识类与对象:主要在问题域中寻找关键的抽象,以及在对象上提供动态行为的机制。这些关键抽象可以通过与问题域的专家交谈和学习问题域的术语获得。

(2) 标识语义:主要标识出类和对象的含义。开发者应该从外部看待对象,并定义出对象之间协作的协议。研究其他对象如何使用该对象是标识语义的一个重要部分。标识语义是 OOD 中最难的一步,通常须多次反复才能完成。

(3) 标识关系:主要寻找已经获得的类和对象彼此间的关系,以及标识对象间如何交互。

(4) 实现对象和类:深入内部并确定如何实现。

Booch 方法最大的特点是引入图形元素进行建模,并将几类不同的图有机结合起来,反映系统的各个方面是如何联系和相互影响的。Booch 方法的图主要包括 4 个主图和两个辅图。在 4 个主图中,类图描述类之间的关系;对象图描述具体的对象和在对象之间传递的消息;类和对象被分配给具体的程序构件,模块图用来描述这些程序构件;进程图描述过程(进程)如何分配给特定的处理器,这个图主要用于须在分布式环境中应用的面向对象系统。两个辅图是状态转换图和时序图。状态转换图用于描述某个类的状态空间和状态变化;时序图描述不同对象间的动态交互。

Booch 方法的主要贡献在于重点突出面向对象的迭代开发机制和使用图形元素进行建模;其缺点在于不能有效地找出每个对象和类的操作。模块图多少留有结构化设计的思想。

4.1.3 对象建模技术

对象建模技术(Object Modeling Technique, OMT)最早是由 Loomis、Shan 和 Rumbaugh 在 1987 年提出的,曾扩展应用于关系数据库设计。Rumbaugh 在 1991 年正式把 OMT 应用于面向对象的分析和设计。这个方法是在实体关系模型上扩展类、继承和行为而得到的。

OMT 覆盖分析、设计和实现 3 个阶段,包括一组定义得很好并且相互关联的概念,分别是类(Class)、对象(Object)、泛化(Generalization)、继承(Inheritance)、链(Link)、链属性(Link Attribute)、聚合(Aggregation)、操作(Operation)、事件(Event)、场景(Scenario)、属性(Attribute)、子系统(Subsystem)、模块(Module)等。

OMT 包含 4 个步骤:分析、系统设计、对象设计和实现;定义 3 种模型,这些模型贯穿

于每个步骤,在每个步骤中被不断地精化和扩充。这3种模型是:

- 对象模型,用类和关系来描述系统的静态结构。
- 动态模型,用事件和对象状态来描述系统的动态特性。
- 功能模型,按照对象的操作来描述如何从输入给出输出结果。

分析的目的是建立可理解的现实世界模型。分析模型由上述3种模型组成。初始的需求用问题陈述来表达。由问题陈述可以抽取领域相关的类、类之间的关系,以及类的属性。这些与继承关系和模块共同构成对象模型。动态模型是通过从事件踪迹图查找事件获得的。事件可以获得对象的状态转换图。功能模型是系统中实际事务的数据流图。这些模型通常都经过反复分析才能完善。

系统设计确定高层次的开发策略。系统划分成子系统,并分配到处理器和任务。数据库使用、全局资源及控制的实现策略也被确定。对象设计的目标是确定对象的细节,包括定义对象的操作和算法。分析阶段确定的对象是对象设计的构架。三种模型结合以设计对象。可以引入中间对象来支持设计。设计还包括优化。OMT的最后步骤是实现对象,是在良好的面向对象编程风格和编码原则指导下进行的,可以由面向对象语言或非面向对象语言来完成。

OMT是一种比较成熟的方法,用几种不同的观念来适应不同的建模场合,但应用所有的OMT技术来建立一个一致的模型是非常困难的,而且各阶段3个模型之间的关系也不是十分清晰。为建立一个一致的模型,OMT的许多概念和语义还需要形式的定义。

OMT在许多重要观念上受到关系数据库设计的影响,从OMT到关系数据库设计的转换在OMT方法中有详尽的描述。总之,OMT是一种比较完善和有效的分析与设计方法。

4.1.4 面向对象软件工程方法

面向对象软件工程(OOSE)是由Jacobson提出的。将面向对象的思想贯穿到软件工程中,目的是为了得到一个能适应变化、健壮、可维护的系统。OOSE采用5个模型来完成其实现目标系统的过程。

(1) 需求模型(RM):需求模型从用户的观点出发完整地刻画系统的功能需求,因此比较容易按这个模型与最终用户交流。主要建模手段有用例(Use Case)、问题域对象模型、人与系统的交互界面。

(2) 分析模型(AM)。分析模型是在需求模型基础上建立的。主要的目的是建立健壮、可扩展的系统基本结构。OOSE定义3种对象类型:实体对象、界面对象和控制对象。通过将RM中的对象分别识别到AM中不同的对象类型并分析对象间的关系实现分析模型。

(3) 设计模型(DM)。DM将AM的对象定义为块,这实际上是考虑具体实现的表现。OOSE认为AM完全可以不考虑系统真实运行环境的约束,而只注重系统逻辑的构造。进入设计阶段后,考虑真实运行环境,这时对于系统逻辑的修改不太大,而且AM本身具有较好的可扩展性。DM最终表现为一个个类(对象)模块,并且这些类(对象)有详细的定义。

(4) 实现模型(IM)。用某种程序设计语言(最好是支持面向对象)来实现DM。

(5) 测试模型(TM)。关于类(对象)的底层测试(如类方法和类之间通信等的测试)可由程序员完成,但集成测试应该由独立于开发组的测试人员完成。实际上,TM是一个正规的测试报告。

OOSE 认为开发活动主要有 3 个步骤:分析、构造和测试。其中,分析产生 RM 和 AM;两者作为构造活动的输入产生 DM 和 IM;最后对实现模型进行测试,是 TM。OOSE 贡献在于首次使用 Use Case 词汇来描述用户对于系统功能的需求,其次系统化地提出各阶段的建模方法。

4.2 统一建模语言简介

随着面向对象技术的迅速发展,在 20 世纪 80 年代到 1993 年期间,面向对象方法出现百家争鸣的局面,进而集中体现在上述的四大流派:OOA/OOD、Booch 方法、OMT 和 OOSE。由于用户很难在不同方法的模型间相互转换,这时需一种集众家之长统一的建模语言,UML 正是在这种背景下应运而生。统一建模语言(Unified Modeling Language,UML)是由 Grady Booch、Ivar Jacobson 和 James Rumbaugh 发起,在 Booch 方法、OOSE 方法和 OMT 方法基础上,广泛征求意见,集众家之长,几经修改而形成一种面向对象分析与设计建模语言。这种建模语言得到工业界的广泛支持,由 OMG(Object Management Group)采纳作为面向对象建模的行业标准,成为软件行业第一种统一的建模语言。

4.2.1 UML 的诞生和发展

UML 从诞生开始到最终成为行业标准经历了一个相对漫长的发展过程,共有 4 个发展阶段,分别是独立发展、统一、标准化和工业界应用。

(1) 独立发展:各种方法不可避免地存在差异,这种差异限制所有方法的推广使用。Booch(Booch 方法)和 Rumbaugh(OMT 方法)首先意识到这一点,于是决定改变这种现状。

(2) 合并统一:1994 年 10 月,在 Rational 软件有限公司工作的 Booch 和 Rumbaugh 开始致力于这项工作。一年以后,Booch 和 Rumbaugh 完成两种方法结合后的第一个草案,称之为 UM 0.8(Unified Method 0.8)。UML 0.8 在 1995 年 10 月的 OOPSLA 会议上发布之后,新加入 Rational 软件有限公司的 OOSE 方法创始人 Jacobson 也加盟这一工作。经过共同努力,于 1996 年 6 月和 10 月发布两个新的版本 UML 0.9 和 UML 0.91,并正式命名为 UML。

(3) 标准化阶段:当 UML 对一些公司变得至关重要时,曾经制定过 CORBA、接口定义语言(IDL)、基于 Internet 的 ORB 协议(IIOP)等标准的对象管理组织(OMG)开始对此表示出浓厚的兴趣。不久,为了使 UML 标准更加完善,OMG 发布征求建议书(RFP)。随后,Rational 软件有限公司建立 UML Partners 联盟,继续致力于由三位专家所开创的工作。这个联盟包含很多开发商和系统集成公司,它们是 Digital Equipment Corporation、HP、i-Logix、IntelliCorp、IBM、ICON Computing、MCI Systemhouse、Microsoft、Oracle、Rational Software、TI 和 Unisys。这些公司共同努力,在 1997 年发布 UML 1.0。

与此同时,另外一些公司(IBM & ObjectTime、Platinum Technologies、Ptech、Taskon & Reich Technologies 和 Softteam)研究并提交关于 UML 的另一套建议。在 UML 的发展史上,这套建议和前面那套建议不是互相竞争的,而是互相补充的。后面的团队后来也加入 UML Partners 联盟,研究成果被结合,这就是 1997 年 9 月发布的 UML 1.1。UML 1.1 被

OMG采纳为标准,这是UML发展的第3个阶段。

(4) 行业应用:1998年,OMG接管UML标准的维护工作,并且又制订两个新的UML修订版。UML已成为软件工业界事实上的标准,并且仍在继续发展。UML 1.3版、1.4版和1.5版先后产生,最新的版本是2.0版。

4.2.2 UML概述

UML是综合Booch、OMT和OOSE三种方法(以及其他一些方法)得到的建模语言,同时也是这三种方法的演化结果。它在Booch、OMT和OOSE的基础上引入一些新的理论和描述方法。

UML是一种标准的图形化建模语言,是面向对象分析与设计的一种标准表示。

- 它不是一种可视化的程序设计语言,而是一种可视化的建模语言;
- 它不是工具或知识库的规格说明,而是一种建模语言规格说明,是一种表示的标准;
- 它不是过程,也不是方法,但允许任何一种过程和方法使用它。

1. UML的目标

为了使标准既实际,又耐用,OMG对UML制定一组目标:

- 为建模者提供现成、易用、表达能力强的可视化建模语言,以开发和交换有意义的模型;
- 提供可扩展和特殊化机制以延伸核心概念;
- 与具体的实现无关,可应用于任何语言平台和工具平台;
- 与具体的过程无关,可应用于任何软件开发的过程;
- 支持更高级的开发概念,例如构件、协作、框架和模式,强调在软件开发中对架构、框架、模式和构件的重用(UML 1.4规范);
- 与最好的软件工程实践经验集成;
- 可升级,具有广阔的适用性和可用性;
- 推动对象工具市场成长。

2. UML的组成

作为一种建模语言,UML的定义包含语义和语法两部分。UML的语义描述基于UML提供的精确元模型(Meta-Model)的定义。元模型是定义和构造UML模型的必要手段和描述方法,为UML所有的元素在语法和语义上提供简单一致、通用的定义性说明,这使得开发者在语义上取得一致意见。此外,UML还提供扩展机制,包括约束条件(Constraint)、版型(Stereotype)和标记值(Tagged Value),使得人们可以扩展UML的元模型。UML语法定义UML的概念、元素、符号表示法,以及用法,这为开发者或开发工具使用这些图形符号和文本语法进行建模提供标准和规范。

(1) 基本构造块(Basic Building Block)。

■ 事物(Thing);
■ 关系(Relationship);
■ 图(Diagram)。

(2) 语义规则(Rule)。

■ Name、Scope、Visibility、Integrity、Execution。

(3) 通用机制(Common Mechanism)。

■ Specification、Adornment、Common Division、Extensibility Mechanism。

(4) 事物(Thing)。

■ StructuralThing:Class，Interface，Collaboration，Use Case，Component，Node。

■ BehaviorThing:Interaction，State Machine。

■ GroupThing:Package。

■ AnnotationThing:Note。

(5) 关系(Relationship)。

■ 依赖(Dependency)；

■ 关联(Association)；

■ 继承(Generalization)；

■ 实现(Realization)。

3. UML的视图和图

UML是用来描述模型的，用模型来描述系统的结构(或静态特征)及行为(或动态特征)。它从不同的视角为系统的架构建模，以用例视图为核心描述系统的不同视图(View)，称为4+1视图，如图4-1所示。

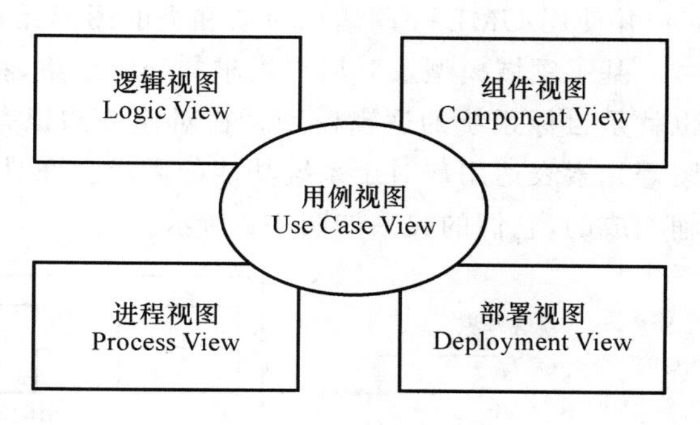

图4-1　UML的4+1视图

(1) 用例视图(Use Case View)：强调从用户的角度看到的或需要的系统功能，这种视图也称为用户模型视图(User Model View)或场景视图(Scenario View)。

(2) 逻辑视图(Logical View)：展现系统的静态或结构组成及特征，也称为结构模型视图(Structural Model View)或静态视图(Static View)。

(3) 进程视图(Process View)：描述设计的并发和同步等特性，关注系统非功能性需求，也称为行为模型视图(Behavioral Model View)、过程视图(Process View)、协作视图(Collaborative View)和动态视图(Dynamic View)。

(4) 组件视图(Component View)：关注软件代码的静态组织与管理，也称为实现模型视图(Implementation Model View)和开发视图(Development View)。

(5) 部署视图(Deployment View)：描述硬件的拓扑结构，以及软件和硬件的映射问题，关注系统非功能性需求(性能、可靠性等)，也称为环境模型视图或物理视图(Physical View)。

每一种UML的视图都是由一个或多个图(Diagram)组成的，一个图就是系统架构在某个侧面的表示，所有的图组成系统的完整视图。UML规范提供下述9种基本的图形元素：

(1) 用例图(Use Case Diagram)：从使用者的角度描述对系统功能的要求。

(2) 类图(Class Diagram)：描述系统的静态结构(类及其相互关系)。

(3) 对象图(Object Diagram):描述系统在某个时刻的静态结构(对象及其相互关系)。

(4) 顺序图(Sequence Diagram):按时间顺序描述对象之间的交互。

(5) 协作图(Collaboration Diagram):从对象之间的关系描述它们之间的交互顺序。

(6) 状态图(State Diagram):描述对象的不同状态之间转换的条件和响应。

(7) 活动图(Activity Diagram):描述为了完成某个用例,对象或对象之间所必须执行的活动次序。

(8) 组件图(Component Diagram):描述系统为了完成某个或者某些用例,对象封装的组织结构。

(9) 部署图(Deployment Diagram):描述环境元素的配置,并把实现系统的元素映射到配置上。

4.3 面向对象的需求分析建模

面向对象需求分析活动的目标同样是构建目标系统的逻辑模型,其前提条件同样是当前系统的物理和逻辑模型。结构化分析方法并没有一种明确的建模方法来表示当前系统的逻辑模型,更多采用文字描述的形式描述业务背景、业务概念、业务流程及业务数据。面向对象的分析方法突出强调当前系统逻辑模型的重要作用,也就是领域模型(Domain Model),并使用 UML 一些诸如对象和类的图形元素规范表示其业务的逻辑模型。

基于领域模型及对用户需求的一些了解,在需求分析过程中还可以同时进行用例建模,也就是目标系统的逻辑模型。在对业务知识有一定了解的基础上,使用标准的 UML 用例图等元素表达用户对于系统功能的需求。在具体的建模过程中,领域模型和用例模型是相辅相成的,它们的关系如图 4-2 所示。

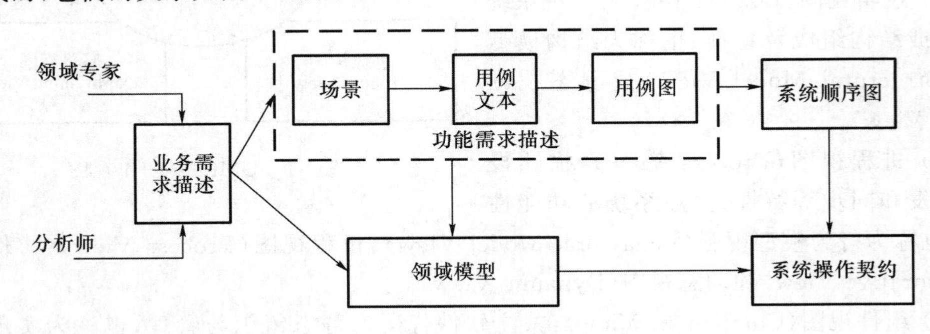

图 4-2 面向对象需求分析建模的活动

从图 4-2 可以看出,第一项活动(业务需求描述)可以理解为当前系统物理模型的活动内容,从业务的角度阐述各种功能需求的来源,并通过一些具体的业务场景来说明这些功能需求的用处。基于这些分析活动的结果,需求分析活动又分为两个主要的环节。

(1) 领域建模:通过对一些业务场景的分析,可以得到一些须关注的业务概念及一些必须保存的业务数据,并将其归纳为领域模型中的静态结构,使用 UML 类图进行表示;如果其结果还须对一些动态的业务流程进行描述,则可以使用 UML 的活动图来表达,最终形成能够表达当前系统的逻辑模型。

(2) 用例建模：通过对业务需求的理解，并对一些场景描述进行整理和分析，从用户的角度使用 UML 用例图来清晰地表达对系统功能的要求；除此之外，为了方便将分析结果能够用于系统的功能设计，还进一步使用 UML 的交互图展示用户使用系统功能的交互次序，并声明系统“做什么”的结果。用例模型由以下 4 个基本内容组成：

① 用例图(Use Case Diagram)。

② 用例描述(Use Case Scenario)。

③ 系统顺序图(System Sequence Diagram)。

④ 操作契约(Operation Contract)。

此外，还须说明的是，在迭代增量式软件开发过程指导下进行面向对象分析时，一次迭代往往只是选取系统的部分用例，甚至只是某个用例的部分场景进行分析、描述，进而识别系统事件，得到系统操作契约。在识别领域模型时，也往往是针对当前用例所相关的业务环境识别关键概念。

4.4　领域建模

对于当前系统的理解程度很大程度上决定需求分析结果的正确性，为此领域模型的重要作用无须赘言，是软件开发人员所必须重视的一环，是将业务背景知识和软件开发人员结合的有效方法之一。其原因在于软件开发人员是面向所有业务领域的，但同时也不可能事先花费大量时间和精力掌握相应的业务知识后才可以进行软件开发，所以将特定领域知识的了解也纳入软件开发过程中。为此须把握住一些全局性的概念及核心流程，并对这些概念和概念之间的关系及流程进行必要的分析和研究，形成当前系统的逻辑模型，即领域模型。

4.4.1　领域模型的定义

领域模型是针对某一特定领域内概念类或者对象的抽象可视化表示[MO95, Fowler96]，也称为概念模型、领域对象模型或者分析对象模型。

须特别注意的是，其中的模型元素仅仅是概念类或对象，而非软件对象、软件类或者软件架构中的领域层。它重点描述领域内的关键概念，使得开发人员摆脱繁杂的业务文字描述或者具体的业务物理模型，除此之外其最重要的作用是可以为软件架构领域层中软件对象的设计提供足够的信息。

4.4.2　领域模型的表示

领域模型使用 UML 的类图来表达概念及其关系，使用活动图来表示业务流程，用于辅助解释类图。领域模型中的类称为概念类，其原因是这些概念还不是软件系统中的对象，而是用来分析和考察的对象。概念类之间的关系也使用 UML 类之间的关系表达，诸如关联、继承、聚合/组合及依赖来表示。领域模型中概念类及其关系的创建步骤如下：

(1) 识别或抽象出领域的概念类或对象。

(2) 建立概念类之间的关系。

(3) 设置概念类的关键属性。

通过领域模型,开发人员可以了解到领域内的关键概念、核心词汇和基本信息,所以某种程度上领域模型称为可视化的字典。图4-3使用UML的类图描述领域模型的组成元素及其关系。

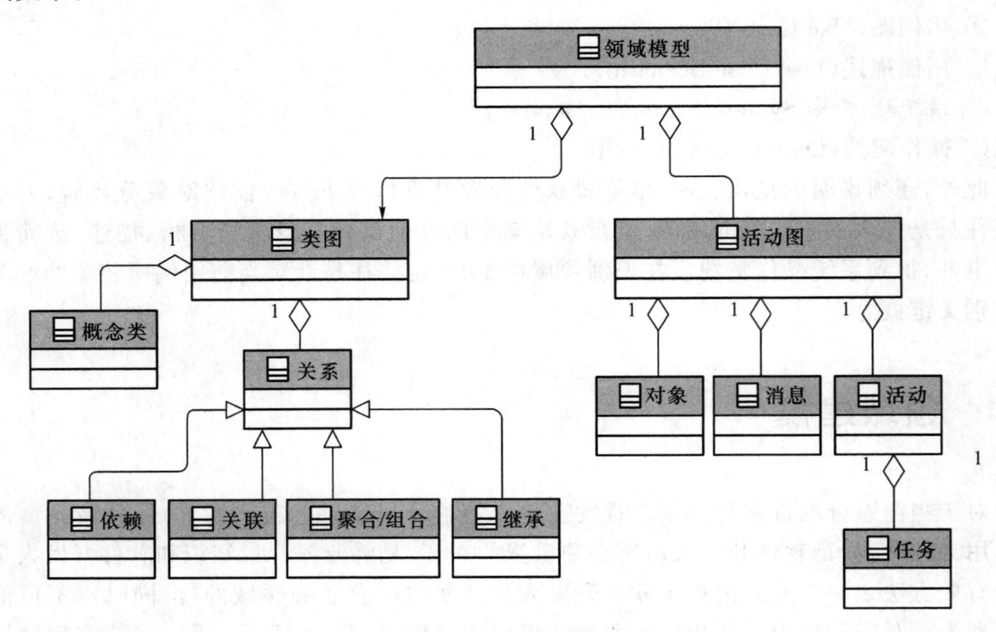

图 4-3 领域模型元素及结构的UML表示

4.4.3 领域模型元素与软件对象的区别

须特别注意,领域模型描述的内容与软件对象无关,是纯粹对现实客观世界的抽象描述。软件开发人员经常遇到系统结构的领域层或者系统结构的业务(应用)逻辑层,这里的"领域层"强调位于界面层之下的一组软件对象,这些对象又表达业务对象的逻辑,故统称为领域层。

虽然两种词汇有本质的区别,但是它们之间也有内在的联系。面向对象的一种核心思想就是利用领域模型中概念类的名称、属性等信息启发式地进行系统领域层类的设计,运用这种方法可以大大降低需求和设计之间的跳转差异。

4.4.4 识别概念类

面向对象的需求分析也是基于迭代增量式的开发模式,为此并非要求一次性识别所有的概念类,而仅仅要求在当前迭代范围内明确的问题域寻找概念类。为此,在每次迭代周期中进行领域建模时,都须明确以下两项必备条件:

(1) 确定当前的迭代范围。

(2) 确定当前的问题域范围。

在识别概念类时,须遵循下述原则:用大粒度的概念类充分描述领域模型比粗略描述好。当遇到分析阶段漏掉的一些概念类,在后续的设计阶段才发现这些概念类必需时,则还须对领域模型进行必须要的修改和添加。下面提供一种简单实用的识别概念类技巧，根据名词短语识别概念类。

这是一个实用的寻找概念类的方法，通过识别问题域中有关业务描述中的名词或者名词短语，然后将它们作为候选的概念类。如果此时已经具备用例模型中某个用例的场景描述，则详细的用例描述文档是通过名词短语识别领域概念的最佳选择。

运用这种方法时，须特别注意名词可能是概念类，也可能是概念类的属性。属性一般是可以赋值的，比如数字或者文本；概念类是不能被赋值，在面向对象领域中概念类只能被实例化。如果对一个名词是概念类，还是属性举棋不定时，最好将其作为概念类处理。例如：

(1)"人民医院是北京的三甲医院"这一句话中有"人民医院"、"北京"和"三甲医院"三个名词短语，其中只能抽象出一个概念类：医院，而其他诸如"人民"、"北京"和"三甲"都是形容或者说明医院的特征值，可以归纳为该概念类的属性，分别是名称、地区和级别。

(2)"大三下学期计算机学院开设软件工程的课程，课时48小时"，这一句话中有"大三学期"、"计算机学院"和"课程""课时"这4个名词短语，可以抽象成概念类的是"学期"、"学院"和"课程"，而"大三"和"计算机"和"48小时"都是进一步说明这些概念类的特征值。

表4-1是某在线考试系统中学生参加上机考试用例的一个场景描述，粗体字即是识别出可能的概念类和属性。

表4-1 根据名词短语识别概念类示例

1	**学生**在系统主窗口中选择参加**考试**
2	系统列出该学生该时段能参加所有的**考试课程名称**
3	学生选择其中的一门**课程**，要求考试
4	系统弹出登录框，要求学生输入**考试密码**
5	学生输入从**监考教师**处获取的**考试密码**，登录
6	系统显示欢迎界面，展示考试课程名称和**考试时长**，询问学生是否开始考试
7	学生选择开始考试
8	系统按照预先设计好的**考卷生成规则**自动生成一套**考卷**
9	系统显示**考题**
10	学生答题，并提交该题**答案**
11	系统记录答案，并使"上一题"或"下一题"按钮生效
12	学生选择上一题或者下一题。系统重复步骤9～12，直到学生选择结束考试或者考试时间到
13	系统显示学生的**选择题得分**
14	系统询问学生是否退出考试
15	学生选择退出
16	系统回到系统主窗口

根据分析可以得到概念类：学生、考试、教师、课程、考卷生成规则、考卷、考试和考题。名词：密码、时长、得分都是属于考试概念类的特征值。

4.4.5 识别和添加概念类之间的关系

UML对"关联"的定义是：两个或多个类之间有关其实例链接的语义定义。"关联"常与静态动词或动词短语相对应。据此，可以通过上述业务场景的文字描述寻找两个概念类之间是否存在动词。概念之间的“关联”通常表示必须知道这个关系存在，并且这个关系须保存一段时间——数年或者百万分之一秒，取决于关联所处的语境。换句话说，哪两个对象之间的关系须记住？

领域模型中的“关联”可分为两种。一种是将概念之间的关系信息保持一段时间的“关联”，称为“须知道”型“关联”。另一种是有助于增强对领域中关键概念理解的“关联”，称为“只需理解”型“关联”。领域模型须着重考虑“须知道”型“关联”。对于“只需理解”型“关联”，虽然在最终的软件系统中无须将这种“关联”保存一段时间，但如果这种“关联”真实存在于问题域中，并且如果这种“关联”有助于增强对问题域某些关键概念的理解，则有必要建模这种“关联”。例如：“人民医院是北京的三甲医院”，上面的分析结果只有一个概念类，没有第2个与之关联的概念类，所以这句话中概念类“医院”不存在关联关系。如果这句话后面还有“该医院具有30个科室及300多名医生”，那么除了“医院”概念类之外，还可以抽象出“科室”和“医生”两个概念类，进而通过“具有”的动词短语很清楚地表明医院的规模和组织关系，那么这3个概念类之间就存在某种需相互知道的关系。

又如“大三下学期计算机学院开设软件工程的课程，课时48小时”，这句话已知具有“学院”、“学期”和“课程”3个概念类，“学院”和“课程”之间通过“开设”关联；“学期”和“课程”通过时间段某种须知道关联。

在识别“关联”时，一方面可以借助分析人员自身对问题的理解，另一方面可以借助如表4-2所示的通用关联列表。

表4-2 通用关联列表

分类	示例
A在物理上是B的一部分	树木一森林
A在逻辑上是B的一部分	销售项一销售考题一考卷
A在物理上包含在B中或者依赖于B	商品一货架
A在逻辑上包含在B中	考卷生成规则项一考卷生成规则
A是对B的描述	考题规格说明一考题
A是交易或者报表B中的一项	销售项一销售考题一考卷
A是B的一个成员	收银员一商店
A是B的一个组织子单元	销售部一商店
A使用或管理B	收银员一POS机
A与B通信	顾客一收银员
A与一个交易B有关	学生一考试顾客一销售
A是一个与另一个交易B有关的事务	支付一销售
A与B相邻	商品一商品
A为B所拥有	POS机一商店
A是一个与B有关的事件	考试一学生销售一顾客

其中,通用关联列表中的下述 3 种分类是高优先级的关联分类,它们在领域模型中有广泛应用:

(1) A 在物理上或逻辑上是 B 的一部分,如树木组成森林;

(2) A 在物理上或逻辑上包含在 B 中或依赖于 B,如商品放在货架上;

(3) A 是对 B 的描述,如考题规格说明是对考题的描述。

“关联”是重要的,但是不应该花费过多的时间研究和寻找,而且领域模型中的“关联”也不是越多越好。寻找“关联”时遵循下述指导原则:

(1) 识别概念类比识别“关联”更重要。

(2) 将注意力集中在“须知道”型“关联”。根据“须知道”型原则获取最小集合的“关联”,然后利用“只需理解”型“关联”增强对领域中关键概念的理解。

(3) 太多的“关联”不仅不能有效地表示领域模型,反而容易使领域模型变得混乱。

(4) 避免显示冗余或导出“关联”。

4.4.6 UML 概念类及关联关系表示

类的 UML 表示是一个矩形,垂直地分为 3 个区,如图 4-4 所示。顶部区域显示类的名称,中间的区域列出类的属性,底部的区域给出类的操作。

在绘制类图时,上顶端的区域是必需的,下面的两个区域是可选择的,其主要原因是在不同的建模过程中所关注的要点是不一样的。图 4-5 左侧表示只有类名称的类,图中间表示缺少操作的类,图右侧表示缺少属性的类。在构建领域模型时只需用前两种表示法即可。

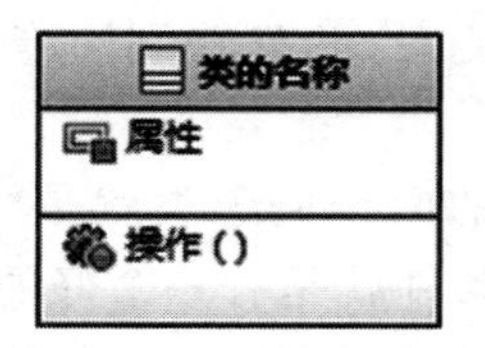

图 4-4　类的 UML 基本结构

图 4-5　UML 类的 3 种表示方法

比如,图书馆的主要概念类“图书”就可以具有“图书名”、“图书号”、“借阅时间”等属性,而这些属性位于类图中的第 2 个区域中并表示为图 4-6。

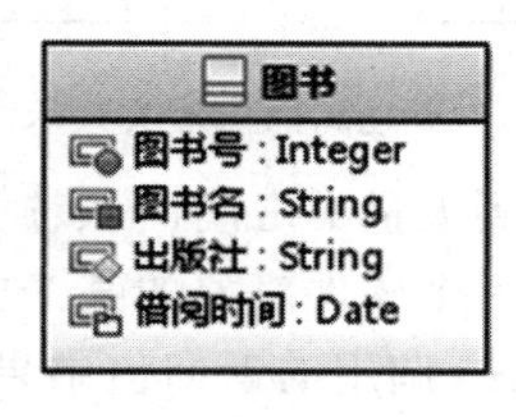

图 4-6　IBMRSA 中类及其属性的表示

- “图书号”前的圆形表示 Public;
- “图书名”前的正方形表示 Private;
- “出版社”前的菱形表示 Protected;
- “借阅时间”前的长方形表示 Package。

UML规范定义以下6种类的关系,并且按照类关系由弱到强的次序进行描述,如图4-7所示。

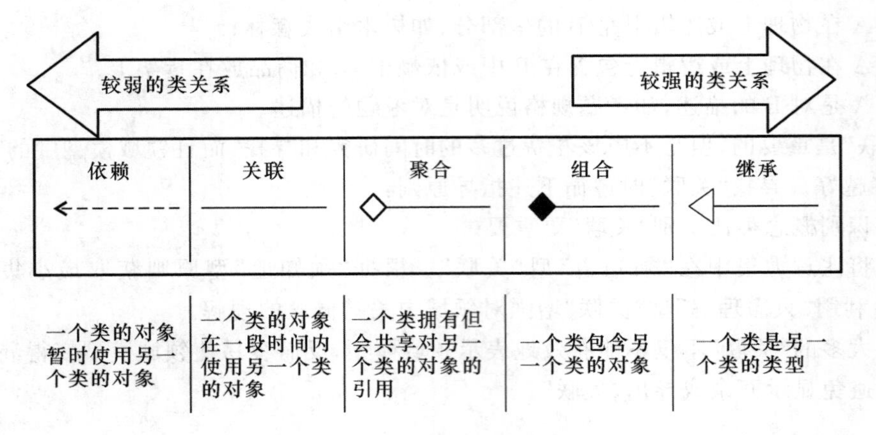

图4-7　UML类之间的关系及图形表示

1. 类的依赖关系(Dependency)

当发现一个类"须知道"另一个类并使用它的对象时,这两个对象之间存在依赖关系。比如,"医院就诊管理系统"中的"医生"概念类与"挂号人员"或者"队列信息"概念类之间存在依赖关系,具体说医生的问诊依赖挂号人员的正常操作结果或者医生的问诊叫号依赖"队列信息"的内容。注意:此时声明两个类之间存在依赖关系时,仅仅说明它们在对象的级别上存在关系,而非对象的内部属性和操作,因此依赖关系是类之间关系最薄弱的环节。UML规范中用带有箭头的虚线表示依赖关系,并且特别注意两个概念类之间谁依赖谁。

在现实生活当中,谈及热门话题"小升初"时,最直接的两个概念类就是"小学"和"初中",其中关系是如果能升入满意而且比较好的初中,首要条件就是有一个好的"小学"。这里的"小学"必须是某一个具体的小学,而非小学里面的硬件设施或者某位好教师,如图4-8所示。

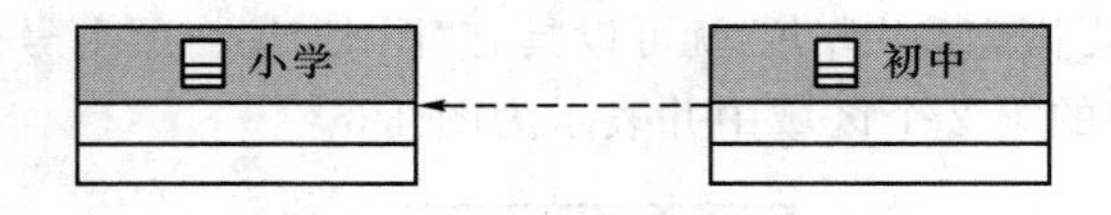

图4-8　类之间的依赖关系示意图

后期进行软件类设计时也会遇到大量类之间的依赖关系,软件对象之间的依赖关系可以直接理解为某个软件对象调用另一个软件对象的某个方法,在调用之前这个软件对象首先必须知道被调用软件对象及其方法;调用的返回值结果决定调用对象的后续执行。下面的代码展示一个ClassMan调用另外3个类Car,Light及ATM的方法,图4-9展示这4个类之间的依赖关系。

```
public class Man
{
public void drive(Car car)
{
```

```
        car.start();
        }
    public void sleep()
    {
        Light light = new Light();
        light.off();
    }
    public int getMoney(int amountOfNeed)
    {
        return ATM.fetch(amountOfNeed);
    }
}
```

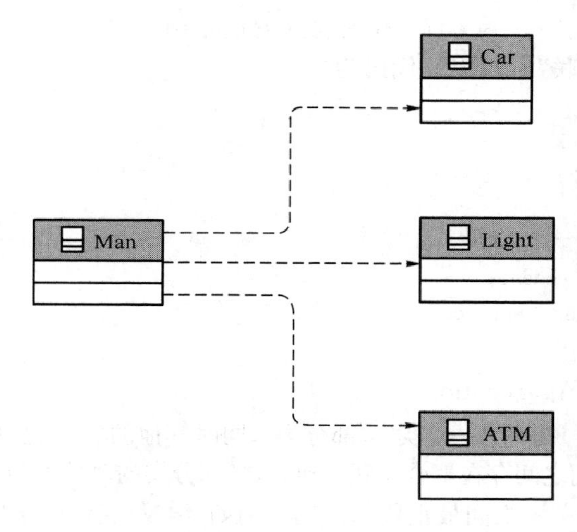

图 4-9　类之间的依赖关系

2. 类的关联关系(Association)

当一个类的属性声明另一个类的对象或者定义另一个类的对象引用时，说明这两个类之间存在关联关系。在通常情况下，在分析的语境中发现一个概念类与另一个类的对象为了某个目的协同工作时，相对于依赖关系，这两个类之间很大程度上更有可能存在关联关系。通俗的解释就是，一个类可以将另一个类的某些属性或者类对象的整体作为其属性时，它们之间就存在关联关系。

类的关联关系可分为双向关联、单向关联(即导航关联)、递归关联，以及关联类四种。UML 规范使用没有箭头的实线表示关联关系，如图 4-10 所示为双向关联关系。

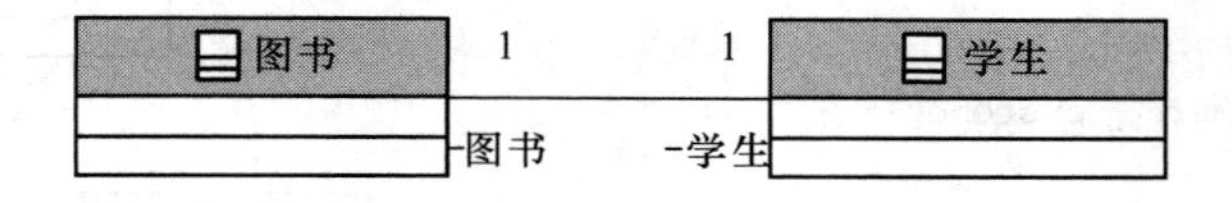

图 4-10　类之间的双向关联关系

图 4-10 描述的“关联”所对应的代码为

```
Public class student{
```

```
  private Book [ ] book;
  …//other attributes & methods
}
Public class Book {
  private Student student;
  …// other attributes & methods
}
```

如果关联关系之间存在导航关系,说明一个类是否可以访问另一个类的属性或者该类是否在属性中包含另一个类对象的引用,如图 4-11 所示为单向关联关系。

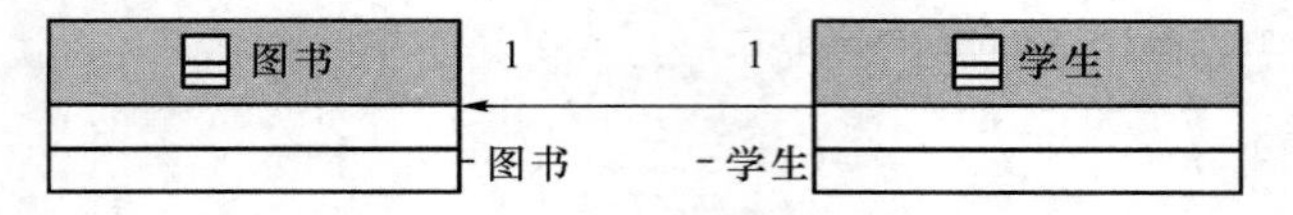

图 4-11 类之间具有导航的关联关系

图 4-11 描述的"关联"所对应的代码为

```
Public class student{
  private Book [ ] book;
  …// other attributes & methods
}
Public class Book{
  //private Student student;
  …//other attributes & methods
}
```

3. 类的聚合关系(Aggregation)

当一个类 A(整体类)拥有另一个类 B(部分类),同时其他的类 C 也可分享类 B,即类 B 不完全被类 A 所拥有时,它们之间存在聚合关系。换言之,部分类的对象不会因为整体类消失而不存在,这是聚合关系与组合关系之间最重要的区别。例如,学校由教师、学生、教学、科研等对象组成,则学校和教师之间存在聚合关系。在 UML 中,聚合关系由带空心菱形的直线表示,空心菱形一方连接整体类,另一端连接部分类,学校和教师的聚合关系如图 4-12所示。

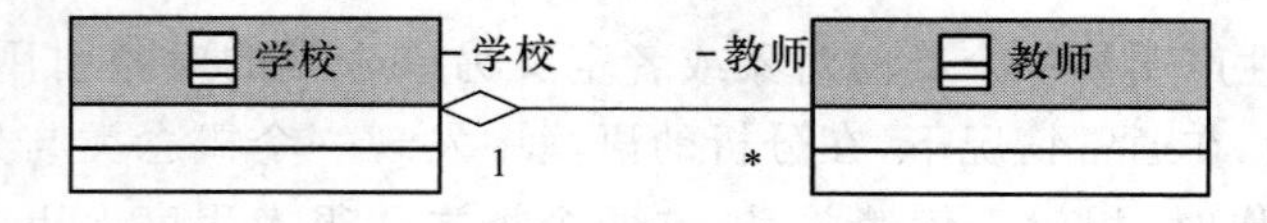

图 4-12 类的聚合关系一

聚合关系的代码表示与关联关系是一致的,都体现在属性的引用上。比如下面的一段代码,如图 4-13 所示。

```
public class Shipment
{
    private Ship ship;
    private Customer[ ] customer;
}
public class Ship
{
    private String id;
    private String owner;
```

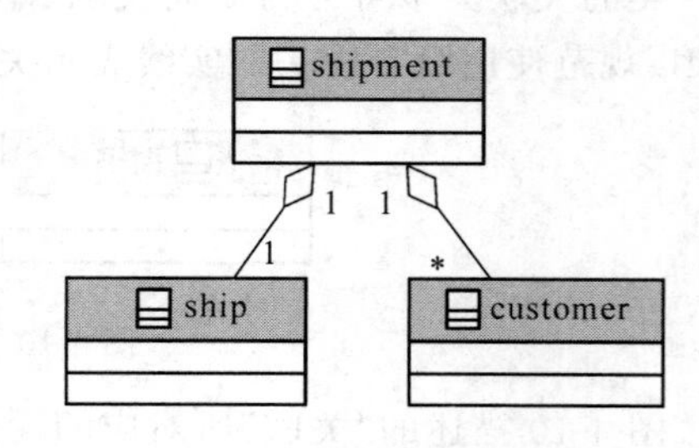

图 4-13 类的聚合关系二

```
    private shipment shipment;
}
publicclassCustomer
{
    private String Name;
    private String creditCardNumber;
    private shipment shipment;
}
```

4. 类的组合关系(Composition)

当一个类 A(整体类)完全拥有另一个类 B(部分类),且其他任何类都不能分享类 B 时,它们之间存在组合关系。当整体类消失时,部分类也不会存在。例如,文档由章节组成,如果没有文档,章节不会独立存在。在 UML 中,由带有由实心菱形的直线表示组合关系,实心菱形一方连接整体类,另一端连接部分类,文档与章节的组合关系如图 4-14 所示。

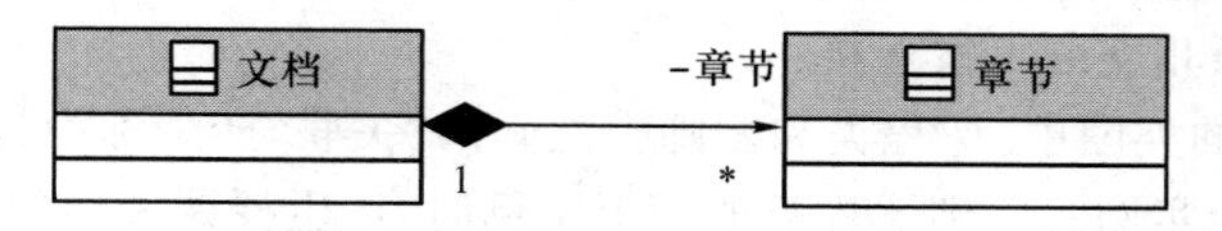

图 4-14　类的组合关系一

类之间的组合关系体现在代码上时,一般由整体类对部分类进行实例操作,比如下面的代码,如图 4-15 所示。

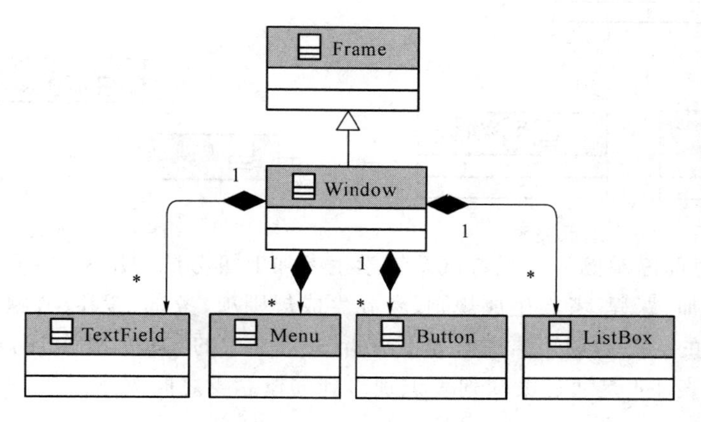

图 4-15　类的组合关系二

```
public class Window extends Frame
{
    TextField txt = new TextField("hello");
    Button btn = new Button("ok");
    MenuBar mbr = new MenuBar();
    MenuItem item = new MenuItem("Exit");
    Menu m = new Menu("File");
…
}
```

5. 类的继承关系(Inhiretence)

当一个类(父类)是另外一个类或一些类(子类)的类型时,它们之间存在继承或者泛化关系。例如,在电信运营商开账户时,可以选择不同的账户类型,包括 GSM 账户和 CDMA 账户,GSM 账户是一种账户类型,所以 GSM 账户与账户存在继承关系。在 UML 中,由带有空心三角形的直线表示继承关系,空心三角形一方连接父类,另一端连接子类。GSM 账户、CDMA 账户与账户之间的继承关系如图 4-16 所示。

子类可以拥有父类所有的属性和操作,且可以定义自身的一些属性和操作,这种关系充分体现面向对象强调的软件复用原则。类的继承关系体现在代码上主要使用的关键字 extends,参见图 4-15 对应的代码。

6. 关联类

在关联建模中,存在一些情况下,需要其他类,因为它包含关于关联有价值的信息。对于这种情况,使用关联类来绑定这些基本关联。关联类和一般类一样表示。不同的是,主类和关联类之间用一条相交的点线连接。

在图 4-17 显示的类图中,课程类和教师类之间的"关联"产生称为授课表的关联类。这说明当教师类的一个实例关联到课程类的一个实例时,产生授课表类的一个实例,即在课程表中插入一条该教师的授课记录。

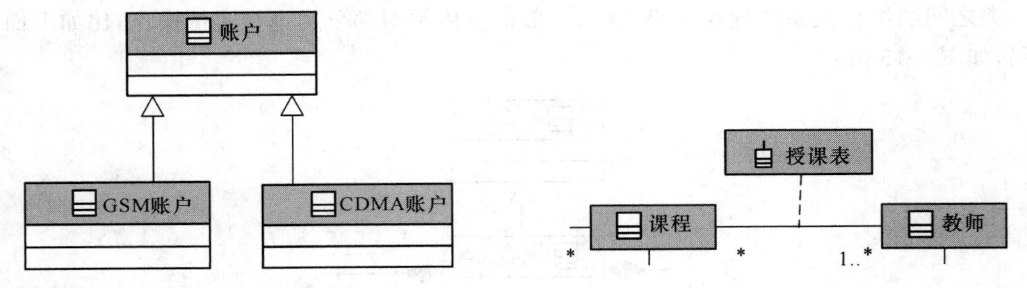

图 4-16 类的继承关系　　　　图 4-17 关联类

实例一:针对前面举例的在线考试系统学生参加上机考试的用例,根据已经得到的概念类:学生、监考教师、课程、考卷生成规则、考卷生成规则项、考试、考卷、考题、考题规格说明,根据用例说明中的一些动词短语进行如下分析,表 4-3 中的"关联"是上述概念类之间的"须知道"型"关联",表 4-4 是通过关联列表识别得到的概念类之间关系。

表 4-3 考试用例相关的"须知道"型"关联"

关 联	含 义
学生"参加"考试	为了知道学生是否须参加该项考试
教师"监考"考试	为了知道由哪(几)位教师监考
考卷"记录"考题	为了知道一份考卷由哪些考题组成
考卷生成规则"对应于"课程	为了知道是哪门课程的考卷生成规则
考卷生成规则"应用于"考试	为了知道某次考试使用哪套考卷生成规则
考卷生成规则"记录"考卷生成规则项	为了知道一套考卷生成规则由哪些细项组成
考题规格说明"详细描述"考题	为了知道一道考题的详细描述

表 4-4　考试用例相关的部分"关联"

分　类	示　例
A 在物理上是 B 的一部分	不适用
A 在逻辑上是 B 的一部分	考题一考卷
A 在物理上包含在 B 中或者依赖 B	不适用
A 在逻辑上包含在 B 中	考卷生成规则项一考卷生成规则
A 是对 B 的描述	考题规格说明一考题课程规格说明一课程
A 是交易或者报表 B 中的一项	考题一考卷
A 为 B 所知/为 B 所记录/录入 B 中/为 B 所捕获	不适用
A 是 B 的一个成员	不适用
A 是 B 的一个组织子单元	不适用
A 使用或管理 B	不适用
A 与 B 通信	不适用
A 与一个交易 B 有关	学生一考试
A 是一个与另一个交易 B 有关的事务	不适用
A 与 B 相邻	考题一考题
A 为 B 所拥有	不适用
A 是一个与 B 有关的事件	考试一学生

根据上面的分析过程和分析结果，可以得到初步的领域模型，如图 4-18 所示。其中，学生选课得到关联类"选课"，记录课程总评等信息；教师教授某门课程得到关联类"授课"，记录授课时间、地点等信息；教师监考某门课程得到关联类"监考"，记录监考时间、监考地点等信息，同时对考题进行细分，可以得到选择题、填空题、简答题和程序设计题。选择题又可进一步细分为单选题和多选题。关联类的概念和用法参见附录。

实例二：下面结合某高等学校的组织结构，说明类的关联关系表示方法，其基本的文字描述如下：

某高校包含 10 个教学单位和 5 个行政机构，计算机学院是其中一个学院，内部由院党委、行政、教学和科研及学生组成。其中，教学单位分为 5 个中心，学生由本科生、硕士研究生组成：本科生分为 4 个年级，每个年级有 3 个大班，每个大班有 5 个小班；硕士研究生分为 3 个年级且分别属于教学单位的 5 个中心。

通过对以上描述的分析，找到该领域包含的概念类有：大学、行政机构、教学单位、院党委、院行政部门、教学单位、科研单位、学生、教学中心、本科生、硕士研究生、年级、大班、小班。

这些概念类之间的关系如图 4-19 所示。

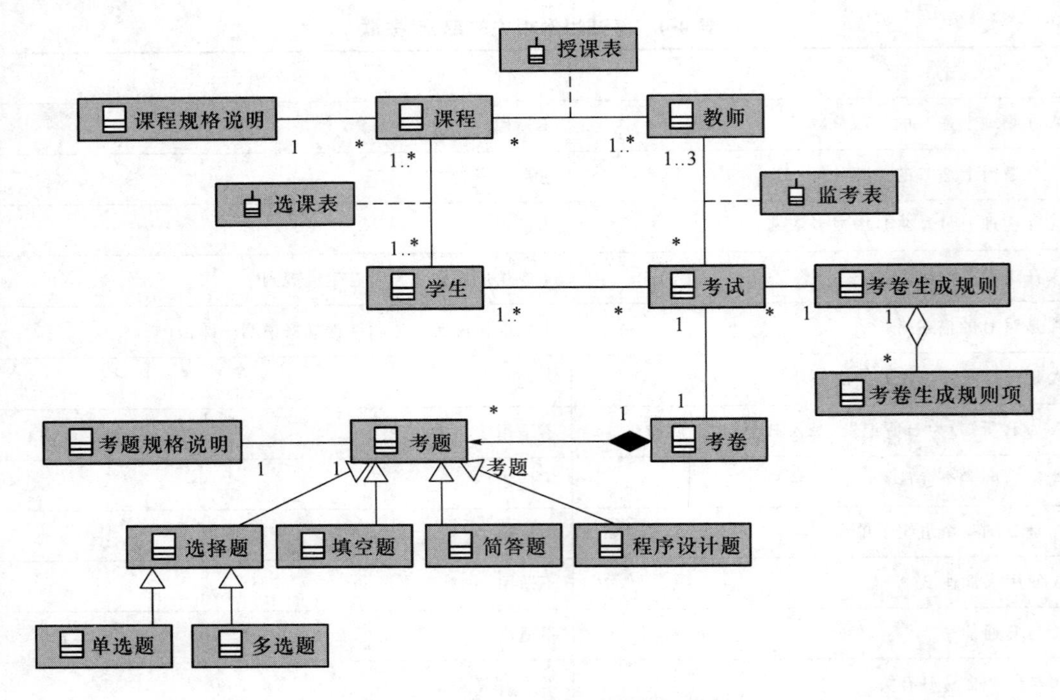

图 4-18 在线考试系统部分领域模型

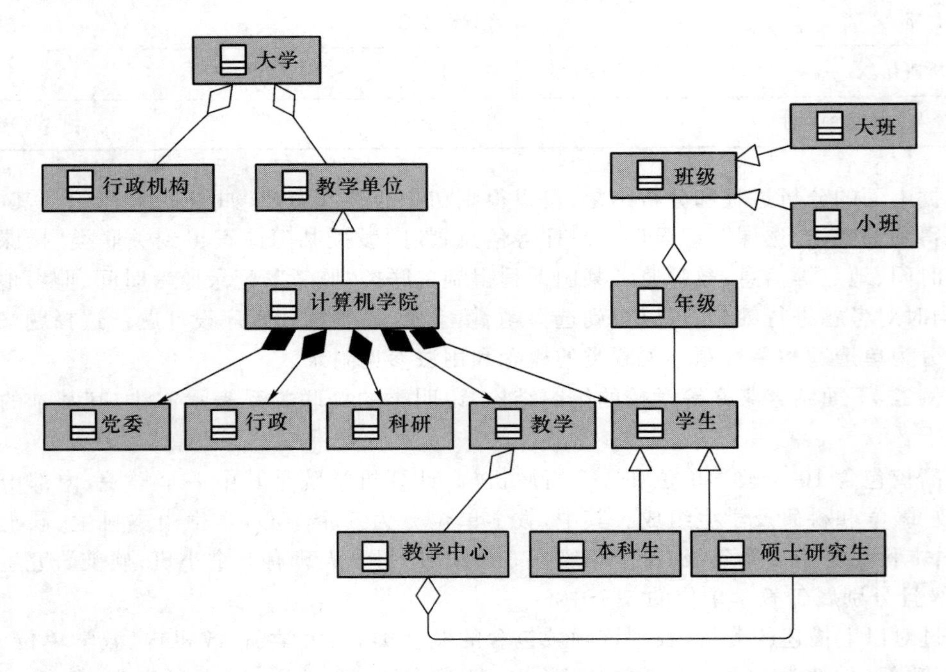

图 4-19 某大学组织结构领域模型的类图表示

4.4.7　添加属性

属性是类和对象的数据特性，也是一个类或对象区别于另一个类和对象的重要特征，例如重量、颜色和速度等。领域模型中的属性往往是需求(用例)建议或者须记忆的信息。属性应当优先定义为简单数据类型，如 Boolean、date、number、string、text、time，以及其他常见的简单数据类型，如 address、color、zip 等。属性值不应该是对象，应该使用"关联"而不是属性来联系概念类。

识别属性时，不把寻找属性的过程放得过大。只考虑那些与应用相关的属性。首先获取最重要的属性，以后可以添加细节。在分析过程中，避免只因为实现而使用属性。对每一个属性赋予一个有意义的名称。

对属性的建模主要包括属性名、类型名、可见性和初始值。如表 4-5 所示，在识别概念类的属性时，只需要建模属性的名称、类型和初始值(如果有)，还不考虑属性的可见性。属性可见性应该推迟到设计阶段考虑。

表 4-5　考试用例相关概念的部分属性

概　念	属　性
课程	开课时间……
课程规格说明	课程编号、课程名称、学分、课程简要介绍……
学生	学号、班级、姓名、联系 Email……
选课	选课年份、课程总评成绩……
教师	工作证号、姓名、职称、所在院系名称、联系电话、联系 Email……
授课	授课时间、授课教室……
监考	应到人数、实到人数、考场情况简述……
考试	考试时间、考试时长、考试地点……
考卷	总分……
考卷生成规则	测试对象、测试目的、内容范围综述、考卷难度、规则创建人、规则创建时间、规则生效标志……
考卷生成规则项	题目类型、题目难度、内容分类、题目数量……
考题	解答，得分……
考题规格说明	题目类型、题目难度、内容分类、分数、创建时间、创建人、生效标志……

4.5 用例建模

用例模型一般由用例图及用来解释用例实现过程的用例描述组成,为了能够与后期的系统结构设计形成一个有机的整体,又提出附加的两个内容用以补充用例模型,即系统顺序图和操作契约。

4.5.1 用例及用例模型的定义

用例(Use Case)是从使用系统的角色出发描述使用者与系统或者系统某个功能之间的交互场景,即用例可以描述用户对于系统的功能需求。无论系统的功能是否成功,每个用例必须返回给使用者一个明确的交互结果来说明使用者对于功能需求的目的。一个用例描述使用者为完成某个目的明确的功能与系统之间一个或者多个系统事件的交互过程。

用例模型以用例为核心从使用者的角度描述和解释对于待构建软件系统的功能需求,并通过UML的用例图规范化地表示,使用系统顺序图和操作契约为软件对象确定和软件系统结构设计提供充分的依据。

4.5.2 用例模型的组成结构

用例模型由4个部分组成,其中用例图和用例说明是基础,系统顺序图和操作契约是基于用例图的附加说明,参见图4-20。当某个用例比较简单时,可以省略系统顺序图和操作契约。创建用例模型的步骤如下:

(1) 确定问题域的分析范围;

(2) 确定该范围内可能出现的角色;

(3) 根据业务背景或者领域模型,确定每个角色需要的用例,并形成用例图;

(4) 基于确定的用例,整理成规范的用例描述文本;

(5) 在可能的情况下,将多个角色的用例图整合成一个相对完整的用例图;

(6) 针对每个用例,并结合相应的用例描述,确定系统顺序图中角色与系统之间的事件交互(也称为操作),绘制基于用例的系统顺序图;

(7) 基于每个系统顺序图,确定每个事件交互经过系统处理后应该返回给角色的声明性结果,即操作契约。

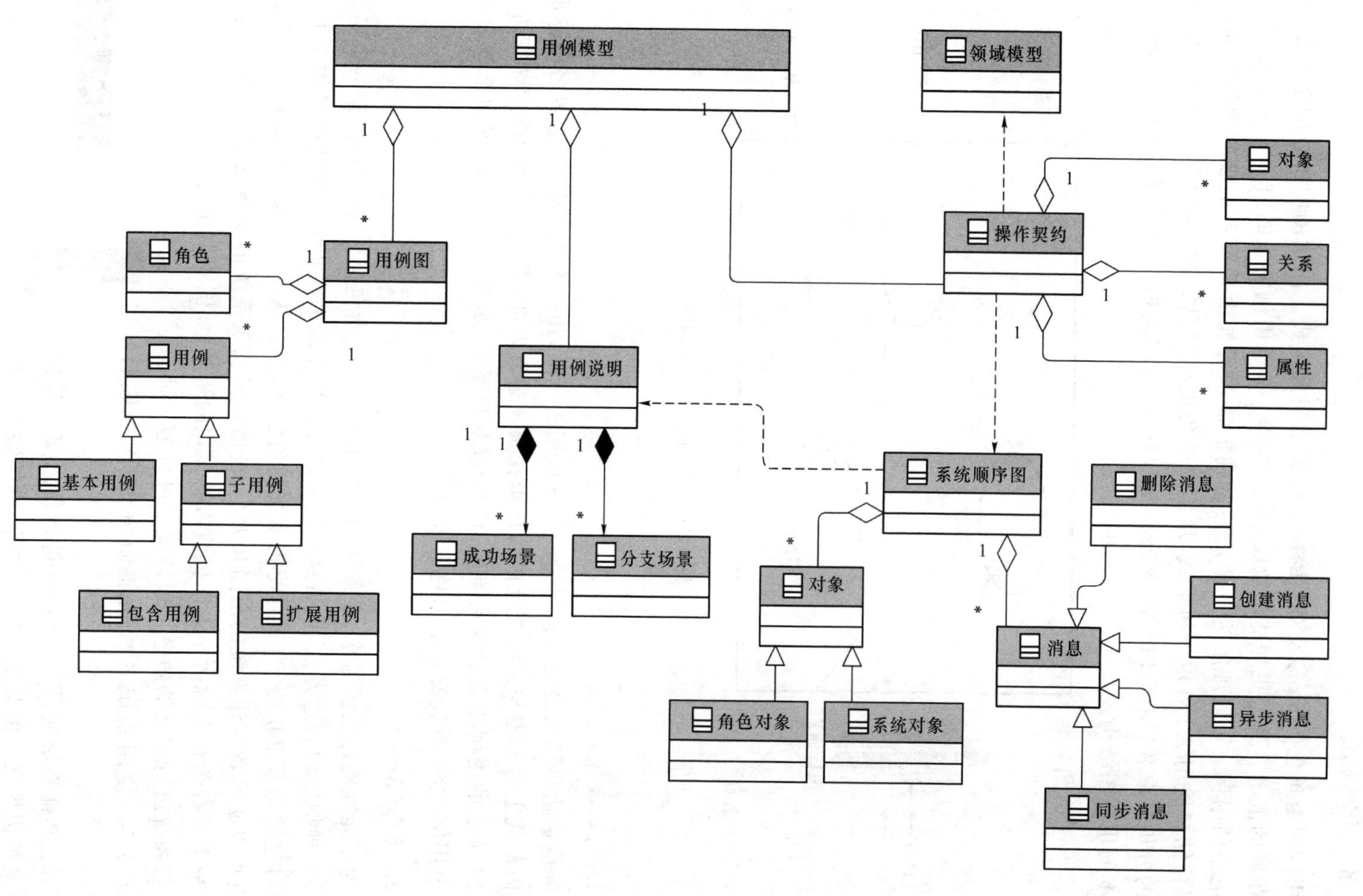

图 4-20　用例模型的基本元素、结构及与领域模型的关系

4.5.3 用例图

用例图由角色(Actor)及对应的一个或多个用例组成。用例图中角色的多少隐含地说明问题域的范围。为了更加清晰地展示功能需求,基于用例场景的内容将一个用例分解成粒度更小的用例。可以理解为一个用户的功能需求可能由多个系统级的用例所对应。比如,银行储户使用ATM取款机取钱,从用户的角度出发只需描述成“取款”用例,但是经过具体的分析,“取款”用例还附加“密码验证”,以及“打印凭据”等子用例的情况。图4-21展示基本的用例图结构。

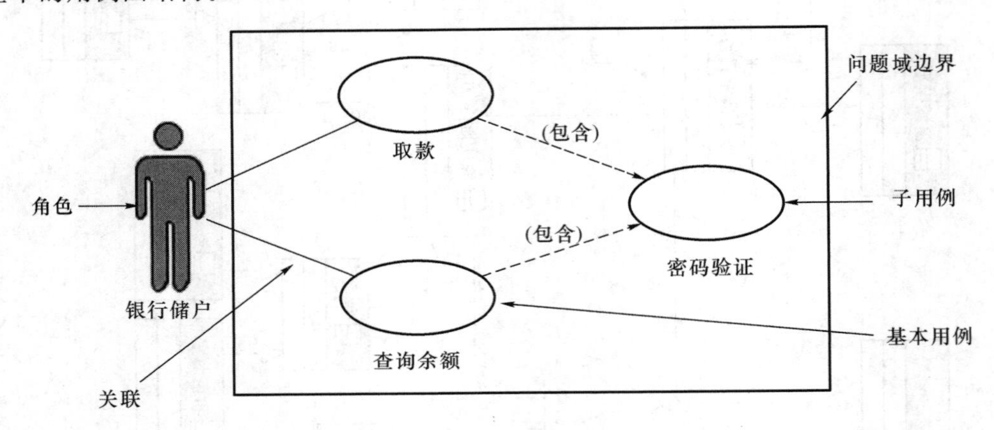

图4-21 ATM取款机用例图

1. 问题域边界

问题域边界用来说明当前讨论用例图应用的范围,用一个矩形表示,边界名称标识在矩形的内部或上边。参与系统交互的角色画在系统边界外部,系统提供的用例画在矩形内部。图4-21描述的用例图表示该系统是ATM取款机系统,其中包含取款、查询余额和验证密码三个用例,参与系统交互的角色有银行客户。

2. 角色(Actor)

为了能准确地表示需求,必须从用户的角度出发。角色也称为参与者,是一类用户的总称,是一种抽象的表达方式,代表这一类用户在使用系统的过程中对功能的具体要求。与角色相对应的是系统功能,当所有使用系统的角色确定后,从一定程度上就能反映出系统的边界,也可以明确待构建系统的范围和大小,进而帮助明确系统的功能需求。UML的角色表示为一个带有角色名称的小人图标或带有标识的矩形,如图4-22所示。

与系统进行交互的角色一般情况下可分为3种。

(1) 人:使用系统各种功能的角色,例如银行客户。

(2) 其他系统或设备:与系统进行信息交互且位于该系统边界之外的其他系统和设备,例如银行主机系统。

图4-22 角色的UML表示

(3) 时钟(Timer):作为一种位于系统内部的特殊角色,由于时钟的作用类似于系统外部的角色,即它可以触发一些系统的功能,表示在此时刻系统应该提供哪些功能。

识别系统角色是用例建模的第一步,通过回答以下一些提示性问题,可以帮助系统分析人员快速定位角色:

- 系统的主要用户是谁?
- 谁使用系统完成日常工作?
- 谁关注系统中记录的信息?
- 谁来维护系统,使系统正常运行?
- 系统与哪些其他系统交互?
- 在预定的时刻,是否有事件自动发生?
- 系统控制的硬件设备有哪些?

3. 用例(Use Case)

在明确系统的角色后,从角色要完成的业务环境中去寻找其使用系统所要完成的功能,也就是该角色为了完成某些特定的任务而必须执行的一系列动作,这一系列动作的集合就可称为一个业务场景,即用例。UML 的用例表示为一个具有功能名称的椭圆图标,如图 4-23 所示。

用例描述系统能够提供的一组服务,使系统功能的概要表示,隐藏用例实现的细节。用例名称代表每个用例定义的功能,通常用动词加上名词进行描述,例如取款、查询余额等。用例名称重点描述用例的目标,而不是用例实现的过程。用例名称既可以写在用例的下方,也可以写在用例的里面,但是避免在一幅用例图中混合使用。

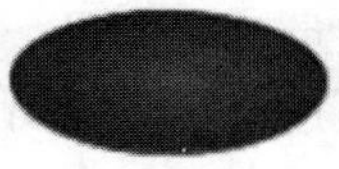

图 4-23　用例的 UML 表示

在识别用例的过程中,通过回答以下提示性问题有助于分析人员发现和定义系统用例:

- 系统承载的日常业务有哪些?
- 为了承载日常业务,系统需要提供哪些功能?
- 系统需要存储的数据信息有哪些?
- 系统对这些信息提供哪些处理功能?
- 各种角色从系统中得到哪些查询、统计、报表或分析结果?
- 哪些事件可以影响系统状态?

4. 关联

如果角色需要使用某个用例,则需要在角色和用例之间建立一个"关联",UML 用一条连接角色与用例的直线表示,如图 4-24 所示。

对于一个用例来说,它至少有一个角色相关联,但也可以和多个角色相关联,如图 4-25 所示。

"关联"表示角色与用例之间的使用关系,并不强调交互的方向,如果在关联上用箭头标识方向,则代表交互信息流的方向,或谁启动用例。

以医院就诊管理系统为例,根据前面的分析结果作为已知条件,即医院具有 4 个部门,分别是挂号处、科室、交费处和取药处。

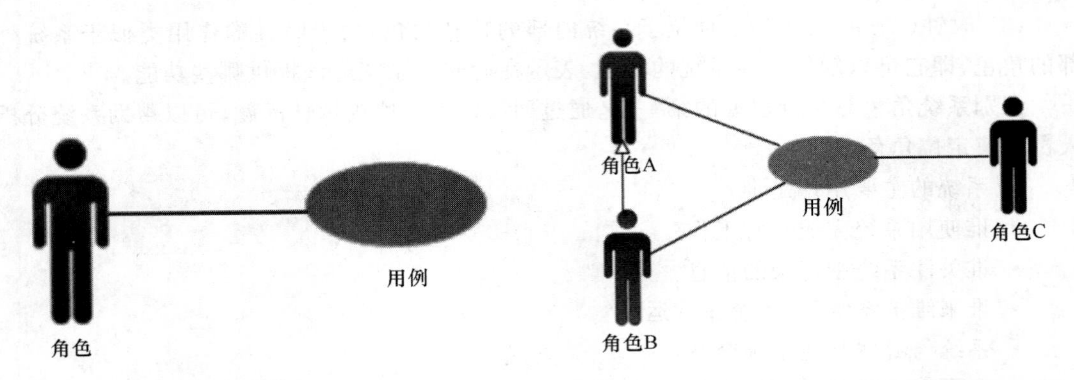

图 4-24 角色与用例之间的"关联"

图 4-25 具有多角色关联的用例图

(1) 如果此时分析的问题域限定于挂号处,也就是创建用例模型的第一个步骤;

(2) 挂号处的主要工作人员是挂号人员,则确定该问题域所关心的角色;

(3) 挂号人员的主要工作性质是面向具有病历的病人进行挂号,则可以确定挂号人员的角色对应的主要用例是"新建挂号";

(4) 如果病人没有病历,怎么办? 如果医院规定挂号处还具有创建新病历的职责,那么挂号人员对应的另一个用例就是"创建病历"。

经过简单的分析后,可以根据初步的分析结果构建用例模型的第一个主要部分用例图,如图 4-26 所示。

(1) 存在的问题一。

根据结构化章节中数据流图的需求描述内容,挂号过程中还须根据病历号查询和确认病人基础信息,然后才能进行后续的挂号处理。那么,这种需求又该如何使用用例图进行表示?

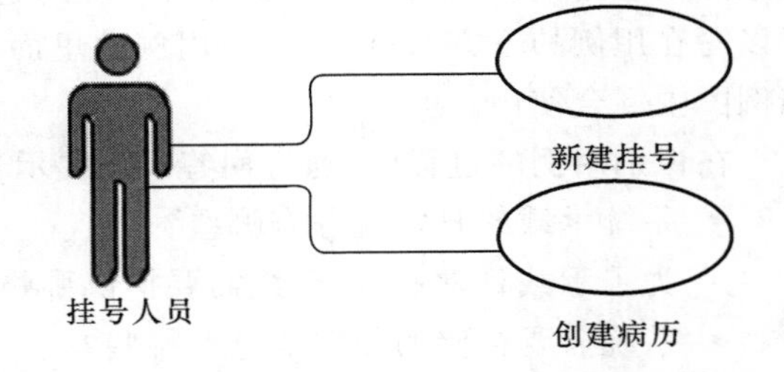

图 4-26 角色挂号人员的两个用例示例

(2) 存在的问题二。

这个用例图表明角色挂号人员需要两个功能,按照这种画法只能说明这是两个相互独立的功能,即一旦进入到挂号用例中,就不能执行新病历的创建,必须完成挂号或者中断并退出挂号,才能执行新病历的创建过程。那么,如果存在一种在挂号用例中可以创建新病历,且该新创建的病历号又有能与挂号进行绑定关联的功能需求时,用例图又该如何表示?

4.5.4 用例之间的关系

第一个问题涉及"新建挂号"用例中存在一个可能的功能需求"病历查询",它既可以独立存在,也可以存在于某个用例之中。解决第一个问题的方法是利用用例的包含关系来表示。第二个问题涉及两个用例之间在某种特殊情况下存在调用的关系,其解决方法是利用用例的扩展关系来表示。

(1) 用例的包含关系定义:在一些用例描述说明中,发现一段或几段相似的操作步骤,而且这段操作步骤都与角色有交互,同时可表示为一个独立的系统功能,这时可以把这部分操作步骤提取出来作为一个新的用例。其表示形式如图 4-27 所示。

(2) 用例的扩展关系定义:用例描述的场景中存在具有条件判断分支的情况,此时可将分支部分的操作步骤独立为一个子用例,但是该子用例又与角色之间没有直接的关联关系,必须在基础用例的执行过程中某个条件成立时被调用,为此将这部分用例视为基础用例具有扩展关系的子用例,其表示形式如图 4-28 所示。

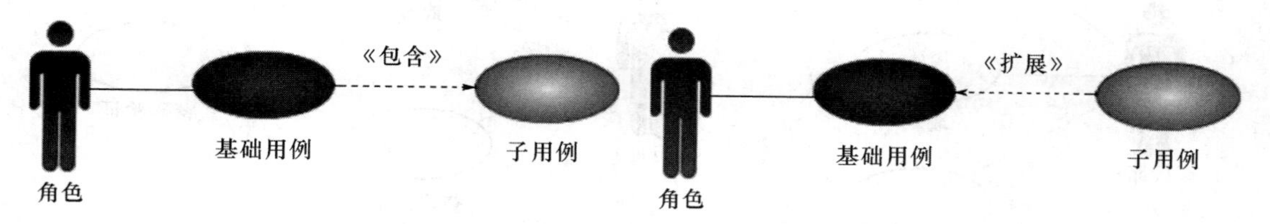

图 4-27　具有包含关系的用例图　　图 4-28　具有扩展关系的用例图

经过上述内容的分析和修改,图 4-26 的结构可以变化为图 4-29 的内容,图中添加一个新的子用例"病历查询",它是"新建挂号"用例的一个包含用例,解释成为"新建挂号"用例在执行到某一个环节时,将执行"病历查询"子用例,该子用例执行完成后,再继续执行新建用例的后续操作;除此之外,"创建病历"也可以成为"新建挂号"用例的一个扩展子用例,表明"新建挂号"用例在执行到某一步骤必须执行新建病历的情况时,可以调用子用例创建病历。

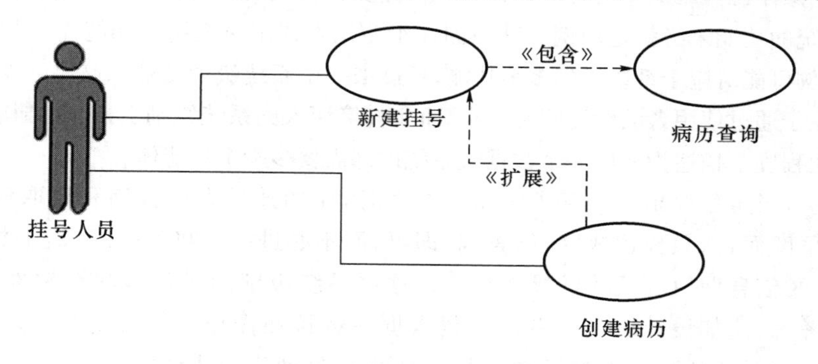

图 4-29　具有子用例的挂号用例图

(1) 常见误区一说明:非目的性用例。

很多软件开发人员都习惯将角色使用系统功能之前的系统登录或者密码验证等类似的操作作为一个用例来表示。编者在这里特别说明这种表示的两种不合理之处。

首先,面向对象的需求分析过程还没有进行到系统设计和开发阶段,重点在于确定使用者正确理解和确认功能需求,为此不建议登录系统进行身份验证的需求在此时进行考虑;

其次,根据用例的定义,用例表示使用者具有明确目的性的某种活动,或者通过系统的功能来完成某种目的性要求的活动,然而登录系统进行身份验证,虽然在某种程度上可以理解为系统必须提供的某种安全性功能,但还不能作为业务层面用户的直接功能需求。最好的理解是,类似的情况可以作为某些用例的子用例,密码验证或者是系统登录一般可以认为是一种包含子用例。

比如,银行储户使用 ATM 取款机取款及查询余额的过程存在输入密码的系统交互过程,为此在构建用例图时特别注意不将"密码验证"作为独立的用例存在。出现这种情况时,需反问这样的问题:登录系统后没有其他的操作么?登录系统的目的是什么?读者能够区分如图4-30所示的图中两个用例图哪一个更加合理。

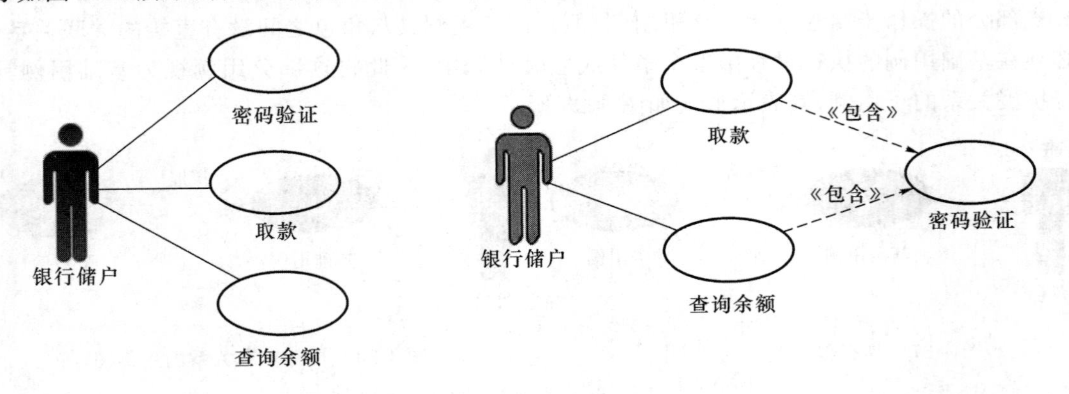

图4-30 两种表示密码验证用例的表示方法

(2) 常见误区二说明:系统操作型用例。

软件开发人员习惯将一些系统级的操作看作用例,比如数据库连接、数据通信等类型,其原因在于开发人员认为这些操作都属于系统的功能,既然需求分析阶段寻找的目标是系统功能,那么可以将这些操作视为用例。编者认为,用例是功能的一种表示,是从系统使用者的角度定义的功能,但是系统的功能未必就是用例。其原因在于使用者提出对系统的功能需求相对而言是宏观的,一个用例可能对应于系统级的多个功能,反过来一个系统级的功能未必是一个用例。使用用例的目的在于通过使用者的角度明确需求,而非直接深入到系统级别上,比如结构化方法中的数据流图很大程度上描述为响应一个数据流系统内部需要多少个功能体。

举例说明,当角色提出一个某类信息的查询时,比如挂号人员查询和调取病历信息,从需求分析的角度而言,只描述成"病历查询"即可,而不必进一步将其分解成:①数据库连接;②数据通信;③信息获取等具体的操作步骤。这些系统级别的操作步骤在软件对象设计时进行特殊的考虑,比如设计成一个专门负责数据库链接和操作的软件对象(DAO),由它负责所有业务级别对象的数据库表操作。图4-31展示这种问题两种错误的用例表达方式,图4-32展示正确用例的表达方式。

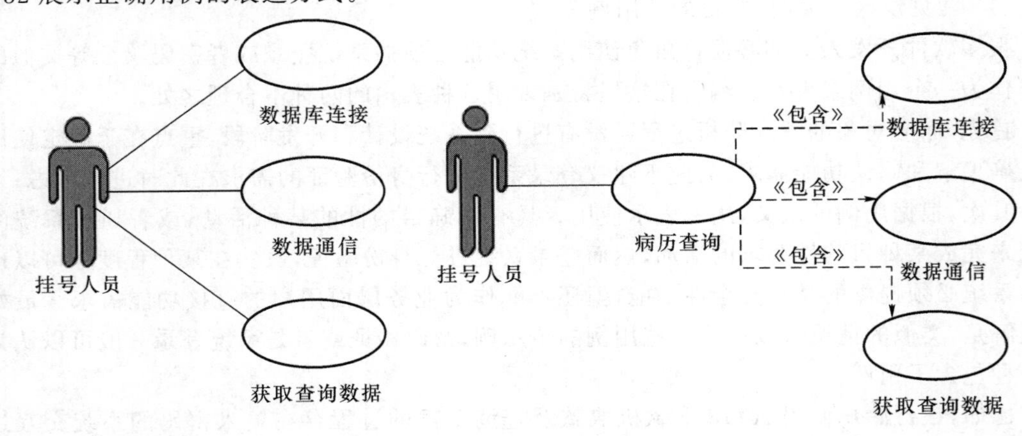

图4-31 两种错误的系统操作型用例图表达方式

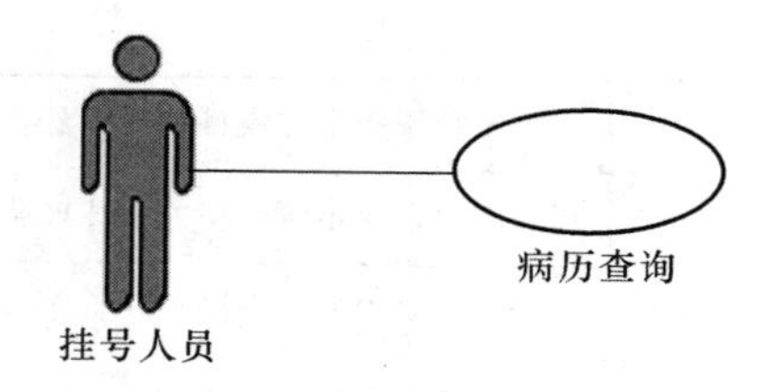

图 4-32　正确的用例表达方式

(3) 常见误区三说明:用例表示的粒度。

在获取信息管理系统的需求时,经常遇到某类表单增删改查的 4 种基本操作,为此许多初学者将表单的管理表示成该表单的 4 个用例:表单添加、表单查询、表单修改和表单删除。一个信息管理系统如果存在大量的表单操作,则会发现存在一大堆同样的 4 种增删改查的用例,这就产生用例表示的粒度问题。究其原因还是归结为对用例定义的理解层面上,在这里特别提醒初学者如果遇到诸如此类的表单 4 种操作,只需将其表示成“表单管理”用例即可。图 4-33 展示不合理(左)和合理(右)的用例图表达粒度。

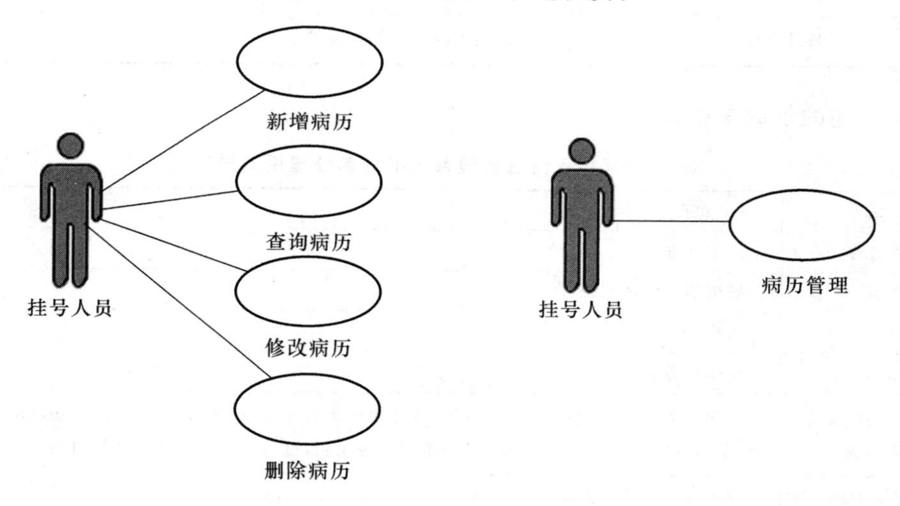

图 4-33　不合理(左)及合理(右)的用例粒度

1. 用例描述

用例图从可视化的角度将用户对系统的功能需求进行粗略的表达,还不能将该功能的操作细节描述清楚,这对于软件的分析人员来说依然存在着巨大的风险,为此用例模型要求将用例图中每个用例的交互场景进行细化,不仅描述成功的交互,还描述多种失败的场景,这就是用例描述。用例描述的模板如表 4-6 所示。

表 4-6　用例描述的标准模板

用例编号	每一个用例一个唯一的编号,方便在文档中索引
用例名称	(状语+)动词+(定语+)宾语,体现参与者的目标
范围	软件系统中该用例的作用范围
级别	企业目标级别/用户目标级别/子系统目标级别

续 表

参与者	调用系统服务来完成目标的主要参与者
项目相关人员及其兴趣	用户应包含满足所有相关人员兴趣的内容
前置条件	规定在用例中的一个场景开始之前必须为“真”的条件
后置条件	规定用例成功结束后必须为“真”的条件
成功场景:描述满足用例目标能够成功的交互路径,不包括条件和分支	
1	
n	
扩展(或替代流程):说明成功外所有景之外其他的场景或分支	
* a	描述任何一个步骤都有可能发生的动作,前边加 *,比如中断推出
5a	对基本路径中某个步骤的扩展描述,前边加成功场景的编号
特殊需求	与用例相关的非功能性需求

用例描述的示例参见表 4-7。

表 4-7 某餐厅信息管理系统的订单处理用例描述

用例编号	Uc_006	
用例名称	订单处理	
范围	餐馆信息管理系统	
级别	用户目标级别	
参与者	台面服务员	
项目相关人员及其兴趣	台面服务员:登录系统后可以在 PDA 上方便地点菜,并生成订单,传送给后厨和吧台后厨人员:及时看到新来的订单以准备菜品吧台服务员:根据订单上所列菜品计算费用	
前置条件	顾客落座且请求点菜	
后置条件	生成该台面的订单	
成功场景	步骤	活 动
	1	顾客请求点菜
	2	台面服务员使用 PDA 开始点菜服务
	3	包含用例:登录系统 Uc_006
	4	台面服务员输入台面号
	5	记录顾客所点菜品,如有忌口则转扩展用例:忌口选择 Uc_006_3
	6	重复第 5 步操作,直至顾客示意点菜完毕
	7	服务员向顾客复述所点菜品,以示确认
	8	顾客确认后,服务员打印订单,包含用例:打印订单 Uc_006_4
	9	点菜服务完成,用例结束

续表

	步骤	活　动
扩展(或替代流程)	*a	系统在任意时刻失败 (1)台面服务员重启系统,登录,请求恢复到上次状态 (2)系统恢复到上次状态 (2a)系统在恢复过程中检测到异常 (2a1)系统向台面服务员提示错误,记录此错误,并进入一个初始状态 (2a2)台面服务员开始一次新的管理操作
	*b	点菜过程中顾客可以随时取消点菜服务,服务员取消点菜
	5.1 扩展用例	客人有忌口选择时,记录相应的忌口信息:辣、咸、葱、姜、蒜等
特殊需求	系统在台面服务员发出请求 3 秒内反应 台面服务员使用无线 PDA 系统	
发生频率	顾客每次点菜时使用	

图 4-34 是顾客通过某电子网站购买机票和预订酒店的两个用例场景,这两个基本用例都使用一个"填写联系资料"的包含子用例,还有一个购买机票的基本用例使用的一个扩展子用例"积分换里程"。下面给出根据这个用例图对应的用例和子用例描述。

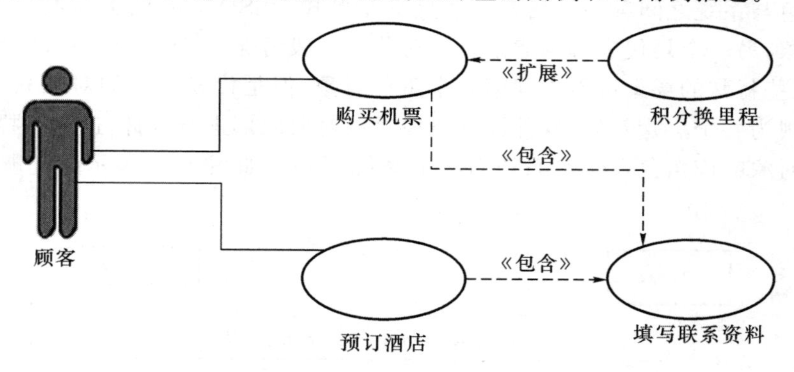

图 4-34　顾客购买机票和预订酒店的用例图

用例编号:1
用例名称:购买机票
⋮
成功场景:
(1)顾客输入航班查询条件;
(2)系统显示查询结果;
⋮
(11)顾客填写联系方式,包含填写联系资料用例。
(12)顾客支付机票费用(扩展点:现金、信用卡、积分换机票)

用例编号:10
用例名称:填写联系资料
级别:子功能
成功场景:
(1)顾客在联系方式界面内输入办公电话、手机、Email、邮寄地址和邮箱,单击提交。
(2)系统验证上述信息格式有效。扩展(或替代流程):
(2a)系统发现有必填信息没有填写
① 系统给出提示信息;
② 顾客填写信息。
返回主要成功场景的步骤(2)。
(2b)系统验证信息格式不正确
⋮
回到主要成功场景的步骤(2)

用例编号:2 用例名称:预订酒店 ⋮ 成功场景: (1)顾客输入酒店查询条件; (2)系统显示查询结果; (3)顾客填写入住时间; ⋮ (8)顾客填写联系方式,包含填写联系资料用例	用例编号:12 用例名称:积分换机票 级别:子功能 触发条件:顾客选择用积分支付航班费用 扩展点:购买机票用例中的步骤(12) 成功场景: (1)验证顾客是否有足够的积分。 (2)扣除相应的积分,将剩余积分告知顾客

2. 系统顺序图

用例描述已经将用例的实现过程,即角色与系统之间的信息交互进行详细的描述,但其中的文字内容有可能太过复杂,容易造成理解上的偏差。为此,还须进一步将交互的详细文字内容抽象成角色与系统之间交互的系统事件(或者称之为消息),并将其表示成 UML 的交互图,并要求在系统顺序图上明确每条消息的名称、传递的参数及类型、返回值的结果。

系统顺序图(System Sequence Diagram,SSD)是通过使用 UML 的交互图元素,描述一个用例中角色与系统之间某一个场景的消息交互形式。SSD 只有两类对象,一个是该用例中的角色对象,另一个是代表待构建系统的对象。一般情况下 SSD 只描述两个而不是两类对象,只有某些特殊的场景可能出现第 3 个角色对象,但是代表系统的对象只能是一个,角色对象将其视为一个黑盒对象,软件设计阶段对该对象内部进行设计,进一步描述软件系统内哪些软件对象响应角色发送给系统对象的系统事件。如图 4-35 展示系统顺序图的基本结构。

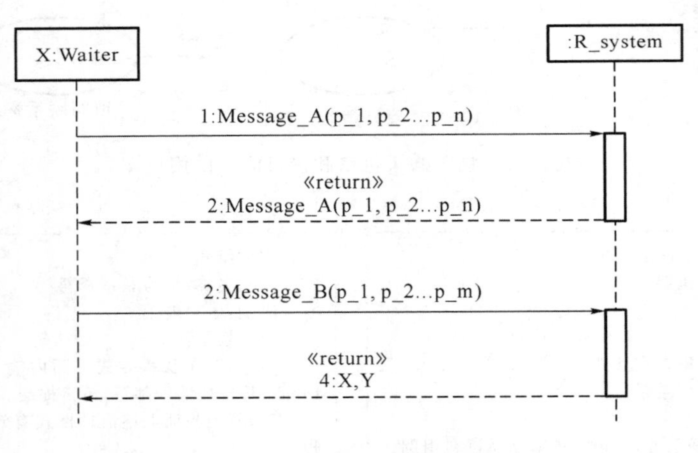

图 4-35 系统顺序图的基本结构

系统顺序图中除了两个参与交互的对象之外,最主要描述的内容就是对象之间传递的消息。相对于用文本进行书写的用例描述,系统顺序图更加确切地命名消息的名称和参数,同时对于同步消息的返回也进行定义。

同步消息 Message_A(p_1,p_2,…,p_n)发送到系统之后,系统经过处理产生一条标准的同步返回消息,并用构造型《return》来明确这条消息的返回类型。当然,在建模的过程中如果知道该消息返回的结果,可以显示声明返回消息的内容,比如同步消息 Message_B(p_

1,p_2,…p_m)的返回消息就是《return》X,Y。

建议和提示:为每一个用例的主要场景绘制一个系统顺序图,并为一些使用频率高和复杂的场景构建系统顺序图。表 4-7 用例描述内容对应的系统顺序图如图 4-36 所示。

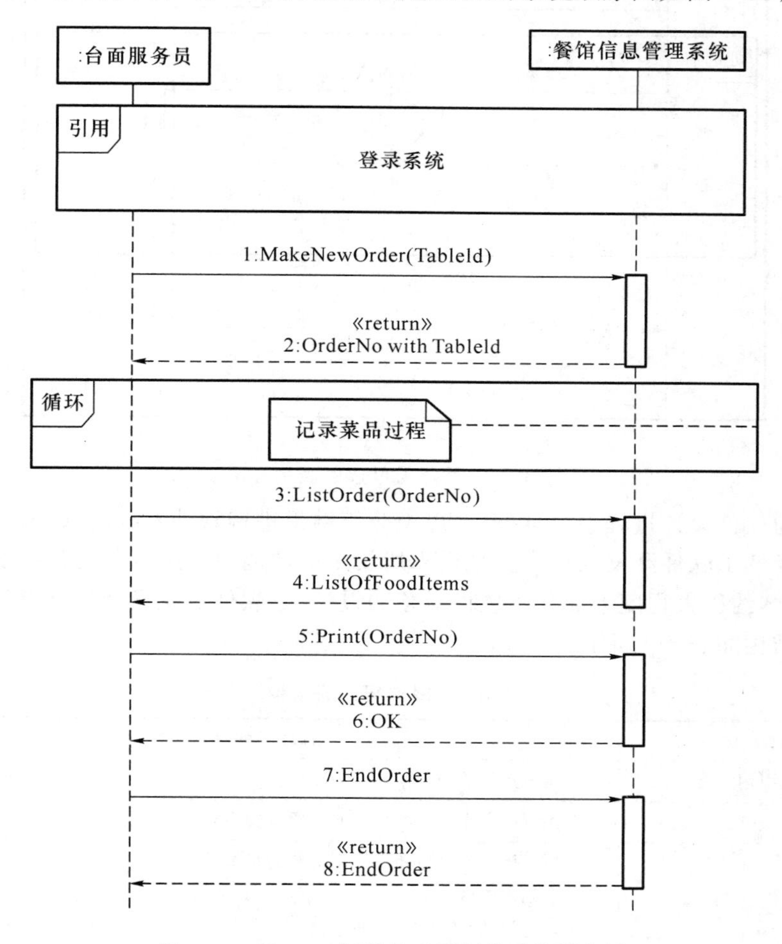

图 4-36　Uc_006 订单处理用例的系统顺序图

循环部分表示服务员在点菜的过程循环记录顾客所点的每一道菜品,在有忌口的选择下使用"可选(Option)"片断来表示用例说明中相应的扩展用例部分。循环与可选的表示方法如图 4-37 所示。

3. 操作契约

系统顺序图上的代表待构建的软件系统对象接收角色发送的系统事件请求后,系统对象根据需求的具体内容返回一个明确的结果,这个结果称为操作契约(Operation Contract),即根据明确的角色的要求(系统事件)系统必须返回的契约结果。

用例模型的目的除了能够明确表示用户需求之外,还必须为软件的结构设计提供必需而充分的信息,为此该契约性结果还必须结合领域模型确定当前系统中哪些概念类对象参与该用例的系统事件的响应及处理,并根据当前系统中这些概念类对象为得到契约结果执行某些操作后的状态,称为该系统事件的后置条件。

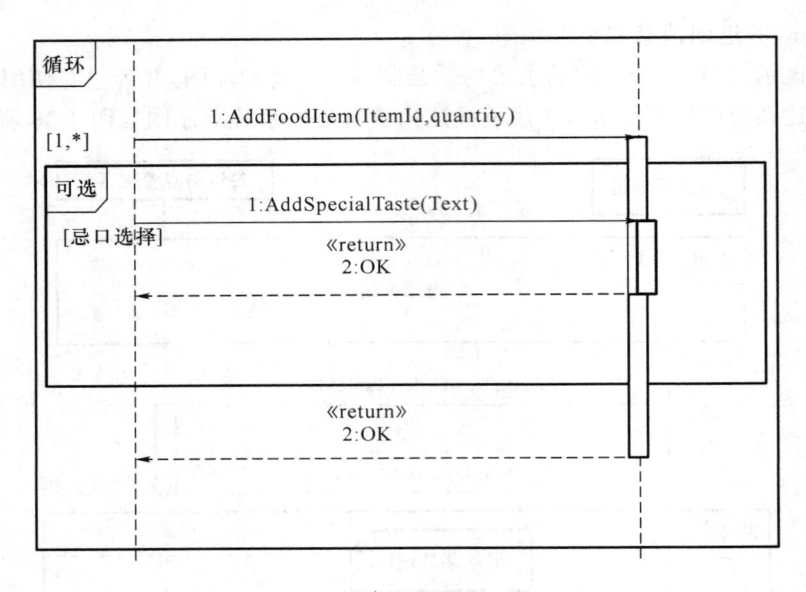

图 4-37 循环与可选的表示方法

在后续的软件设计过程中,可以参考以上分析结果进行软件系统内部结构的对象设计,一定程度上降低了软件开发人员为实现需求所规定的功能时必须具备的某些发明性或创造性能力,操作契约很大程度上简化了软件对象的设计,是软件对象设计的参考和依据。操作契约的组成结构如表 4-8 所示。

表 4-8 操作契约的结构

操作	操作名称及其参数
交叉引用	产生该操作的用例
前置条件	在执行该操作之前的系统或者领域模型对象的状态
后置条件	在执行该操作之后领域模型对象的状态: 对象创建或者消除; 对象之间的"关联"创建或者消除; 对象的属性值修改

创建和编写操作契约的步骤:

(1) 根据系统顺序图识别进入到系统内的所有系统事件,即操作。

(2) 针对每一个系统操作结合对应的用例领域模型,找到与此操作相关的概念类对象。

(3) 对那些相对复杂及用例描述中不清楚的系统操作创建操作契约。

(4) 按照以下内容描述并确定领域模型中对象的状态变化,即后置条件:

① 对象创建或者消除;

② 对象之间的"关联"创建或者消除;

③ 对象的属性值修改。

注意,在创建操作契约之前,除了观察系统顺序图,还同时观察该用例相关的领域模型,这是面向对象的分析和设计方法有别于传统的瀑布模型地方。在完成操作契约的构建之后,同样分析操作契约的内容是否有哪些内容是可以用来修订原有的领域模型,比如出现新的概念类、类之间产生新的关系、哪些类具有某些新的属性等。此时提及的词汇“操作”(Operation)相对于UML中的“方法”(Method)应该是抽象的概念而非“方法”的具体实现。

举例说明，根据图4-36的系统顺序图，可以得到某餐馆服务员进行点菜服务时使用PDA向系统发送如下系统事件(表4-9～表4-10)：

(1) MakeNewOrder(TableId)：开始一个点菜服务请求；

(2) AddFoodItem(ItemId,quantity)：添加菜品；

(3) AddSpecialTaste(text)：添加特殊忌口信息；

(4) ListOrder(OrderNo)：列出所选菜品清单；

(5) Print(OrderNo)：打印所选菜品订单，一式三份；

(6) EndOrder()：结束一次点菜服务。

MakeNewOrder(TableId)：开始一个点菜服务请求。

参考领域模型分析并说明：开始一次点菜服务，说明待创建一个新的订单：

(1) 根据领域模型，该订单必须与台面相关联；

(2) 必须与管理该台面的服务员相关联；

(3) 该订单流水号、订单创建时间必须动态创建；

(4) 为了能够记录多项菜品信息，还必须初始化一个“集合”项来添加多个菜品。

表4-9　操作契约 MakeNewOrder(TableId)

系统事件	MakeNewOrder(TableId)
交叉引用	订单处理
前置条件	服务员身份验证通过，开始订单处理
后置条件	(1) 一个新的(概念类)订单创建； (2) 订单与(概念类)台面建立“关联”； (3) 订单与(概念类)台面服务员建立“关联”； (4) 订单的属性初始化：订单流水号、订单时间、存储菜品的数组等

AddFoodItem(ItemId,quantity)：添加菜品。

参考领域模型分析并说明：在记录顾客所点菜品的同时，说明菜品的对象被创建：

(1) 隐含说明订单与菜品之间的“关联”被创建；

(2) 为了能显示该菜品的详细信息，订单还必须对菜品号与菜品描述概念类建立“关联”；

(3) 顾客所点菜品的数量，比如5碗米饭等，被赋值。

表4-10　操作契约 AddFoodItem(ItemId,quantity)

系统事件	AddFoodItem(ItemId,quantity)
交叉引用	订单处理
前置条件	服务员正在处理订单
后置条件	(1)一个新的(概念类)菜品创建； (2)菜品与订单建立“关联”； (3)订单与菜品描述建立“关联” (4)菜品属性被修改：quantity

按照相同的分析方法,可以得到后续系统事件的操作契约,参见表4-11～表4-14。

表4-11 操作契约 AddSpecialTaste(text)

系统事件	AddSpecialTaste(text)
交叉引用	订单处理
前置条件	服务员正在处理订单
后置条件	菜品的属性被修改:SpecialTaste

说明:有关菜品忌口的选择可以通过该菜品的属性 SpecialTaste 来确定。

表4-12 操作契约 ListOrder(OrderNo)

系统事件	ListOrder(OrderNo)
交叉引用	订单处理
前置条件	服务员完成处理订单
后置条件	订单属性被修改:isComplete

说明:当订单完成点菜的属性 isComplete 设置成 True 之后,服务员才能获取本次订单所记录的所有菜品信息,这些信息动态地存储在订单的"集合"项中。

表4-13 操作契约 Print(OrderNo)

系统事件	Print(OrderNo)
交叉引用	订单处理
前置条件	服务员完成处理订单
后置条件	订单属性被修改:isPrinted

说明:订单的另一项属性 isPrinted 必须设置成 True,然后才能将一式三份的订单打印出来;该属性也可以用来表示订单已经打印。

表4-14 操作契约 EndOrder()

系统事件	EndOrder()
交叉引用	订单处理
前置条件	服务员完成处理订单
后置条件	(1) 订单属性被修改:isReadytoServe (2) 订单与餐馆建立"关联"

说明:服务员完成一次点菜服务,订单被转交吧台及后厨进行服务,所以 isReadytoServe 属性必须设置成 True,用来表示订单处于服务状态,但还未结账。

4.6 需求分析规格说明书参考模板

具体内容参见附录一。

习　题

1. 用例之间的关系有哪几种？它们各自的应用场合是什么？

2. 试述用例在面向对象方法中的地位。

3. 试创建下列问题域的领域模型。

(1) 测试工具领域知识：可以添加并运行测试用例，为了方便对测试用例的管理，也可以先添加测试集合，然后将一到多个测试用例或者测试集合添加。选中一个测试的测试用例或者测试集合，可以运行测试，并记录下测试结果。

(2) 大学领域知识：学校由学院组成，每个学院有一位院长，以及多位教师和学生。每位教师可以讲多门课，一门课也可以由多位教师同时讲。学生可以选课，并有每学期的成绩记录。

(3) 飞机票预订系统：预订某一航班的机票，包括具体的时间和座位；预订后，顾客必须在一定的时间内购票，否则预订无效；旅行社和航空售票处均可进行预订服务。

4. 试给出图书管理系统中“借书”用例的系统事件。针对其中的每一个系统事件，给出操作契约。

5. 试结合校医院的组织结构，给出看病的整个流程，包括进行血常规和某项 B 超检查，进而总结如果需构建医院管理系统，应该有哪几个主要的角色和用例？

第5章　结构化需求分析方法

5.1　结构化分析发展简史

分析建模的早期工作开始于20世纪60年代后期和20世纪70年代初期，但结构化分析方法的第一次出现是作为另一个重要课题——结构化设计的附属品。研究人员需要一种图形符号体系来表示数据和对数据进行变换，这些处理最终被映射到软件体系结构的设计中。

"结构化分析"最初由Douglas Ross提出，由De Marco进行推广。在关于这个主题的书中，De Marco引入并命名使得分析员可以创建信息流模型的关键图形符号，提出使用这些符号的模型。在之后的几年中，Page-Jones、Gane和Sarson等提出结构化分析方法的一些变种，在这些变种中，结构化方法关注于信息系统的应用，而没有提供足够的符号来表示实时工程问题中的控制和行为方面。

在20世纪80年代中期，Ward和Mellor，以及后来的Hatley和Pirbhai引入实时"扩展"，这些"扩展"有效地加强结构化的分析方法。人们还努力开发一致符号体系，以及适应CASE工具使用的现代处理方法。

5.2　面向数据流图的结构化分析模型

软件需求分析的分析模型必须达到3个主要目标：①描述客户的需求；②建立软件设计的基础；③定义在软件完成后可以被确认的一组需求。为了达到这些目标，在结构化需求分析中得到的分析模型可以描述成图5-1的结构。

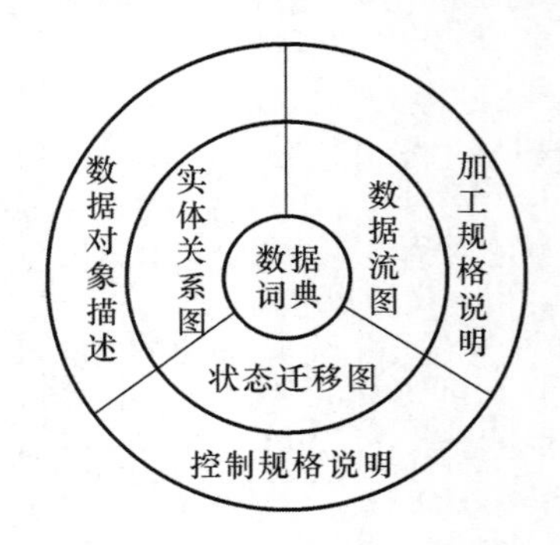

图5-1　基于结构化的需求分析模型

结构化需求分析模型的核心是数据字典。围绕数据字典有3种不同的图来描述需求的3种视图：

(1) 实体关系(Entity Relationship，ER)图：描述数据对象间的关系，ER用来表示数据建模活动，在ER中出现的每个数据对象的属性可以使用数据对象描述来表达。

（2）数据流图（Data Flow Diagram，DFD）服务于两个目的：①指明数据在系统各功能间中移动时的变换过程；②描述对数据流进行变换的功能和子功能。DFD提供充分的数据流及其附加的信息，可以用于信息域的分析，并作为功能建模的基础。DFD出现的每个功能描述包含在加工规约（Process Specification ，PS）中。

（3）状态迁移图（State Transition Diagram，STD）用于表示某个功能单位（系统级、子系统级、模块级、进程级或者线程级，甚至某个设备）接收外部事件后，该功能单位状态的变化及相应的后续动作。为此，STD可以用于表示系统的各种行为模式（称为状态）及在状态间进行变迁的方式。STD是行为建模的基础。关于软件控制方面的附加信息包含在控制规约（Control Specification，CS）中。

5.2.1 数据建模

软件系统本质上是信息处理系统，因此，软件系统的整个开发过程都必须考虑两方面的问题，即数据及对数据的处理。在需求分析阶段则既分析用户的数据要求（即有哪些数据、数据之间有什么联系、数据本身有什么性质、数据结构等），又分析用户的处理要求（即对数据进行哪些处理、每个处理的逻辑功能等）。

数据建模的目标是为了把用户对业务数据的要求清晰明确地表达出来。数据建模的基础条件是当前系统中物理和逻辑模型中总结出来的业务知识、业务流程及业务数据，软件开发人员须将其进行分析并抽象表达成“目标系统”的逻辑数据模型，或者概念数据模型（也称为信息模型）。概念模型是一种面向问题的数据模型，是按照用户的观点来对数据和信息建模。它描述从用户角度看到和使用的数据，反映用户的现实环境需临时或者持久保存的数据。

最常用表示概念数据模型的方法是实体关系方法（Entity Relationship Approach）。这种方法用实体关系图（ER图）描述现实世界中的实体，而不涉及这些实体在软件系统中的表示和实现方法。用这种方法表示的概念数据模型又称为ER模型。数据建模反映与任何数据处理应用相关的一组特定问题：

（1）系统处理哪些主要的数据对象？

（2）每个数据对象的组成如何？

（3）哪些属性描述这些数据对象？

（4）这些数据对象当前位于何处？

（5）每个数据对象与其他数据对象有哪些关系？

（6）数据对象和变换它们的处理之间有哪些关系？

1. 数据对象、属性和关系

数据对象可能是一个外部实体（如生产或消费信息的任何事物）、一个事物（如报告或显示）、一个角色（如销售人员）、一个组织单位（如统计部门）、一个地点（如仓库）或一个结构（如文件）。例如，人或车可以被认为是数据对象，因为它们可以用一组属性来定义。数据对象描述包括数据对象及其所有属性。通常将数据对象简称为实体。

数据对象是相互关联的。例如，人可以拥有车，“拥有”关系表示人和车之间的一种特定的连接。关系是由被分析问题的语境定义的。数据对象只封装数据，数据对象没有指向作用于数据的操作引用。

因此,数据对象可以表示为如图 5-2 所示的一张表,表头反映对象的属性。在这个例子中,车是通过厂家、型号、车牌号、车型、颜色和拥有者定义的。该表的内容表示数据对象的特定实例。

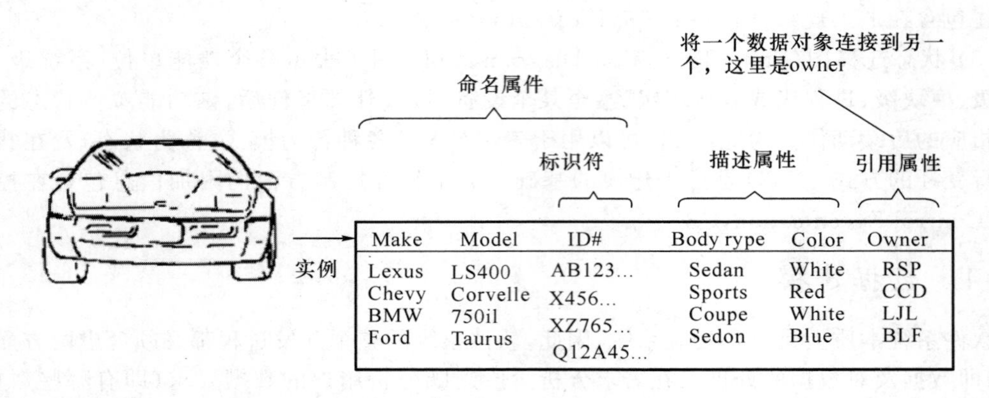

图 5-2 数据对象的表格表示

(1) 属性。

属性定义数据对象的性质,可以具有 3 种不同的特性,可以用来:①为数据对象的实例命名;②描述这个实例;③引用另一个表中的另一个实例。另外,一个或多个属性应被定义为标识符,即当须找到数据对象的一个实例时,标识符属性成为一个关键字。在有些情况下,标识符的值是唯一的,尽管这不是必需的。在数据对象"车"的实例中,"车牌号"号可以是一个合理的标识符。

(2) 关系。

客观世界中的事物彼此间通常是以某种方式进行关联的。例如,教师与课程之间存在"教课"这种联系,而学生与课程之间存在"上课"或者"听课"这种联系。客观世界中的事物在软件系统中通常以数据对象来表示,数据对象之间相互连接的方式称为关系。

数据建模的基本元素(数据对象、属性和关系)提供理解问题信息域的基础,然而,与这些基本元素相关的其他元素也必须理解。

已经定义一组对象并表示将它们绑定的对象/关系,但是实体 X 与实体 Y 相关并没有为软件工程的目的提供足够的信息,还必须理解实体 X 的出现次数与实体 Y 的出现次数有何必然的联系,从而引出称为"基数"(Cardinality)的数据建模概念。

(3) 基数。

数据模型必须能够表示在一个给定的关系中实体出现的次数,即对象-关系对的基数。基数是关于一个(实体)可以与另一个(实体)出现次数相关联的规约。基数通常简单地表达为"一"或"多"。考虑到"一"和"多"的所有组合,两个(实体)可能的"关联"如下所述。

- 一对一(1∶1):(实体)A 的一次出现可以并且只能关联到(实体)B 的一次出现,B 的一次出现只能关联到 A 的一次出现。例如,一个人只能有一个身份证号码,同时一个身份证号码只能对应一个人。
- 一对多(1∶N):(实体)A 的一次出现可以关联到(实体)B 的零次、一次或多次出现,但 B 的一次出现只能关联到 A 的一次出现。例如,一个母亲可以有多个孩子,但一个孩子只能有一个母亲。

- 多对多(M:N):(实体)A 的一次出现可以关联列(实体)B 的一次或多次出现,同时 B 的一次出现也可以关联到 A 的一次或多次出现。例如,一个叔叔可以有多个侄子,一个侄子可以有多个叔叔。

(4) 实体关系图(ER 图)。

ER 图的主要目的是以图形的形式表示实体及实体之间的关系。ER 图最初是由 Peter Chen 为关系数据库系统的设计提出的,并进行扩展。ER 图标识一组基本的构件:实体、属性、关系。

带标记(或名称)的矩形表示实体,连接实体的线表示关系。实体和实体之间关系的符号表示如图 5-3 所示。

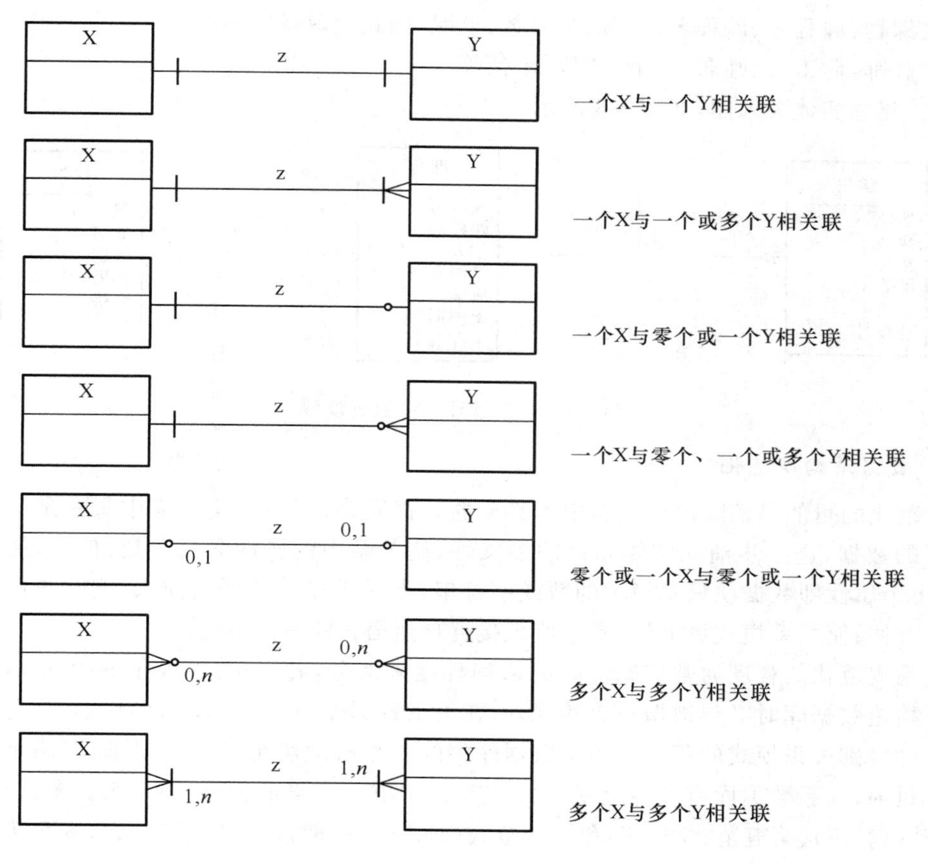

图 5-3　实体关系表示符号

下面的示例展示一个简单的教学管理系统中数据模型的分析和创建过程。

(1) 分析并确定实体:需理解的概念,或者需长期保存的数据对象。

在教学管理中,学校针对每个学期设置若干门课程,一位教师可以承担一门或者多门课程的教学任务,也可以没有教学任务;同时,学校的学生须选择课程进行学习(课程可分为必修课及一些选修课程)。

通过业务理解和分析,可以发现这个教学管理主要涉及教师、学生和课程这三个实体。

(2) 在确定 3 个业务实体后,就需要对其教学管理中的一些细节进行分析,并确立这些实体之间的关系：

① 一名教师本学期没有教学任务，不授课；

② 一名教师本学期有一门课程的教学任务；

③ 一名教师本学期有多门课程的教学任务；

④ 一门课程一旦设置，必须有一位教师负责授课；

⑤ 一名学生本学期须选择至少一门课程学习；

⑥ 一名学生本学期可以选择多门课程学习；

⑦ 一门课程可以同时被多名学生选择学习；

(3) 确定实体属性：属性用于描述实体的一些本质特征。

① 学生：学号、姓名、性别、年龄、专业等；

② 课程：课程号、课程名、学分、学时数、上课时间、上课教室等；

③ 教师：职工号、姓名、年龄、职称、单位等。

(4) 建立实体关系图，如图5-4所示。

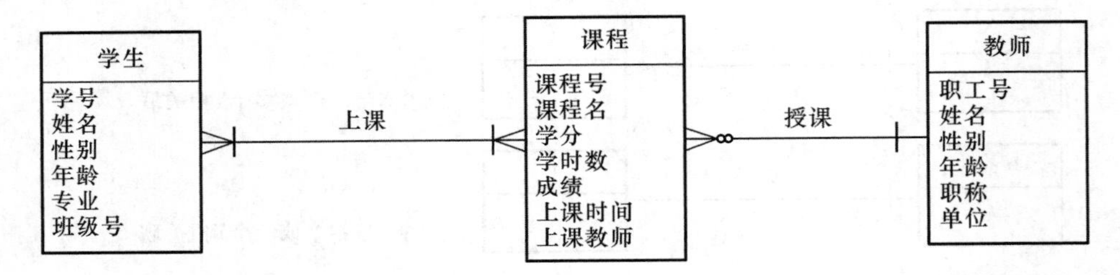

图5-4　教学管理系统数据模型

2. 数据结构规范化

规范化的目的是消除数据模型中不必要的数据冗余，即消除实体表中每一条记录中可能重复的数据，进一步消除实体属性的多义性，使关系中的属性含义清楚、单一，使关系单纯，让每个属性即数据项只是简单的数或字符串，方便操作。数据的插入、删除与修改操作可行且方便；使关系模式更灵活，易于实现接近自然语言的查询方式。

关系规范化的程度通常按属性间的依赖程度来区分，并以范式(Normal Form，NF)来表达。构造数据库时必须遵循一定的规则，在关系数据库中，这种规则就是范式。范式是符合某一种级别关系模式的集合。关系数据库中的关系必须满足一定的要求，即满足不同的范式。目前，关系数据库有6种范式：第一范式(1NF)、第二范式(2NF)、第三范式(3NF)、第四范式(4NF)、第五范式(5NF)和第六范式(6NF)。一般说来，数据库只需满足第三范式(3NF)就可以达到设计的要求。

通常，第一范式的数据模型最简单，但是数据冗余程度最大；第六范式的数据冗余最小，但是数据库表太多，表之间的关系不仅多而且限制条件也很苛刻，不容易进行数据模型改动。

数据模型的范式级别越高，存储同样数据须分解成越多张表，因此存储自身的过程也越复杂。随着范式级别提高，数据的存储结构与基于问题域的结构间匹配程度也随之下降，为此在需求发生变化时数据的稳定性随之下降。除此之外，范式级别高，则须访问的表增多，因此性能或处理速度将下降。这就是大多数的情况下实用的系统通常选用第三范式的原因。

第一范式(1NF)关系的所有属性都是单纯域,即不出现表中有表的情况。

实体中的某个属性不能有多个值或者不能有重复的属性。如果出现重复的属性,就可能需要定义一个新的实体,新的实体由重复的属性构成,新实体与原实体之间为一对多的关系。在第一范式(1NF)中,表的每一行只需包含一个实例的信息。简而言之,第一范式就是无重复的列。

第二范式(2NF)非主属性完全函数依赖关键字。

第二范式是在第一范式的基础上建立起来的,即满足第二范式(2NF)必须先满足第一范式(1NF)。第二范式(2NF)要求数据库表中的每个实例或行必须可以唯一区分。为此须为表加上一个列,以存储各个实例的唯一标识。这个唯一属性列被称为主关键字或主键、主码。

第二范式(2NF)要求实体的属性完全依赖主关键字。所谓"完全依赖"是指不能存在仅依赖主关键字一部分的属性,如果存在,那么这个属性和主关键字的这一部分应该分离出来,形成一个新的实体,新实体与原实体之间是一对多的关系。简而言之,第二范式就是非主属性部分依赖主关键字。

第三范式(3NF)非主属性相互独立,即任何非主属性间不存在函数依赖。

满足第三范式必须先满足第二范式。简而言之,第三范式的属性不依赖其他非主属性。

5.2.2　数据流图

结构化分析是作为信息流建模技术而产生的。当数据或信息流过计算机系统时被系统的功能所处理、加工或变换后再将处理或变换后的数据从系统输出。基于结构化的计算机系统可以表示为如图 5-5 所示的数据流图形式,该结构称为目标系统的结构化功能模型。

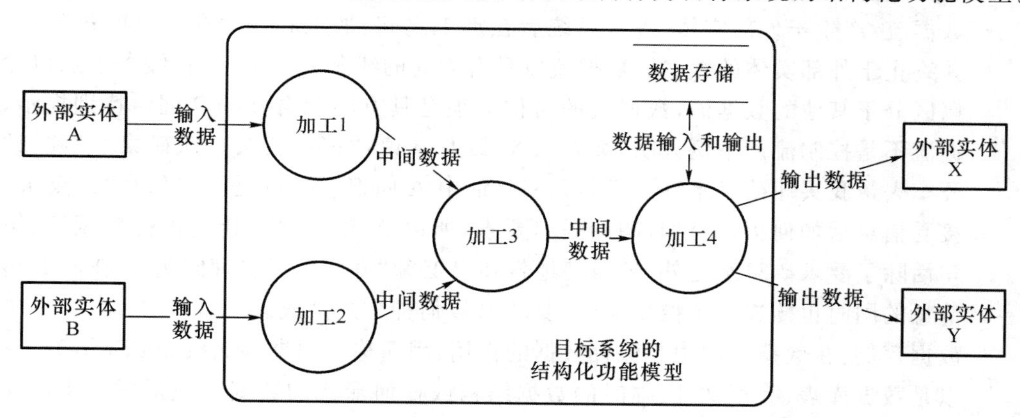

图 5-5　数据流图的基本结构

1. 数据流图的结构

当信息或数据在系统中移动时,被一系列软件功能处理和变换。数据流图(DFD)或称为泡泡图(Bubble Chart),是描述信息流和数据从输入移动到输出时被系统的功能变换的图形化技术。

数据流图可以用来抽象地表示系统或软件,既能提供功能建模的机制,也可提供数据流建模的机制,并以自顶向下的机制表示层级的功能细节和数据变换细节。由数据流图可知,数据流图有4种基本元素,如图5-6所示。

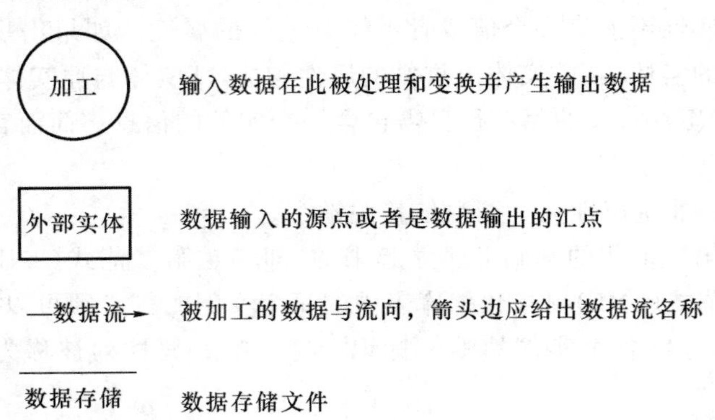

图5-6　数据流图的基本图形符号

- 外部实体:是产生并接收数据流的起点和终点,表示待处理数据的输入来源或处理结果送往何处。相对于待构建的软件系统,它是代表使用系统的角色或者设备等,故称外部实体。它是数据流产生的来源及是数据流结束的终点,也可以认为是功能需求的重要来源。
- 加工:“加工”的名称取自数据流图中该图形符号的英文名称:Process,说明是对数据流进行处理的功能单元。它接收外部实体或者其他加工传递过来的数据流,并对接收的数据进行加工处理。“加工”的名称通常以动词来命名,表示系统应该具有的功能。“加工”可以嵌套多级子加工,从最高级的系统级加工、子系统级加工、模块级加工,直到原子加工,即不可再分解的功能。
- 数据流:产生于外部实体,进入系统后在加工之间、加工和数据存储之间进行流动,并终止于外部实体的数据。数据流以具有方向的线条来表示,并在线条上加以命名以区分于其他的数据流,数据流的名称必须是具有明确含义的名词。特别提示,数据流不是控制流。举例说明,某人A对某人B说:“请帮我买一瓶矿泉水”和“请你开车去帮我买瓶矿泉水”的区别:第一句话中A向B传达的是简单信息“矿泉水”,B接受信息后如何买,A没有明确提出要求,所以A和B之间传递的是数据流;第二句话除了要求矿泉水之外,还清楚地告知B必须“开车”,可以理解为A在向B传递信息的同时也传递一个控制命令,要求B以何种方式完成。
- 数据存储:在数据流图中起保存数据的作用,因而称为数据存储(Data Store)。它可以是数据库表、数据文件、临时的数据结构或任何形式的数据组织形式。指向文件的数据流可理解为写入或修改指令(控制流)中附带的数据信息,从文件中输出的数据流可理解为查询指令中从文件读取的数据信息。

2. 数据流与加工之间的关系

在数据流图中,如果两个以上数据流指向一个“加工”,或是从一个“加工”中输出两个以上的数据流,这些数据流之间往往存在一定的关系。图5-7给出所用符号及其含意。其中,星号(*)表示相邻的一对数据流同时出现;(⊕)则表示相邻的两数据流只取其一。

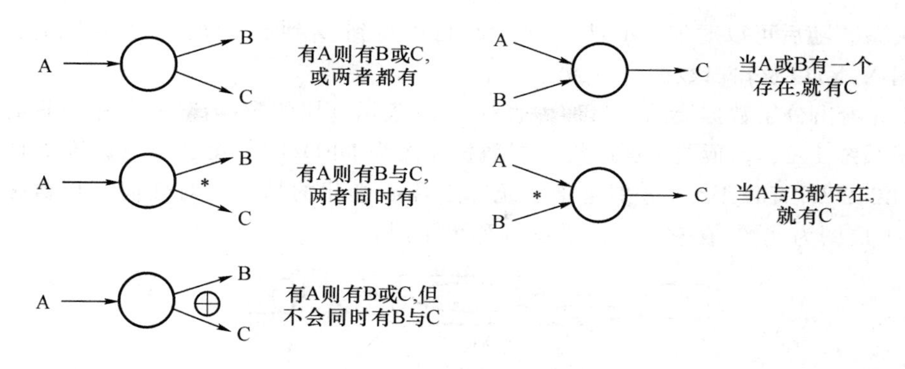

图 5-7　数据流与加工之间关系的符号表示

3. *分层的数据流图*

由于所分析问题的规模大,为了表达数据处理过程的完整情况,一个数据流图展示很多的复杂信息造成阅读不易。为此,可以采用层次化的数据流图反映实际问题的复杂结构关系。

按照自顶向下的分析思路,可以考虑将整个数据处理过程(即整个目标系统)暂且看成一个"加工",它的输入数据和输出数据实际上反映目标系统与系统使用者之间的交互,这个"加工"就是顶层的数据流图。为了进一步分析系统内部的数据流转过程,以及和加工过程之间的关系,还须进一步将顶层加工进行分解和细化,这个分析过程使用的表示方法就是分层的数据流图。分层数据流图具有一个顶层流图、多个中间层流图和一个底层流图的结构。

- 顶层流图仅包含一个"加工",它代表被开发系统。它的输入流是该系统的输入数据,输出流是系统的输出数据。顶层流图的作用在于表明被开发系统的范围,以及它和周围环境的数据交换关系。
- 中间层数据流图可以具有多层,根据具体情况来确定,对其上层父图细化。如果该层的某一个"加工"仍然具有多种功能,则该"加工"还可以继续细化,形成中间层子图。
- 底层流图是指其"加工"无须再分解的数据流图,其"加工"称为"原子加工"。一般来讲,原子加工的应用有一个输入数据流和一个输出数据流的简单特征,但某些情况下也可能具有复杂特性,须视具体情况而定。

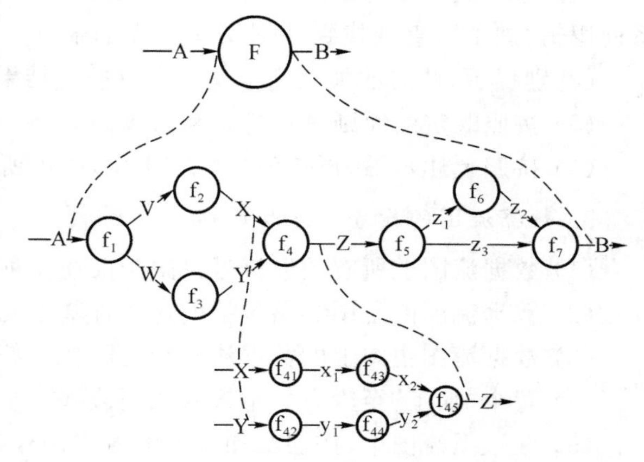

图 5-8　分层数据流图的一种表示

图 5-8 是一种抽象的层次化数据流图的例子。系统 F 具有一个输入数据 A 和一个输出数据 B,表明一个系统顶层的数据流图。根据需求分析的结果,可以进而将系统 F 细化为具有 f_1 到 f_7 的加工子系统。此时必须保持进入系统的输入数据和输出数据一致,这个概念称为数据流图的

“平衡”关系。随后可以对加工 f_4 进一步细化，可以得到 f_{41} 到 f_{45} 的加工细节，同时保持 f_4 的输入数据 X，Y，以及输出数据 Z 一致。

图 5-9 给出分层数据流图的另一种表示。L0 表示顶层的数据流图，其中数据处理 S 包括 3 个子系统 1、2、3。顶层下面的第一层数据流图为 DFD/L1。第二层数据流图 DFD/L2.1、DFD/L2.2 及 DFD/L2.3 分别是子系统 1、2 和 3 细化的结果。对任何一层数据流图来说，它的上层图为父图，在它下一层的图则称为子图。

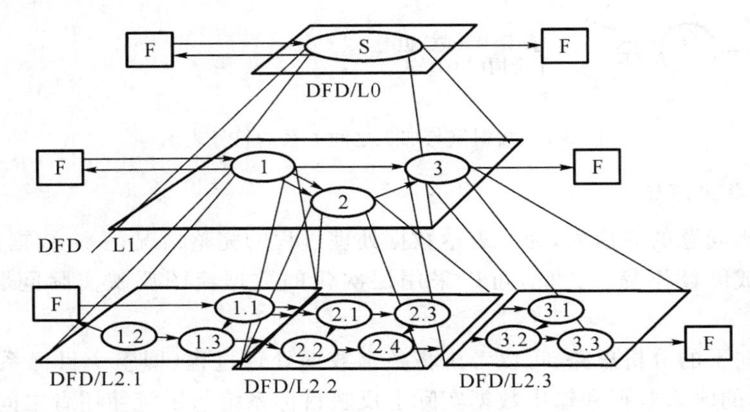

图 5-9　分层数据流图的另一种表示

4. 数据流图的绘制步骤

画数据流图的基本步骤是自外向内，自顶向下，逐层细化，完善求精。开始绘制数据流图的前提条件是，当前系统的物理模型和逻辑模型分析完成。再次强调，数据流图属于目标系统的功能模型。绘制数据流图的具体步骤可按如下顺序来完成：

(1) 找出外部实体，它们是系统的数据源点与汇点，界定系统的分析范围。

(2) 在图的边上画出系统的外部实体。

(3) 找出外部实体的输入数据流与输出数据流。

(4) 从外部实体的输出数据流(即系统的源点)出发，按照系统的逻辑需要，逐步画出一系列逻辑“加工”，直到找到外部实体所需的输入数据流(即系统的汇点)，形成封闭的数据流。(特别提示，此时的加工完全是个人分析的结果，没有绝对意义上的对错)

(5) 按照既定的原则进行检查和修改。

(6) 按照上述步骤，再从各“加工”出发，画出所需的子图。

5. 数据流图的检查和修改原则

(1) 数据流图上所有图形符号只限于前述 4 种基本图形元素。

(2) 数据流图的主图必须包括前述 4 种基本元素，缺一不可。

(3) 数据流图主图上的数据流必须封闭在外部实体之间，外部实体可以不止一个。

(4) 每个“加工”至少有一个输入数据流和一个输出数据流。

(5) 在数据流图中，按层给加工框编号。编号表明该加工处在哪一层，以及上下层父图与子图的对应关系。

(6) 任何一个数据流子图必须与它上一层的一个“加工”对应，两者的输入数据流和输出数据流必须一致。此即父图与子图的平衡。它表明在细化过程中输入与输出不能丢失和强加。

（7）子图相对于附图，添加一些新的“加工”和新的数据流；如果发现有新的数据存储，更新上层的各级父图，直到顶层。

（8）图上每个元素都必须有名称。外部实体、数据流和数据存储都以名词命名，“加工”必须用动词命名。

（9）数据流图一般不可夹带控制流。因为数据流图是实际业务流程的客观表现，说明系统“做什么”而不是表明系统“如何做”，因此不是系统的执行顺序，不是程序流程图。

（10）初画时可以忽略琐碎的细节，以集中精力于主要数据流。

6. 具有控制流的数据流图

Ward 和 Mellor 对实时系统的数据流图进行相应的扩展，除了原有的数据流，还引入控制流及连续的数据流等符号。这种“扩展”可以适应实时系统提出的以下要求：

（1）在时间连续的基础上接收或产生数据流；

（2）贯穿系统的控制信息和相关的控制处理；

（3）在多任务的情况下可能遇到同一个“加工”的多个实例；

（4）系统状态及导致系统状态迁移的机制。

图 5-10 给出的扩展图形符号可以让分析员在描述数据流和“加工”的同时，描述控制流和控制加工。这些符号可以与原来的数据流图图形符号混用。

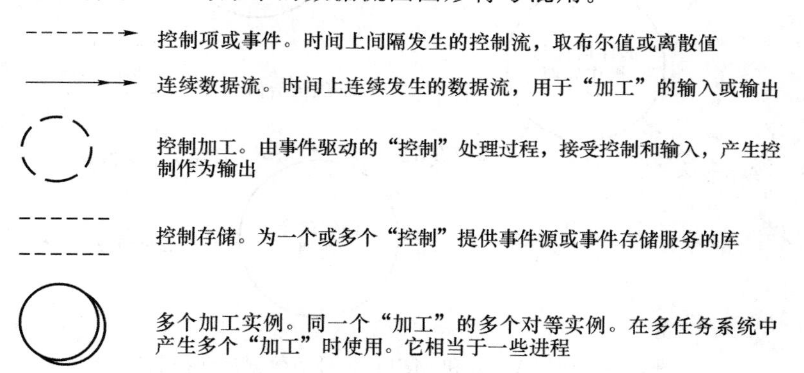

图 5-10　Ward 和 Mellor 开发的针对实时系统扩展的连续数据流符号

图 5-11 给出一个基于计算机水温控制系统的数据流处理过程。水温测量仪连续传送水温数据给温度监控加工模块，该“加工”将水温与允许波动范围进行比较，输出校正数据给温度调节装置。根据以下分析过程给出局部使用连续数据流表示的数据流图。

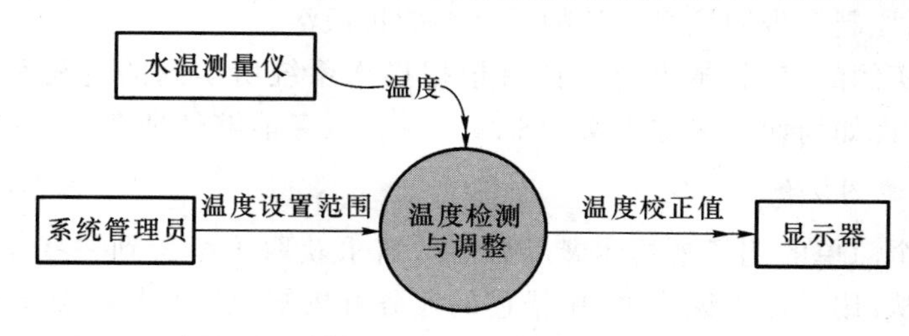

图 5-11　时间连续的数据流与普通数据流

（1）外部实体：首先，水温测量仪是终端设备，是该软件系统的数据输入源之一，所以它是系统的外部实体;其次,系统的温度测量范围需人工干预,系统管理员使用系统的功能也可以作为系统的一个外部实体;系统经过温度检测和调整后的温度输出到一个显示器上,该显示器也可以作为终端设备,为此也可以认为是该系统外部实体。

(2)数据流:水温测量仪定时产生连续的测量温度,并将该数据连续发送给系统,为此这个数据流适合使用连续的数据流来表示;人工干预的温度设置范围是一次或者是间断的数据,可以认为是普通的数据流;输出到显示器的数据由于取决于温度测量值的产生频率,为此也是连续的数据流。

图 5-12 给出一个制造车间数控设备的数据和控制流的数据流图示意,展示 3 个控制加工与普通数据流和控制流及控制存储之间的关系。

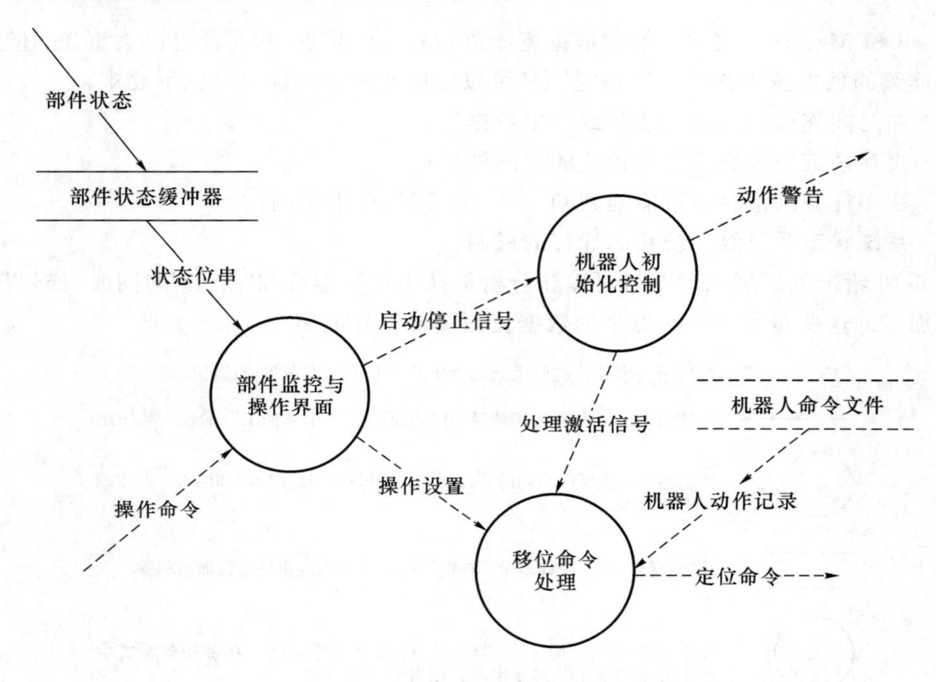

图 5-12 使用 Ward 和 Mellor 符号的数据流和控制流

这个例子的关键在于如何区分数据流和控制流。相对于"加工"而言,此处假定该"加工"是原子加工,一个数据流仅仅是该"加工"被激活所需的信息。换言之,没有这些信息该"加工"肯定不会被激活,但有这些信息该"加工"也不一定被激活,加工的激活取决于自身的状态。但是,如果是控制流,则该信息明确告知该"加工"是否激活,还是停止;如果该"加工"不是原子加工,则控制流告知该"加工"的哪个功能被激活。

关于多加工实例的应用,本书留给读者根据操作系统所学到的进程和线程深刻理解。除此之外,读者考虑如何使用多加工实例来表示一个服务能够处理多个客户端请求的表示。

7. 分层数据流图实例

下面通过一个简单的例子来具体展示如何从需求获取阶段得到一些文字信息,或者更加准确地说如何从《用户需求说明书》中描述的业务背景知识进行数据流图分析和构建。该示例以一所医院待构建一套电子化的医院就诊管理系统为基础,由于篇幅限制,仅以医院的 4 个部门:挂号、问诊、收费和取药进行简单的描述和讨论。这 4 个部门的基本业务流程描述如下。

(1) 挂号：挂号处的挂号人员接受病人的就诊请求，根据门诊科室各医生病人的排队情况，分配合适的医生，记录并打印挂号凭据，收取挂号费，完成挂号请求。

(2) 问诊：医生根据挂号的次序对病人进行病情诊断，根据挂号单据及病历号获取该病人的历史病历，然后将问诊结果记录在病历当中并开具相应的处方(可根据系统提供的药品进行选择)，打印处方交给病人完成一次问诊。

(3) 收费：收费员根据病人提交的处方所列出的药品种类和数量进行收费，之后打印收费清单并找零钱，完成一次收费过程。

(4) 取药：药剂师根据盖章后的处方，进行核对并修改处方状态，将药品交付给病人。病人取药后离开医院，完成一次就医过程。

本例针对该系统进行顶层、第一层及只针对挂号部门进行第二层的数据流图分析和绘制。

(1) 顶层数据流图。

① 分析要点：基于上述基本信息，确定外部实体及顶层流图中加工的名称。随后，根据上述基本信息及一些附加信息或者基本的业务知识，即当前系统的物理及逻辑模型的分析结果，进一步确认外部实体与加工之间的数据流；下面的分析过程内容是参考当前系统物理及逻辑模型的内容。最后确定数据存储与顶层加工之间的数据信息。须注意的是，顶层流图是系统的全貌，为了保持分层数据流图数据之间的平衡，要求顶层的数据存储是完整的。这给实际操作的人员带来不小的困难，如何在没有底层流图的情况下确定所有的数据存储信息？笔者认为，达到数据平衡的流图是最后的结果要求，而不是分析的开始和分析的过程，为此建议一开始分析时可以只有部分的数据存储，随着分析的深入，再进一步对顶层流图进行修改和添加，直到最终定稿。

② 外部实体的分析过程：挂号处。其主要功能是挂号人员完成对病人挂号的请求，并产生挂号单，完成一次挂号请求。此时，这里有两个参与挂号的主体：挂号人员和病人，哪一个才是外部实体？或者两个都是？

根据例子的基本信息，构建的是医院就诊管理系统，那么可以很清楚地得到一个结论，该系统是医院内部的系统，使用者只能是医务人员。结论已经很清楚，对于挂号处而言，外部实体只能是挂号人员。

假设本例子的题目改成如下内容："医院为了提高挂号效率，除了设置常备的挂号处之外，还会在医院大厅设置自助挂号机"。那么，自助挂号机是面向病人自助挂号的，为此，挂号处的外部实体应该有挂号人员和病人。

问诊处。其主要功能是方便医生对病人的排队叫号管理，并能快速调取病人病历，进而书写病历和处方，最后打印处方交给病人，完成一次问诊。根据以上信息，可以很清楚地得到一个结论，问诊处的外部实体是医生。

交费处。其主要功能是核对处方并收取费用，产生收费清单。收费员根据病人提交的处方号，查询并调取该处方后进行数量和金额核对，收取病人的费用并修改处方状态，打印收费清单并找零钱，完成一次收费。由此可以得到一个外部实体：收费人员。

在大医院实际的操作过程中，病人交费时须排长队，一旦系统处理速度慢或者操作人员不熟练，造成病人更长时间等待。从技术角度来讲，系统可以实现不排队叫号交费的功能，但是考虑到病人交费是一个不可控的因素，即病人可能拿处方不交钱取药直接离开，也有可能钱没带够或者其他原因不来交钱,造成很多无效处方。此处描述的目的是使读者可以额外考虑一些更加有效的方式。

取药处。其主要功能是快速根据处方配药,并将药品交给病人。药剂师根据病人提交的交费后盖章的处方,查询并调取处方信息,核对无误后修改处方状态,将药品交付给病人。由此可以得到外部实体:药剂师。

读者可以额外考虑,病人无须排队取药,药房可以利用大屏幕对病人进行叫号。

③ 加工的分析过程:顶层数据流图的加工数量只有一个,它代表待开发系统,根据题目的基本要求,该加工的名称可以定义为医院就诊管理系统。

④ 数据流的分析过程:数据流产生并终止于外部实体,并流动在加工和数据存储之间。为此,首先考虑外部实体和加工之间的信息和数据构成。按照例子的基本信息,还必须获取额外的信息或者分析人员必须分析的如下内容。

- 外部实体"挂号人员"与加工"医院就诊管理系统"之间的信息交互:两者之间产生挂号请求的信息,并最终产生挂号单。需分析的是,在接收"挂号请求"之后,挂号人员是否还需要其他的数据信息才可以产生挂号单?假定病人的挂号请求包含挂号人员所需要的所有必要信息,比如病历号、内科或者外科的科室信息、普通或者专家门诊等信息,那么挂号人员可以进行必要的后续操作,得到本次挂号的费用信息并告知病人交费,挂号人员收取费用后输入交费信息,确认后系统产生本次挂号单并交给病人,完成一次挂号过程。由此可以得到外部实体"挂号人员"与顶层数据流图加工"医院就诊管理系统"之间的数据流分析结果:挂号请求、挂号费用、挂号单。另外,挂号人员如何根据挂号请求的信息查询病人所需科室各医生当前的排队人数,读者自行分析。如果要求系统自动返回一个医生排队人数最少的结果给挂号人员,又该如何分析?
- 外部实体"医生"与加工"医院就诊管理系统"之间的信息交互:医生从排队的病人中叫号开始,到书写新病历信息和处方信息,完成一次问诊过程中"医生"与"加工"之间产生多少数据流?医生叫号可以理解为一个功能,该功能向临时数据文件存储"病人队列"发送查询命令并获取一个查询结果信息,该结果信息中的每一条可以理解为某病人的挂号单。之后,医生对病人的问诊过程不是软件系统的考虑范围,医生完成问诊之后将问诊结果输入病历中,并根据病情开具相应的处方,最后打印处方交给病人,完成一次问诊过程。由此可以得到外部实体"医生"与顶层数据流图加工"医院就诊管理系统"之间的数据流分析结果:病历信息、处方信息。
- 外部实体"收费人员"与加工"医院就诊管理系统"之间的信息交互:收费员根据病人提交的处方,依照处方号进行查询并获取该处方的详细信息后,系统根据药品信息计算出本次处方所需交付的药费,即应付金额,病人交费后,收费员输入实收金额并修改处方状态盖章,如需找零钱则系统自动计算找零结果,打印收费清单,找钱并将处方与收费清单交还给病人,完成一次交费过程。由此可以得到外部实体"收费人员"与顶层数据流图加工"医院就诊管理系统"之间的数据流分析结果:实收金额、处方状态、收费清单。
- 外部实体"药剂师"与加工"医院就诊管理系统"之间的信息交互:药剂师根据病人提交的交费和盖章后的处方,查询并调取处方,核对无误后,修改处方状态(此处可以考虑药房库存管理的关系)，配药并将药品交付给病人。病人完成一次医院的就医过程。由此可以得到外部实体“药剂师”与顶层数据流图加工“医院就诊管理系统”之间的数据流分析结果：处方状态。

⑤ 数据存储的分析过程：挂号处。经过分析，挂号处理后所须持久或临时保存的信息有如下 3 个。

- 病历：除了记录了病人病历号之外，还有病人的基本信息和历次问诊信息，是系统须持久化保存的数据。
- 挂号单：记录每个挂号人员所产生的挂号记录，应该具有挂号单流水号、挂号时间、挂号人员工号等基本信息外，还须特别记录病人的病历号、姓名、住址等信息、挂号的科室及医生信息、挂号费及排队序号，是系统须持久化保存的数据。一般来说，挂号单也是统计挂号人员工作量的依据。
- 医生的排队信息：系统级保存每日各科室每一位医生的病人排队信息，信息来源于挂号单，是系统临时保存的数据，每日须清空。考虑如果存在病人挂号后，由于某些原因未能及时就诊，假设挂号单当日或者三日有效的情况，该队列的处理策略。

问诊处。

- 病历：医生问诊之前须查询并调取病人的病历，查看历史病历，问诊之后须添加或者修改病历。
- 处方：医生每次问诊之后都可能须根据结果开具相应的处方，它与病历的每次新记录具有关联关系。处方信息应具有病历号、问诊时间、医生工号和姓名、病人基本信息、疾病名称、药品名称及剂量、药品单价及总价(视情况而定)等，是系统须持久化保存的数据。处方也是统计医生工作量的依据。另外，读者可以额外考虑选择药品时的即时查询或模糊查询功能和相应的药品信息数据文件存储要求。
- 医生的排队信息：医生登录系统后，须查看病人排队情况时，以工号为查询条件，从队列中获取相应的信息。

收费处。

- 处方：收费员须根据病人处方的流水号查询并调取处方信息，然后填写收费数据，修改处方状态等信息。
- 收费清单：一旦收取病人的药费，须根据处方信息生成一个以病人病历号为索引的收费清单。该清单一般是病人进行报销的依据，另外也可以考虑与社保报销对接，如果病人有社保卡可以考虑直接报销，病人只需交纳报销之外须交纳的药费。

取药处。

- 处方：药剂师在发放药品之前须核对处方内容及交费信息，确认后修改处方状态，该状态表明处方已经在医院内部流转完毕。另外，可以考虑如果药品缺货，业务流程该如何处理?

分析结果：经过上述分析过程，得到绘制顶层数据流图 4 个基本元素的具体信息。

外部实体：挂号人员、医生、收费人员、药剂师。

加工：医院就诊管理系统。

数据流：

挂号人员与“加工”之间：

① 挂号请求;

② 挂号费;

③ 挂号单。

医生与“加工”之间:

④ 病历信息;

⑤ 处方信息。

收费人员与“加工”之间:

⑥ 实收金额;

⑦ 处方状态;

⑧ 收费清单。

药剂师与“加工”之间:

⑨ 处方状态。

数据存储与“加工”之间:

在表示上只需加上双向箭头的线,用来表明“加工”与数据存储之间的数据交互,此时无须特别表示数据内容,可在数据词典中说明。

数据存储:病历、挂号单、处方、收费清单、排队信息。

根据上述的分析结果,可以得到一个初步的顶层数据流图,如图5-13所示。

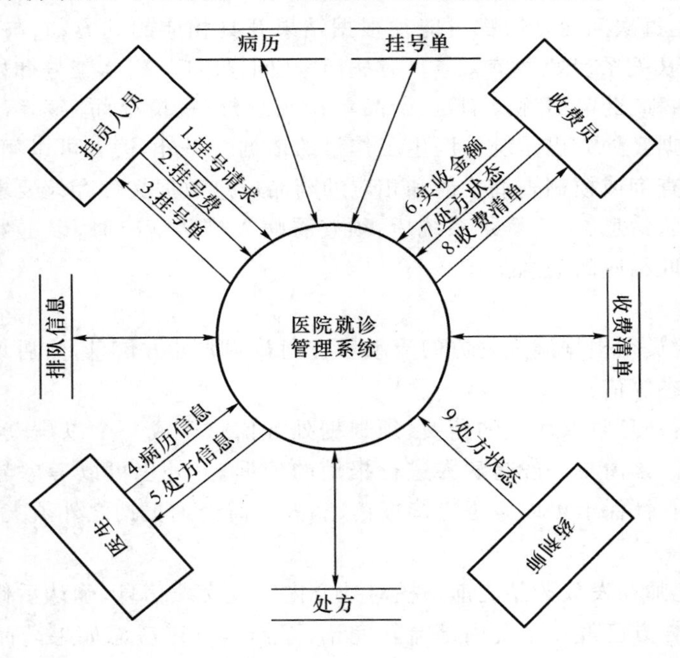

图5-13 “医院就诊管理系统”顶层数据流图

(2) 第一层数据流图。

所谓“第一层”,也就是中间层数据流图中的“第一层”。其目标是确定该层具有多少个子“加工”,以及子“加工”之间新增加的数据流。须进一步解释顶层数据流图中每一条数据流从外部实体流入到系统级的“加工”之后,这些数据流是如何被接收和处理的。此时,涉及需要多少中间层能够解释清楚其结果和需求之间的关系。有的人习惯将分析结果直接表示出来，直接得到最底层各个“加工”的表示细节。从结果上看可以接受，但是忽略分析过程，一旦出现问题，或者被质疑时，很难分析清楚问题。为此，建议读者尽可能将分析过程逐层表示清楚。

① 子“加工”分析过程：根据已经得到的顶层数据流图，其目标是构建目标系统的子功能模型。可以参考业务模型分析的结果，也就是参考医院的组织结构如何分解医院的各项职能，比如挂号处、门诊科室、收费处和取药处，故系统级加工以部门设置分解成对应的子系统，或者根据具有相同类型的外部实体构成相应的子系统，即可以得到如下 4 个子“加工”：挂号处理子系统、问诊管理子系统、收费管理子系统、取药管理子系统。

下一步根据具体的业务信息分析并构建子系统之间的信息传递，也就是构建第一层数据流图加工之间的数据流。

② 子“加工”之间数据流的分析过程：首先须强调的是，子系统之间不一定存在数据交互，根据具体的当前系统物理和逻辑模型结果进行具体分析。

假设已知条件：

(1) 医生的排队信息来自挂号处产生的挂号单；

(2) 收费处的处方信息来自医生产生的处方；

(3) 取药处的处方信息来自收费处修改状态后的处方；

(4) 处方和排队信息都是数据文件存储。

基于此，分析人员有两个方案。

方案一：如果需求方没有特殊的要求，则 4 个“加工”之间可以不存在数据流，处方和排队信息的数据文件存储这 4 个“加工”的共享数据文件，由此可以得到如图 5-14(a)所示的第一层数据流图。

方案二：如果须考虑或者需求方有明确要求，一旦有新的挂号单产生，则医生可以第一时间被告知有新的患者已经挂号，比如医生的问诊界面有个明显的待诊人数提示，或者有新挂号时以某种方式提醒医生。同理，收费处和取药处也可具有同样的功能要求。在这种情况下，须在子“加工”之间存在一个数据流，并由此得到如图 5-14(b)所示的第一层数据流图。

① “挂号子系统”与“问诊子系统”之间的数据流：挂号通知；

② “问诊子系统”与“收费子系统”之间的数据流：待收费通知；

③ “收费子系统”与“取药子系统”之间的数据流：待发药通知。

在绘制第一层数据流图时，须特别注意与顶层数据流图之间的元素完整和平衡原则。在顶层数据流图的基础上，第一层只增加一些子系统，以及子“加工”之间的一些数据流，并进一步明确子系统与外部实体之间的数据流。

(3) 第二层数据流图

第二层数据流图的目的是进一步解释每一个输入数据流进入加工后，系统内是否还存在一些加工接收数据流、分解数据流、转换数据流、处理数据流直到存储必要的数据信息进入数据文件存储，并产生需求规定的数据流。

由于篇幅有限，只根据挂号处的挂号请求数据流开始，经过交纳挂号费，并最终产生一次挂号的挂号单来进行分析，确定第二层挂号子系统的子“加工”。

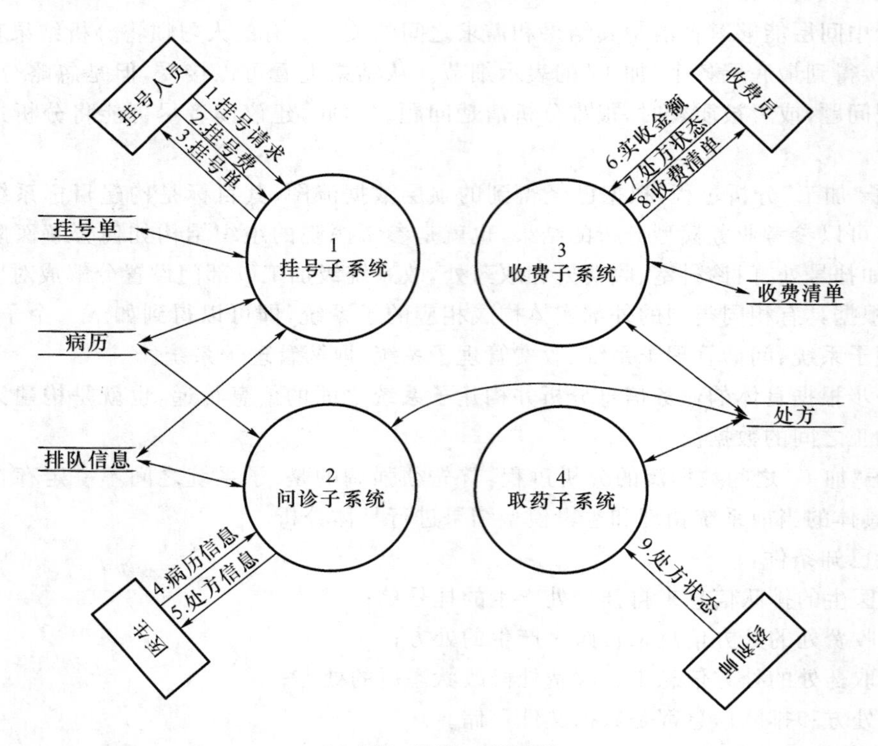

(a)方案一的第一层数据流

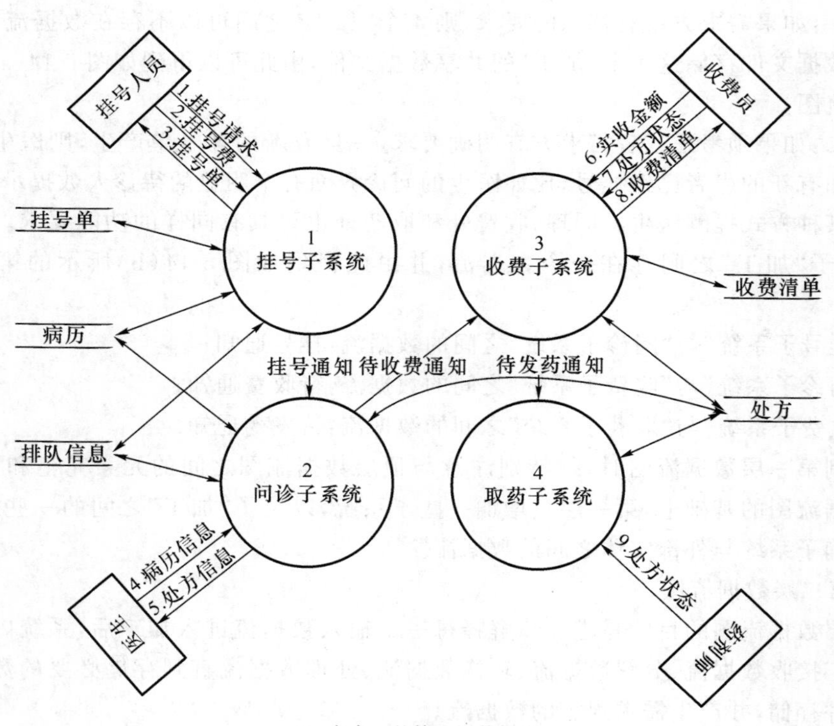

(b)方案二的第一层数据流

图 5-14 两个方案的第一层数据流图

① 输入数据流：挂号请求的分析过程。

一个挂号请求等同于一个新的挂号操作，定义为“新建挂号”：

- “新建挂号”可理解为创建一个新的初始挂号单。
- 所谓“初始”，可理解为初始化某些基础数据到挂号单里，比如挂号单的流水号、挂号时间、挂号人员的工号、挂号窗口号等信息。
- 挂号单的流水号根据系统某些生成规则产生，为此考虑一个子“加工”来处理，但是可以根据情况将该“加工”放置在后续层次的数据流图来表示；同样，其他诸如挂号时间、挂号人员的工号等信息也需要某些子“加工”从系统中获取。

初始化挂号单完成之后，根据基本信息的描述和要求，挂号人员输入病人的病历号，查询并调取该病人的一些基本信息，进行身份确认，定义为“病历查询”。

病人基本信息确认无误后，进一步输入病人须就诊的科室信息，以便查询到当前该科室和医生的排队情况，系统返回一个查询结果，挂号人员根据某些规则(默认规则是排队时间最短，即医生的排队人数最少)选择医生，定义为“选择医生”。这可以理解为一个子“加工”，同时可以进一步细化为两个子操作：

- 将病人信息与医生信息进行关联。
- 根据医生当前的病人排队情况产生一个挂号的排队号。

② 输入数据流：挂号费的分析过程。

一旦上述操作完成，系统根据医院的某些挂号费规则产生本次挂号的费用。

挂号人员收取病人交纳的费用，并输入相应的实收金额；如果实收金额大于应收挂号费，则系统还需要具有计算找赎零钱的子“加工”，定义为“收取挂号费”。

挂号人员确认所有挂号信息和收取的挂号费无误后，提交挂号单，定义为“生成挂号单”。提交挂号单等同于调用以下子操作：

- 本次挂号的数据写入挂号单数据文件存储。
- 调用挂号单打印功能。
- 将挂号单的某些信息插入排队信息的临时数据文件存储。
- 发送挂号通知。

完成一次挂号请求，即产生一个输出数据流挂号单，并返回就绪状态准备接收下一个挂号请求。

在得到上述子“加工”后，还须进一步明确子“加工”之间的数据流，其分析结果可参见图 5-15。图中需要读者注意，由于第二层数据流图展开后图形元素较多，为此可以按照第一层数据流图的加工过程分别展开。在第二层数据流图中，由于图 5-15 仅仅描绘挂号子系统加工的展开，为此第一层数据流中与之有关的加工“问诊子系统”在图中由外部实体的图形元素表示，代表该“加工”是当前问题域的外部元素。

根据以上分析过程得到“挂号子系统”的第二层数据流图，其他 3 个子系统的第二层数据流图也可以参照上述方式分析得到。从图 5-14 和图 5-15 两层数据流图可知，为了提高可读程度，要求在分层的数据流图中“加工”须有统一的编号。

后续的问题：是否需要第三层数据流图？根据“挂号请求”和“挂号费”数据流的分析结果可知，“新建挂号”、“选择医生”和“生成挂号单”仍然可以分解为多个子“加工”，为此第三层数据流图是必需的，这部分留给读者作为后续思考和练习的环节。

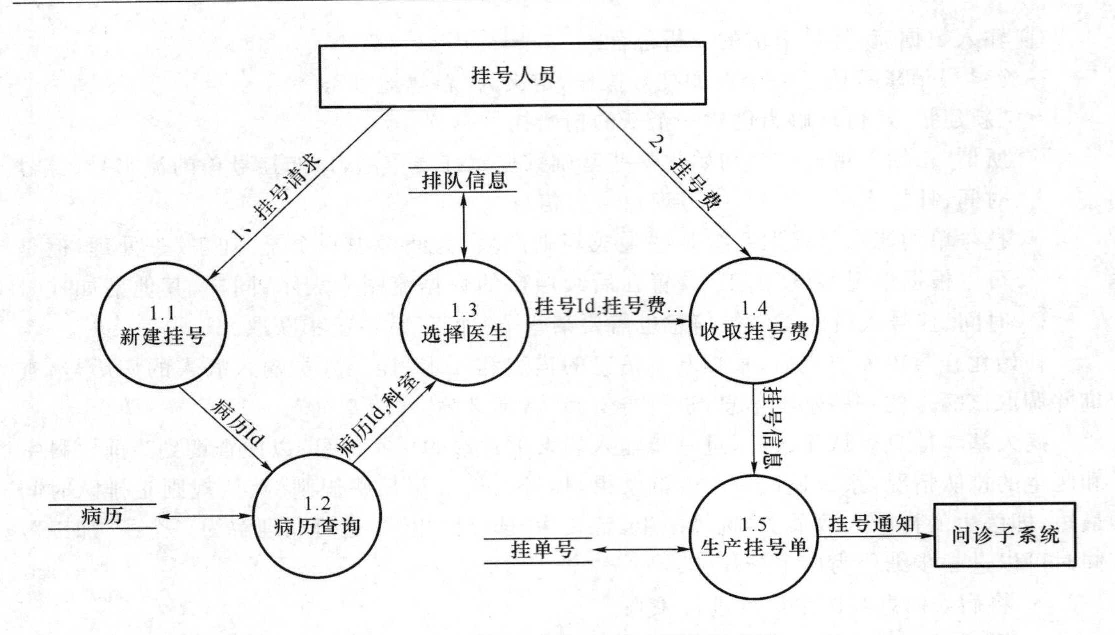

图5-15　“挂号子系统”的第二层数据流图

到此为止,给读者展示如何根据需求分析阶段得到的当前系统物理和逻辑模型构建目标系统功能逻辑模型的方法和分析过程。有两点内容须进一步解释。

(1) 数据流图作为目标系统功能逻辑模型的结果,如何判断是否正确?

需求分析的模型与数学模型不一样,其对与错到目前为止还没有一种方法可以证明;即便有,与其花很多的时间和成本证明,还不如将其理解为一种在用户和开发人员之间深入理解业务背景的一种方法,重要作用在于可以帮助正确理解真实的需求。为此,不存在对和错,只有是否合理和不合理。

(2) 数据流图中外部实体与系统加工之间的数据流交互与实际操作中使用者点击系统提供的功能之间有什么区别?

使用者操作一个系统软件提供的功能,可以理解为外部实体向系统的某个功能发出某个指令、命令或者是事件,根据定义可将其理解为控制流。控制流的顺序决定某个需求执行的步骤。数据流图表明系统的某个功能在控制流作用之后,其执行的数据信息从哪里来,执行后的数据信息又去哪里。

一般来说,程序的调用既包含控制信息,也包含数据信息,但是注意此时的分析目标是构建目标系统的功能逻辑模型,只需定义每项功能,即加工“做什么”即可,后期在进行软件设计时描述软件功能的调用关系,明确表示功能之间的执行步骤。

5.2.3　系统行为建模

为了直观地分析系统的动作,从特定的视角出发描述系统的行为,须采用动态分析的方法。其中,最为常用的动态分析方法有状态迁移图、时序图、Petri 网等。

1. 状态迁移图

行为建模给出需求分析方法所有的操作原则,但只有结构化分析方法的扩充版本才提供这种建模的符号。

利用如图 5-16 所示的状态迁移图(STD)或状态迁移表来描述系统或对象的状态,以及导致系统或对象状态改变的事件,从而描述系统的行为。

每一个状态代表系统或对象的一种行为模式。状态迁移图指明系统的状态如何响应外部的信号(事件)进行推移。在状态迁移图中,用圆圈"○"表示可得到的系统状态,用箭头"→"表示从一种状态向另一种状态迁移。在箭头上写上导致迁移的信号或事件的名称。如图 5-16(a)所示,系统可取得的状态为 S1、S2、S3,事件为 t1、t2、t3、t4。事件 t1 引起系统状态 S1 向状态 S3 迁移,事件 t2 引起系统状态 S3 向状态 S2 迁移等。图 5-16(b)是与图 5-16(a)等价的状态迁移表。

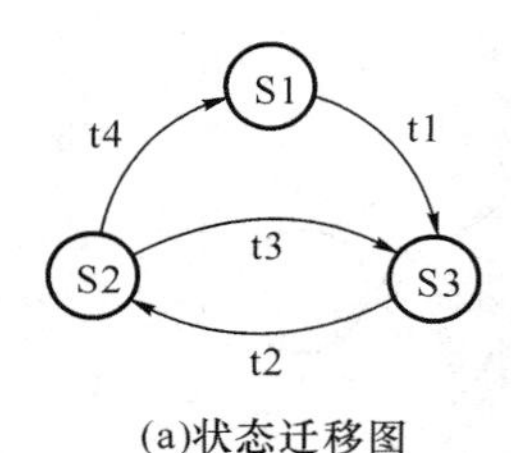

(a)状态迁移图

状态 / 事件	S1	S2	S3
t1	S3		
t2			S2
t3		S3	
t4		S1	

(b)状态迁移表

图 5-16 状态迁移图与其等价的状态迁移表例

另外,状态迁移图指明作为特定事件的结果(状态)。状态包含可能执行的行为(活动或"加工")。

如果系统比较复杂,可以把状态迁移图分层表示。例如,在确定如图 5-17 所示的大状态 S1、S2、S3 之后,接下来可把状态 S1、S2、S3 细化。该图对状态 S1 进行细化。此外,在状态迁移图中,由一个状态和一个事件所决定的下一状态可能有多个,实际迁移到哪一个是由更详细的内部状态和更详细的事件信息来决定的。此时,可采用状态迁移图的一种变形,如图 5-18 所示,使用加进判断框和处理框的记法。

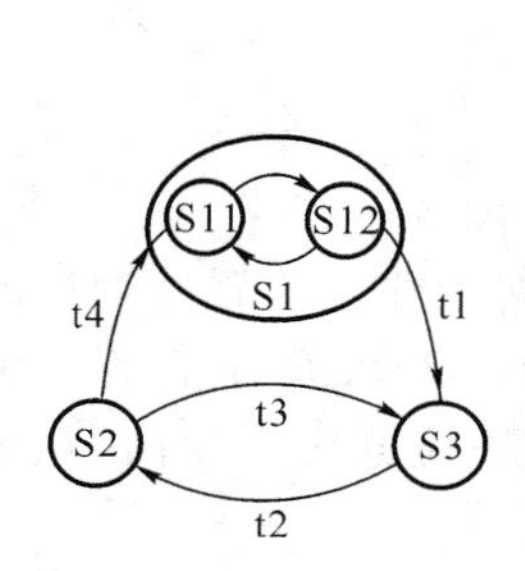

图 5-17 状态迁移图的网

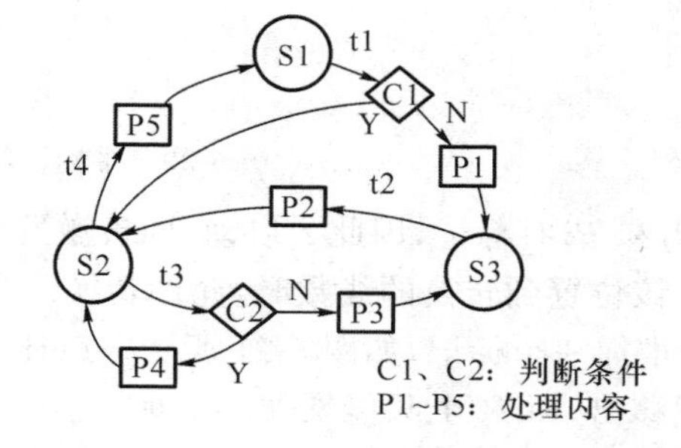

图 5-18 状态迁移图的变形

2. Petri 网

Petri 网是由德国人 Carl Adam Petri 于 1962 年提出来的,最初用来表达异步系统控制规则的图形表示法,后来 Petri 网在计算机科学中也得到广泛的应用,例如在性能评价、操作系统和软件工程等领域,尤其是处理并发系统当中的同步问题、资源竞争问题及死锁问题等。

(1) 基本概念。

Petri 网简称 PNG(Petri Net Graph),是一种有向图,包含 4 种基本元素:一组位置 P(Place)、一组转换 T(Transition)、输入函数 I(Input)及输出函数 O(Output)。图 5-19 举例

说明 Petri 网的组成部分。其中：

■ 一组位置 P 为$\{P_1,P_2,P_3,P_4\}$，在图中用圆圈代表位置。

■ 一组转换 T 为$\{t_1,t_2\}$，在图中用短直线表示“转换”。

■ 两个用于转换的输入函数，用由位置指向“转换”的箭头表示，$I(t_1)=\{P_2,P_4\}$；$I(t_2)=\{P_2\}$。

■ 两个用于转换的输出函数，用由“转换”指向位置的箭头表示，$O(t_1)=\{P_1\}$；$O(t_2)=\{P_3\}$。

注意，输出函数 $O(t_2)$中有两个 P_3，是因为有两个箭头由 t_2指向 P_3。

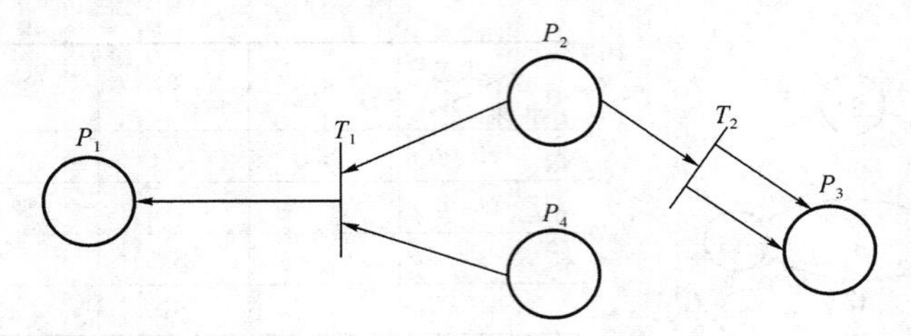

图 5-19 Petri 网的组成

Petri 网位置中如果加一个黑点，称之为标记(Token)。标记在位置中出现表明处理要求到来。如图 5-20所示，有 4 个标记，其中一个在 P_1中，两个在 P_2中，P_3中没有标记，还有一个在 P_4中。上述标记可用向量(1,2,0,1)表示。

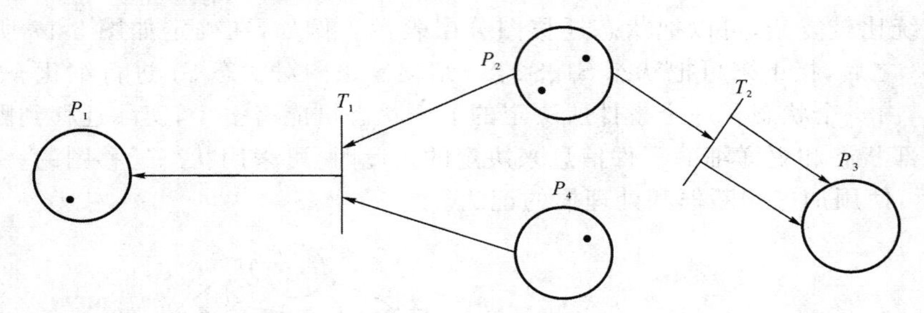

图 5-20 带标记的 Petri 网

由于 P_2和 P_4有标记，因此 t_1启动(即被激发)。通常，当每个输入位置所拥有的标记数大于等于从该位置到转换的线数时，允许转换。当 t_1被激发时，P_2和 P_4上各有一个标记移出，而 P_1则增加一个标记，如图 5-21 所示。Petri 网标记总数不是固定不变的，在这个例子中两个标记移出，而 P_1上只能增加一个标记。

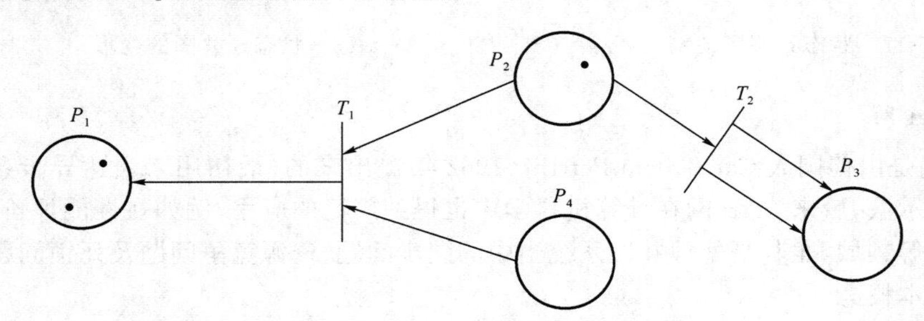

图 5-21 T_1被激发后的 Petri 网

此时，P_2上只留有一个标记，因此 t_2也可以激发。当 t_2激发时，P_2移走一个标记，而 P_3新增加两个标记，如图 5-22 所示。Petri 网具有非确定性，即如果几个“转换”都达到激发条件，则其中任意一个都可以激发。

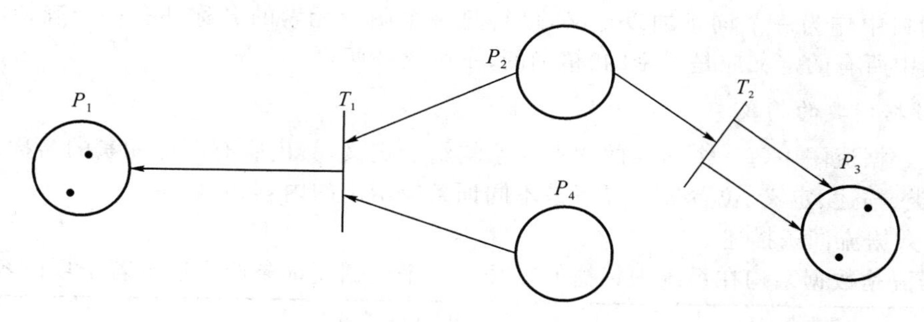

图 5-22　T_2被激发后的 Petri 网

（2）简单的 Petri 网模型。

下面以一个具体例子说明 Petri 网模型的建立过程。如图 5-23 所示，对于一个环形铁路，在 A 站与 B 站之间是单轨，在某一时刻只能走一列火车，但 A 站与 B 站都是双向运行的。上行/下行列车交替行驶。

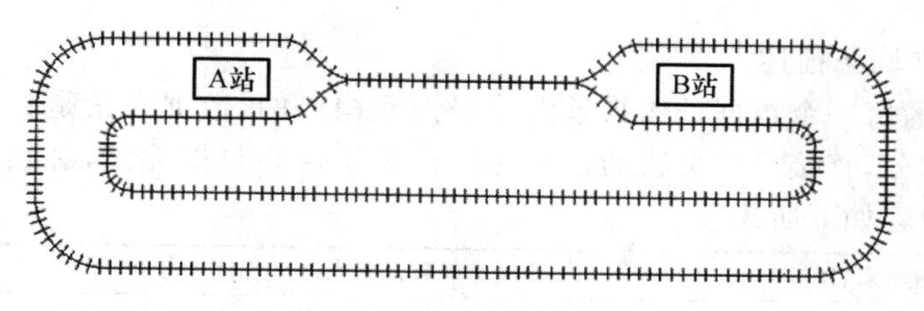

图 5-23　环形铁路示例

用如图 5-24 所示的 PNG 描述两列火车在铁路上的运行实况。由于在 A 站和 B 站之间有一段单轨线路，在某一时刻只允许一列火车通过，因此只有当单线上没有列车通过时，火车才能进入单线运行，否则火车只能在 A 站或者 B 站等候，等待单线空出来使用。

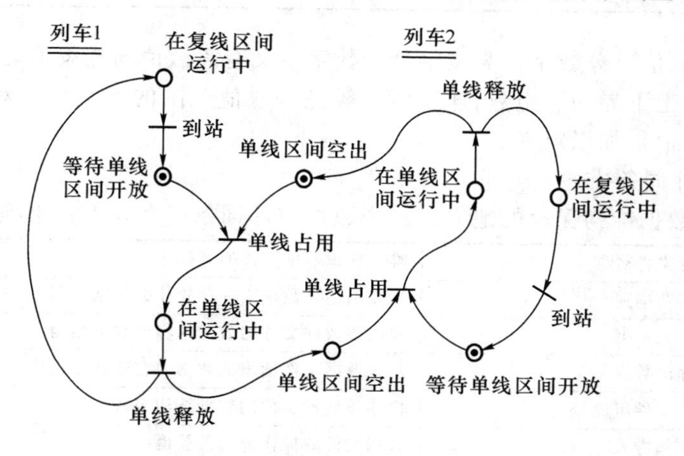

图 5-24　环形铁路运行的 PNG 示例

5.2.4 数据词典

数据词典(Data Dictionary ,DD)的作用是对于数据流图中出现所有被命名的图形元素在数据词典中作为一个词条加以定义,使得每一个图形元素的名称都有一个确切的解释。数据词典中所有的定义应是严密的、精确的,不可模棱两可。

1. 数据词典的构成

对在数据流图中每一个命名的图形元素均给予定义,其内容有图形元素的名称、别名或编号、分类、描述、定义、位置等。以下是不同词条应给出的内容。

(1) 数据流词条描述

数据流是数据结构在系统内传播的路径。一个数据流词条应有以下若干项内容。

数据流名称	唯一标识数据流的名称
简要描述	简要介绍该数据流的作用,即它产生的原因和结果
数据流来源	来源于何处
数据流去向	流向何处
数据流组成	描述该数据流内部数据元素的组成成分
备注	需要时,描述数据流量和流通量等信息

(2) 数据元素词条描述

数据流图中的每一个数据结构都是由数据元素构成的,数据元素是数据处理中的最小单元,且不可再细分,直接反映事物的某一特征。对于这些数据元素,必须在数据词典中给予描述,其具体内容如下所述。

数据元素名称	唯一标识数据元素的名称或编号
简要描述	简要描述该数据元素的作用,以及位于哪一个数据结构内
类型	数字、字符等类型
长度	该数据类型规定的取值范围,例如姓名的长度为60个字符
取值范围	该姓名的取值范围必须大于2个字符,且小于60个字符
备注	

数据元素的取值可分数字型与文字型。数字型又有离散值与连续值之分。离散值或是枚举的,或是介于上下界的一组数;连续值一般是有取值范围的实数集。对于文字型,须给予编码类型,文字值须加以定义。

(3) 数据文件词条描述

数据文件是数据结构保存的地方。一个数据文件词条应有以下若干项内容。

数据文件名称	唯一标识数据文件的名称
简要描述	简要描述该数据文件存放什么数据
输入数据	写入该数据文件的数据内容或数据结构
输出数据	从该数据文件读出的数据内容或数据结构
数据文件组成	描述该数据文件的数据结构组成
存储方式	数据文件的操作方式及关键字
备注	

（4）加工逻辑词条描述

数据流图中的每一个"加工"除了进行基本信息的描述之外，还必须对该"加工"的逻辑或规则进行描述，采用的方法有判定表、判定树或结构化英语等。"加工"的逻辑词条主要有如下若干项。

加工名称	唯一标识加工的名称
简要描述	描述"加工"逻辑和规则及功能简述
加工编号	反映该"加工"的层次
输入数据流	描述进入该"加工"的一个或多个数据流
输出数据流	描述流出该"加工"的一个或多个数据流
加工逻辑	简述该加工的逻辑或规则(参见加工逻辑说明部分)
备注	

（5）外部实体词条描述

外部实体名称	唯一标识外部实体的名称
简要描述	指明该实体的性质及与系统之间的关系
有关数据流	指明该外部实体与系统之间交互的数据流有哪些
备注	

2. 数据词典的使用

在结构化分析的过程中，可以通过数据名称方便地查问数据的定义；同时，还可按各种要求，随时列出各种表，以满足分析员的需要。可以按描述内容（或定义）来查询数据的名称。通过检查各个加工的逻辑功能，实现和检查数据与程序保持一致性和完整性。在以后的设计与实现阶段，以至于到维护阶段.都需要参考数据词典进行设计、修改和查询。

3. 数据结构的描述

在数据词典的编制中，分析员最常用描述数据结构的方式有定义式或 Warnier 图，这里主要介绍定义式。在数据流图中，数据流和数据文件都具有一定的数据结构。因此必须以一种清晰、准确、无二义性的方式来描述数据结构。下表给出的定义方式是一种严格的描述方式。

表 5-1　在数据词典的定义式中出现的符号

符　号	含　义	解　释
=	被定义为	例如，x=a+b，表示 x 由 a 和 b 组成
+	与	
[⋯,⋯]	或	例如，x=[a,b]，x=[a|b]，表示 x 由 a 或由 b 组成
[⋯|⋯]	或	
{...}	重复	例如，x={a}，表示 x 由 0 个或多个 a 组成
m{...}n	重复	例如，x=3{a}8，表示 x 中至少出现 3 次 a，至多出现 8 次 a
(...)	可选	例如，x=(a)，表示 a 可在 x 中出现，也可不出现
"..."	基本数据元素	例如，x="a"，表示 x 为取值为 a 的数据元素
..	连结符	例如，x=1..9，表示 x 可取 1 到 9 之中的任一值

下面以银行存折作为数据结构描述的例子进行说明,银行存折的格式如图 5-25 所示。

户名　　所号　　账号

开户日　　性质　　印密

日期 年月日	摘要	支出	存入	余额	操作	复核

图 5-25　存折格式

在银行的取款数据流图中,数据流或者数据文件“存折”的格式如图 5-25 所示,它在数据词典中数据结构和数据定义的格式如下所述。

- 存折＝户名＋所号＋账号＋开户日＋性质＋(印密)＋1{存取行}50
- 户名＝2{字母}24
- 所号＝“001”..“999”　　注:储蓄所编码,规定 3 位数字
- 账号＝“00000001”..“99999999”　　注:账号规定由 8 位数字组成
- 开户日＝年＋月＋日
- 性质＝“1”..“6”　　注:“1”表示普通户,“5”表示工资户等
- 印密＝“0”　　注:印密在存折上不显示
- 存取行＝日期＋(摘要)＋支出＋存入＋余额＋操作＋复核
- 日期＝年＋月＋日
- 年＝“00”..“99”
- 月＝“01”..“12”
- 日＝“01”..“31”
- 摘要＝1{字母}4
- 支出＝金额
- 金额＝“0000000.01”..“9999999.99”　　注:表明该存取是存？是取？还是换？
- 操作＝“00001”..“99999”　　注:金额规定不超过 9999999.99 元
- ……
- 字母＝[“a”..“z”|“A”..“Z”]

这表明存折由 7 部分组成,其中的“存取行”重复出现多次。如果重复次数是个常数,例如为 50,则可表示为{存取行}50;如果重复次数是变量,那么应估计其变动范围,例如存取行从 1 到 50,则可记为 1{存取行}50。在存取行中,“摘要”加圆括号,表明它是可有可无的。“日期”由“年＋月＋日”组成,例如 1997 年 7 月 15 日表示成 970715。“支出”和“存入”表明该存取行存取的金额,“余额”是经过存取之后存折上剩余的钱。“操作”、“复核”是银行职员的代码,用 5 位整数表示。

这种定义方法自顶向下,逐级给出定义式,直到最后给出基本数据元素为止。数据词典

明确地定义各种信息项。随着系统规模的增大,数据词典的规模和复杂度迅速增加。

4. 加工逻辑说明

在数据流图中,每一个加工框只简单地写上一个加工名,这显然不能表达"加工"的全部内容。随着自顶向下逐层细化,功能越来越具体,加工逻辑也越来越精细。到最底一层,加工逻辑详细到可以实现的程度,因此称为"原子加工"或"基本加工"。如果能够写出每一个基本加工的全部详细逻辑功能,再自底向上综合,就能完成全部逻辑加工。目前,用于写加工逻辑说明的工具有结构化英语、判定表和判定树。

在写基本加工逻辑的说明时,应满足如下的要求:

■ 对数据流图的每一个基本加工,必须有一个加工逻辑说明;

■ 加工逻辑说明必须描述基本加工如何把输入数据流变换为输出数据流的加工规则;

■ 加工逻辑说明必须描述实现加工的策略而不是实现加工的细节。

(1) 结构化英语。

结构化英语(Structured English)也称为 PDL,是一种介于自然语言和形式化语言之间的半形式化语言。它是在自然语言基础上加一些限制因素而得到的语言,使用有限的词汇和有限的语句来描述加工逻辑。结构化英语的词汇表由英语命令动词、数据词典中定义的名称、有限的自定义词和控制结构关键词 IF_THEN_ELSE、WHILE_DO、REPEAT_UNTIL、CASE_OF 等组成。其动词的含义应具体,尽可能少用或不用形容词和副词。

语言的正文用基本控制结构进行分割,加工中的操作用自然语言短语来表示。其基本控制结构有简单陈述句结构、判定结构和重复结构。此外,在书写时,必须按层次横向向右移行,续行也同样向右移行,对齐。

下面是商店业务处理系统中"检查发货票"功能使用结构化英语完成的加工逻辑描述:

```
IF the invoice exceeds $500 THEN
    IF the account has any invoice more than 60 days overdue THEN
        The confirmation pending resolution of the debt
    ELSE (account is in good standing)
        Issue confirmation and invoice
    ENDIF
    ELSE (invoice equal $500 or less)
        IF the account has any invoice more than 60 days overdue THEN
            Issue confirmation, voice and write message on credit action report
        ELSE (account is in good standing)
            Issue confirmation and invoice
        ENDIF
    ENDIF
```

在具体的使用过程当中,除了控制结构关键词使用英语之外,其他的组成部分也可使用逻辑表达清晰的中文进行描述。

```
IF 发货单金额超过$500 THEN
    IF 欠款超过了 60 天 THEN
        在偿还欠款前不予批准
    ELSE (欠款未超期)
        发批准书,发货票
    ENDIF
```

```
ELSE(发货票金额未超过$500)
    IF 欠款超过60天 THEN
        发批准书,发货票及赊欠报告
    ELSE(欠款未超期)
        发批准书,发货票
    ENDIF
ENDIF
```

(2) 判定表。

在某些数据处理问题中,某数据流图的“加工”须依赖多个逻辑条件的取值,即完成这一“加工”的一组动作是由于某一组条件取值的组合而引发的。这时使用判定表(Decision Table)来描述比较合适。下面以“检查发货单”为例说明判定表的构成,如图5-26所示。

		1	2	3	4
条件	发货单金额	>$500	>$500	≤$500	≤$500
	赊欠情况	>60天	≤60天	>60天	≤60天
操作	不发出批准书	√			
	发出批准书		√	√	√
	发出发货单		√	√	√
	发出赊欠报告			√	

图5-26　“检查发货单”的判定表

判定表由4个部分组成,双线分割开的4部分如下所述。

- 条件桩(Condition Stub)——左上部分:列出各种可能的条件。除去某些问题中对各个条件的先后次序有特定的要求以外,判定表中各条件的先后次序通常不要求。
- 条件项(Condition Entry)——右上部分:给出各个条件取值的组合。
- 动作桩(Action Stub)——左下部分:列出可能采取的动作。这些动作的排列顺序没有限制,但为便于阅读也可令其按适当的顺序排列。
- 动作项(Action Entry)——右下部分:是和条件项紧密相关的,指出在条件项各种取值的组合情况下应采取什么动作。这里将任一条件取值组合及其相应待执行的动作称为规则,它在判定表中是纵贯条件项和动作项的一列。显然,判定表列出多少个条件取值的组合,也就有多少条规则,即条件项与动作项有多少列。

在实际使用判定表时,常先把它化简。如果表中两条或更多规则具有相同的动作,并且其条件项之间存在某种关系,可设法将它们合并。例如,图5-27(a)表示两个规则的动作项一致,条件项中第三条件的取值不同,这表明在第一、第二条件分别取真值和假值时,第三条件不论取何值,都执行同一动作,即执行的动作与第三条件的取值无关。这样,便可将这两条规则合并,合并后的第三条件取值用“—”表示,以示与取值无关。同样,无关条件项“—”在逻辑上又可包含其他的条件项取值,具有相同动作的规则还可进一步合并,如图5-27(b)所示。

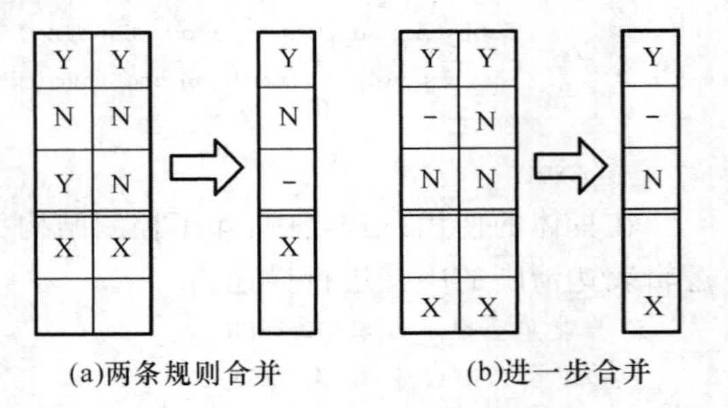

图5-27　动作相同的规则合并

判定表把在什么条件下,系统应完成哪些操作,表达得十分清楚、准确,这是用语言说明难以准确、清楚表达的。但是,用判定表描述循环比较困难。有时,判定表可以和结构化英语结合使用。

(3) 判定树。

判定树(Decision Tree)也是用来表达加工逻辑的一种工具,有时比判定表更直观。用它来描述"加工",很容易为用户接受。下面把前面的"检查发货单"的例子用判定树表示。

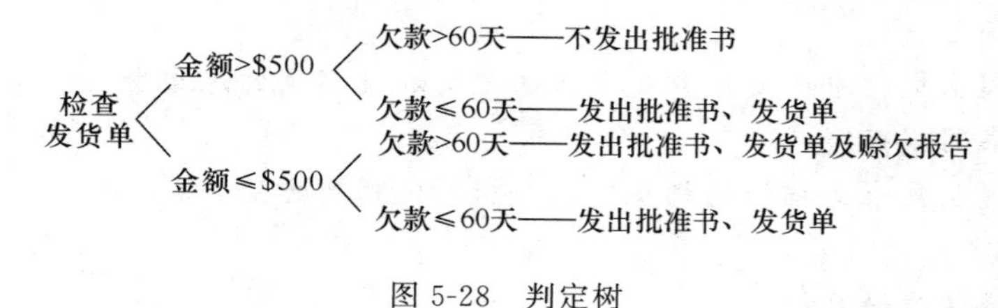

图5-28　判定树

没有一种统一的方法来构造判定树,也不可能有统一的方法,因为它是以结构化英语,甚至是自然语言写成的叙述文作为构造树的原始依据的。可以从中找些规律。首先,应从文字资料中分清哪些是判定条件,哪些是判定出的结论。

例如,判定条件是"金额＞＄500,欠款＜60天的发货单",待判定的结论是"发给批准书和发货单"。然后,从资料叙述的一些连接词(如"除非"、"然而"、"但"、"并且"、"和"、"或",……)中找出判定条件的从属关系、并列关系、选择关系等。

在表达一个基本加工逻辑时,结构化英语、判定表和判定树常交叉使用,互相补充,因为这3种手段各有优缺点。总之,加工逻辑说明是结构化分析方法的一个组成部分,对每一个"加工"都要加以说明。使用的手段应当以结构化英语为主,对存在判断问题的加工逻辑可辅之以判定表和判定树。

5.3　结构化方法的软件需求规格说明书

经过漫长而复杂的需求分析过程之后,软件需求分析的最终成果体现在《软件需求规格说明书》中,它不仅是软件生命周期一个极为重要的里程碑,也是软件设计的坚实基础。对于《软件需求规格说明书》的内容和框架,不同的作者有不同的结构,国内也有相应的国标规范,本教材结合国标和实际的应用,提供一份仅供参考的基于数据流图结构化方法的《软件需求规格说明书》模版。

封面页

标题:×××一系统软件需求分析说明书

作者:×××

完成时间:yyyy_mm_dd

版本:v_1.1

修改记录:描述该版本与上一版本的不同之处,由谁执笔修改,修改的时间

目录页

系统根据文档结构自动生成

1. 引言

1.1 编写目的

说明编写目的并指明读者对象。

1.2 项目背景

说明项目的委托单位、开发单位和主管部门。

该系统与其他系统的关系。

1.3 词汇

列出文档中所使用专业术语的定义和缩写词的原文含义。

1.4 书写规范

说明需求文档的结构及需求分析所使用的方法。

2. 系统概述

2.1 系统建设目标

根据用户提供的需求书内容,描述系统建设的总体和分阶段目标。

2.2 系统运行环境

给出系统运行所必需的硬件和软件环境和配置要求。

2.3 条件和限制因素

根据系统阶段建设目标给出系统建设和运行的前提条件及其他限制因素。

3. 系统功能需求

3.1 业务背景描述

描述业务背景、业务的组织结构以及业务流程,即问题分析的成果。

3.2 系统功能需求

根据业务背景,给出系统的层次化数据流图并给出结合层次的数据流图,给出相应层次的数据词典。

3.2.1 第0层数据流图

3.2.1.1 数据流图

给出数据流图。

3.2.1.2 数据词典

根据教材"数据词典"部分所规定的格式进行以下内容的信息描述:在加工说明中如果须进行必要的业务逻辑规则说明时,建议采用结构化英语的方式进行描述。

1. 外部实体
2. 数据流
3. 数据元素
4. 数据文件
5. 加工

3.2.2 第1层数据流图

3.2.2.1 数据流图

给出数据流图。

3.2.2.2 数据词典

根据教材"数据词典"部分所规定的格式进行以下内容的信息描述:

在加工说明中如果须进行必要的业务逻辑规则说明时，建议采用结构化英语的方式进行描述。

1. 外部实体
2. 数据流
3. 数据元素
4. 数据文件
5. 加工

……

第 n 层数据流图

3.3　系统数据模型

给出系统初步的数据模型，即 ER 图。

3.4　系统性能要求

3.4.1　数据精确度

3.4.2　时间特性

如响应时间、更新处理时间、数据转换与传输时间、运行时间等。

3.4.3　适应性

在操作方式、运行环境、与其他软件的接口及开发计划等发生变化时，应具有的适应能力。

3.5　系统的数据采集接口

4. 其他需求

如可使用性、安全保密、可维护性、可移植性等。

习　　题

1. 结构化分析模型由哪几部分构成？
2. 数据流图能够展示需求分析中哪些主要的信息？
3. 分层数据流图的平衡原则是什么？
4. 试明确数据流图与数据词典的关系。
5. 试给出“医院就诊管理系统”中“问诊子系统”和“交费取药子系统”的第二层数据流图。
6. 试给出“医院就诊管理系统”的实体关系图。
7. 试用状态图描绘医生的问诊状态。
8. 试用结构化英语描述挂号人员“选择科室和医生”的加工逻辑。

第6章 软件设计的概念及原则

经过需求分析阶段，基于系统必须“做什么”的需求规格说明书，必须进行软件系统的结构设计并描述和证明这些需求是“如何被软件系统执行”的过程，最终形成软件设计规格说明书。软件设计的最基本目标是回答“概括描述系统如何实现用户所提出来的功能和性能等方面的需求?”问题。因此，这个阶段的软件设计又可称为概要设计。在此基础上，软件设计还必须明确描述每一个模块的内部实现逻辑，这个设计过程称为软件详细设计。

6.1 软件设计的目标

软件设计的目标是根据软件需求分析的结果，设想并设计软件，即根据目标系统的逻辑模型确定目标系统的物理模型。软件设计包括软件系统的结构设计、处理方式的设计、数据结构和数据存储的设计，以及界面和可靠性设计等方面。

对于任何工程项目来说，为了能够得到一个可靠并能满足各项需求指标的产品，就必须在工程实施之前进行必要的工程设计。因此，设计往往是开发活动的第一步。通常，把设计定义为“应用各种技术和原理，对设备、过程或系统给出足够详细的定义，使之能够在物理上得以实现”。

软件设计是软件工程过程中的技术核心，是构造和验证软件所需的三项技术活动(设计、代码生成和测试)之一。软件设计也是后续开发步骤及软件维护工作的基础。如果没有软件设计，则只能建立一个不稳定和不可靠的系统结构，并且极有可能造成所构建的系统不能满足需求规格说明书中所要求的功能和性能，最终使得软件项目不能按期保质完成，甚至可能导致整个项目失败。

6.2 软件设计的过程

软件设计历经四十年的发展过程，早期的设计工作集中在模块化程序的开发标准和自顶向下求精软件结构的方法，进而发展成一种称为结构化程序设计的方法；之后又提出将数据流或数据结构转化为设计定义的方法；随着面向对象语言的飞速发展和应用，相应的面向对象软件设计方法占据目前软件设计的主导地位。当前，由于软件开发的市场需求和规模急速扩大，软件设计方面的着重点已转移到软件体系结构和可用于实现软件体系结构设计模式的研究领域上。每一种软件设计方法都引入独特的符号体系以用于展示软件各个角度的模型，这些方法和模型都具有以下共同特征：

（1）用于将分析模型变换到设计模型的表示机制。

（2）用于表示功能及其接口的符号体系。

（3）用于求精和划分的启发信息和机制。

软件设计是一个把软件需求变换成包含软件功能模型、数据模型及行为模型的过程。该过程从工程管理的角度来看一般分为两个阶段，即概要设计阶段，最初的设计模型只需描绘出可直接反映功能、数据、行为需求的软件总体框架；详细设计阶段，进一步将设计模型逐步细化，即通过对软件的功能模块进行细化，得到各功能模块的详细数据结构和算法，使得功能模块在细节上非常接近源程序的软件设计模型。从管理和技术两个不同的角度对软件设计的理解可以通过图6-1表示。

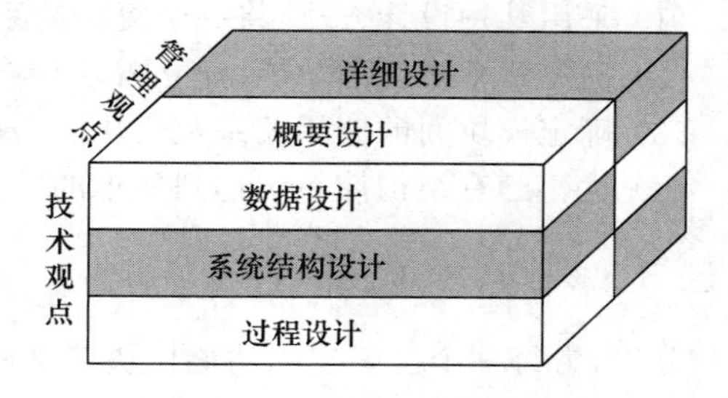

图6-1　软件设计过程的两种表示

从技术开发的角度来看，软件设计主要分成三个部分：

（1）系统结构设计定义软件系统各主要元素（主要指功能模块）之间的关系，其中包括软件的模块接口设计，它特指软件内部各模块之间、软件与其他协同系统之间及软件与用户之间交互机制的设计；

（2）数据设计将软件各模块所需处理的数据及系统需长久保存的数据进行数据结构和数据存储的设计；

（3）过程设计把系统结构设计转换成软件的过程描述，主要是确定各功能模块内部结构的详细定义，包括模块主要算法逻辑和局部数据结构的定义。

6.3　软件的概要设计

为了获得软件的概要设计规格说明书，无论采用结构化，还是面向对象的设计方法，或其他的设计方法，在概要设计阶段软件设计人员都须执行和完成以下8项活动。

6.3.1　制订设计规范

在进入软件开发阶段之初，首先应为软件开发小组制订设计阶段应该共同遵守的标准，它是后续设计和编码工作的基础，方便协调组内各成员可以在一个相同认可的语境下工作和讨论问题。它包括：

（1）阅读和理解软件需求说明书，在给定预算范围内和现有的技术条件下，确认用户的需求能否实现。若不能实现，则须明确实现的条件，从而确定设计的目标，以及它们的优先顺序。

（2）根据目标确定最合适的设计方法，比如可以选择结构化或者面向对象的设计方法。

（3）规定设计文档的编制标准，包括设计文档体系、样式及格式、记述详细的程度、图形的画法等。

（4）规定编码的信息形式（代码体系）、与硬件和操作系统的接口规约、命名规则等。

6.3.2 软件系统结构设计

软件的概要设计一般来讲也可称为软件的系统结构设计。对根据需求分析阶段得到的分析模型,尤其是功能、数据模型及性能方面的要求进行分析,进而确定待构建软件系统的基本功能结构,比如单机版结构、层次化结构、分布式结构及云计算结构等,再进一步确定相应的数据存储模式和结构。在设计阶段后期,基于已确定的系统结构将系统的各个功能集成起来成为一个完整的系统,包括:

(1) 采用某种设计方法,将一个复杂的系统按功能划分成模块的层次结构。

(2) 确定每个模块的功能,建立需求与功能之间的对应关系。

(3) 确定模块间的调用关系及模块间的接口。

(4) 优化已有结构使系统达到要求的性能指标。

6.3.3 处理方式设计

首先,为每一个已确定的功能模块定义所必需的算法,并评估算法的性能。其次,还须确定为满足软件系统的性能需求所必需的算法和模块间的控制方式(性能设计),性能主要指以下4个指标。

(1) 周转时间:即一旦向计算机发出要求处理的请求之后,从第一次输入开始,经过多次交互和处理,直到最后一次输出结果为止的整个时间。

(2) 响应时间:用户一次请求的输入输出时间。

(3) 吞吐量:单位时间内系统或某个模块能够处理的数据量称为吞吐量,表示系统处理能力的指标。

(4) 精度:在进行科学计算或工程计算时运算精确度的要求。

6.3.4 数据设计

确定软件涉及的文件系统结构及数据库的模式、子模式,进行数据完整性和安全性的设计。它包括:

(1) 确定输入、输出文件的详细数据结构。

(2) 结合算法设计,确定算法所必需的逻辑数据结构及其操作。

(3) 确定对逻辑数据结构所必需的操作程序模块,并限制和确定各个数据设计决策的影响范围。

(4) 数据的保护性设计:

- 防卫性设计。在软件设计中插入自动检错、报错和纠错的功能。
- 一致性设计。有两个方面:其一是保证软件运行过程中所使用数据的类型和取值范围不变;其二是在并发处理过程中使用加锁和解锁机制,保持数据不被破坏。

6.3.5 可靠性设计

可靠性设计也称为质量设计。软件可靠性指软件系统在长时间的运行过程中出现的错误数及系统恢复的能力,以及由此而发现的各类文档中出现的描述错误和设计错误。这些错误数是评价一个软件可靠性的重要指标。

软件可靠性与硬件不同,软件越使用可靠性越高。但是在运行过程中,为了适应环境的变化和用户新的要求，须经常对软件进行改造和修正，这就是软件维护。由于软件维护往往产生新的故障，所以要求在软件开发期间应当尽早找出差错，并在软件开发的一开始就要确定软件可靠性和其他质量指标，考虑相应的措施，以使得软件易于修改和易于维护。

6.3.6 界面设计

首先，软件系统的界面不仅能够直观地反映软件的系统功能，而且也能体现软件设计人员是否正确理解软件需求，同时也是快速软件开发所必需的一个环节。在软件设计阶段可以根据所采用的生命周期模型来确定如何运用界面设计，以及实施界面设计的次序。其次，界面设计的方式、方法还决定一个软件系统的易用性。

6.3.7 编写概要设计阶段的文档

概要设计阶段完成时应编写以下文档。

（1）概要设计说明书：给出系统目标、总体设计、数据设计、处理方式设计、运行设计、出错设计等。

（2）数据库设计说明书：给出软件系统所使用的数据库简介、数据模式设计、物理设计等。它可以是概要设计说明书的一部分，也可是独立的文档。

（3）用户手册：修订需求分析阶段编写的用户手册。

（4）测试计划：对测试的策略、方法和步骤提出明确的要求。

6.3.8 概要设计评审

在完成以上 7 项工作之后，应当组织对概要设计工作的评审工作。评审的对象是软件概要设计说明书及其附带的各类设计文档，评审内容包括以下 10 项。

（1）可追溯性：分析该软件的系统结构、子系统结构，确认该软件设计是否覆盖所有已确定的软件需求，软件每一成分是否可追溯到某一项需求。

（2）接口：分析软件各部分之间的联系，确认该软件的内部接口与外部接口是否已经明确定义。模块是否满足高内聚和低耦合的要求。模块作用范围是否在其控制范围之内。

（3）风险：确认该软件设计在现有技术条件和预算范围内是否能按时实现。

（4）实用性：确认该软件设计对于需求的解决方案是否实用。

（5）技术清晰度：确认该软件设计是否以一种易于翻译成代码的形式表达。

（6）可维护性：从软件维护的角度出发，确认该软件设计是否考虑便于未来维护。

（7）质量：确认该软件设计是否表现出良好的质量特征。

（8）各种选择方案：是否考虑过其他方案，比较各种选择方案的标准。

（9）限制条件：评估对该软件的限制条件是否现实，是否与需求一致。

（10）其他具体问题：对文档、可测试性、设计过程等进行评估。

6.4 软件的详细设计

软件的详细设计也称为软件的过程设计。相对于概要设计，其性质相对简单，就是针对软件概要设计的结果进行功能模块内部结构的设计。在详细设计过程中，须完成的工作是：

(1) 确定软件各个功能模块内的算法及各功能模块的内部数据结构。

(2) 选定某种表达方式来描述各种算法,比如程序流程图或者程序设计语言(PDL)等。

(3) 进行详细设计的评审。

6.5 软件设计模型

软件的设计模型由静态结构和动态结构两部分构成,其中设计模型的静态结构由软件的功能结构和数据结构组成,用于展示软件系统能够满足所有需求的框架结构;设计模型的动态结构则以某种方式表示功能响应需求时处理数据的过程或条件,用于进一步解释软件结构中各功能之间如何协调工作的机制。

软件的设计模型取决于需求分析结果的分析模型,其中核心的功能模型和数据模型分别对应于面向对象分析模型的用例模型和领域模型及结构化分析模型中的数据流图和实体关系图;设计模型的动态结构分别对应于面向对象分析模型中领域模型表示业务流程的活动图及结构化分析模型中的状态迁移图。

软件的设计模型通过一系列的软件设计活动而得到。软件的设计活动可概括为以下6部分的内容。

(1) 软件的系统结构设计:

① 软件的体系结构设计。结合软件体系结构的已有类型或风格,决定当前软件系统的体系结构和框架,作为后续软件设计活动的基础。

② 软件的功能结构设计。根据需求分析的结果并结合已经确定的软件体系结构,进一步确定需求对应的软件功能模块及其功能模块之间的关系。

(2) 软件的数据设计:

① 软件的数据存储结构设计。根据需求分析结果中的领域模型或者问题域描述,并结合软件体系结构,确定系统须持久保存数据的数据模型。

② 软件的局部数据结构设计。根据确定的软件功能结构,以及相应的业务处理逻辑,确定每个功能模块内部所需要的局部数据结构,并满足功能模块之间调用接口的要求。

(3) 软件的接口设计:

① 功能模块之间及分层结构之间的接口设计。根据软件的功能结构,进一步确定功能模块之间调用的接口机制,以及软件层次结构之间功能模块调用的接口机制。此外,在具体的应用开发中可以参考软件设计模式的资料具体软件的接口设计,例如Webservice应用。

② 与其他应用系统的接口设计。

(4) 软件的过程设计:

① 功能模块的内部逻辑结构设计。根据已经确定的每个功能模块,进一步确定每个功能模块内部的处理逻辑,并结合软件局部数据结构的设计,完善每个功能模块的处理过程。

② 功能模块的处理能力设计。根据已经确定的模块内部的处理逻辑,进一步明确处理逻辑的响应时间,处理周期和吞吐量等性能指标。

(5) 软件的组件设计:根据需要并根据确定的接口设计原则封装一个或多个功能模块,并以特定的方式对外部提供服务,降低功能之间的耦合度。

(6) 软件的结构优化设计:根据得到的软件设计初步模型,为了进一步满足显性或者隐性性能需求,对原有的软件结构进行调整的活动。

6.6　软件设计的一般原则

软件设计既是过程,又是模型。设计过程是一系列迭代的设计活动,使设计者能够描述待构造软件的所有视图表示,即软件设计模型。然而,须注意的是,设计过程不仅是一种活动指南,只需按图索骥就可以设计软件的,还需要富有创造力的技能、以往的经验,对于形成"良好"软件的感觉及对质量的要求等因素都是设计成功的关键因素。

设计模型和建筑师的房屋设计图是类似的,它首先表示待构造事物的整体(例如房屋的三维表示),之后逐渐求精并细化事物以表示每个构造细节(例如管道布置、上下水通道)。同样,用于软件的设计模型提供计算机程序一系列不同维度的视图。Davis[DAV95]提出软件设计的一般原则,作为软件设计质量的评价依据。下面的内容对其进行修改和扩充:

- The design process should not suffer from 'tunnel vision.'
- The design should be traceable to the analysis model.
- The design should not reinvent the wheel.
- The design should "minimize the intellectual distance" between the software and the problem as it exists in the real world.
- The design should exhibit uniformity and integration.
- The design should be structured to accommodate change.
- The design should be structured to degrade gently, even when aberrant data, events, or operating conditions are encountered.
- Design is not coding, coding is not design.
- The design should be assessed for quality as it is being created, not after the fact.
- The design should be reviewed to minimize conceptual (semantic) errors.

正确应用上述设计原则时,软件开发人员创建的设计就会展现系统的外部和内部的质量因素。外部质量因素是用户能轻易观察到的软件特性(例如,正确性、可用性、速度和可靠性)。内部质量因素对软件工程师是非常重要的,从技术角度上能构造出高质量的软件设计。

(1) 衡量设计过程的技术原则。

- 设计过程应该是可追踪和可回溯的。
- 设计必须实现分析模型中描述的所有显式需求,必须满足用户希望的所有隐式需求。所谓隐式需求,即系统的安全性要求,降低或消除功能性错误,数据安全和完整性要求等。
- 对于开发者和未来的维护者而言,设计说明文档必须是可读、可理解的,使得将来易于编程,易于测试,易于维护。

(2) 衡量设计模型的技术原则。

① 设计模型应该展现软件的全貌,包括从实现角度可看到的数据、功能、行为。

② 设计模型应该是一个分层结构。该结构

➢ 使用可识别的设计模式搭建系统结构。

➢ 由具备良好设计特征的构件构成。

➢ 可以用演化的方式实现。

③ 设计应当模块化,即应当建立具有独立功能特征的构件。

④ 设计应当建立能够降低模块与外部环境之间复杂连接的接口。

⑤ 设计应当根据待实现的对象和数据模式导出合适的数据结构。

6.6.1 软件模块化

(1) 模块的定义。

整个软件被划分成若干单独命名和可编址的部分,称为模块。模块可以组装以满足整个问题域的需求。软件系统的层次结构是模块化的具体体现。

模块又称为构件,在传统的方法中指用一个名称就可调用的一段程序,类似于高级语言中的过程、函数等。它一般具有如下3个基本属性。

- 功能:指该模块实现什么功能。
- 逻辑:描述模块内部怎么做。
- 状态:该模块使用时的环境和条件。

(2) 模块的表示。

在描述一个模块时,还必须按模块的外部特性与内部特性分别描述。模块的外部特性是指模块的模块名、参数表、给程序,以至整个系统造成的影响。模块的内部特性则是指完成其功能的程序代码和仅供该模块内部使用的数据。

对于模块的外部环境(例如调用这个模块的上级模块)来说,只需了解这个模块的外部特性即可,不必了解它的内部特性。对于软件设计阶段,通常先确定模块的外部特性,然后确定它的内部特性。

(3) 模块的划分。

一个大规模的软件,由于其总体结构复杂性,以及控制路径多,涉及问题范围广,变量多,使其相对于一个较小的软件而言难以被人们理解。在解决问题的实践中,如果把两个问题结合起来作为一个问题来处理,其理解复杂性大于这两个问题被分开考虑时的理解复杂性之和。因此,把一个大而复杂的问题分解成一些独立且易于处理的小问题,解决起来容易得多。

进行问题分解时还必须注意,分解后的两个或多个小问题之间应该保持相对独立,即小问题之间的联系应该具有松散特性,否则导致分解问题本身的工作量比不分解问题所花费的工作量大得多,即接口复杂度增加。

基于上述考虑,把问题/子问题(功能/子功能)的分解与软件开发中的系统/子系统或者系统/模块对应起来,就能够把一个大而复杂的软件系统划分成易于理解且比较单纯的模块结构。所谓"比较单纯",是指模块和其他模块之间的接口应尽可能独立。

实际上,如果模块相互独立,则模块变得越小,每个模块花费的工作量越低;当模块数增加时,模块间的联系也随之增加,把这些模块连接起来的工作量也增加。因此,如图6-2所示,存在一个模块个数M,它使得总的开发成本最小。

在考虑模块化时,可以参考如图6-2所示的曲线。注意,让划分出来的模块数处于M附近,避免划分出过多的模块或过少的模块。但是,如何才知道模块数已在M附近?应当如何把软件划分成模块？一个模块的规模应当由它的功能和用途决定。后续的章节介绍有助于确定合适的模块数目的设计方法，尤其是某个模块的扇入和扇出数目决定模块之间联接程度。

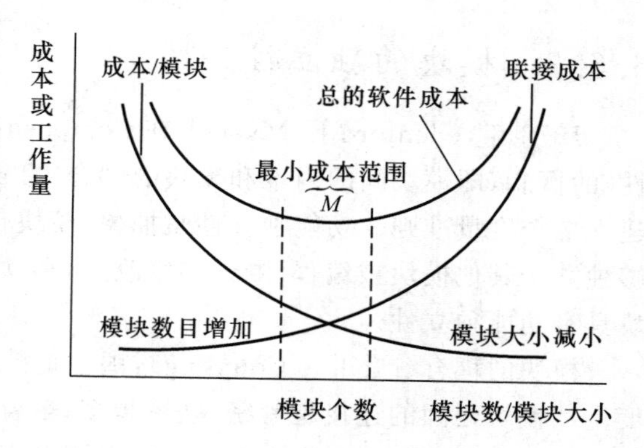

图 6-2　模块大小、模块数目与费用的关系

另外，对于一个系统，即使它必须“整体”实现，不能划分模块，也可以按照“模块化”的概念进行设计。例如，对于一个实时软件或一个微处理器软件，由于子程序调用可能导致速度太低或存储开销过大，就不适于划分模块。但是，软件也可以按模块化的原理进行设计，只是程序可以逐行编写，不划分成子程序。虽然从源程序上看不出模块，但是在程序结构设计上已经采用模块化的原理，因此这样的程序结构也具有模块化系统的优点。

模块化方法的优点：一方面，模块化设计降低系统的复杂度，使得系统容易修改；另一方面，推动系统各个部分并行开发，从而提高软件的生产效率。良好的模块设计方法的标准如下所述。

- 模块可分解性：可将系统按问题/子问题分解的原则分解成系统的模块层次结构。
- 模块可组装性：可利用已有的设计构件组装成新系统，不必一切从头开始。
- 模块可理解性：一个模块可不参考其他模块而被理解。
- 模块连续性：对软件需求的一些微小变更只导致对某个模块的修改而整个系统不大动。
- 模块保护：将模块内出现异常情况的影响范围限制在模块内。

6.6.2　信息隐藏

如何对一个软件的模块进行分解才能得到最佳的模块组合？为了明确怎么分解的方法，须了解 David Parnas① 于 1972 年提出的“信息隐藏”概念。“信息隐藏”指每个模块的实现细节对于其他模块来说是隐蔽的，即模块中所包含的信息（包括数据和处理逻辑）不允许其他模块直接访问和修改。

通常，有效的模块化可以通过定义一组独立的模块来实现，这些模块相互间的通信仅使用于为实现软件功能来说是必要的信息。通过抽象，以确定组成软件的过程（或信息）实体；通过信息隐藏，则可定义和实施对模块的过程细节和局部数据结构的存取限制。

由于一个软件系统在整个软件生存期内须经过多次修改，所以在划分模块时须采取措施，使得大多数处理过程和数据对软件的其他部分是隐蔽的。这样，在将来修改软件时偶然引入错误所造成的影响就可以局限在一个或几个模块内部，不致波及软件的其他部分。

① David Lorge Parnas (born on February 10, 1941) is a Canadian early pioneer of software engineering, who developed the concept of information hiding in modular programming, which is an important element of object-oriented programming today. He is also noted for his advocacy of precise documentation.

6.6.3 模块的独立性

1978年,Glenford J. Myers[①] 在 Composite/structured design 一书中提出了"模块独立性"的概念,即模块间的内聚和模块的耦合。Larry Constantine[②] 将模块的内聚和耦合分别建立7个度量准则。功能独立性是抽象、模块化和信息隐藏的直接产物。如果一个模块能够独立于其他模块被编程、测试和修改,而和软件系统中其他模块的接口是简单的,则该模块具有功能独立性。

模块的耦合(Module Coupling):耦合是模块之间相对独立性(互相连接的紧密程度)的度量。模块之间的连接越紧密,联系越多,耦合性越高,而其模块独立性越弱。

模块的内聚(Module Cohesion):内聚是模块功能强度(一个模块内部各个元素彼此结合的紧密程度)的度量。一个模块内部各个元素之间的联系越紧密,则它的内聚性越高;它与其他模块之间的耦合性减低,而模块独立性越强。因此,模块独立性比较强的模块应是高内聚低耦合的模块。

1. 模块的内聚性

内聚是模块功能强度的度量,用于表示一个模块内部各元素彼此结合的紧密程度。无论是结构化,还是面向对象的程序,一个模块(或是一个类)内部的功能具有相同或相似的目的,可以认为该模块(类)具有较高的内聚性。在理想情况下,一个内聚程度高的模块应当只负责一件事,比如拷贝(Copy)功能。一般模块的内聚性分为七种类型,如图6-3所示。

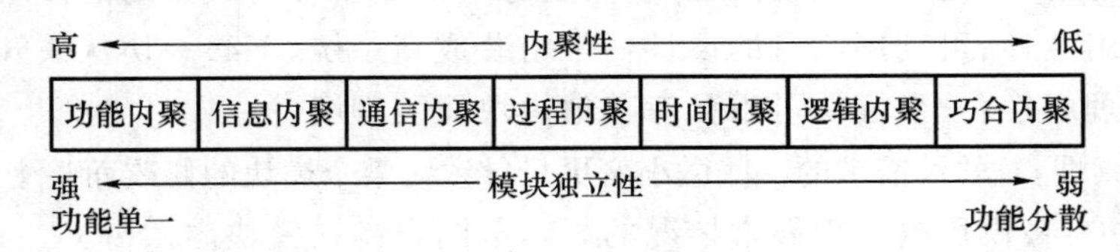

图6-3 模块的内聚度量

模块的内聚性是系统模块化设计中的一个关键因素,希望一个模块的内聚程度越高越好。通过图6-3可以看到,位于高端的几种内聚类型最好,位于中段的几种内聚类型是可以接受的,但位于低端的内聚类型很不好,一般不建议使用。模块的内聚性还可能由于以下两种情况而降低:

- 模块(或类)中定义多种不同用途的方法,且这些方法之间不具备共性;
- 模块(类)中的方法产生许多不同的输出结果,并且使用一些粗粒度和无关系的数据

---

① Glenford Myers (born on December 12, 1946) is an American computer scientist, entrepreneur, and author. He founded two successful high-tech companies (RadiSys and IP Fabrics), authored eight textbooks in the computer sciences, and made important contributions in microprocessor architecture. He holds a number of patents, including the original patent on "register scoreboarding" in microprocessor chips. He has a BS in electrical engineering from Clarkson University, an MS in computer science from Syracuse University, and a PhD in computer science from the Polytechnic Institute of New York University.

② Larry LeRoy Constantine (pronounced Constanteen; born in 1943) is an American software engineer and professor in the Mathematics and Engineering Department at the University of Madeira Portugal, who is considered one of the pioneers of computing. He has contributed numerous concepts and techniques forming the foundations of modern practice in software engineering and applications design and development.

集合。

模块的内聚性降低导致以下软件结构的缺陷：

- 模块结构难以理解；
- 增加系统维护的难度，因为一个模块或者模块内部某个逻辑处理部分的改动引起其他相关联模块内部结构的改动；
- 降低模块的可复用程度。

内聚和耦合是相互关联的。在程序结构中各模块的内聚程度越高，模块间的耦合程度就越低。软件概要设计的目标是力求增加模块的内聚，尽量减少模块间的耦合。相对而言，增加模块的内聚比减少模块间的耦合更重要，因为模块之间不可能绝对独立，为此应当把更多的注意力集中到提高模块的内聚程度。

(1) 巧合内聚(Coincidental Cohesion)：几个模块内凑巧有一些程序段代码相同，又没有明确表现出独立的功能，程序员为了减少存储，把这些代码独立出来，建立一个新的模块，这个模块就是巧合内聚模块。它是内聚程度最低的模块。缺点是模块的内容不易理解，不易修改和维护。

在图 6-4 中，模块 A、B 和 C 都包括 3 个同样的语句，而且在功能上并未给出该功能独立的含义，仅仅是为了节省空间，将这个同样的语句合并为一个新的模块 M。

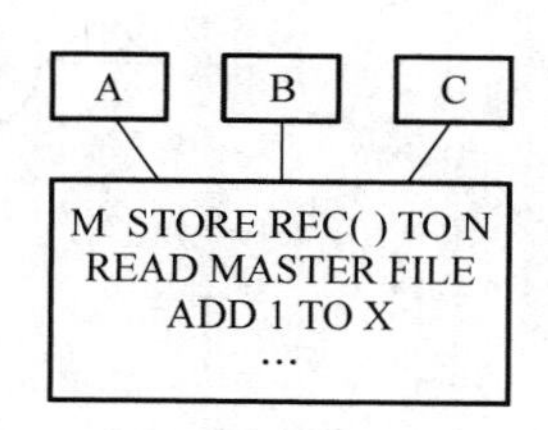

图 6-4　巧合内聚

此时，模块 B 由于应用上的需要，必须改动读取文件的方式，但模块 A 和模块 C 又不允许修改，这样在考虑各功能模块的关系时就陷入两难的境地。其次，这种模块由于没有明确的定义或含义，因此这种模块难以理解，难以描述它所完成的功能，反而增加程序的模糊程度。因此，在通常情况下应避免构造这种模块，除非系统受到存储空间的限制。

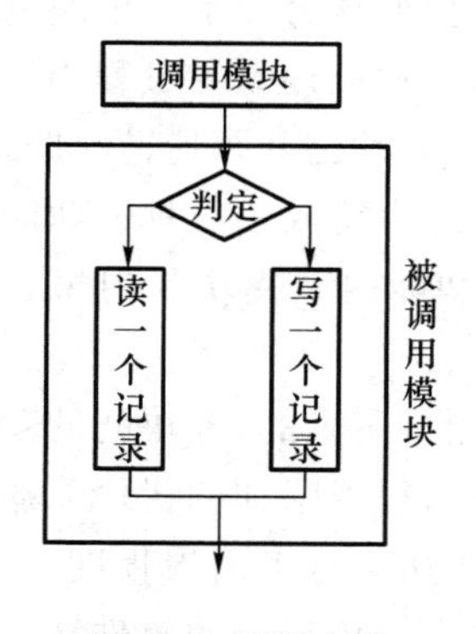

图 6-5　逻辑内聚

(2) 逻辑内聚(Logical Cohesion)：这种模块把几种相关的功能组合在一起，每次被调用时，由传送给模块的控制型参数来确定该模块应执行哪一种功能。逻辑内聚模块比巧合内聚模块的内聚程度高，因为它表明各部分之间在功能上的相关关系，如图 6-5 所示。

但是这种情况下它所执行的不是一种功能，而是若干功能中的一种，因此在需求变化较多的情况下，这种模块难以进行功能的修改。另外，在模块间进行调用时传递控制参数，这就相应地增加模块之间的耦合度。同时，在执行的过程中将不需要的代码部分调入内存，进而降低系统的执行效率。

(3) 时间内聚(Classical Cohesion)：这种模块大多为多功能模块，要求模块的各个功能必须在同一时间段内执行，例如初始化模块和终止模块。时间内聚模块比逻辑内聚模块的内聚程度稍高，因为时间内聚模块中所有部分都在同一时间内执行。在一般情形下，各部分可以以任意的顺序执行，所以它的内部逻辑更简单，存在的开关(或判定)转移更少。

(4) 过程内聚(Procedure Cohesion)：一个模块由几个部分(子模块)组成，且通过一定的次序执行,这种模块称为过程内聚。这类模块的内聚程度比时间内聚模块的内聚程度更强。例如,模块首先检查一个数据文件的操作权限,然后执行文件的数据读取操作,那么这两个子模块属于过程内聚。另外,因为过程内聚模块仅包括完整功能的一部分,所以它的内聚程度仍然比较低,模块间的耦合程度还比较高。

(5) 通信内聚(Communicational Cohesion):如果一个模块内各子功能部分使用相同的数据,则称为通信内聚模块,有时也称为信息内聚。通常,通信内聚模块可以通过数据流图来确定的。如图 6-6 所示,虚线方框表示两个通信内聚模块。它们或者有相同的输入记录,或者有相同的输出结果。通信内聚模块的内聚程度比过程内聚模块的内聚程度高,因为通信内聚模块包括许多独立的功能。但是,由于模块中各功能部分使用相同的数据缓冲区,因而降低整个系统的效率。

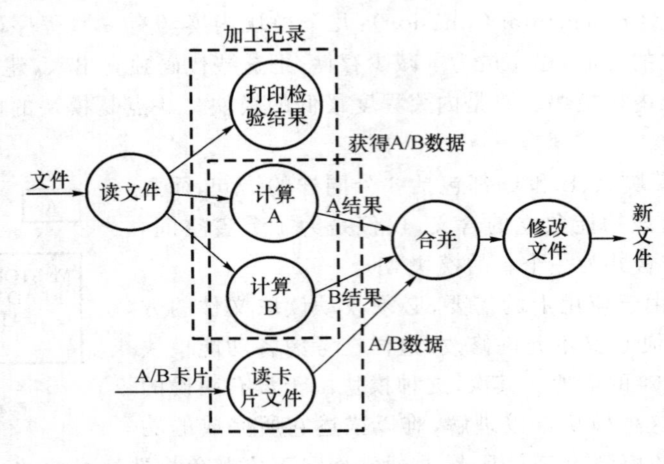

图 6-6 通信内聚

(6) 序列内聚(Sequential Cohesion):模块中某个子模块的输出数据是另一个子模块的输入数据。例如,一个模块从一个文件中读取数据,然后进行后续处理。序列内聚与过程内聚的差别在于过程内聚中的各子模块之间不一定传递数据,而序列内聚子模块之间须传递数据。

(7) 功能内聚(Functional Cohesion):一个模块中各个部分都是为完成一项具体功能而协同工作,紧密联系,不可分割的,则称该模块为功能内聚模块。功能内聚模块是内聚程度最强的模块。

功能内聚模块的优点是它们容易修改和维护,因为它们的功能是明确的,模块间的耦合是简单的。但是,实践表明软件结构达到功能内聚比较困难,须付出很多附加的代价。通信内聚和序列内聚对于软件结构的设计而言是非常合适的,而且只要达到这个内聚程度,该软件结构可以认为是最佳的。巧合内聚和逻辑内聚一般是须特别注意避免产生的软件结构。

2. 模块的耦合性

相对于内聚讨论的是模块内部元素之间的紧密关系而言,耦合讨论的是模块之间连接的紧密程度的度量。它取决于各个模块之间接口的复杂程度、调用模块的方式及哪些信息通过接口。低耦合通常等同于高内聚,且具有一个很好的系统结构和优良的软件设计。模块的紧耦合对于软件结构的设计导致如下不良的影响:

(1) 一个模块的修改必定导致一系列与之相关联模块的改动,称为模块的涟漪效应。

(2) 模块的整合则须花费更多的时间和努力。

(3) 一个模块难以复用和测试。

模块之间耦合性的七种度量如图 6-7 所示。

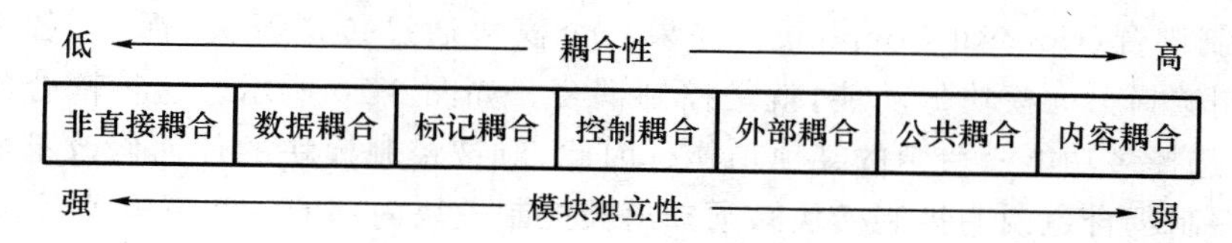

图 6-7　模块的耦合性度量

(1) 内容耦合(Content Coupling):有时也称为病态耦合,如果一个模块直接访问另一个模块的内部数据,参见图 6-8(a),或一个模块不通过正常入口转到另一模块内部,或两个模块有一部分程序代码重叠,参见图 6-8(b);或一个模块有多个入口,参见图 6-8(c),则两个模块之间发生内容耦合。

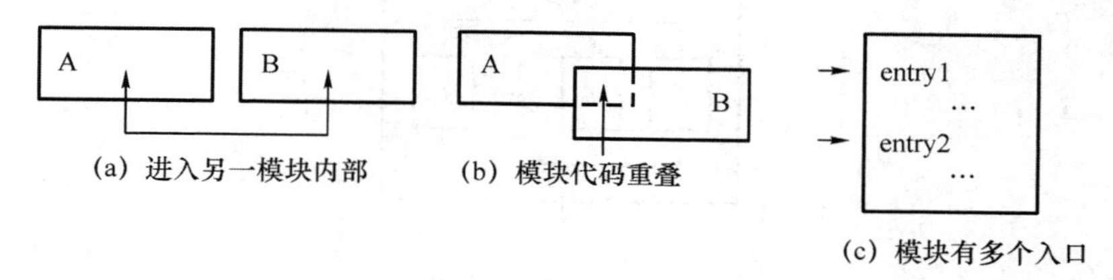

图 6-8　内容耦合

对于内容耦合的情形,被访问模块的任何变更,或者用不同的编译器对它再编译,都会造成程序出错。这种耦合是模块独立性最弱的耦合。

(2) 公共耦合(Common Coupling):有时也称为全局耦合,若一组模块都访问同一个公共数据环境,则它们之间的耦合就称为公共耦合。公共的数据环境可以是全局数据结构、共享的通信区、内存的公共覆盖区等。

公共耦合的复杂程度随耦合模块的个数增加而显著增加。如图 6-9 所示,若只是两个模块之间有公共数据环境,则公共耦合有两种情况:松散公共耦合和紧密公共耦合。只有在模块之间共享的数据很多,且通过参数表传递不方便时,才使用公共耦合。

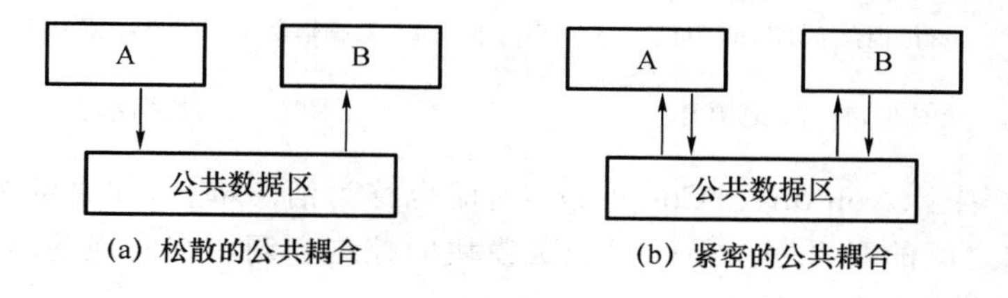

图 6-9　公共耦合

公共耦合引起下列问题:

- 所有公共耦合模块都与某一个公共数据环境内部各项的物理安排有关,若修改某个数据的大小,则影响到所有的模块。
- 无法控制各个模块对公共数据的存取,严重影响软件模块的可靠性和适应性。
- 公共数据名的使用明显降低程序的可读程度。

(3) 外部耦合(External Coupling):一组模块共享一个外部数据格式、通信协议或者设备接口定义,则称为外部耦合。外部耦合引起的问题类似于公共耦合,一般情况下多见于软件的模块与外部的工具或者设备进行通信连接。

(4) 控制耦合(Control Coupling):如果一个模块通过传送开关、标志、名字等控制信息,明显控制选择另一模块的功能,就是控制耦合。如图 6-10 所示。这种耦合的实质是在单一接口上选择多功能模块中的某项功能。因此,对被控制模块的任何修改都影响控制模块。另外,控制耦合也说明控制模块必须知道被控制模块内部的一些逻辑关系,这些都降低模块的独立性。

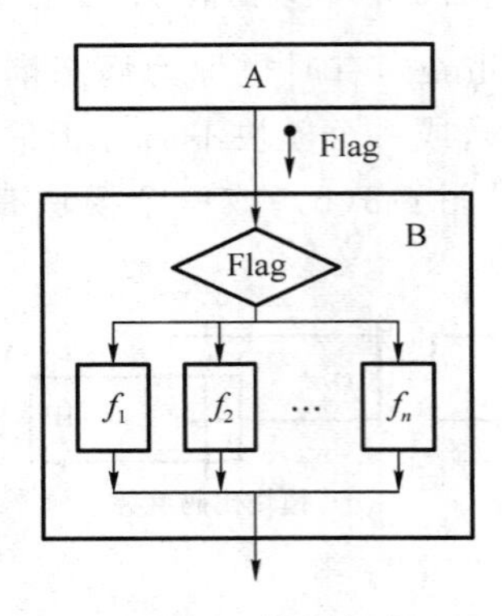

图 6-10 控制耦合

(5) 标记耦合(Stamp Coupling):有时称为数据结构耦合,如果一组模块共享一组数据结构,且只使用数据结构中的某一部分,就是标记耦合。事实上,这组模块共享某一数据结构的子结构,而不是简单变量。这要求这些模块都必须清楚该记录的结构,并按结构要求对记录进行操作,如图 6-11 所示。

(6) 数据耦合(Data Coupling):如果一个模块访问另一个模块,彼此之间是通过数据参数(不是控制参数、公共数据结构或外部变量)来交换输入、输出信息的,则称这种耦合为数据耦合,如图 6-12 所示。数据耦合是松散的耦合,模块之间的独立性比较强。

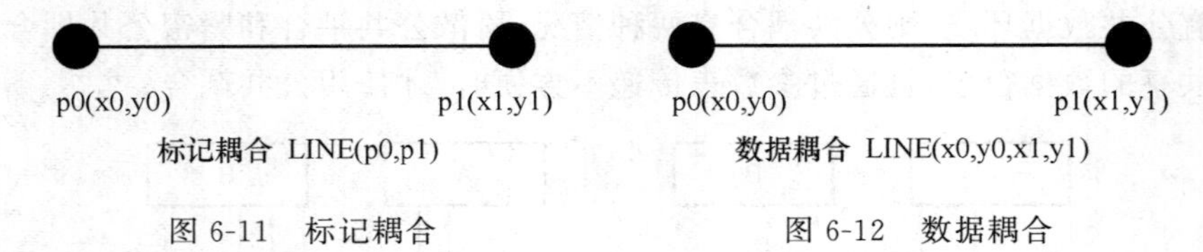

图 6-11 标记耦合　　　　图 6-12 数据耦合

(7) 非直接耦合(Non-direct Coupling):有时也称为消息耦合,如果两个模块之间没有直接关系,它们之间的联系完全是通过上级模块的控制和调用来实现的,这就是非直接耦合。这种耦合的模块独立性最强。

以上 7 种耦合类型只是从耦合的机制上所划的分类,按耦合的松紧程度只是相对的关系。它给设计人员在设计程序结构时提供一个决策准则。实际上,开始时两个模块之间的耦合不只是一种类型,而是多种类型的混合。这就要求设计人员按照 Myers 提出的方法进行分析和比较逐步加以改进,以提高模块的独立性。

从原则上讲,模块化设计的最终目标是希望建立模块间耦合尽可能松散的系统,参见图 6-13。在这样一个系统中,设计、编码、测试和维护其中任何一个模块,无须对系统中其他模块有很多的了解。此外,由于模块间联系简单,发生在某一处的错误传播到整个系统的概率很小。因此,模块间的耦合情况很大程度影响到系统的可维护性。

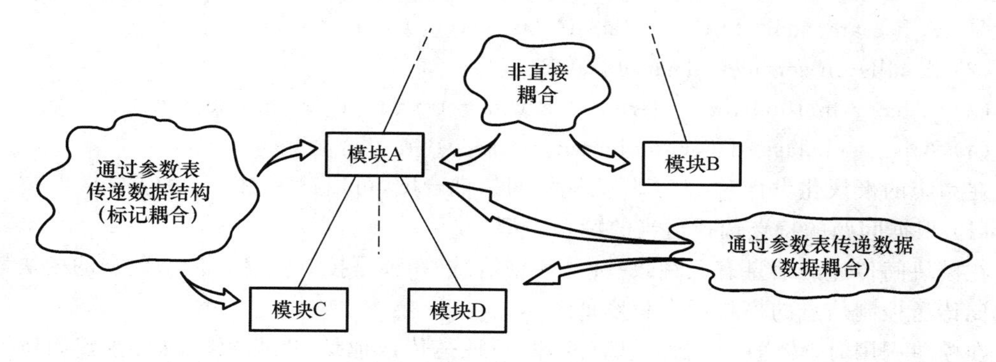

图 6-13　松散的耦合类型

模块之间的连接越紧密,联系越多,耦合性越高,而其模块独立性越弱。一个模块内部各个元素之间的联系越紧密,则它的内聚性越高;它与其他模块之间的耦合性减低,而模块独立性越强。因此,模块独立性比较强的模块应是高内聚低耦合的模块。

6.6.4　模块耦合度计算

模块之间的耦合度计算公式为

$$\text{Coupling(C)}=1-\frac{1}{d_i+2\times c_i+d_o+2\times c_o+g_d+2\times g_c+w+r}$$

式中,针对数据参数和控制参数的耦合项如下所述。

d_i:数据参数的输入个数;

c_i:控制参数的输入个数;

d_o:数据参数的输出个数;

c_o:控制参数的输出个数。

针对全局耦合项如下所述。

g_d:作为数据的全局变量个数;

g_c:作为控制的全局变量个数。

针对环境耦合项如下所述。

w:调用的模块数,也称为扇出数;

r:调用的模块数,也称为扇入数。

Coupling(c)取值越大,说明模块之间的耦合度越大。根据经验,该公式的取值范围应该为0.67(低耦合)到1.0(高耦合)。举例说明如下,如果一个模块具有5个输入和输出的数据参数,以及相同数量的控制参数,访问10个全局数据变量,且该模块具有3个扇入数和4个扇出数,则根据公式可以得到Coupling(c)=0.98,说明该模块的和其他模块的耦合度非常高;如果一个模块只有一个简单的输入和输出数据参数,则根据公式可以得到Coupling(c)=0.67,说明这个模块具有最低的耦合度。

6.6.5　降低模块间耦合度的方法

降低模块之间耦合的一种方式是功能设计(Functional Design),它根据功能的定义寻

求一种限定模块职责的方式。如果两个模块(或类)A和B之间存在以下关系,则A和B之间的耦合度增加:

(1) A has an attribute that refers to (is of type) B.

(2) A calls on services of an object B.

(3) A has a method that references B (via return type or parameter).

(4) A is a subclass of (or implements) class B.

在系统的模块化设计时,为了降低模块间的耦合度,可以参考以下3种方式。

(1) 根据问题的特点选择适当的耦合类型。

在模块间传递的信息有两种:一种是数据信息,一种是控制信息。传送数据的模块耦合程度比传送控制信息的模块耦合程度低。

在模块调用时,传送的控制信息有两种:一种是传送地址,即调用模块直接转向所调用模块内部的某一地址。在这种情况下,一个模块的改动对其他模块有直接影响。另一种是传送判定参数,调用模块把判定参数传送给所调用模块,决定所调用模块如何执行。在这种情况下,模块间的耦合程度也很高,所以应当尽量减少和避免传送控制信息。

另一方面,不盲目地追求松散的耦合。例如,一个系统有上百种出错信息,若把它们集中放在一个错误处理模块中,通过调用模块传送错误类型到该模块的接口上,再进行处理就形成控制耦合。这样可以消除重复的信息,使所有错误信息格式标准化。所以,对于耦合类型的选择,应当根据实际情况,全面权衡,综合考虑。

(2) 降低模块接口的复杂性

模块接口的复杂性包括3个因素:一是传送信息的数量,即有关的公共数据与调用参数的数量;二是接口的调用方式;三是传送信息的结构。

在一般情况下,在模块的调用序列中若出现大量的参数,就表明所调用模块须执行许多任务。通过把这个所调用模块分解成更小的模块,使得每个小模块只完成一个任务,就可以减少模块接口的参数个数,降低模块接口的复杂性,从而降低模块间的耦合程度。

模块的调用方式有两种:call方式和“直接引用”。前者使用标准的过程调用方式,模块间接口的复杂性较低,模块间的耦合程度低。后者是一个模块直接访问另一个模块内部的数据或指令,模块间的耦合程度高。所以,应当尽可能用call方式代替“直接引用”,以减少模块接口的复杂性。在参数类型上,尽量少使用指针、过程等类型的参数。

此外,在模块接口上传送的信息若能以标准直接的方式提供,则信息结构比较简单。若以非标准嵌套的方式提供,则信息结构比较复杂。例如,在模块中须调用画直线的命令LINE,若命令要求直接给它直线两个端点的坐标人 x_0,y_0,x_1,y_1,即

```
call LINE(x0,y0,x1,y1)
```

则接口复杂性比给origin(起点)、end(终点)低。因为后者还定义origin和end的结构,即

```
call LINE(origin,end)
```

(3) 把模块的通信信息放在缓冲区中。

因为缓冲区可以看作是一个先进先出的队列,保持通信流中元素的顺序。沿着通信路径而操作的缓冲区减少模块间互相等待的时间。在模块化设计时,如果能够把缓冲区作为每次通信流的媒介,那么一个模块执行的速度、频率等问题一般不影响其他模块的设计。

6.7　面向对象设计原则

面向对象设计存在 7 个基本原则。在设计中应用这些原则，有助于正确地进行对象设计，提高设计模型的灵活性和可维护性，提高类的内聚度，降低类之间的耦合度。正确应用这些原则，可以提高设计的质量，解决微观上如何设计良好的用例实现方案的问题。

6.7.1　单一职责原则

就一个类而言，应该仅有一个引起它变化的原因。

在单一职责原则（Single Responsibility Principle，SRP）中，将职责定义为“变化的原因”。如果有多于一个的原因改变一个类，那么这个类就具有多于一个的职责。类承担多个职责，等于这些职责耦合在了一起。一个职责的变化可能影响这个类完成其他职责的能力。因此，在构造对象时，应该将对象的不同职责分离至两个或多个类中，确保引起该类变化的原因只有一个，从而提高类的内聚度。

例如，考虑图 6-14 的设计。类矩形有两个方法。getArea()用于计算矩形面积；draw()用于在屏幕上绘制矩形。有两个不同的应用使用“矩形”类，类“计算面积应用”调用矩形的 getArea 方法，但是从来不在屏幕上绘制矩形；类“图形应用”在屏幕上绘制矩形，也可能调用 getArea 方法。

这个设计违反单一职责原则。“矩形”类具有两个职责：第一个职责是提供矩形的面积计算；第二个职责是把矩形在一个图形用户界面上绘制出来。因违反 SRP 而导致一些严重的问题：

- 必需“计算面积应用”类包含 GUI 代码。若是 C++，须将 GUI 代码链接进来，浪费链接时间、编译时间，同时占用内存；若是 Java，GUI 的. class 文件必须被部署到目标平台。
- 如果“图形应用”类由于某些原因须修改 draw 方法，那么这个改变会迫使我们重新构建、测试和部署“计算面积应用”类，虽然“计算面积应用”类并不使用“矩形”类的绘制矩形功能。如果忘记如何处理，“计算面积应用”类可能以不可预测的方式失败。

一个较好的设计是把这两个职责分离到如图 6-15 所示的两个完全不同的类中。这个设计把“矩形”类中进行计算的部分移到“矩形面积”类中。此时，矩形绘制方式的变化不对“计算面积应用”类造成影响。

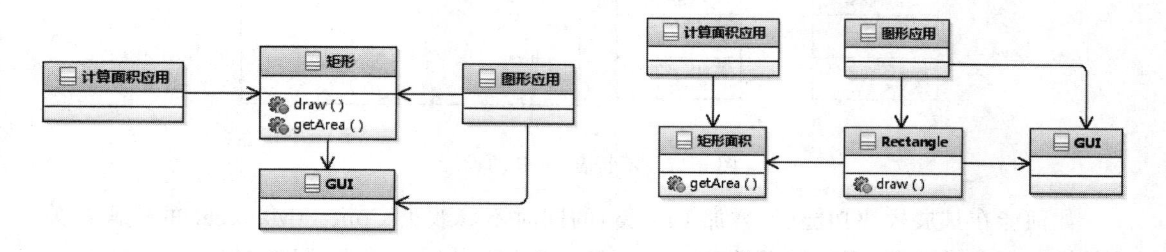

图 6-14　多于一个的职责

图 6-15　分离的职责

另一个违反 SRP 的例子如图 6-16 所示。Employee 类包含了 CalculatePay(计算工资)和 Store(将 Employee 对象持久化)两个职责,其中前一个职责和具体业务规则相关,后一个职责是持久化相关的,和具体业务规则无关。这两个职责在大多数情况决不应该混合。因为业务规则往往频繁变化,而持久化的方式却不会如此频繁变化,并且变化的原因也是完全不同的,把业务规则和持久化绑定在一起的做法是自讨苦吃。应该将对 Employee 的持久化职责分配给另一个类。

图 6-16 被耦合在一起的持久化职责

6.7.2 开闭原则

软件实体(类、模块、函数等)应该可以扩展,但不可修改。

如果程序中的一处变化产生连锁反应,导致一系列相关模块的变化,那么这种设计不够灵活。应用开闭原则(Open Closed Principle,OCP)原则设计出的模块具有两个主要的特征,它们是:

- 对于"扩展"是开放的(Open for extension)。这说明模块的行为是可以扩展的。当需求改变时,对模块进行扩展,以满足需求的变化。
- 对于"更改"是封闭的(Close for modification)。其含义是对模块行为进行扩展时,不必改动客户端模块的源代码或者二进制代码。

这两个特征似乎相互矛盾。扩展模块行为的通常方式就是修改该模块的源代码。怎么可能在对模块进行扩展后无须改动客户端模块的源代码呢?

先考察图 6-17 的例子。类 ContactManager 中的方法 getContactMech 接收一个对象,返回联系方式。由于对象可能是 Phone 的对象,也可能是 Email 的对象,因此在 getContactMech 方法体里判断参数类型,从而决定返回电话号码还是 Email 地址。如果再增加其他新的通信方式,例如传真(Fax),则 getContactMech 的方法体里还须加入针对 Fax 的处理代码。因此,通信类的扩展对客户端类 ContactManager 来说是不封闭的,须修改 ContactManager 的代码。

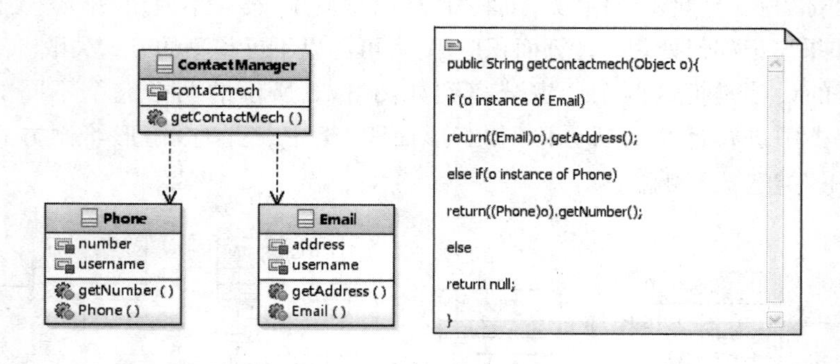

图 6-17 不符合 OCP 的设计

如何能在扩展模块功能(如增加 Fax 类)的同时不修改类 ContactManager 的代码?关键是抽象。通过抽象,可以发现类 Phone 和 Email 存在共同的行为,即都向 ContactManager 类提供联系方式;但提供联系方式这个共同行为的实现方法又有所不同,一个提供电话号码，另一个提供电子邮箱地址。此时，可以新建一个抽象类 ContactMech 作为 Phone 和 Email 的超类，如图 6-18 所示，将 Phone 和 Email 的提供联系方式这个共同行为抽象为 ContactMech 中的抽象操作 getContactMech，在 Phone 和 Email 中再分别对这个抽象操作进行不同的操作(Phone 返回电话号码，Email 返回电子邮箱地址)。同时，让 ContactManager 只依赖抽象类 ContactMech。这样，ContactManager 的 getContactMech 方法体只和抽象类 ContactMech 的对象有关系。此时，如果计划增加传真这种新的联系方式，只须新增一个 Fax 类，而其他的类无须任何变动从而实现 OCP。“开放”体现在系统可扩展，可以方便地增加新的通信方式。“封闭”体现在 ContactManager 对于通信方式的变化是封闭的；增加新的通信方式、从一种通信方式变到另一种通信方式，都不会影响它。

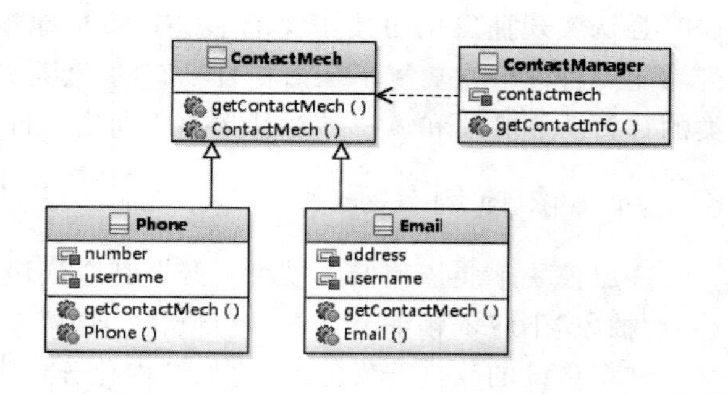

图 6-18　符合 OCP 的设计

因此，符合 OCP 的程序只通过增加代码来变化，而不通过更改现有代码来变化，因此这样的程序不引起像非开放—封闭程序的连锁反应。实现 OCP 的关键是使用“抽象”来识别不同类之间的共性和变化点，利用封装技术对变化点进行封装。设计人员必须能猜测出最有可能发生的变化种类，然后构造“抽象”来隔离这些变化。如上例中不同沟通方式是一个变化点，所以构造抽象类 ContactMech 来隔离这个变化，让 ContactManager 只和抽象类交互。注意，只对程序中频繁变化的部分进行抽象，拒绝不成熟的“抽象”。

在进行面向对象设计时尽量考虑接口封装机制、抽象机制和多态技术。该原则同样适合于非面向对象设计的方法，这是软件工程设计方法的重要原则之一。

6.7.3　里氏替换原则

子类应当可以替换父类并出现在父类能够出现的任何地方。

这是 Liskov 于 1987 年提出的设计原则，即里氏替换原则(Liskov Substitution Principle, LSP)，原始定义如下：对于每一个类型 S 的对象 o1，若都存在一个类型 T 的对象 o2，使得在所有针对 T 编写的程序 P 中，用 o1 替换 o2 后，程序 P 的行为功能不变，则 S 是 T 的子类型。

由 LSP 可知：如果一个软件实体是父类型的，那么它出现的所有地方都可以被子类型实体替换。如图 6-19 所示，类 A(客户类)调用类 B(服务器类)的操作 A，类 C 是类 B 的子类，实际运行时，类 C 的实例可以替换类 B 的实例，完成操作 A 的功能。对于类 A 而言，这种替换过程是透明的。

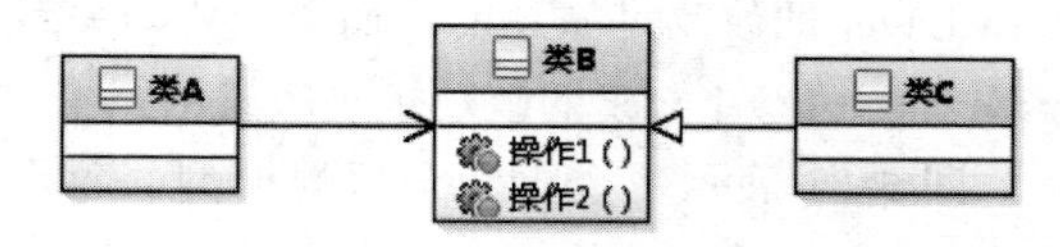

图 6-19　实施里氏替换的实例

由于服务器类的扩展变化并不影响客户类，因此，在进行面向对象设计时，针对类的操作行为存在多种变化的情况下，尽量定义抽象类来为客户类提供服务，将操作行为的具体实现延迟到运行时刻绑定。

OCP 强调对变化的类进行抽象，不允许对抽象类进行修改，但允许对抽象类进行扩展；

LSP 强调实现抽象化的具体规范。LSP 清楚地指出:继承关系是针对类型而言的,即就行为功能而言。行为功能不是内在且私有的,而是外在且公开的,是客户类所依赖的。所有子类的行为功能必须和客户类对其父类所期望的行为功能保持一致。

6.7.4 依赖倒置原则

高层模块不应依赖低层模决。两者都应依赖“抽象”。

“抽象”不应依赖细节。细节应依赖“抽象”。

许多传统的软件开发方法,比如结构化分析和设计,总是倾向于创建一些高层模块依赖低层模块、策略依赖细节的软件结构。实际上这些方法的目的之一是定义子程序层次结构,该层次结构描述高层模块怎样调用低层模块。

高层模块包含一个应用程序中重要的策略选择和业务模型。正是这些高层模块才使得其所在的应用程序区别于其他。然而,如果这些高层模块依赖低层模块,那么对低层模块的改动直接影响到高层模块,从而迫使它们依次改动。

这种情形非常不合理,本应该是高层的策略设置模块影响低层的细节实现模块的。包含高层业务规则的模块应该优先并独立于包含实现细节的模块。无论如何高层模块都不应该依赖低层模块。

此外,开发人员更希望能够重用的是高层的策略设置模块。开发人员已经非常擅长通过子程序库的形式来重用低层模块。如果高层模块依赖低层模块,那么在不同的上下文中重用高层模块变得非常困难。然而,如果高层模块独立于低层模块,那么高层模块可以非常容易地被重用。该原则是框架设计的核心原则。

Booch 曾经说过:“……所有结构良好的面向对象架构都具有清晰的层次定义,每个层次通过一个定义良好的、受控的接口向外提供一组内聚的服务。”对这个陈述的简单理解可能导致设计者设计出类似图 6-20 的结构分层包图。

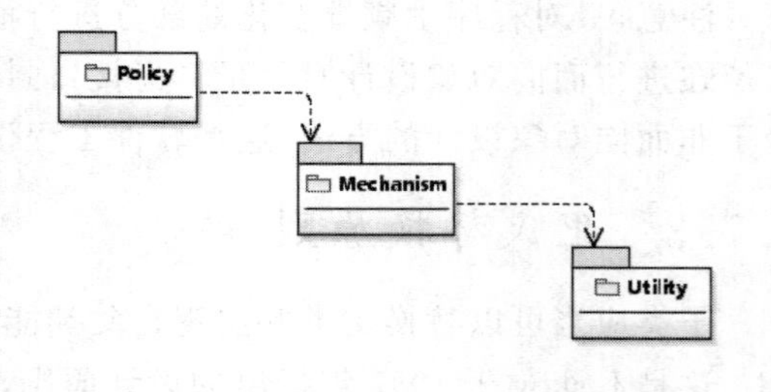

图 6-20 一个简单的层次化方案

高层的 Policy Layer 依赖低层的 Mechanism Layer,而 Mechanism Layer 又依赖更低层的 Utility Layer。这看起来似乎是正确的,然而却潜藏一个问题,即 Policy Layer 对于 Mechanism Layer 的改动是敏感的。而由于依赖关系是传递的,因此 Policy Layer 也依赖 Utility Layer,对于 Utility Layer 的改动也是敏感的。

图 6-21 展示一个更为合适的模型。每个较高层次都为它所需要的服务声明一个抽象接口,较低的层次实现这些抽象接口,每个高层类都通过该抽象接口使用下一层的服务,这样高层不依赖低层。低层反而依赖在高层中声明的抽象服务接口。这不仅解除 Policy Layer 对于 Utility Layer 的传递依赖关系,甚至也解除 Policy Layer 对于 Mechanism Utility Layer 的依赖关系。

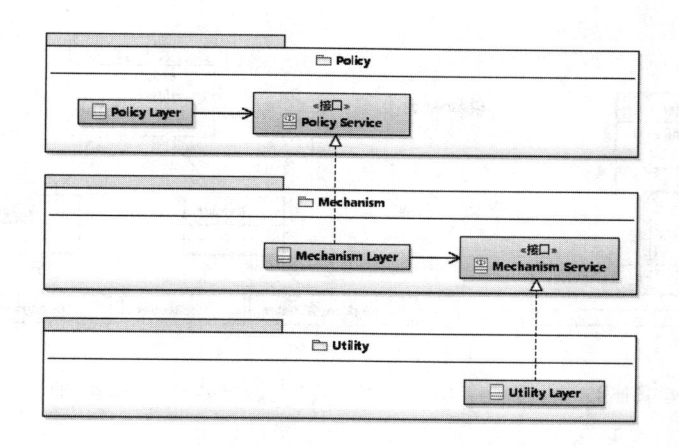

图 6-21　倒置的层次

注意：这里的"倒置"不仅是依赖关系的"倒置"，它也是接口所有权的"倒置"。通常认为服务类应该拥有各自的接口来让客户类调用。但是，应用 Dependency Inversion Principle (DIP)时，发现往往是客户类拥有抽象接口，而它们的服务类则从这些抽象接口派生。

DIP 还揭示的一条启发式规则，即依赖"抽象"，而不是具体的类。换言之，程序中所有的依赖关系应该终止于抽象类或者接口。根据这个启发式规则，可知：

- 任何变量都不应该持有一个指向具体类的指针或者引用；
- 任何类都不应该从具体类派生，或者继承自一个具体类；
- 任何方法都不应该覆盖它的任何基类中已经实现的方法。

当然，每个程序中都有违反该启发规则的情况。有时必须创建具体类的实例，而创建这些实例的模块依赖它们。此外，该启发规则对于那些具体稳定的类来说似乎不太合理。如果一个具体类不太改变，并且也不创建其他类似的派生类，那么依赖它并不会造成损害。比如，在大多数的系统中，描述字符串的类都是具体而且稳定的，因此直接依赖它不会造成损害。

然而，在应用程序中所编写的大多数具体类都是不稳定的。可不直接依赖这些不稳定的具体类。通过把它们隐藏在抽象接口的后面，可以隔离它们的不稳定状态。如图 6-22 所示，类 Copy 的职责是读取从键盘输入的数据，并输出到打印机。由于 Copy 类直接依赖具体类 KeyBoardReader 和 PrinterWriter，所以当输入源从键盘改成文件，或者输出目标从打印机改成磁盘文件时，须修改 Copy 类。这是非常困难的，因为输入输出设备的变化是很常见的。

图 6-23 展示一个更为合适的模型。在这个设计里，Copy 类只和抽象类 Reader 和 Writer 有关联，输入输出设备的变化不影响 Copy 类。这是依赖抽象原则的应用实例。

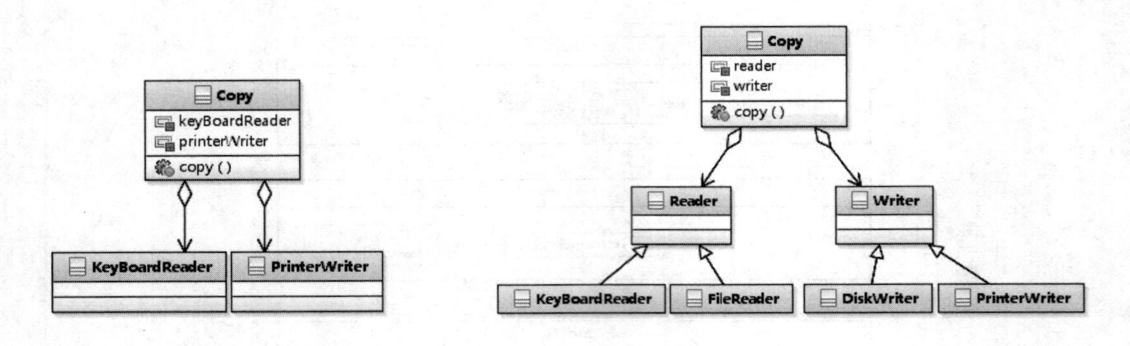

图 6-22 依赖具体类

图 6-23 依赖“抽象”

6.7.5 接口隔离原则

采用多个与特定客户类有关的接口比采用一个通用的涵盖多个业务方法的接口好。

接口隔离原则(Interface Segregation Principle,ISP)的本质相当简单:如果一个服务器类为多个客户类提供不同的服务,那么服务器类应该为每一个客户类创建特定的业务接口,而不为所有客户类提供统一的业务接口,除非这些客户类请求的服务相同。如图 6-24 所示,客户 A、客户 B 和客户 C 分别需要服务实现类提供服务 A、服务 B 和服务 C,按照 ISP 原则,应该按照图 6-24(b)方式为服务实现类设计 3 个不同的服务接口,不同的客户使用恰当的服务。图 6-24(a)方式则将 3 种不同的服务以统一的服务抽象类为 3 个不同的客户类提供服务,尽管每个客户都能得到服务实现类提供的服务,但是违背 ISP 原则,带来的后果是:

- 当任何一个客户需要请求新的服务时,必须变更统一的服务抽象类,从而影响到其他客户的服务接口;同样,当服务实现类须与某个客户协商修改服务接口时,也影响到其他客户,即使这些客户不需要这些服务接口。
- 当需要扩展服务实现类时,新的服务实现类必须提供所有服务接口,如果新的服务实现类不能实现所有接口,就无法完成扩展。这种情况在图 6-24(b)中是可以避免的,即单独提供服务 A、服务 B 和服务 C 的类也可以分别为客户 A、客户 B 和客户 C 提供扩展服务。

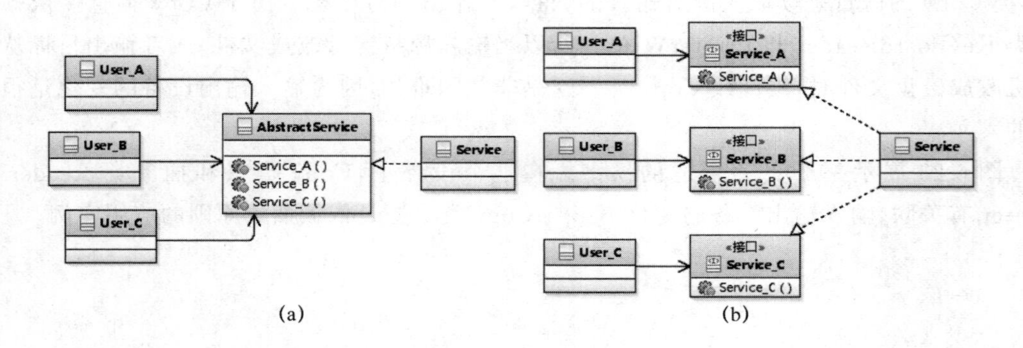

图 6-24 接口隔离原则

从通俗意义上来讲，ISP 说明：向一个客户提供超过客户要求的服务承诺时，给服务提供方带来不必要的维护负担。

6.7.6　组合/聚合复用原则

在一个新对象里使用一些已有的对象，使之成为新对象的一部分；新对象通过向已有的对象委托一部分责任而达到复用已有对象的目的。

面向对象设计有两种实现复用的手段：一种是继承，一种是组合/聚合。

1. 继承复用

可以通过从父类派生子类的方式实现复用，子类可以继承父类的行为和属性特征。继承复用必须遵循 ISP，即子类不可以破坏父类的行为语义。

(1) 继承复用的优点：

- 子类实现较为容易，父类的大部分行为功能可以通过继承关系自动复用到子类。
- 在子类中修改或扩展从父类继承而来的功能比较容易，但必须遵循 ISP。

(2) 继承复用的缺点：

- 继承复用破坏封装性。因为“继承”将父类的实现细节暴露给子类，而当子类修改父类的行为而破坏父类对外提供服务的语义时，ISP 被破坏，尽管在语法上子类可以替换父类出现的任何地方，但在语义上已经出现不可替换的问题，而且这种问题很难发现。由于父类的内部细节对于子类是透明的，所以继承复用又称为白盒复用。
- 如果父类改变，那么子类的实现方法必须改变。因此，继承复用限制父类更改。
- 从父类继承而来的实现方法是静态的，不可能在运行时刻改变，不足够灵活。
- 继承复用只能在一个具有相似语义类层次的上下文环境中使用。

2. 组合/聚合复用

通过将已有对象组合/聚合为一个新对象的方式实现对已有对象行为功能的复用。

(1) 组合/聚合复用的优点：

- 新对象访问已有对象的唯一方法是通过已有对象的接口，因此，新对象无法知道已有对象内部实现细节，从而支持对象封装。正是因为新对象无法知晓已有对象的内部实现细节，所以组合/聚合复用又称为黑盒复用。
- 由于新对象将大部分职责委托给已有对象完成，因此，新对象可以将焦点集中在一个任务上，从而遵循 SRP。
- 组合/聚合复用可以在运行时刻动态进行，新对象可以动态引用与已有对象接口相同的对象。
- 作为复用手段可以应用到几乎任何环境中。

(2) 组合/聚合复用的缺点：

- 新对象形成后，将另外已有的对象扩充到该新对象中比较困难，只能重新采用组合/聚合方法生成另外的新对象而扩充。
- 采用组合/聚合方法实现复用时产生大量的新对象，给对象管理带来困难。

组合/聚合复用原则(Composite/Aggregation Reuse Principle,CARP):实现复用时应首先使用"组合/聚合",其次才考虑"继承"。在使用"继承"时,严格遵循LSP。如果两个类具有has-a关系,则应使用"组合/聚合";如果具有is-a关系,则可使用"继承"。is-a在严格的分类学意义上定义,表示一个类是另一个类的"一种",而has-a则不同,它表示某个角色具有某项责任。有效地使用"继承"有助于理解问题,降低复杂度,而滥用"继承"则增加系统构建、维护时的难度及系统的复杂度。

6.7.7 迪米特法则

最少知识原则(迪米特法则,Law of Demeter):一个对象应当可能少地了解其他对象。只与你直接的朋友们通信,不与陌生人说话。符合下列条件的对象即为朋友:

- 当前对象本身(this);
- 以参量形式传入到当前对象方法中的对象;
- 当前对象的实例变量直接引用的对象;
- 当前对象的实例变量如果是一个"聚集",那么"聚集"中的元素也都是朋友;
- 当前对象所创建的对象。

6.8 软件设计基础

6.8.1 自顶向下,逐步细化

Niklaus Emil Wirth[①] 提出的设计策略:将软件的体系结构按自顶向下方式,对各个层次的过程细节和数据细节逐层细化,直到用程序设计语言的语句能够实现为止,从而最后确立整个的体系结构。最初的说明只是概念地描述系统的功能或信息,但并未提供有关功能的内部实现机制或有关信息内部结构的任何信息。设计人员对初始说明认真推敲,进行功能细化或信息细化,给出实现的细节,划分出若干成分。然后,再对这些成分施行同样的细化工作。随着细化工作的逐步展开,设计人员能得到越来越多的细节。

6.8.2 系统控制结构

系统控制结构表明程序构件(模块)的组织情况。控制层次往往用程序的层次(树形或网状)结构来表示,如图6-25所示。位于最上层根部是顶层模块,是程序的主模块。与其联系的有若干下属模块,各下属模块还可以进一步引出更下一层的下属模块。模块M是顶层模块,如果视为第0层,则其下属模块A、B和C为第1层,模块D、E、K、L和N是第2层等。

---

① Niklaus Emil Wirth (born on February 15, 1934) is a Swiss computer scientist, best known for designing several programming languages, including Pascal, and for pioneering several classic topics in software engineering. In 1984, he won the Turing Award for developing a sequence of innovative computer languages.

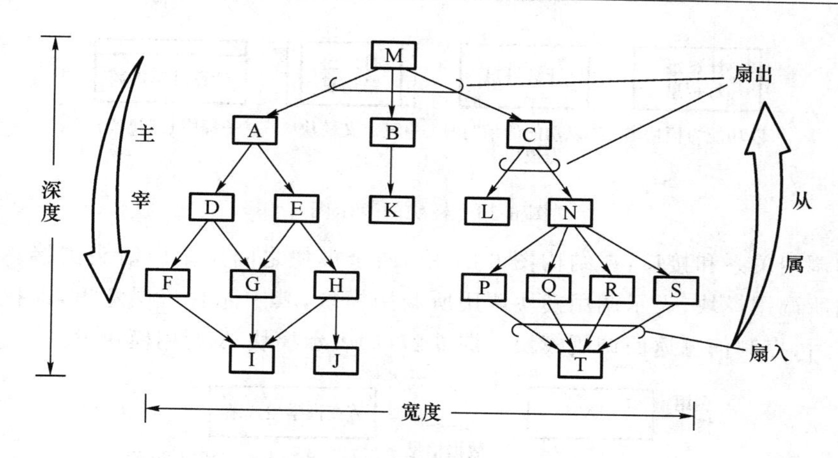

图 6-25　程序的层次结构图示例

- 程序结构的深度：程序结构的层次数称为结构的深度。结构的深度在一定意义上反映程序结构的规模和复杂程度。
- 程序结构的宽度：层次结构中同一层模块的最大模块个数称为结构的宽度。
- 模块的“扇入”和“扇出”：“扇出”表示一个模块直接调用（或控制）的其他模块数目；“扇入”则定义为调用（或控制）一个给定模块的模块个数。多“扇出”则说明控制和协调许多下属模块，而多扇入的模块通常是公用模块。

注意，程序结构是软件的过程表示，但并未表明软件的某些过程性特征，比如进程序列、事件/决策的顺序或其他的软件动态特性。

6.8.3　结构划分和结构图

程序结构可以按水平方向或垂直方向进行划分。水平划分按主要的程序功能来定义模块结构的各个分支。顶层模块是控制模块，用来协调程序各个功能之间的通信和运行。其下级模块最简单的水平划分方法是建立 3 个分支：输入、处理（数据变换）和输出。这种划分的优点是：主要的功能相互分离，易于修改、易于扩充，且没有副作用。缺点是：通过模块接口传递更多的数据，使程序流的整体控制复杂化。

垂直划分也称为因子划分，主要用在程序的体系结构中，且工作自顶向下逐层分布：顶层模块执行控制功能，较少处理实际的工作，而低层模块是实际输入、计算和输出的具体执行者。这种划分的优点是：对低层模块的修改不太可能引起副作用，而恰恰对计算机程序的修改常发生在低层的输入、计算或输出模块中。因此，程序的整体控制结构不太可能修改，便于将来维护。

结构图是精确表达程序结构的图形表示方法。它清楚地反映程序中模块间的层次调用关系和联系：不仅严格地定义各个模块的名称、功能和接口，而且还反映设计思想。它以特定的符号表示模块、模块间的调用关系和模块间信息的传递方式。结构图的主要内容有 3 种。

模块：在结构图中，模块用矩形框表示，并用模块的名称标记。模块的名称应当能够表明该模块的功能。对于现成的模块，则以双纵边矩形框表示，如图 6-26 所示。

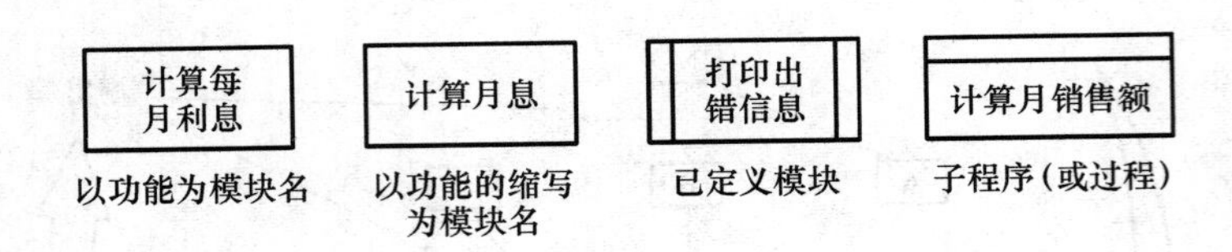

图 6-26 模块的表示图

模块的调用关系和接口:在结构图 6-27 中,两个模块之间用单向箭头连接。箭头从调用模块指向所调用模块,表示调用模块调用所调用模块,其中隐含一层意思,即执行所调用模块完成之后,控制信息返回调用模块。图 6-27(a)表示模块 A 调用模块 B。

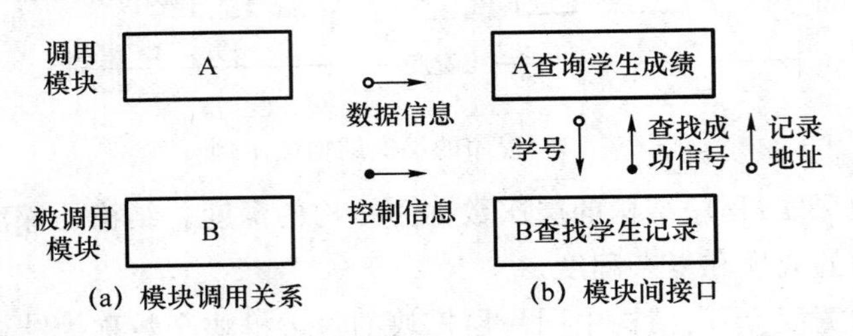

图 6-27 模块间的调用关系和接口表示图

模块间的信息传递:当一个模块调用另一个模块时,调用模块把数据和控制信息传送给所调用模块,以使所调用模块能够运行,而在执行所调用模块的过程中又把它产生的数据或控制信息回送给调用模块。为了表示在模块之间传递的数据和控制信息,在联结模块的箭头旁边另给出箭头,并且用尾端带有空心圆的短箭头表示数据信息,用尾端带有实心圆的短箭头表示控制信息,通常在短箭头附近应注信息的名称,如图 6-27(b)所示。

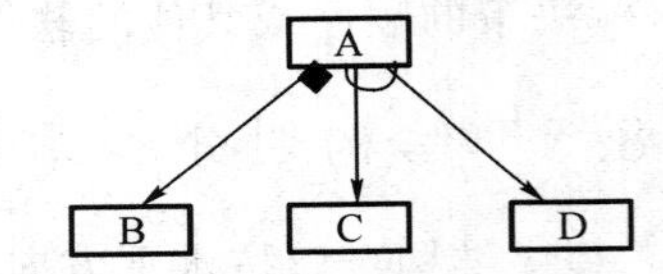

图 6-28 条件调用和循环调用

两个辅助符号如图 6-28 所示,当模块 A 有条件地调用另一个模块 B 时,在模块 A 的箭头尾部标以一个菱形符号。当一个模块 A 反复地调用模块 C 和模块 D 时,在调用箭头尾部则标以一个弧形符号。

6.8.4 数据结构

数据结构是数据各个元素之间逻辑关系的一种表示方法。数据结构设计应确定数据的组织、存取方式、相关程度,以及信息的不同处理方法。数据结构的组织方法和复杂程度可以灵活多样,但典型的数据结构种类是有限的,它们是构成一些更复杂结构的基本构件块。图 6-29 表示这些典型的数据结构。

标量是最简单的一种数据结构。所谓"标量项"就是单个的数据元素,例如一个布尔量、整数、实数或一个字符串。可以通过名称对它们进行存取。

若把多个标量项组织成一个表或者顺序邻接为一组时,就形成顺序向量。顺序向量又称为一维数组,通常可以通过下标及数组名来访问数组中的某一元素。把顺序向量扩展到二维、三维,直至任意维,形成 n 维向量空间。最常见的 n 维向量空间是二维矩阵。

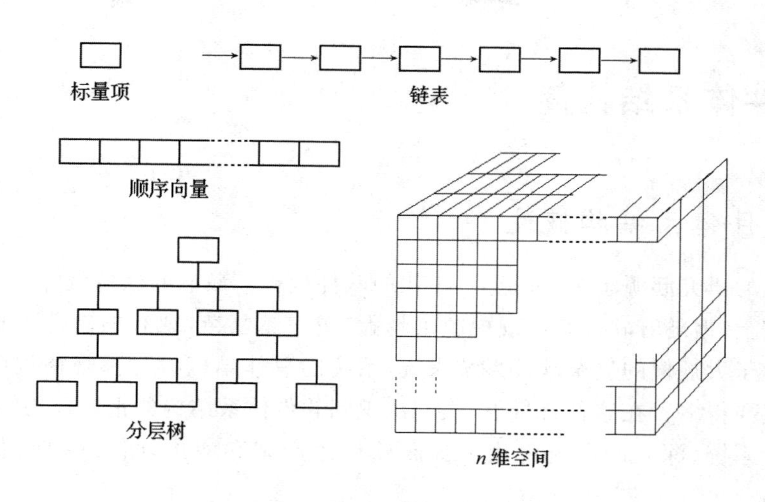

图 6-29　典型的数据结构

链表是一种更灵活的数据结构，它把不相邻的标量项、向量或空间结构用拉链指针链接，使得它们可以像表一样处理。

组合上述基本数据结构可以构成其他数据结构。例如，可以用包含标量项、向量或 n 维空间的多重链表来建立分层结构和网络结构。利用它们又可以实现多种集合的存储。

必须注意，数据结构和程序结构一样，可以在不同的抽象层次上表示。例如，栈是一种线性结构的逻辑模型，其特点是只允许在结构的一端进行插入或删除运算。它可以用向量实现，也可以用链表实现。

6.8.5　软件过程

程序结构描述整个程序的控制层次关系和各个部分的接口情况，如图 6-30 所示的软件过程则着重描述各个模块的处理细节。

软件过程必须提供精确的处理说明，包括事件的顺序、正确的判定点、重复的操作，直至数据的组织和结构等。程序结构与软件过程是有关系的。对每个模块处理时，必须指明该模块所在的上下级环境。软件过程遵从程序结构的主从关系，因此它也是层次化的。

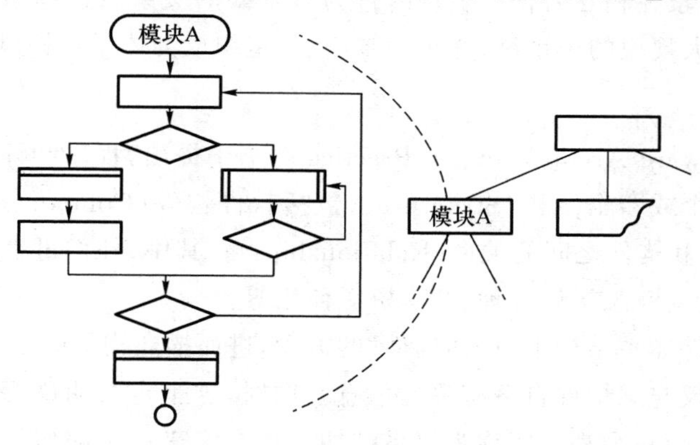

图 6-30　一个模块内的软件过程

6.9 软件体系结构简介

6.9.1 软件体系结构概述

软件工程的研究起源于20世纪60年代的软件危机。最初的软件设计重点在数据结构和算法的研究上,但随着软件系统规模越来越大、越来越复杂,现有的软件工程的方法显得力不从心。对于大规模的复杂软件系统来说,系统的总体结构设计和规格说明比数据结构和算法选择重要得多。在这种背景下,人们认识到软件体系结构的重要作用,并认为对软件体系结构进行系统、深入的研究将成为提高软件生产率和解决软件维护问题最有希望的途径。

软件体系结构虽然脱胎于软件工程,但其形成时同时借鉴计算机体系结构和网络体系结构中很多的思想和方法,近几年软件体系结构的研究已完全独立于软件工程的研究,成为计算机科学一个最新的研究方向和独立的学科分支。

软件体系结构研究的主要内容涉及软件体系结构描述、软件体系结构风格、软件体系结构评价和软件体系结构的形式化方法等。其根本目的是解决软件重用、软件质量和软件维护问题。

6.9.2 软件体系结构的定义

虽然软件体系结构的研究成果已经广泛应用于软件工程,但时至今日,学术界对于软件体系结构的定义还没有一个统一的意见。许多专家学者从不同的角度和侧面对软件体系结构进行描述。

1. Booch、Rumbaugh和Jacobson定义

软件体系结构={组织,元素,子系统,风格}

软件体系结构是一系列重要决策的集合,这些决策与软件组织、构成系统的结构元素及其接口,以及这些元素在相互协作中表现的行为有重要的关系。这些结构元素和行为元素进一步组合构成更大规模的子系统,并进一步组合,组织成为体系结构风格。

2. Bass定义

Bass等在Software Architecture in Practice一书中提出,程序和计算机系统的软件体系结构是系统的一个或多个结构(Structure),包括软件构件(Components)、构件的外部可视属性(Properties)和构件之间的关系(Relationships)。其中,外部可视属性是指软件构件所提供的服务、性能、特性、错误处理、共享资源使用等。

这个定义在软件体系结构中引入"构件"的概念,进而描述构件间如何相互交互,这说明体系结构略去那些仅与某构件自身有关的信息。同时,这个定义明确指出系统可以包含多个结构,但其中的任何一个都不能称为体系结构。这个定义还说明每一个软件系统都有一个体系结构。

3. Shaw 定义

在第一届软件体系结构国际讨论会上，Mary Shaw 对于当时术语使用的混乱情况予以澄清，整理出定义和观点，并对当时的各种观点作如下的分类。

- 结构模型：结构模型认为，软件体系结构由构件、构件之间的连接和一些其他方面组词组成。
- 框架模型：框架模型的观点与结构模型相似，但其重点在于整个系统的连贯结构（这种结构通常是唯一的），这与重视其组成恰好相反。框架模型常以某种特定领域或某类问题为目标，例如 CORBA 或基于 CORBA 的软件体系结构模型和特定领域的构件仓库。
- 动态模型：动态模型强调系统的行为质量。“动态”可以有多种含义：可以指整个系统配置的变化，也可以是禁止预先激活的通信或交互，还可以是计算中表现的动态特性，如改变数据的值。
- 过程模型：过程模型关注系统结构的构建及其步骤和过程。在这一观点下，体系结构是软件开发所进行一系列过程的结果。

4. Garlan 和 Shaw 定义

软件体系结构＝{构件，连接件，约束}

构件可以是一组代码，也可以是一个独立的程序。构件是一组对象的集合，可以实现某些计算逻辑。这些对象或是结构相关或是逻辑相关。构件相对独立，仅通过接口与外部进行交互，可作为独立单元嵌入到不同的应用系统中。构件的定值和规范化对于实现软件的复用有重要意义。

连接件可以是过程调用、管道、远程过程调用等，用于表示构件之间的相互作用。连接件把不同的构件连接起来，构成体系结构的一部分。连接件也是一组对象，表现为框架式对象或转换式对象等。

“约束”一般为对象连接时的规则，或指名构件连接的条件：如上层构件可要求下层构件的服务，反之不可；两个对象不得递归地发送消息；在什么条件下此种连接无效等。

Garlan 和 Shaw 认为软件体系结构是软件设计过程的一个层次，这一层次超越计算过程中的算法设计和数据结构设计。体系结构问题包括总体组织和全局控制、通信协议、同步、数据存取，以及给设计元素分配特定功能，也包括设计元素的组织、规模和性能，以及在各设计方案间进行选择等。软件体系结构处理算法与数据结构中关于整体系统结构设计和描述方面的一些问题，如全局组织和全局控制结构，关于通信、同步于数据存取的协议，涉及构件功能定义，物理分布于合成，设计方案的选择、评估与实现等。

6.9.3 软件体系结构三要素

软件体系结构的三要素是程序构件（模块）的层次结构、构件之间交互的方式，以及数据的结构。软件设计的一个目标是建立软件的体系结构表示。将这个体系结构表示当作一个框架，以从事更详细的设计活动。Shaw 和 Garlan 提出在软件体系结构设计中应保持的 3 个性质：

(1) 结构。体系结构设计应当定义系统的构件,以及这些构件打包的方式和相互交互的方式,如将对象打包以封装数据和操作数据,并通过相关操作调用来进行交互。

(2) 附属的功能。体系结构设计应当描述设计出来的体系结构如何实现功能、性能、可靠性、安全性、适应性,以及其他的系统需求。

(3) 可复用。体系结构设计应当描述为一种可复用的模式,以便在以后类似的系统族设计中使用它们。此外,设计应能复用体系结构中的构造块。

表6-1列出可能的软件构件,表6-2列出可能的构件间的连接方式。

表6-1 软件构件分类

构件	特点和示例
纯计算构件	具有简单的输入/输出关系,没有运行状态的变化。例如,数值计算、过滤器(Filters)、转换器(Transformers)等
存储构件	存放共享、永久、结构化的数据。例如,数据库、文件、符号表、超文本等
管理构件	执行的操作与运行状态紧密耦合。例如,抽象数据类型(ADT)、面向对象系统中的对象、服务器(Servers)等
控制构件	管理其他构件运行的时间、时机及次序。例如,调度器、同步器等
链接构件	在实体之间传递信息。例如,通信机制、用户界面等

表6-2 构件之间的连接方式

连接	特点与示例
过程调用	在某一个执行路径中传递执行指针。例如,普通过程调用(同一个命名空间)、远程过程调用(不同的命名空间)
数据流	相互独立的处理通过数据流进行交互,在得到数据的同时被赋予控制权限。例如,UNIX系统中的管道
间接激活	"处理"是因事件的发生而激活的,在"处理"之间没有直接交互。例如,事件驱动系统、自动垃圾回收等
消息传递	相互独立的"处理"之间明确交互,通过显式离散方式的数据传递。这种"传递"可以是同步的,也可以是异步的。例如,TCP/IP
共享数据	构件通过同一个数据空间进行并发的操作。例如,多用户数据库、数据黑板系统

6.9.4 软件体系结构在软件设计阶段的作用

软件体系结构的选择很大程度上取决于应用系统的特点,为此主要阐述迄今为止软件行业通用的一些体系结构的风格和特点。软件体系结构的选择和使用在某种程度上还体现软件开发团队对于软件技术架构的熟练程度。

当软件的需求分析阶段结束,甚至于需求分析阶段中的关键需求和技术特性要求确定后,技术团队就可以着手进行技术架构的选择和确定工作。一旦确定软件体系结构,无论采用何种软件设计方法,都遵循该体系结构的框架和结构进行后续的系统结构和功能结构的设计工作。采用迭代模型进行开发时,尽早确定软件体系结构就能快速和及时地构造系统原型，并通过原型的反馈及时纠正技术架构存在的问题。

除此之外，一个成熟的软件体系结构是经过实际项目检验的，也是新的软件项目成功和质量的保障依据。

6.9.5　软件体系结构风格

软件体系结构设计的一个核心问题是能否使用重复的体系结构模式，即能否达到体系结构级的软件重用，即能否在不同的软件系统中使用同一体系结构。基于这个目的，学者们开始研究和实践软件体系结构的风格和类型问题。

软件体系结构风格是描述某一特定应用领域中系统组织方式的惯用模式(idiomatic paradigm)。体系结构风格定义一个系统家族，即一个体系结构定义一个词汇表和一组约束条件。词汇表包含一些构件和连接件类型，而这组约束条件指出系统是如何将这些构件和连接件组合起来的。体系结构风格反映领域中众多系统所共有的结构和语义特性，并指导如何将各个模块和子系统有效地组织成一个完整的系统。按这种方式理解，软件体系结构风格定义用于描述系统的术语表和一组指导构件系统的规则。

对软件体系结构风格的研究和实践促进对设计的重用，一些经过实践证实的解决方案也能可靠地用于解决新的问题。体系结构风格的不变部分使不同的系统可以共享同一个实现代码。

体系结构风格具有 4 个主要元素，即提供一个词汇表、定义一套配置规则、定义一套语义解释原则和定义对基于这种风格的系统所进行的分析。Garlan 和 Shaw 根据此框架给出通用体系结构风格的分类。

1. 管道和过滤器风格

管道/过滤器风格最早出现在 UNIX 系统中，已经有超过 40 年的历史。它适用于对有序数据进行一系列已经定义的独立计算的应用程序。如图 6-31 所示，这种风格的特征包括如下两点。

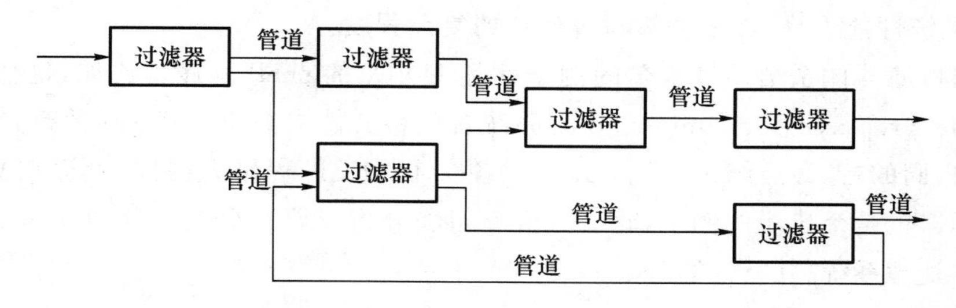

图 6-31　管道和过滤器风格体系结构

(1) 构件：在管道和过滤器风格中，构件被称为过滤器。它对输入流进行处理、转换，处理后的结果在输出端流出。这种计算处理方式是递进的，所以可能在全部的输入接受完之前开始输出。此外，系统可以并行地使用过滤器。

(2) 连接件：连接件位于过滤器之间，起到信息流的导管作用，称为管道。

每个构件都有输入和输出，构件在输入处读取数据流，并在输出处生成数据流。

过滤器必须是独立的实体，它们不了解信息流从哪个过滤器流出，也不知道信息流流入哪个过滤器。可以指定输入的格式,并确保输出的结果,但是它们可能不知道在管道之后是什么样的构件。过滤器之间不共享状态。

管道和过滤器构成的网络输出正确与否不依赖过滤器的递进处理顺序。

常见特殊化的管道和过滤器体系结构有以下3种。

(1)管道线:体系结构的拓扑被限制为过滤器的线性序列。

(2)有界管道:对管道中一次流过的数据数量进行限制。

(3)批处理:当每个过滤器作为一个单独的实体处理它的所有输入时,这个管道和过滤器结构退化成为一个批处理顺序系统。

管道和过滤器风格的软件体系结构具有以下优点:

- 软构件具有良好的隐蔽性和高内聚、低耦合的特点。
- 允许设计者将整个系统的输入/输出行为看成是多个过滤器行为的简单合成。
- 支持软件重用。只要提供适合在两个过滤器之间传送的数据,任何两个过滤器都可被连接。
- 系统维护和增强系统性能简单。新过滤器可以添加到现有系统中,旧过滤器可以被改进的过滤器替换。
- 允许对吞吐量、死锁等属性进行分析。
- 支持并行执行。每个过滤器作为一个单独的任务完成,因此可与其他任务并行执行。

但是,这样的系统也存在若干不利因素:

- 通常导致进程成为批处理的结构。这是因为虽然过滤器可增量式地处理数据,但它们是独立的,所以设计者必须将每个过滤器看成是一个完整的从输入到输出的转换工具。
- 不适合处理交互的应用。当须增量地显示变化时,这个问题尤为严重。
- 在处理两个独立,但相关的数据流之间的同步时可能遇到困难。
- 在数据传输上没有通用的标准,每个过滤器都增加解析和合成数据的工作,这样导致系统性能下降,并增加编写过滤器的复杂程度。

管道和过滤器体系结构最著名的例子就是UNIX的shell程序。比如,这样一个shell命令:cat file|grep xyz|sort|uniq > out,系统首先将文件中查找含有xyz的行,然后进行排序,再去掉相同的行,最后结果放到out中。各个UNIX进程作为构件,管道在文件系统中创建。编译器也是个典型的例子,此法分析→句法分析→语义分析→代码生成。其他的例子包括信号处理系统、并行计算等。

2. 调用和返回风格

调用/返回风格的体系结构在过去的30年之间占有重要的地位,是大型软件开发中的主流风格的体系结构。这类系统中呈现出比较明显的调用/返回关系,分为以下3种子风格。

(1)主/子程序风格的体系结构:是一种经典的编程范型,主要应用在结构化程序设计中。这种风格的主要目的是将程序划分为若干个小片段,从而使程序更加可更改。这种风格有一定的层次,主程序位于一层,下面可以再划分一级子程序、二级子程序甚至更多。主/子程序体系结构风格是单线程控制的。同一时刻只有"一个子结点的子程序"可以得到父结点程序的控制。该风格的特点：

- 单线程控制，计算的顺序得以保障。
- 有用的计算结果在同一时刻只产生一个。
- 单线程控制，可以直接由程序设计语言来支持。
- 分层推理机制，子程序正确与否与它调用的子程序正确与否有关。

（2）对象风格的体系结构：这种风格建立在数据抽象和面向对象的基础上，数据的表示方法和它们的相应操作封装在一个抽象数据类型或对象中。这种风格的构件是对象，或者是抽象数据类型的实例。对象是一种称作管理者的构件，它负责保持资源完整（例如实现对属性、方法的封装）。对象是通过函数和过程调用来交互的，适用于以相互关联的数据实体标识和保护为中心问题的应用程序。对象风格的体系结构具有以下的特点：

- 对象抽象使得构件和构件之间的操作以黑箱的方式进行。
- "封装"使得细节内容对外部环境得以良好地隐藏。对象之间的访问是通过方法调用来实现的。
- 考虑操作和属性的"关联"，封装完成相关功能和属性的包装，并由对象来对它们进行管理。
- 使用某个对象提供的服务，并无须知道服务内部是如何实现的。

数据抽象和面向对象风格的体系结构在现代的软件开发中广泛应用。但是，面向对象体系结构也存在某些问题：

- 对象之间的耦合度比较紧。为了使一个对象和另一个对象通过过程调用等进行交互，必须知道对象的标识。只要一个对象的标识改变，就必须修改所有其他明确调用它的对象。
- 必须修改所有显式调用它的其他对象，并消除由此带来的一些副作用。例如 A 使用对象 B，C 也使用对象 B，那么 C 对 B 的使用所造成对 A 的影响可能是不可预测的。

（3）分层风格的体系结构：将系统组织成一个层次（layer）结构，每一层为上层提供服务，并作为下层的客户端。在分层风格的体系结构中，一般内部的层只对相邻的层可见。层之间的连接器（connector）通过决定层间如何交互的协议来定义。

这种风格支持基于可增加抽象层的设计。这样，允许将一个复杂问题分解成一个增量步骤序列的"实现"。由于每一层最多只影响两层，同时只要给相邻层提供相同的接口，允许每层用不同的方法实现，同样为软件复用提供强大的支持力度。分层风格的体系结构有许多可取的属性：

① 支持基于抽象程度递增的系统设计：使设计者可以把一个复杂系统按递增的步骤进行分解。

② 支持功能增强：因为每一层至多和相邻的上下层交互，因此改变的功能最多影响相邻的上下层。

③ 支持复用：只要提供的服务接口定义不变，同一层的不同实现可以交换使用。这样，就可以定义一组标准的接口，而允许各种不同的实现方法。

分层风格的体系结构也有不足之处：

① 并不是每个系统都可以很容易地划分为分层风格的体系结构，甚至即使一个系统的

逻辑结构是层次化的,出于对系统性能的考虑,系统设计师必须把一些低级或高级的功能综合起来。

② 很难找到一个合适、正确的层次抽象方法。

3. 基于事件的风格

基于事件(event-based)的风格,又称为隐式调用(Implicit Invoke)的风格。如图 6-32 所示,在此风格的系统结构中,构件并不直接调用一个过程,而是声明或广播一个或多个事件。系统中的其他构件可以把一过程注册为与它所关心的事件相关联。当某一事件发生时,系统调用所有与之相关联的过程,即一个事件的触发隐含地导致对其他模块的过程调用,实际上发挥隐式调用的作用。

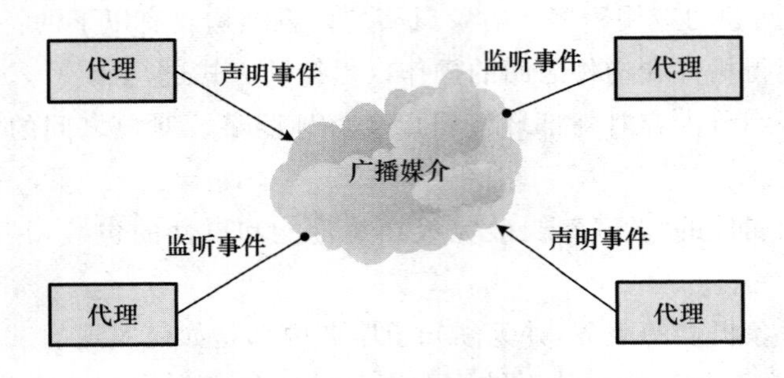

图 6-32　基于事件的体系结构风格

在基于事件的体系结构中,构件的接口不仅提供一个过程的集合,也提供一个事件的集合。这些过程既可以用一般的方式调用,也可能被注册为与某些事件相关。构件可以声明或广播一个或多个事件,或者向系统注册用以表明它希望响应一个或多个事件。连接件的两种类是:对事件的显式调用和对事件的隐式调用。

这种风格适用于设计低耦合构件集合的应用程序,其中每个构件完成一定的操作,并可能触发其他构件的操作。对于必须动态重配置的应用程序尤其有用,因为在这种风格的体系结构中服务提供者便于维护和修改,也易于启动或禁止某些功能。

基于事件风格的优点表现在:

- 事件广播者不必知道哪些部件被构件影响,构件之间的关系较弱。
- 隐式调用有助于软件复用,因为它允许任何构件注册其相关的事件。
- 由于可以在不影响其余构件的情况下替换某个构件,因而系统的演化、升级变得简单。

基于事件风格的缺点表现在:

- 构件对系统进行的计算放弃主动控制。一个构件不能假设其他构件对它的请求进行响应,也不能得知事件处理的先后顺序。在有共享数据存储的系统中,资源管理器的性能和准确度成为十分关键因素。
- 很难对系统的正确程度进行推理,因为声明或广播某个事件过程的含义依赖它被调用时的上下文环境。

基于事件风格的体系结构最早出现在守护进程、约束满足性检查和包交换网络等方面的应用程序中。它经常用于如下领域中:

- 在程序设计环境中用于集成各种工具。

- 在数据库管理系统中用于检查数据库的一致性约束条件。
- 在用户界面中分离数据和表示。

4. 客户端服务器风格

客户端服务器风格设计的目标是达到可测量的需求,并适用于应用程序的数据和处理分布在一定范围内的多个构件上,且构件之间通过网络连接,如图 6-33 所示。服务器用于向一个或者多个客户端提供数据服务,这个环境经常与网络连接一起出现。客户端向服务器发出一个请求,服务器同步或者异步执行客户端的请求。如果工作是同步的,服务器返回给客户端数据和客户端控制权;如果是异步的,服务器只返回给客户端数据,因为这时服务器有控制线程。

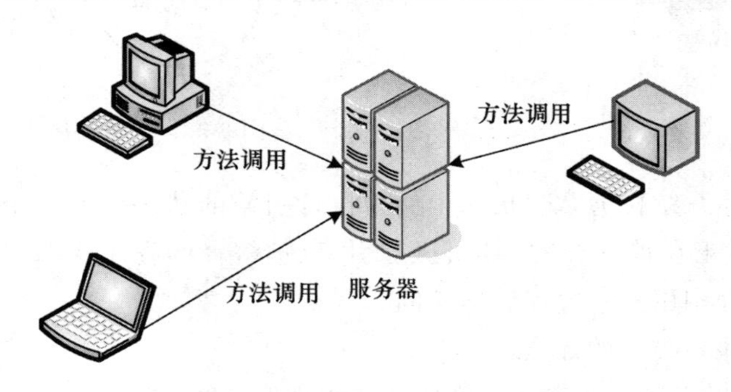

图 6-33　客户端服务器风格

有两种常见的客户端服务器风格的体系结构:代理风格(broker)和 P2P(peer-to-peer)风格。在代理风格中,服务器将其服务发布给一个代理,客户端向代理访问服务,如图 6-34 所示。代理风格的典型例子有 CORBA、SOAP、Web Service 等。P2P 风格的特点是对称的客户端服务器模型,典型的例子有 Window 系统(X11)。

客户端服务器风格的优点有:

- 有利于分布式的数据组织。
- 构件间是位置透明的,客户端和服务器都不考虑对方的运行位置。
- 便于异构平台融合与匹配,客户端和服务器可以运行在不同的操作系统上。
- 具有良好的扩展性,易于对服务器进行维护和修改或增加服务器。

客户端服务器风格的缺点表现在:

- 客户端必须知道服务器的访问标识,否则很难知道哪些服务可以使用。

5. 解释器风格(虚拟机)

解释器风格(Interpreters)通常用于建立一种虚拟机,用来弥合程序的语义与作为计算引擎的硬件差异,如图 6-35 所示。由于解释器实际上创建了一个软件虚拟出来的硬件机器,所以这种风格又称为虚拟机(Virtual Machine)风格。这种风格适用于应用程序不能直接运行在最合适的机器上或不能直接以最适合的语言执行,比如:

- 程序设计语言的编译器,如 Java 和 Smalltalk 等。
- 基于规则的系统,比如专家系统领域的 Prolog 等。
- 脚本语言,比如 Awk 和 Perl 等。

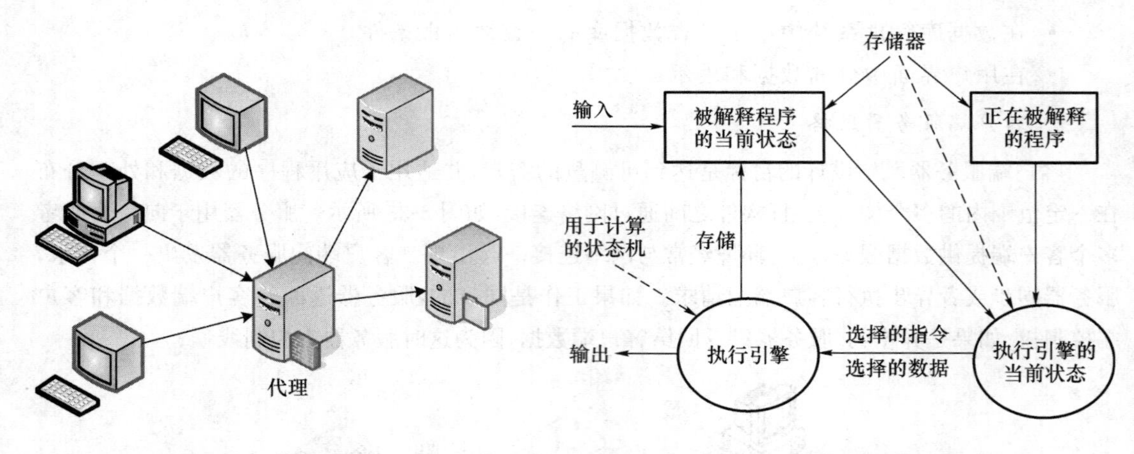

图 6-34 代理风格　　图 6-35 解释器风格的体系结构

解释器风格的体系结构通常包括一个作为执行引擎的状态机和3个存储器,即体系结构由4个构件组成:正在被解释的程序、执行引擎、被解释的程序状态、执行引擎的当前状态。连接件包括过程调用和直接存储器访问。

解释器风格的体系结构的优点:

- 有助于应用程序移植性和程序设计语言的跨平台能力。
- 可以对未实现的硬件进行仿真,因为实际测试可能是复杂、昂贵或危险的。

解释器风格的体系结构的缺点:

- 额外的间接层次降低系统的性能。

6. 仓库风格和黑板风格

仓库风格的体系结构由两种构件组成:一个是中央数据结构,表示当前状态;另一个是独立构件的集合,对中央数据结构进行操作。

对系统中数据和状态的控制方法有两种,其中传统的方法是由输入事务选择进行何种处理,并把执行结果作为当前状态存储到中央数据结构中,此时仓库是一个传统的数据库体系结构;另一种方法是由中央数据结构的当前状态决定进行何种处理,此时仓库是一个黑板体系结构。黑板体系结构是仓库体系结构特例。

黑板系统通常用于在信号处理方面进行复杂解释的应用程序,以及松散的构件访问共享数据的应用程序,也是某些对人类行为进行模拟的人工智能应用系统的重要设计方法之一,例如语音识别、模式识别、三维分子结构建模。这种风格适用于须解决冲突并处理可能存在的不确定因素。黑板的体系结构由以下3个部分构成,如图6-36所示。

- 知识源:是特定应用程序知识的独立散片。知识元之间的交互只在黑板内部发生。知识源代理如同学生都按照各自的方式工作在其感兴趣的方面,并在可能时向黑板添加新的知识,以供其他知识源开展进一步的工作。
- 黑板数据结构:反映应用程序求解状态的数据。它是按照层次结构组织的,这种层次结构依赖应用程序的类型。知识源不断地对黑板数据进行修改,直到得出问题的答案。黑板数据结构发挥知识源之间通信机制的作用。

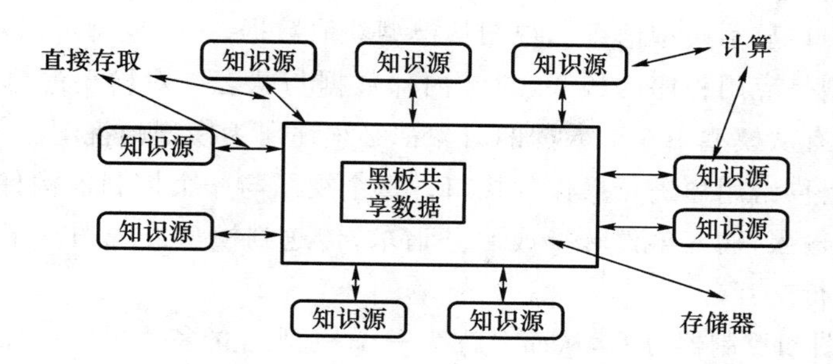

图 6-36　黑板风格的体系结构

- 控制器：控制器(即对知识源的调用)是由黑板的状态决定的。一旦黑板数据改变，某个知识源成为可用的，知识源就会被控制模块激活。控制器还承担限制知识源代理对黑板访问的工作，以防止两个代理同时写入黑板的某一空间。

黑板风格的体系结构和传统的体系结构有显著的区别，它追求可能随时间变化的目标，各个代理需要不同资源、关心不同问题，但用一种相互协作的方式使用和维护共享数据结构。

黑板风格体系结构的优点：

- 便于多客户共享大量数据，客户不用关心数据何时产生的，谁提供的，怎样提供的。
- 既便于添加新的作为知识源代理的应用程序，也便于扩展共享的黑板数据结构。

黑板风格体系结构的缺点：

- 不同的知识源代理对于共享数据结构达成一致，同时考虑到各个代理的调用时，对黑板数据结构的修改较为困难。
- 需要一定的同步及加锁机制保证数据结构完整性和一致性，增加系统复杂度。

7. 模型-视图-控制器风格

模型-视图-控制器风格通常简称为 MVC(Model-View-Controller)风格，主要用于处理软件用户界面开发中所面临的实际问题。

软件系统中用户界面经常变化，例如系统中心添加的功能要求在界面上有所体现、在不同的系统平台之间有不同的外观标准和要求、用户界面适应不同用户的喜好与风格等。MVC 风格提供一种十分简洁的解决方法，如图 6-37 所示。

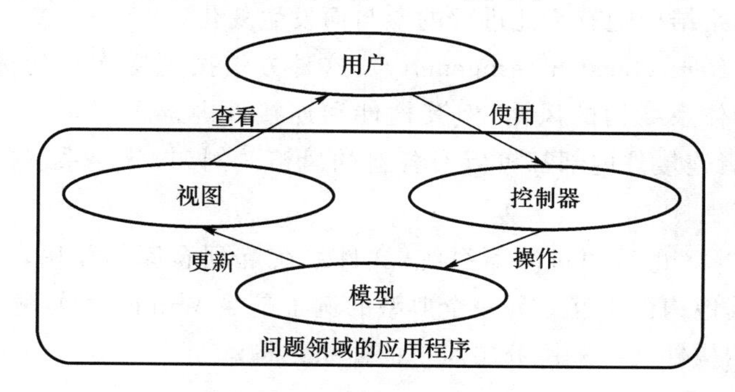

图 6-37　模型-视图-控制器风格的体系结构

MVC 风格的体系结构分为 3 种构件：

- 视图:为用户显示模型信息。视图从模型获取数据,一个模型可以对应有多个视图。
- 模型:模型是应用程序的核心,封装内部数据与状态。对模型的修改扩散到所有视图中。所有从模型中获取数据的对象都必须注册为模型的视图。
- 控制器:提供给用户进行操作的接口。每个视图与一个控制器构件相关联。控制器接受用户输入,输入事件转换成服务请求,传送到模型或视图。用户只通过控制其与系统进行交互。

将模型与视图和控制器分开,从而允许为一个模型建立多个视图。如果用户通过一个视图的控制器改变模型,则其他的视图也反映出这个变化。为此,模型在其外部数据被改变时须通知所有的视图,视图则据此更新显示信息。由此允许改变应用的子系统而对其他的子系统产生重大的影响。

模型-视图-控制器风格的体系结构优点:

- 将各方面问题分解开来进行考虑,简化系统设计,保证系统可扩展性。
- 改变界面不影响应用程序的功能内核,使得系统易于演化开发,可维护性良好。
- 易于改变,甚至可能在运行时进行改变,提供良好的动态机制。

模型-视图-控制器风格的体系结构缺点:

- 主要局限在应用软件的用户界面开发领域中。

8. 异质体系结构

一个系统的体系结构往往是不同风格的组合。这种异质体系结构是不可避免的。因为不同风格的体系结构适合于不同的应用环境,而且新开发的软件系统须与陈旧的系统协调工作,因而须采用不同的体系结构风格。组合这些风格的有以下3种方法。

- 空间异质(Spatial/Location heterogeneity):这种方法允许构建使用不同连接件的混合。系统以一种体系结构实现一个子系统,以另外一种体系结构实现另一个子系统。例如,一个构件既可以通过它的部分接口访问仓库,也可以用管道和系统中的其他构件交互,还可以通过它的其他接口接受中央信息。
- 时间异质(Temporal/Simultaneous heterogeneity):系统在不同的时间采用不同的风格。例如,一个管道过滤器系统的构件实现为一个独立的进程。这时,整个系统的运行时体系结构随有无此进程的参与而发生变化。
- 层次异质(Hierarchical heterogeneity):这种方法按照层次结构进行组织。系统虽然采用某种体系结构的风格,但其构件和连接件内部可以是另一种体系结构。这样,构件或者连接件内部都可以有各自的风格。例如,分层系统的某一层可以用独立的风格实现。

一个例子是UNIX的管道过滤器系统:文件系统起到仓库的作用,接收初始命令的控制,并通过管道与其他构件交互。另一个典型的例子是X Window,实现一个客户端服务器体系结构,而其中的构件又都采用分层风格的体系结构。

6.10　软件设计方法

基于以上软件设计的概念和原则，软件设计的核心任务是运用某种合适的软件设计方法将既定的软件需求转换成软件功能结构。从软件系统设计的角度出发，目前软件设计方法主要采用以下两种：

- 第一类是根据系统的数据流进行设计，称为面向数据流的设计或者过程驱动的设计，以结构化设计方法为代表。
- 第二类设计方法即面向对象的设计。

本教材的第 7 章和第 8 章主要描述面向对象的软件设计方法和面向数据流的结构化软件设计方法。

习　题

1. 给出概要设计与详细设计的关系。
2. 说明软件设计阶段的任务和过程。
3. 举例说明“自顶向下、逐步求精”的含义及与“抽象”概念之间的关系。
4. 模块的独立性与信息隐蔽之间有何种关系？
5. 为什么要求模块的作用范围应在模块的控制范围之内？举例说明。
6. 试说明软件体系结构在软件设计阶段中的重要作用。

第7章 面向对象设计方法

7.1 面向对象设计方法综述

面向对象的软件设计方法基于 UML,将软件需求分析阶段获得的用例模型和领域模型的内容运用一系列软件设计原则转换成软件设计阶段设计模型的动态结构和静态结构。

在软件的需求分析阶段只需考虑问题域和系统职责,在软件设计阶段则须考虑如何将系统职责映射到软件的功能上,并且还须进一步定义哪些软件对象具有这些功能,以及这些对象之间如何协调完成用例规定的内容。其主要目的是:

(1) 使反映问题域本质的总体框架和组织结构长期稳定,而细节可变。

(2) 把稳定部分(问题域部分)和可变部分(与实现有关的部分)分开,使系统能从容地适应变化。

(3) 分析结果重用,有利于同一个分析用于不同的设计和实现。

面向对象的分析和设计都采用 UML,无论用例模型和领域模型描述得如何充分和规范,都不属于软件的范畴,对于初学者而言"软件设计"具有相当的难度。这部分的工作性质不是简单的"迁移"性质,而是设计人员首先在理解功能需求的基础上,又需要一定的软件体系结构知识的基础,才能够设计出一个初步将数据从界面操作流转到软件的一系列后台功能操作,直到将数据存储到软件系统并将操作成功与否的返回信息明确展示给使用者的软件结构。

所谓初步的软件结构,可以理解为某一个软件设计人员针对某些特定的需求所制定的软件功能结构。在一般情况下,还须综合其他软件开发人员的设计方案并进一步实施软件结构调优,才能够获得最终可运行的软件结构。

为了使多个软件设计人员能够并发地对不同的软件需求进行软件结构设计,首要的软件设计任务就是参考以往的软件结构,并根据核心用例制定一个初步理想的软件体系结构框架以作为设计人员参考的基础。

面向对象设计主要包括三方面的工作:软件体系结构设计、用例实现方案设计和用户界面设计,如图 7-1 所示。其中,软件体系结构框架的设计在通常情况下首先参考常用和成型的框架结构,其次考虑软件需求中有关核心业务用例的要求,通过 1 ~ 2 次迭代过程证明所选择软件体系结构框架的技术可行性。在此基础上,根据确定的框架结构针对其他用例进行软件设计模型的动态结构设计,并在所有动态结构设计的基础上确定软件模型的静态结构。用户界面设计和其他两项工作之间无明显的先后次序关系,这部分对于具体的软件系统开发而言非常重要,甚至于提前至软件需求分析阶段,用于明确用户都无法确定的需求,但是作为软件工程而言,这部分并非本书的重点。

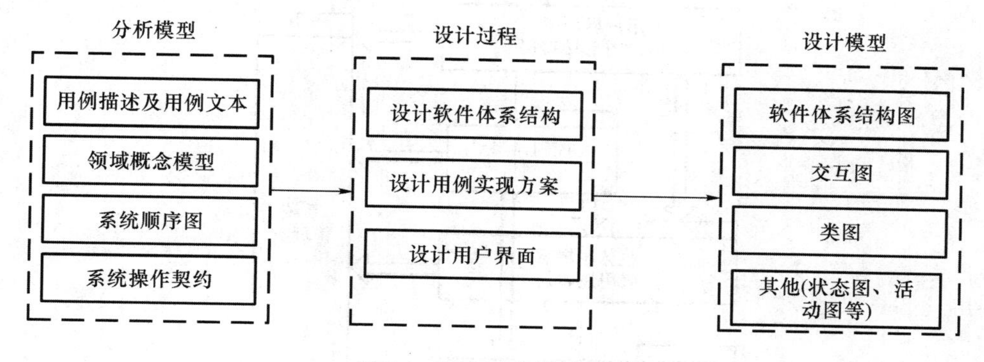

图 7-1　面向对象设计过程

软件体系结构设计涉及的内容较多,读者可以参考第 6 章有关软件体系结构部分的内容;关于面向对象的结构设计,尤其可以参考分层结构的风格及 MVC 风格。本章仅介绍其中的一个方面:模型层次化技术,即从宏观上对软件的逻辑结构进行分层,以增强软件的健壮程度。

7.2 模型层次化

将软件分层可以增加它的健壮性。"层次化"是一种概念,把软件设计组织成为类或组件的层次/集合,这些类或组件共同完成某一用例,如实现系统的用户界面或者业务逻辑。良好的系统分层结构使系统易于扩展和维护。那么,怎么才是好的系统分层结构?

- 首先,能对某一特定的层进行修改而不影响任何其他层,这将有助于使系统易于扩展和维护。
- 第二,层应该是模块化的。能重写某一层,或对整个层进行替换,只要接口保持不变,系统的其他部分不受影响。这将有助于增加软件的可移植性。

图 7-2 描述一个本教材适用的基于面向对象软件设计的软件分层结构,在实际的面向对象软件设计中,有很多可以参考和借鉴的分层结构,比如 MVC、SSH 及基于 Java EE 6 的 Weblogic/Websphere 中间件设计方案等。

- 用户界面层实现系统主要的界面类元素,用于定义和表示所有用于角色定义的功能操作。
- 用例模型定义的用例主要通过控制层和业务逻辑层来实现。其中,控制层的核心用途在于解耦合界面层对象与业务对象之间的关系;控制类的对象主要用于接收界面层提交的请求并管理和分析这些请求业务的类型,进而转发给业务逻辑层的业务对象。业务逻辑层的对象主要用于处理核心的业务逻辑,即完成用例定义的功能需求。注意,一个用例可能对应于多个业务逻辑层的软件对象。业务逻辑层对象完成调用后,根据需求可以将业务数据传递给持久化层的对象,进行持久化保存。
- 持久化层对象的主要用途是永久存储、检索、更新和删除对象的能力,使底层的存储技术不暴露出来。最后,系统管理类为软件体系结构提供操作系统相关的功能,通过包装特定于操作系统的特性,使软件与操作系统分离,这样增加应用的可移植性。

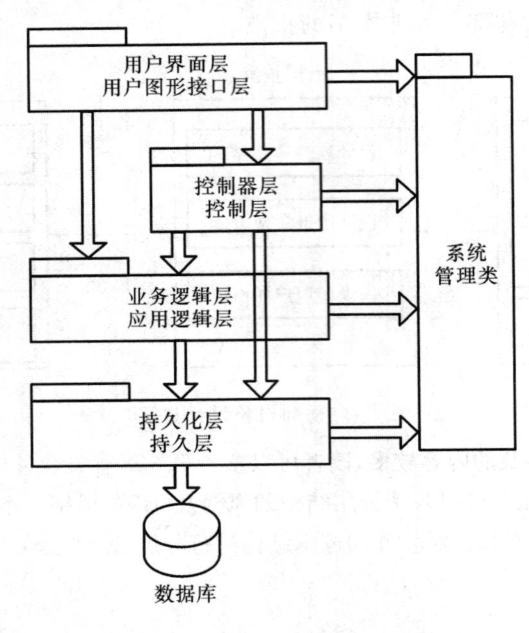

图 7-2　基于面向对象的软件分层结构

为了减少层次之间的耦合程度,增加系统的可移植程度,须限制层次之间的协作,并允许同一层中的软件对象可以进行协作。例如,用户界面层的对象能够把消息发送到其他的用户界面层对象,而且业务逻辑层对象能够把消息发送到其他的业务逻辑层对象。

处于相邻层(即由箭头相连的层)的类之间也允许协作。如图 7-2 所示,用户界面类可以把消息发送到业务逻辑层对象,但是不建议将消息发送到持久化层的对象;业务逻辑层对象可以把消息发送到持久化层对象,但是不能发送到用户界面层对象;控制层对象可以跨越业务逻辑层将消息直接发送到持久化层。这种结构从某种意义上讲降低软件的可维护性,但从另一方面有提高某些操作的灵活性。

特别注意,这里提到的软件分层结构规范了软件设计的原则,但在实际编码的角度上,任何一个层次的对象都是可被调用的,比如在 HTML 中嵌入一段访问数据库的代码也是可行的,但是在软件设计的角度上,这种结构须尽量避免,甚至杜绝。

通过把消息的流动限制在一个方向上,可减少类与类之间的耦合,从而大大增加系统的灵活性和可移植性。例如,由于业务逻辑层对象不依赖系统的用户界面层,所以须改变用户界面,而业务逻辑并没有变化时,只需修改或替换用户界面类,而业务逻辑层对象可以完全不变。

每个层次的类都可以与系统管理类进行交互。系统管理类实现软件的基本特性,如进程间通信(IPC)、用于与其他计算机上的类进行通信的服务类,以及进行审计日志的类。如果用户界面对象在一台个人计算机上运行,并且业务逻辑层对象在另一台机器上的企业级 JavaBean(EJB)应用服务器上运行,那么用户界面层对象通过系统层中的 IPC 服务把消息发送到业务逻辑层对象。

7.2.1 控制器层对象的设计原则

问题的来源：软件系统中哪一个对象负责接收使用者发送的消息？

问题的答案可以认为是软件设计的一个方案，是决定软件系统结构的一种思路。有经验的软件设计人员根据系统分析的上下文来进一步决定，甚至有可能给出多种解决方案。比如，如果参考 Client/Server 的结构，则接收使用者请求的对象可以接受请求并处理后返回处理的结果给使用者。然而，这样的结构显然不存在控制层，那么结合分层结构的框架得出以下的结论：由结合面向对象的分析结果可以看出，用例模型中的用例说明文档及对应的系统顺序图，定义使用系统的角色向系统发送的消息请求，即系统事件。

根据分层的软件体系结构框架，接收使用者消息请求的软件对象应该位于控制器层，称之为控制器对象。一般而言，针对每一个用例通常分别设计一个控制对象。

当使用者通过用户界面使用系统时，用户界面类产生系统事件，并传递给控制器类，后者负责该系统事件的接收和后续处理。在系统事件的处理过程中，控制器对象调用业务逻辑层的对象、系统类甚至其他的控制器类。

- 如果不同用例的任务有较多相似之处，也可以考虑在多个用例的实现方案中共享同一个控制器类。不过，此种情况应审慎对待，因为对于不同的用例，其事件流的逻辑结构鲜有雷同，它们所需要的控制行为和协调行为往往有差异。
- 如果系统事件不多，也可以针对整个系统设置一个控制器。
- 对于事件流非常简单的用例，譬如登录用例，可以不设独立的控制类，直接在用户界面类中设置控制功能和协调功能，用户界面类在领域类的帮助下完成用例要求的功能和行为。

7.2.2 业务逻辑层对象的设计原则

问题来源：代表软件需求的功能应由哪些软件对象来具体实现？

参考答案：软件对象的设计依据应该参考领域模型的概念类。

问题来源：软件对象应该位于分层结构中的哪一层？

参考答案：这些软件对象代表具体的业务功能需求，为此它们应位于业务逻辑层。

面向对象分析阶段已经识别出问题域中重要的概念，该阶段关注的是概念的本质含义及属性。在面向对象设计阶段，一旦将这些概念类转化成软件对象，同时根据交互场景及必要的业务流程，而对这些软件对象增加代表功能需求的方法。因此，OOA 和 OOD 采用一致的表示法，OOA 和 OOD 之间不存在结构化方法中分析与设计的鸿沟，两者能够紧密衔接。

7.2.3 持久层对象的设计原则

问题来源：业务逻辑层对象处理之后的业务数据如何保存到数据库？

参考答案：业务逻辑层对象在处理某个业务请求之后所得到的业务数据须持久保存时，如同在生活中拿一个记事本（持久化对象）临时记录某件事处理的结果，事后再将处理结果记录到某个档案（数据库中的某张表）中。

问题来源：如何提高业务数据的访问性能？

参考答案:为了提高处理性能,须将经常访问的数据同步到内存中,也就是持久化对象中,而不必每次请求都须访问数据库,从而大大提高数据访问的性能。

持久化层提供存储、检索、更新和删除对象实例的基础结构。在图7-2的分层结构中,消息从业务逻辑层发送到持久化层。这些消息通过以下形式出现:"生成一个新对象","从数据库检索该对象","更新该对象"或者是"删除该对象"。这些类型的消息被称为面向对象实例创建、检索、更新和删除(OOCRUD)。

另一个重要的概念是持久层封装对永久存储介质的访问,但其本身并不是永久存储机制。例如,持久层可能封装对关系数据库的访问,但本身不是数据库,而是完成持久功能的类的集合。

引入持久化层的目的在于当数据存储机制或策略发生变化时,能减少维护工作。目前,大部分系统都采用数据库作为存储介质。数据库肯定会改变,如数据库升级;数据表从一个数据库移动到另一个数据库,或者从一个服务器移动到另一个服务器;数据模式也改变,数据表字段的名称会改变。因此,须将对数据库的操作封装起来,使变化影响的范围局部化。持久化层是完成这一任务的最好的方式。持久化层封装数据管理功能,向业务/领域对象提供持久化服务。无论持久存储策略如何变化,业务逻辑层对象都不受影响,从而增加应用程序的可维护性、可扩展性和可移植性。

7.3 设计用例实现方案

面向对象设计的最终结果是软件设计模型的静态结构,为了得到它,必须先得到软件设计模型的动态结构。

- 动态结构:针对用例模型中的每个用例进行设计,其设计过程称为用例实现。
- 静态结构:针对某个问题域(某个用例)或者系统级(所有用例)所有动态结构中确定的软件对象之间协作(交互)关系的一种表示方法,通常使用UML的类图(Class Diagram)、组件图(Component Diagram)、包图(Package Diagram)表示软件设计模型的静态结构。

"用例实现"指的是在设计模型中描述分层结构中相互协作的软件对象如何实现用例的各个特定场景,包括所有的成功和失败场景。

用例实现的设计方案就是找出软件分层结构中每个层次所需哪些软件对象(类)来参与、协同工作,以实现用例的各个场景,即针对用例模型系统顺序图中的每个角色发送给系统对象的消息(或事件),软件系统的分层结构应该具有哪些软件对象负责接收消息的请求、处理请求的内容、处理后的数据存储及返回给角色的处理结果。

在设计用例实现方案过程中,除了满足用例说明的各种场景,还根据软件设计及面向对象设计的原则,确定每个分层结构中的软件对象及其之间交互,通常可以使用UML的交互图(Sequence Diagram)表示软件对象的协作过程。除此之外,通过软件对象的交互可以确定对象之间的方法调用关系,进一步确定软件对象所应该具备的方法和属性,实现其从分析模型到软件设计模型动态结构的转变过程。

7.3.1 基于GRASP的设计模式

软件设计类的职责可以理解为软件对象具有处理某种请求的方法;类的职责分配确定软件对象具有某个方法的原因。职责表明软件对象具有处理某类问题的能力。每个设计类都有各自明确的职责,通过由设计类实例化得到的对象进行协作来处理系统事件,满足系统操作契约,实现系统功能,最终满足用例要求。

设计类的来源有两部分:一部分由领域模型中的概念类转换而来;另一部分则是为实现而新增的一些类,如负责对象持久化的类、负责通信的类。每一个设计类对应的对象都有各自明确的职责。对象的职责分为两种类型。

(1) 了解型(knowing)职责。对象的了解型职责可细分为3类:对象了解私有的封装数据;了解相关联的对象;了解能够派生或者计算的事物。

(2) 行为型(doing)职责。对象的行为型职责可细分为3类:对象自身能执行一些行为,如创建一个对象或者进行计算;对象能启动其他对象中的动作;对象能控制或协调其他对象中的活动。

职责是在对象设计过程中分配给对象的。领域模型是获取对象了解型职责的重要来源,因为领域模型揭示对象的属性和"关联"。

方法是对象操作的"实现",是完成对象职责的手段。对象的职责通过调用对象的方法来实现。将职责分配给一个对象,还是多个对象,分配给一个方法,还是多个方法,受到职责粒度的影响。面向对象设计最关键的活动之一是正确地给对象分配职责,这直接关系到设计模型的质量。

设计模式是面向对象软件的设计经验,是可重用的设计思想,描述在特定环境中某一类问题的成功解决方案,并提供经过实践检验的解决这类问题的通用模式。

- 模式名称(一个助记名,以及用一两个词描述模式的问题、解决方案和效果);
- 问题(描述何时使用模式,或者模式的使用问题域);
- 解决方案(描述设计的组成部分、组成部分之间的相互关系及各自的职责和协作方式);
- 效果(描述模式应用的效果和使用模式应权衡的问题)。

面向对象的设计模式定义一组相互协作的类,包括类的职责和类之间的交互方式。模式不是新的思想,它其实是使用面向对象基本原则对具体问题的解决方案。

7.3.2 控制器模式

问题:第一个接收系统事件的软件对象是什么?哪一个软件对象负责接收和处理一个系统输入事件(一个系统输入事件是由一个外部参与者产生的事件)?

解决方案:把接收或处理系统事件的职责分配给位于控制器层的对象。

- 它代表整个系统或某个设备,称为外观控制器(Facade Controller),通常以系统或设备的名称命名。
- 它代表一个发生系统事件的用例场景,通常命名为"＜用例名＞_控制器",称为用例控制器。在相同的用例场景中使用同一个控制器类处理所有的系统事件。

一个控制器对象是负责接收或者处理系统事件的非用户接口对象,定义系统操作的方法。用户接口类,如 window 类、applet 类、widget 类、view 类和 document 类等不属于控制器,因为它们并不实现与系统事件相关的任务,而是典型地接收事件并把它们委托给一个控制器实现。

下面是使用控制器的一些指导原则:

- 当一个系统不具有"太多"的系统事件,或者用户接口对象不可能将事件消息重定向到其他控制器时,选择外观控制器是合适的。这时,外观控制器相当于一个应用的封面,隔离用户接口和应用逻辑。
- 如果外观控制器由于职责过多而变得"臃肿"的时候,则应选择用例控制器。如果选择用例控制器,那么每一个用例都有一个不同的控制类,而且只有一个,以便维护用例的状态。用例控制器可以实现有一定执行顺序的系统操作。
- 不论是外观控制器,还是用例控制器,它们只是接收系统事件消息,并没有实现系统事件请求的内容。

示例:在在线考试系统中,谁负责处理系统事件?根据控制器模式,有两种方案:①代表整个系统,如 TestManagementSystem 类;②表示一个用例场景中所有系统事件的接收者和处理者,如 takeTestController 类和 takeTestHandler 类。

由于该系统有 20 个用例,每一个用例又有多个系统事件,如果采用方案①,将得到一个异常臃肿的外观控制器。因此选择一个用例对应一个控制器的方案,如选择 LogonController 作为登录用例的控制器,takeTestController 作为考试用例的控制器。控制器接收到系统事件后,再委托相关的业务逻辑层对象进行处理,其本身只起协调和委派的作用,如图 7-3 所示。

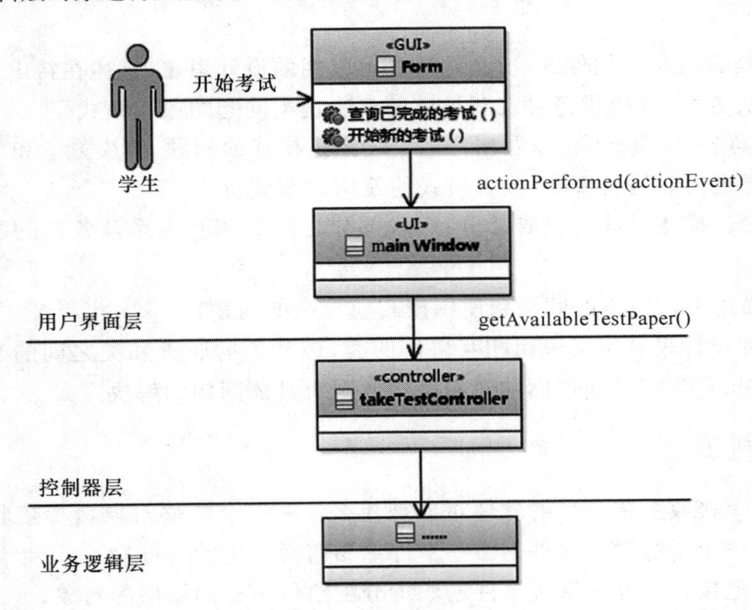

图 7-3 考试用例的控制器对象

7.3.3 创建者模式

背景:当控制器对象将系统事件转发或者派送给业务逻辑层的对象时,该对象有可能需要其他对象协同工作以满足用例要求。

问题：对象的实例如何创建？哪个对象负责创建对象的实例？

解决方案：参考领域模型的概念类之间的关系，如果符合下面的一个或者多个条件，则可将创建类 A 实例的职责分配给类 B(B 创建 A)。

- B 聚合(aggregate)或包含(contain)对象 A；
- B 记录(record)对象 A；
- B 密切使用对象 A；
- B 拥有创建对象 A 所需要的初始化数据(B 是创建对象 A 的信息专家)。

示例：在在线考试系统中，哪个类负责产生考卷生成规则项的实例？根据创建者模式，应该寻找类聚合或者包含许多考卷生成规则项的实例。考虑如图 7-4 所示的部分领域模型，因为考卷生成规则聚合考卷生成规则项对象，因此考卷生成规则类是创建考卷生成规则项实例很好的候选者。

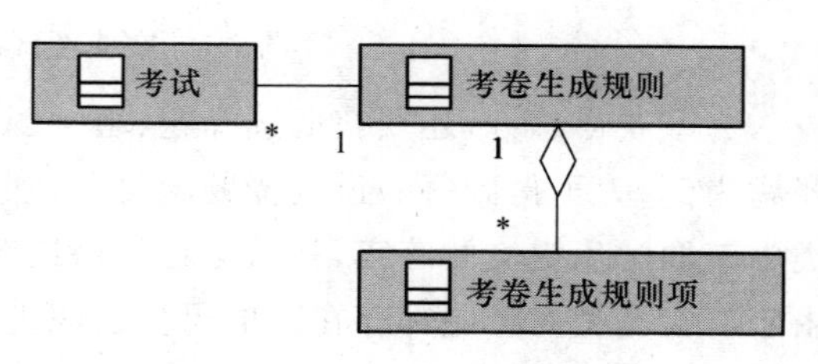

图 7-4　在线考试系统的部分领域模型

创建者模式体现低耦合的设计思想，是对迪米特法则的具体运用。注意，有时创建过程比较复杂，譬如因为性能原因重复使用对象，或者根据一个外部属性值从一族相似类中创建一个类的实例等。在这些情况下，最好的方式是采用工厂方法模式，将创建职责委托给一个称为工厂的辅助类，而不使用创建者模式所建议的类。关于工厂方法模式的内容，读者可参阅设计模式的相关资料。

7.3.4　信息专家模式

背景：根据前两个模式和领域模型，一般来讲可以针对系统事件给出具体的处理逻辑和过程，即可确定该系统事件对应的交互图。那么，出现在交互图上的软件对象应该具有哪些方法才能处理系统事件的请求？

问题：给对象分配职责的通用原则是什么？每个软件对象的方法如何确定？

解决方案：将职责分配给拥有履行职责所必需信息的类，即信息专家。换言之，对象处理各自拥有信息的事务；根据交互图上的对象，接收消息的对象一定具有处理该消息的职责和能力，为此可以根据消息的名称和参数为该软件对象定义一个具有同名的方法。

示例：在在线考试系统中，某个类需要知道某份考卷的总得分。哪个对象应该负责获取考卷的总得分？根据信息专家模式，应找一个类，它具有计算一份考卷总得分所需的信息。现在的一个关键问题：应查看领域模型，还是设计模型来分析具有所需信息的类？建议的方法是：

(1) 如果设计模型存在相关的类，先到设计模型中查看；

(2) 如果设计模型不存在相关的类，则到领域模型中查看，试应用或扩展领域模型，得出相应的设计类。

例如，设想正开始着手进行设计，当前根本没有或者只有一个很小的设计模型，所以须查看领域模型寻找信息专家。为得到一份考卷的总得分，须知道哪些信息？必须知道这份考卷有哪些类型的题及其得分。通过查看如图7-5所示的部分领域模型,其中的概念类考卷具有信息专家的职责,它知道属于这份考卷的所有类型考题,为此参考这个概念类,在设计模型中加入一个软件类,命名为TestPaper,并且给这个类分配获取总得分的职责,这个职责通过取名为getScore的方法实现。

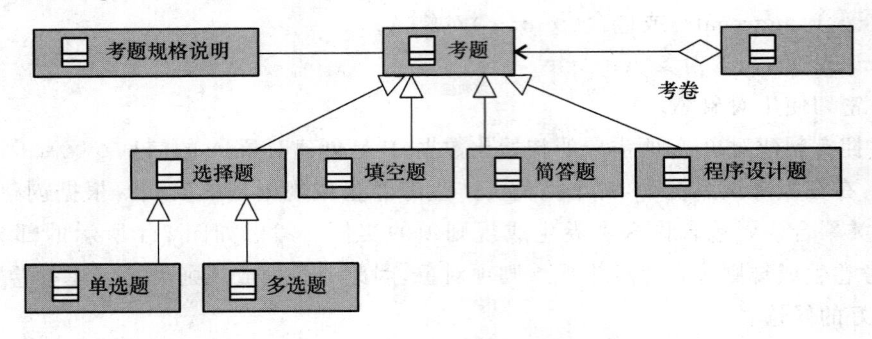

图7-5 在线考试系统的部分领域模型

为了获得总分,还须获取选择题、填空题、简答题和程序设计题各分项的得分。仅以选择题为例,为了得到每一道选择题的得分,须知道哪些信息?显然,必须从单选题或多选题类中获取学生提交的答案,并从考题规格说明中获取该题的标准答案或者评分标准。但是由于所有类型的考题都存在获取得分的职责,只是考题类型不一样,根据LSP,应该将此获取分项得分的职责分配给考题。

根据信息专家模式,概念类考题是处理分项得分的信息专家。因此,可以向设计模型中增加一个名为Question(考题)的抽象类,并且给这个类分配获取某道分项题得分的职责,这个职责通过取名为getSubScore的抽象方法实现,再定义Question的一系列子类,由子类具体实现getSubScore这个方法;同时,还向设计模型中增加一个名为QuestionSpecification(考题规格说明)的类,并且给这个类分配获取该道选择题标准答案的职责,这个职责通过取名为getAnswer的方法实现。

设计如图7-6所示。为了得到某份考卷的总得分,3个职责分别被分配给3个设计类,如表7-1所示。

表7-1 设计类及其职责

设计类	职　责
TestPaper	获取考卷总得分
Question	获取分项考题得分
QuestionSpecification	获取考题标准答案

由于一份试卷可能有多道选择题,因此图7-6中序号为1.1的消息用于从放置选择题的容器theQuestions中先获取一道选择题。消息序号旁的星号(*)表示这是一条迭代消息。图7-6右侧是根据职责分配得到的3个设计类及其部分操作。

注意,职责的实现需要信息,而信息往往分布在不同的对象中,一个任务可能需要多个对象(信息专家)协作来完成。

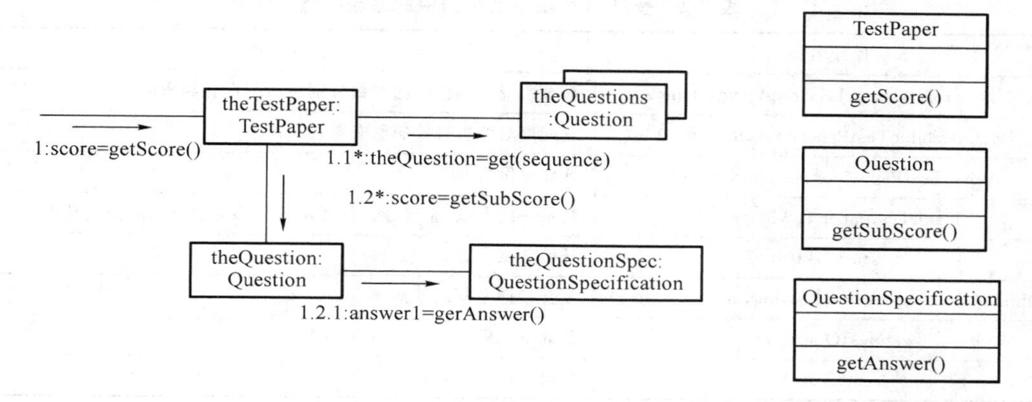

图 7-6　计算某份考卷的选择题总得分

信息专家模式维持信息封装性,体现低耦合思想,提高系统的健壮性和可维护性。同时,系统行为分散在不同的类中,这些类提供处理各自信息的能力,使得这些类易于理解和维护。

但是,当一个类按照信息专家模式得到的职责有很多种类型时,类的内聚性就有问题。考虑在前面讨论的 Employee 类。哪一个对象负责把一个 Employee 对象持久化到数据库中? 显然,许多需存储的信息都在 Employee 对象中,根据信息专家模式,应该将这个职责分配给 Employee 类,但这样违反 SRP 原则。因此,须利用 SRP,将不同逻辑方面的职责进行隔离,分配给不同的软件对象,以提高内聚性。例如,创建另一个类来专门负责 Employee 对象的持久化工作。

7.3.5　用例实现的设计过程

用例实现的设计过程是确定用例的每一个系统事件进入系统后,有哪些软件对象被激活且协同工作,并返回需求定义中操作契约规定的结果。在面向对象的软件设计过程中,建议使用 UML 的交互图对每个系统事件的交互过程进行描述。用例所有系统事件的交互过程是用例实现的设计过程,其实际意义体现在如下 6 方面。

(1) 针对系统事件,确定其对应的分层结构中各层次所必需的软件对象;

(2) 确定软件对象所必须执行的交互过程;

(3) 确定每个软件对象所必须具有的方法,即某个或某些功能需求;

(4) 针对用例,确定用例实现的具体细节,解释功能需求实现的过程;

(5) 针对具有多个方法的软件对象,须进一步确定其状态迁移图,明确在哪一种状态下软件对象可以被调用的条件;

(6) 针对所有用例,确定软件系统的动态结构。

交互图是 UML 顺序图和协作图的总称。用哪种图来描述对象的交互取决于建模者的选择。顺序图虽然能直观表达消息的时间顺序,但当参与交互的对象较多时,可能很难在一张纸上展示图的全貌,而协作图相对可以节省绘图的空间。

在前面的需求分析阶段,已经针对考试系统的登录和考试两个用例识别出如表 7-2 所示的 8 个系统事件。下面针对其中的每一个系统事件分别设计和绘制协作图。

表 7-2 登录用例和考试用例中的系统操作

操作名称	操作说明
logon(role:string,Id:string,pwd:string)	登录系统。操作中的参数分别表示用户名和密码
getAvailableTestPapers (stuId:string)	罗列出对考生有效的所有考卷
selectTestPaper(courseName:string)	选择一份考卷
logonTestPaper (pwd:string)	登录一门考试,验证输入的考试密码和考卷要求的密码是否一致
startTest()	开始考试
submitAnswer(questionId:string,answer:string)	提交某道考题的答案
getNextQuestion()	获取下一题
endTest()	结束考试

1. 对象设计:logon(role:string,Id:string,pwd:string)

logon 操作的契约如表 7-3 所示。

表 7-3 logon 操作的契约

操　作	logon(role:string,Id:string,pwd:string),登录系统
交叉引用	用例:登录
前置条件	无
后置条件	(1) 一个考生实例被创建(实例的创建) (2) 考生实例与考试建立"关联"(选项)

实现该操作的协作图如图 7-7 所示。

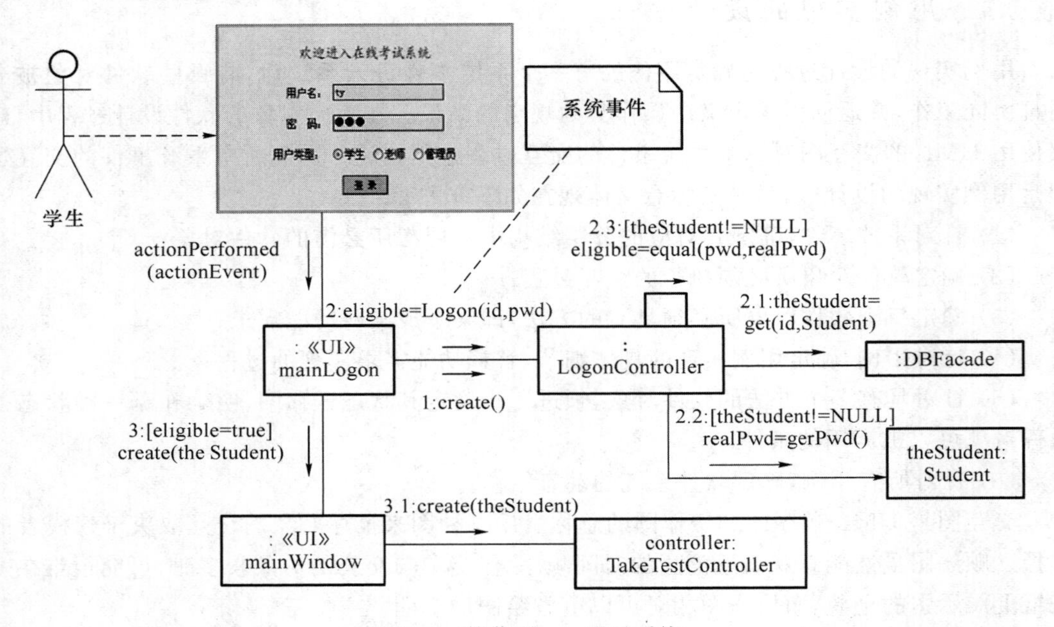

图 7-7 协作图——登录系统

图 7-7 中出现类 DBFacade。该类位于持久化层,作为持久化层对外的统一服务窗口。

其他层为调用持久化层的服务，只能通过调用 DBFacade 类提供的操作来实现，这样就对持久化层进行封装，以简化其他层对持久化层的访问方法。该类的操作方法如表 7-4 所示。至于持久化层还有其他哪些对象、它们各自有哪些职责、如何协作来对外提供 DBFacade 所定义的服务，在 7.3.6 小节专门详细介绍，在此读者只需先记住 DBFacade 提供的各操作的功能。

表 7-4　DBFacade 的操作

操作名	功　能
boolean insert(Object obj,Class)	用于将对象写入存储介质。第一个参数 obj 是待写入的对象，第二个参数是对象 obj 对应的类，布尔型返回值用于标识操作是否成功
boolean delete(String condition,Class)	用于将符合条件的对象从存储介质中删除。第一个参数描述条件，第二个参数是待删除对象对应的类，布尔型返回值用于标识操作是否成功
boolean update(Object obj,Class)	用于更新对象的信息到存储介质。第一个参数 obj 是待更新的对象，第二个参数是对象 obj 对应的类，布尔型返回值用于标识操作是否成功
Object get(String condition ,Class)	用于从存储介质中读取符合条件的信息、生成并返回一个对象，参数 condition 表示条件
List gets(String condition,Class)	用于从存储介质中读取符合条件的信息、生成并返回一个或多个对象。第一个参数描述条件，第二个参数是待读取的对象对应的类

步骤一：确定控制器对象。

当学生在登录界面上输入用户名和密码，要求登录时，触发登录事件。那么，谁负责接收该事件？在此设计控制器类 LogonController，以负责身份验证。控制器对象由界面对象 mainLogon 创建。

步骤二：如何创建学生的实例对象并获取密码信息？

方案一：进行密码验证时须先获取该学生存储在数据库中的真正密码，然后和用户输入的密码进行比对。为了获取学生存储在数据库中的密码，采取下列方法和步骤。

(1) LogonController 首先通过消息 2.1 调用 DBFacade 对象，根据 id 从数据库中检索出学生对象 theStudent；

(2) 通过消息 2.2 从学生对象 theStudent 处获得正确密码。如果经过比对后发现用户输入的密码正确，则 mainLogon 通过消息 3 创建主登录窗口 mainWindow；

(3) 由于后续还须从学生对象 theStudent 处获取信息，因此创建 mainWindow 的同时还须将 theStudent 作为参数传递给该窗口。

由于学生登录后，很有可能进行考试，而考试用例涉及的业务逻辑并不简单，因此须创建一个考试用例控制器，专门负责处理考试用例相关的系统事件。在此，设计考试用例控制器类 TakeTestController，并在 mainWindow 创建时进行实例化，为实现考试用例准备。

之所以让 mainLogon，而不是 LogonController 来创建 mainWindow，是为遵守用户界面层和控制器层的单向访问原则，即用户界面层中的对象可以访问控制器层的对象，但是控制器层对象不能访问用户界面层对象。

方案二：此处所列内容是设计人员可以参考的某个实际的考试场景，由此设计人员可以参考实际场景中业务对象的操作，根据软件的分层结构进行相应层次软件对象的设计，并根据操作契约的内容确定后置条件的产生过程。

(1) 假设某单位的人员招聘考试,内设不同部门的考试和考场;

(2) 考生进入某单位;

(3) 单位的门卫询问考生的到来事由后,告知其考场并放行;

(4) 考生在考场门口被监考教师要求出示考生信息,经过与考生注册信息比对确认后要求考生签字登记;

(5) 考生根据报考单位进入对应的考场,准备考试。

根据以上内容确定考生、考场门卫、监考教师、考生注册信息、考场及考试业务对象的交互过程,确定软件系统的控制器对象、业务逻辑层对象、持久化层对象应该分别对应哪个业务对象?考生实例应该由哪个软件对象创建?在哪个操作步骤考生实例和考场实例进行关联?考生的注册信息应由哪个对象实例所持有?

2. 对象设计:getAvailableTestPapers(stuId:string)

getAvailableTestPapers 操作的契约如表 7-5 所示。

表 7-5 getAvailableTestPapers 操作的契约

操　作	getAvailableTestPapers(stuId:string),罗列出当前对考生有效的所有考卷
交叉引用	用例:考试
前置条件	考生已经登录系统
后置条件	若干个考卷实例被创建(实例创建)

实现该操作的协作图如图 7-8 所示。

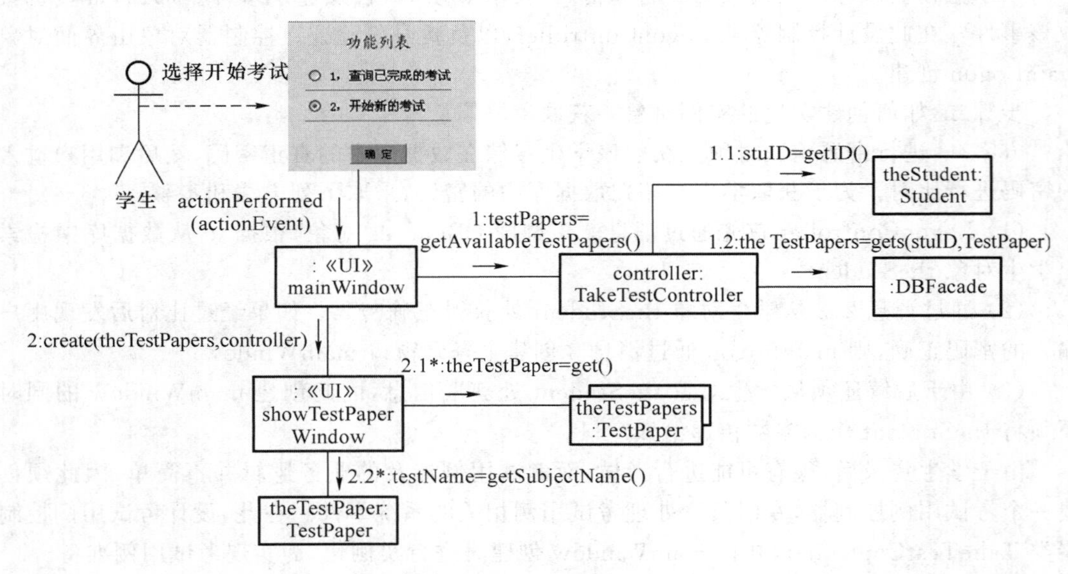

图 7-8 协作图——显示所有考卷

当从主窗体上选择开始新的考试时,须弹出一个窗口,该窗口罗列出该学生能参加所有考试对应的考卷。谁负责获取该生的所有考卷?在此将获取考卷的职责交给控制器对象 controller。controller 接收到 getAvailableTestPaper 消息后,首先通过消息 1.1 从学生对象 theStudent 处获取学号,然后通过消息 1.2 从 DBFacade 处获取放置一系列考卷对象的容器对象 theTestPapers。

当 mainWindow 获取到考卷后，创建罗列考卷的窗口对象 showTestPaperWindow，并将考卷对象容器 theTestPapers 和控制器对象传送给 showTestPaperWindow。后者从容器 theTestPapers 中依次获取考卷对象 testPaper，将考卷对应的课程名显示到窗口上。

3. 对象设计：selectTestPaper(courseName：string)

selectTestPaper 操作的契约如表 7-6 所示。

表 7-6　selectTestPaper 操作的契约

操　作	selectTestPaper(courseName：string)，选择一份考卷
交叉引用	用例：考试
前置条件	窗口已经列出所有可选择的试卷
后置条件	一份考卷实例与考生建立"关联"

实现该操作的协作图如图 7-9 所示。

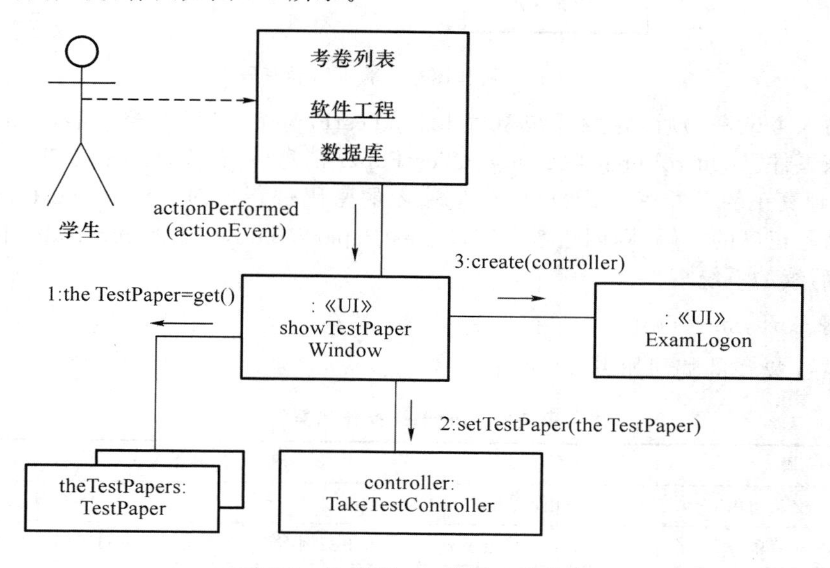

图 7-9　协作图——选择一份考卷

学生在窗口上选择一份考卷，则对象 showTestPaperWindow 首先通过消息 1 得到对应的考卷对象 theTestPaper，然后通过消息 2 将考卷对象传递给控制器对象 controller，最后创建考卷登录窗口。该窗口要求学生输入考试密码，进行验证。

4. 对象设计：logonTestPaper(pwd：string)

logonTestPaper 操作的契约如表 7-7 所示。

表 7-7　logonTestPaper 操作的契约

操　作	logonTestPaper(pwd：string)，验证输入的考试密码和考卷要求的密码是否一致
交叉引用	用例：考试
前置条件	考生已经选择一份考卷
后置条件	无；考卷实例的某些信息被修改(记录该考卷实例的考生信息)

实现该操作的协作图如图 7-10 所示。

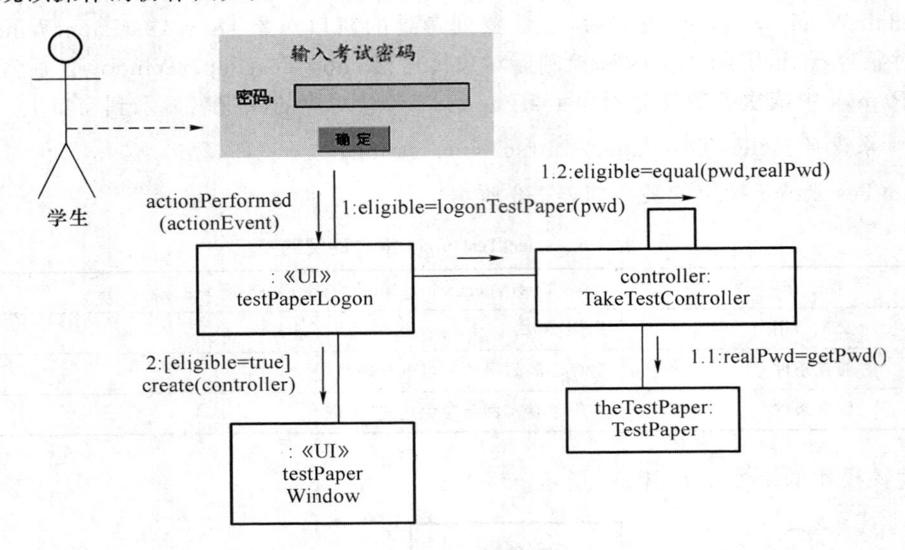

图 7-10 协作图——验证试卷密码

学生输入考试密码后,触发系统事件 logonTestPaper。选择由控制器 controller 来接收并处理该事件。controller 接收到 logonTestPaper 消息后,首先从当前考卷对象 theTestPaper 中得到真正的考卷密码,然后和学生输入的密码进行比对。testPaperLogon 窗口被告知输入的是正确的密码,则创建考卷窗口 TestPaperWindow,并将 controller 传递给该窗口,以处理后续的系统事件。

5. 对象设计:startTest()

startTest 操作的契约如表 7-8 所示。

表 7-8 startTest 操作的契约

操　作	startTest(),开始考试
交叉引用	用例:考试
前置条件	一个考卷实例、一个考生实例、若干个考题规格说明实例已经创建
后置条件	(1) 一个考试实例被创建 (2) 考试实例和考卷实例形成关联 (3) 一个考卷生成规则实例被创建 (4) 考卷生成规则实例和考试实例形成关联 (5) 若干个考卷生成规则项实例被创建 (6) 考卷生成规则项实例和考卷生成规则实例建立关联 (7) 若干个考题子类的实例被创建(根据考卷生成规则) (8) 考题子类的实例和考卷实例形成关联(关联的形成) (9) 一个考题子类的实例和一个考题规则说明的实例形成关联(关联的形成,用于从考题规格说明里得到题目描述信息) (10) 考试的时间信息被记录

实现该操作的协作图如图 7-11 所示。

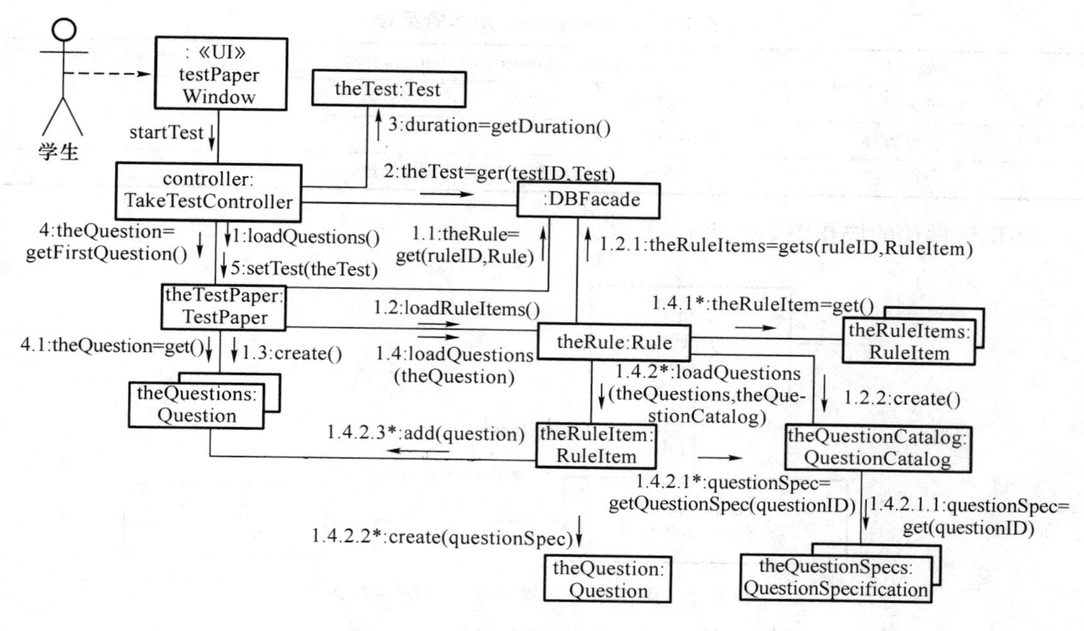

图 7-11　协作图——开始考试

控制器收到系统事件对应的系统操作共有 5 个步骤：

（1）让 theTestPaper 获取考题放入考题容器 theQuestions 中；

（2）创建考试实例 theTest；

（3）从 theTest 处获取考试时长；

（4）从 theTestPaper 处获取第一道考题；

（5）让考试实例和考卷实例形成关联。

其中，第 1 步比较复杂，又可以细分为若干步骤：

（1）创建考题规则实例 theRule。

（2）要求 theRule 装载考题规则项实例 theRuleItem。须说明的是，此时 theRule 将创建 theQuestionCatalog 对象，而 theQuestionCatalog 对象创建时，将调用 DBFacade，从数据库中获取考题规格说明、实例化为 questionSpec 对象，并装载到容器 theQuestionSpecs 中。为了让图 7-11 尽量简洁，没有对 theQuestionCatalog 装载 questionSpec 对象相关操作进行描述。

（3）创建考题容器 theQuestions。

（4）将装载考题 theQuestion 到考题容器 theQuestions 的职责分配给 theRule，theRule 又往下细分给各个考题规则项 theRuleItem，由 theRuleItem 真正将考题装载到容器 theQuestions 中。

细心的读者已经发现，图 7-11 和表 7-8 有一点不相符，在表 7-8 后置条件第 4 条说的是考卷生成规则实例和考试实例形成关联，而图 7-11 实际上是让考卷生成规则实例和考卷实例形成关联，这样并不违反领域模型。因为虽然在领域模型中考卷生成规则和考试关联，但这个“关联”在设置考试时就已经在数据库中通过外键完成，而不是在考试用例中建立。在考试用例中，让考卷生成规则实例和考卷实例关联，方便后续处理。

6．对象设计：submitAnswer(questionId：string，answer：string)

submitAnswer 操作的契约如表 7-9 所示。

表 7-9 submitAnswer 操作的契约

操　作	submitAnswer(questionId:string,answer:string)提交某道考题的答案
交叉引用	用例:考试
前置条件	一个考试在进行中
后置条件	一个考卷子类实例的答案属性被修改

实现该操作的协作图如图 7-12 所示。

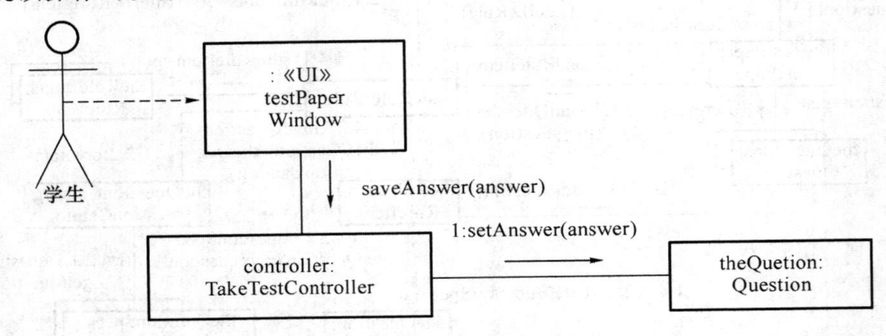

图 7-12 协作图——提交某道考题的答案

考题的答案保存在考题对象 theQuestion 中。

7. 对象设计:getNextQuestion()

getNextQuestion 操作的契约如表 7-10 所示。

表 7-10 getNextQuestion 操作的契约

操　作	getNextQuestion(),获取下一题
交叉引用	用例:考试
前置条件	一个考试在进行中
后置条件	考卷与考题实例进行关联

实现该操作的协作图如图 7-13 所示。

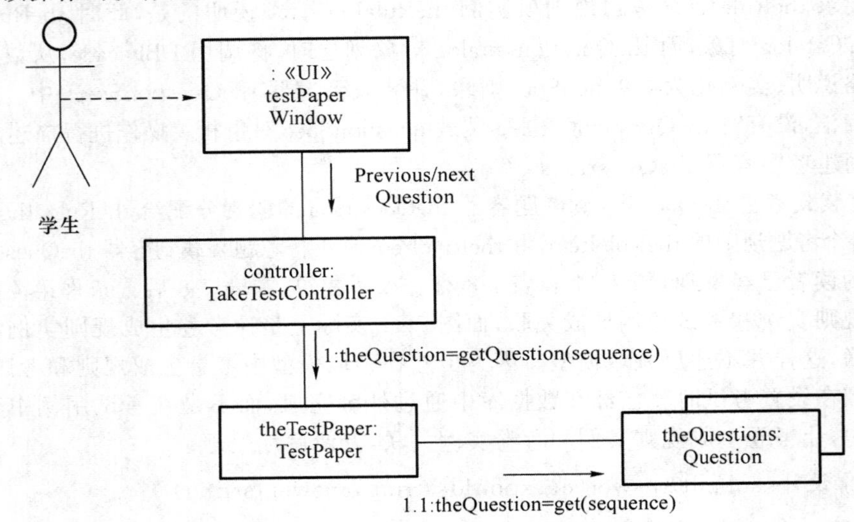

图 7-13 协作图——获取下一题

8. 对象设计:endTest()

endTest 操作的契约如表 7-11 所示。

表 7-11　endTest 操作的契约

操　作	endTest(),结束考试
交叉引用	用例:考试
前置条件	一个考试在进行中
后置条件	(1) 考卷实例的选择题总分属性被修改(属性的修改) (2) 一个考试实例和一个考卷实例间的“关联”被断开 (3) 一个考卷生成规则实例和一个考试实例间的“关联”被断开 (4) 考卷生成规则项实例和考卷生成规则实例间的“关联”被断开 (5) 考题子类的实例和考卷实例间的“关联”被断开 (6) 一个考题子类的实例和一个考题规则说明实例的“关联”被断开 (7) 一个考试实例被删除 (8) 若干个考卷实例被删除 (9) 一个考卷生成规则实例被删除 (10) 若干个考卷生成规则项实例被删除 (11) 若干个考题子类的实例被删除 (12) 若干个考题规则说明的实例被删除

实现该操作的协作图如图 7-14 所示。

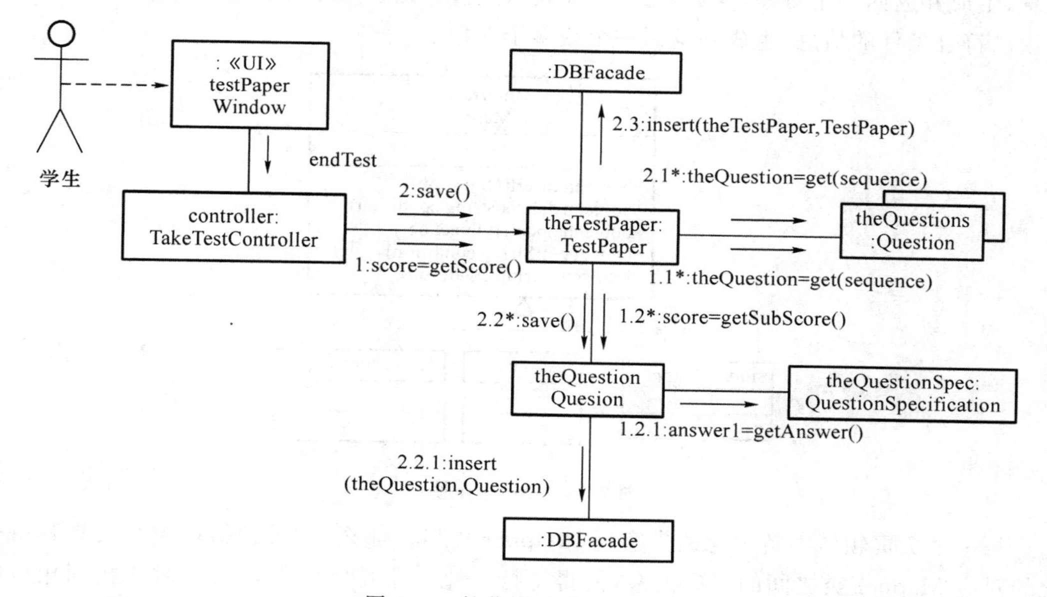

图 7-14　协作图——结束考试

学生选择结束考试时,须完成三件事情,首先计算出选择题的成绩,然后将考卷对象和对应的考题对象保存到数据库中,最后从内存中删除对象间的“关联”和对象。

谁负责计算选择题的成绩? 由于试卷对象知道各个选择题对象,因此须由考卷对象承担该职责,而考卷对象再将职责下分到各个选择题对象。为了计算选择题得分,考题对象首先从考题规则说明对象 theQuestionSpec 中获取标准答案。为了使图 7-14 清晰易识,没有将删除对象间的“关联”及删除对象的职责进行分配。

7.3.6 持久化层设计

由于持久化层是相对独立的一层,因此在此单独进行讨论。

首先解决的一个问题是谁负责领域对象持久化。按照在前面介绍的信息专家模式,最好由领域对象承担这个职责。因为待持久化的信息只有领域对象知道。但是这样存在下述两个问题:①领域对象本身和持久化存储机构之间具有很强的耦合关系;②相对于领域对象以前的职责,又加入一些与领域无关和复杂的新职责,这违反 SRP,技术服务和应用逻辑混合。因此,应该针对每一个领域对象,设计一个专门负责其持久的对象。譬如,可以设计类 StudentMapper、TestMapper 和 TestPaperMapper,它们分别负责学生信息、考试信息和考卷信息的持久化。

负责持久化的各 Mapper 类的职责是相似的,包括新增对象信息到存储介质、从存储介质中删除对象信息、修改对象信息,以及查询对象信息这四类操作。领域类调用各 Mapper 类实现持久化,按照 DIP 中讨论的依赖抽象原则,可以将这些公共的操作抽取出来形成一个接口 IMapper,如图 7-15 所示。其中,insert 用于将对象写入存储介质,delete 操作用于将符合条件的对象从存储介质中删除,update 操作用于更新对象的信息。这 3 个操作的布尔型返回值用于标识操作是否成功。第 4 个操作是 get,用于从存储介质中读取符合条件的信息,生成并返回一个对象,参数 condition 表示条件。最后一个操作 gets 用于从存储介质中读取符合条件的信息,生成并返回一个或多个对象。

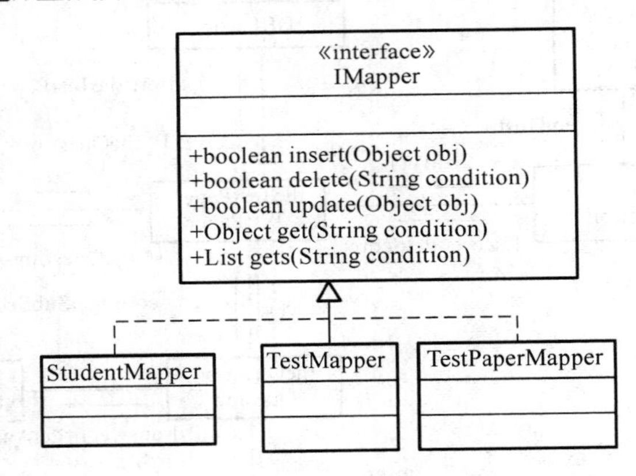

图 7-15 IMapper 接口

每一个负责领域类持久化的类实现 IMapper 接口。那么,谁维护领域类和负责其持久化的对应 Mapper 类之间的对应关系,使得待持久化一个特定的领域对象时能找到相应的负责持久化的对象?在此创建一个名为 DBFacade 的类承担该职责,如图 7-16 所示。同时,该类作为持久化层对外的统一服务窗口。其他层为调用持久化层的服务,只能通过调用 DBFacade 类提供的操作来实现,这样就对持久化层进行封装,以简化其他层对持久化层的访问方法。因此,对应于 IMapper 中的 5 个操作,DBFacade 提供对应的 5 个操作,其中类型为 Class 的参数用于接收待持久化领域对象对应的类,从而让 DBFacade 可以确定对应的 Mapper 对象。DBFacade 的另一个私有操作用于根据领域类获取对应的 Mapper 对象,这些对象预先存放在 mapperContainer 容器中。同时,将数据库之间连接建立和释放的职责交给类 DBConnection，各个 Mapper 调用 DBConnection 提供的功能实现和数据库之间连接的建立和释放。这样可以满足单一职责原则，也满足易变部分和稳定部分分离的原则。因为使用不同的关系数据库时，主要是建立数据库连接部分有一些不同，其他实现增删改查的 SQL 语句是基本一样的。

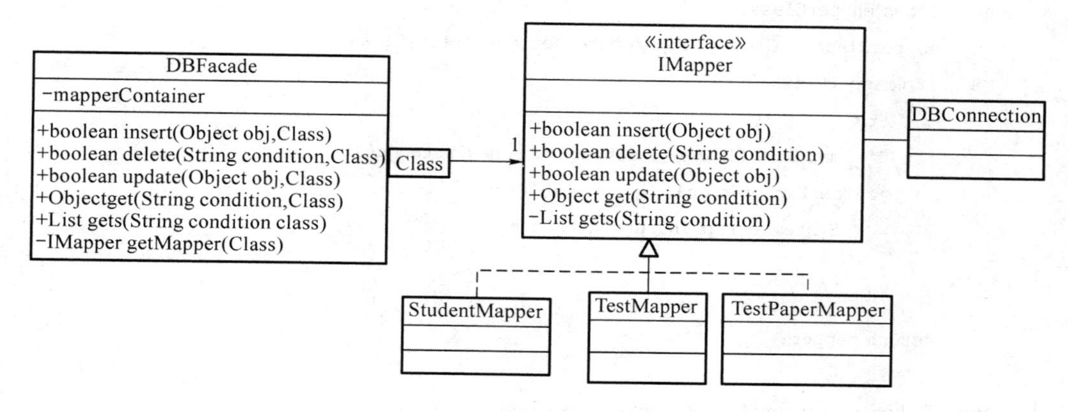

图 7-16　持久化层设计类

上述设计遵循开闭原则。由于 DBFacade 只依赖接口 IMapper，因此新增领域类时，只需新增对应实现 IMapper 接口的 Mapper 类，而对 DBFacade 没有任何影响。

下面以对 Student 对象的持久化操作为例，进一步介绍持久化层如何通过 DBFacade 对外提供持久化服务。

图 7-17 是新增一个学生对象的协作图。当业务/领域对象或者控制器/处理对象调用持久化层的服务时，首先向 DBFacade 对象发送 insert 消息，消息中第一个参数 theStudent 是待持久化的 student 对象的引用，第二个参数 Student 是待持久化的领域对象所属的类名。DBFacade 接收到该条消息后，首先向自身发消息 getMapper 来获取负责对类 Student 的对象进行持久化的对象 theStudentMapper，然后向 theStudentMapper 对象发送 insert 消息，让其将 theStudent 对象持久化到存储介质。theStudentMapper 对象对应的类为 StudentMapper。

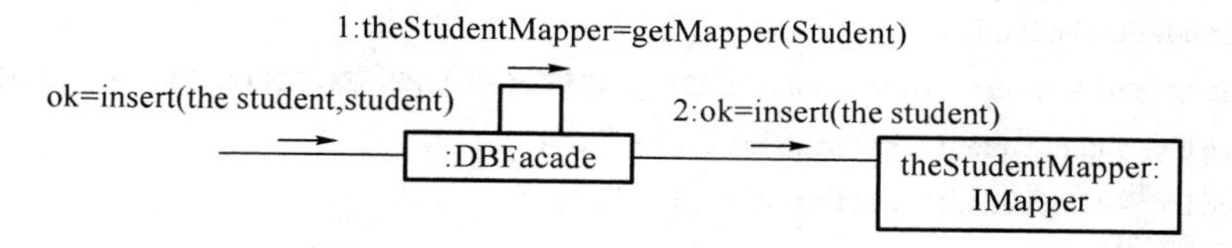

图 7-17　新增一个对象的协作图

使用 Java 语言书写 DBFacade 类的部分代码如下：

```
public class DBFacade {
private Map<Class, Class> mapperContainer;
public DBFacade()
{
mapperContainer = new HashMap<Class,Class>();
    mapperContainer.put(TestPaper.class, TestPaperMapper.class);
    mapperContainer.put(Test.class, TestMapper.class);
    mapperContainer.put(Student.class, StudentMapper.class);
```

```
}
private IMapper getMapper(Class entityClass)
    {
    IMapper mapper = null;
        Class mapperClass;
        mapperClass = (Class) mapperContainer.get(entityClass);
        if (mapperClass! = null){
            try{
                mapper = (IMapper) mapperClass.newInstance();
            }catch(Exception e){
                System.err.println(e.getMessage());
            }
        }
        return mapper;
}
    public boolean insert(Object obj,Class class){
        private IMapper mapper;
        mapper = getMapper(class);
        if(mapper ! = null)
            return mapper.insert(obj);
        else
return false;
}
//其他代码省略
}
```

使用 Java 语言书写 StudentMapper 类的部分代码如下：

```
public class StudentMapper implements IMapper{
    public boolean insert(Object obj) {
        Student theStudent = (Student)obj;
        Stringsql = insertinto student(STUDENT_ID,PASSWORD,NAME,SEX,SCHOOL_ID,CLASS_ID,GRADE) values('";
        sql + = theStudent .getStudentID() + "','";
        sql + = theStudent .getPassword() + "','";
        sql + = theStudent .getName() + "','";
        sql + = theStudent .getSex() + "','";
        sql + = theStudent .getSchoolID() + "','";
        sql + = theStudent .getClassID() + "','";
        sql + = theStudent .getGrade() + "')";
        Connection conn = DBConn.getConnection();
        try{
            Statement stat = conn.createStatement();
            int num = stat.executeUpdate(sql);
            if(num = = 1){
                return true;
```

```
            }
        }catch(SQLException e){
            System.err.println(e.getMessage());
        }
        return false;
    }
}
```

图 7-18～图 7-21 分别是针对 DBFacade 中另外 4 个操作的协作图。这 4 个操作对应的方法和 insert 操作相似。

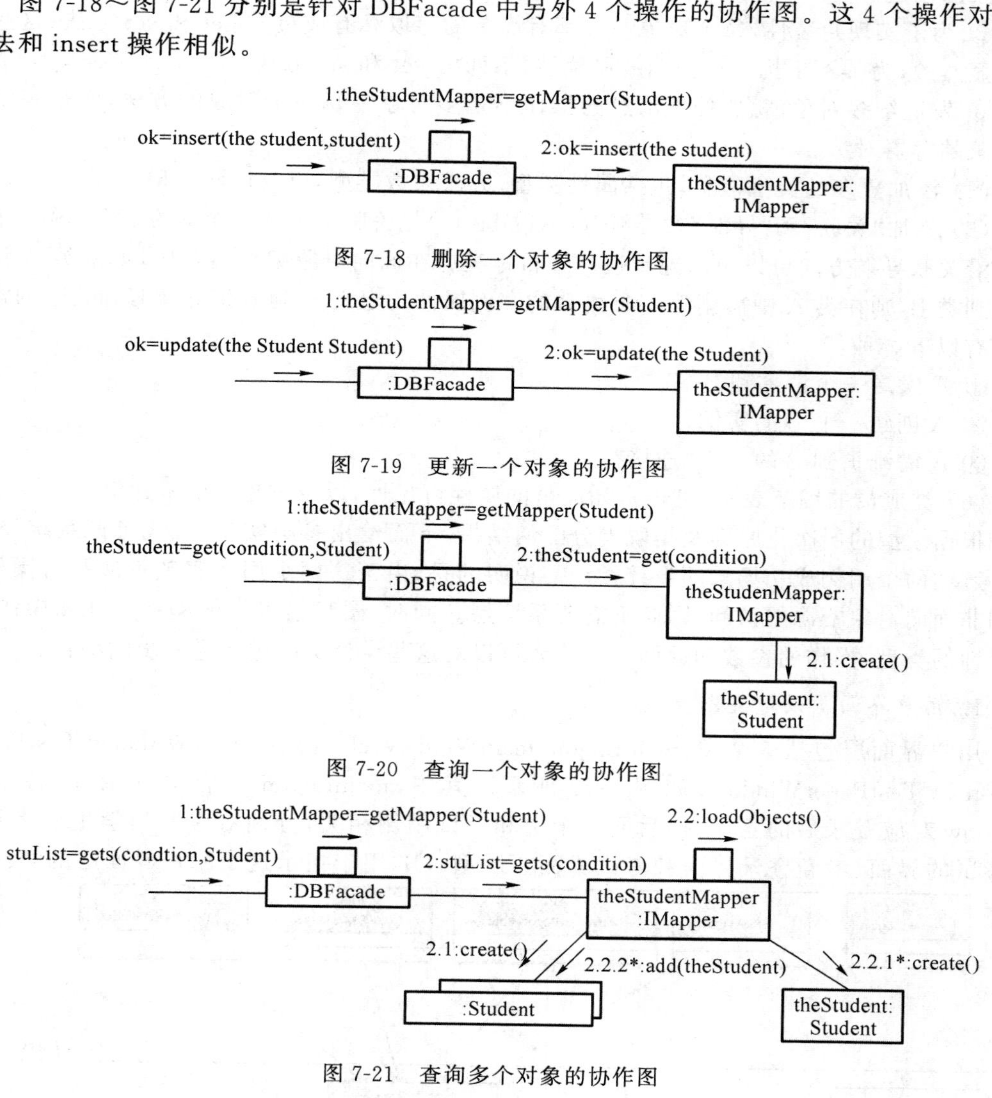

图 7-18　删除一个对象的协作图

图 7-19　更新一个对象的协作图

图 7-20　查询一个对象的协作图

图 7-21　查询多个对象的协作图

7.3.7　创建设计类图

通过类职责分配，可找出实现用例的类，以及类的职责。结合分析阶段的领域模型，可以得到设计阶段的类图，简称设计类图。设计类图中主要定义类、类的属性和操作，但不定义实现操作的算法。创建设计类图的步骤如下：

(1) 通过扫描所有的交互图及领域模型中涉及的类,识别参与软件解决方案的类。

(2) 将领域模型中已经识别出来的部分属性添加到类中。

(3) 给类添加操作。通过交互图可以获得每一个类的操作。一般而言,发送给类 X 所有消息的集合就是类 X 必须定义的大多数操作。

添加方法时须注意的 3 个问题:

① create 创建消息一般被忽略,因为在编程语言中,每个类都有相应的构造函数来实现对象的创建。

② 为了实现封装性,每个对象一般都有简单的存取私有成员的 get 和 set 方法;这些方法是显然的,为了不干扰设计类图的可读性,不列出 get 和 set 方法。

③ 发送给多对象消息,处理消息的操作不是多对象中每一个对象的方法,而是容纳这些对象的容器对象。

(4) 添加更多的类型信息,包括属性类型、方法参数类型,以及返回类型。

(5) 添加"关联"和"导航","导航"(navigability)是关联角色的一个属性,表示从一个源对象沿关联导航方向可以单向地到达一个目标类。在面向对象编程语言中,如果类 A 计划导航到类 B,则在类 A 中需创建一个类 B 的实例属性。定义 A 到 B 带导航修饰关联的常见情况有以下 3 种:

① A 发送一个消息到 B;

② A 创建一个 B 的实例;

③ A 需维护到 B 的一个"连接"。

(6) 类成员的细节表示(可选),如成员的属性可见性,以及方法体的描述等。

根据模型的层次化原则及类职责分配的结果,下面给出参与实现"在线考试系统登录"和"考试"两个用例成功场景的设计类。需说明的是,由于这两个用例实现不涉及对操作系统和非面向对象资源的访问,因此不需要系统层。同时,图只给出类的关键属性和操作,忽略属性的类型、操作的参数和返回值。读者可以对这些设计类图进行进一步的细化。

1. 用户界面层设计类图

用户界面层包括 5 个类:mainLogon、mainWindow、showTestPaperWindow、TestPaperLogon 和 TestPaperWindow,如图 7-22 所示。其中,mainLogon 对应主登录界面;mainWindow 对应登录后的主窗口;后面三个类和考试用例相关,分别对应罗列学生能参加所有考试的界面、考卷登录界面和考试界面。版型《UI》用于指示这是用户界面层的类。

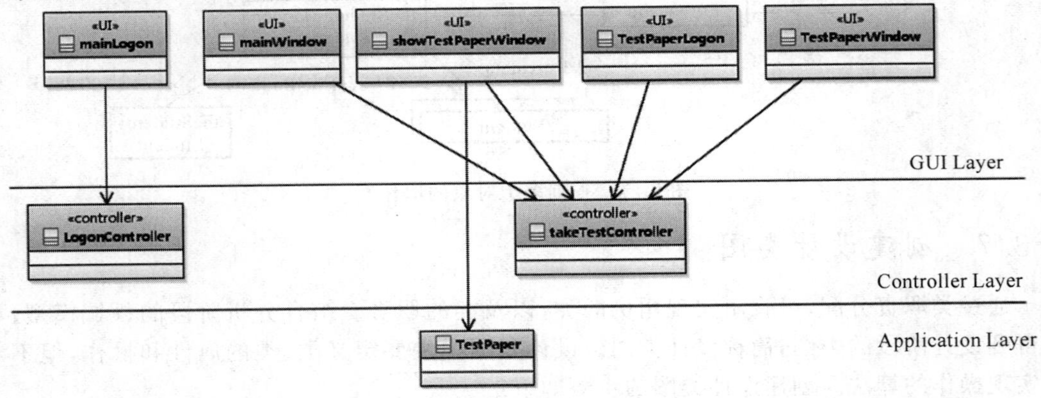

图 7-22 用户界面层类图

按照前面介绍的模型层次化原则，用户界面层的类可以调用控制器/处理层中的类，也可以调用业务/领域层中的类。在登录用例中，为了验证用户名和密码，mainLogon 调用 LogonController，由后者协调领域类完成验证逻辑。在考试用例中，showTestPaperWindow、testPaperLogon 和 TestPaperWindow 都调用 takeTestController，由后者来协调实现应用逻辑。同时，为了获取并展示考试名称，showTestPaperWindow 调用领域类 TestPaper 获取考试名称。

2. 控制器/处理层设计类图

如图 7-23 所示，控制器层有两个类，分别为 LogonController 和 takeTestController，分别作为用户登录用例和考试用例的控制者。

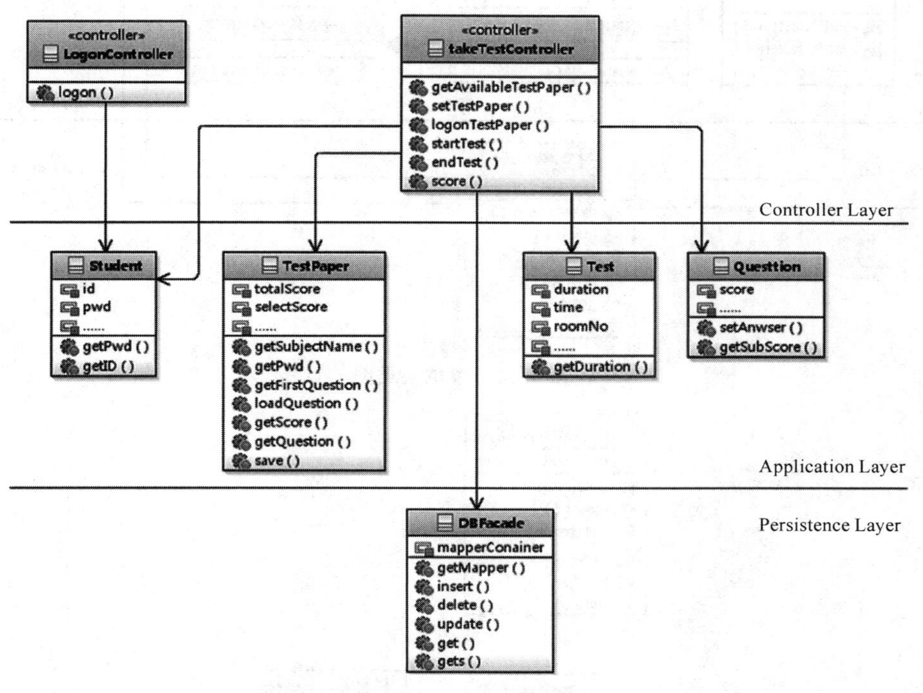

图 7-23　控制器/处理层类图

按照前面介绍的模型层次化原则，控制器/处理层的类可以调用业务/领域层中的类，也可以调用持久化层中的类。在登录用例中，为了验证用户名和密码，LogonController 向业务/领域层的 Student 对象请求正确的密码。在考试用例中，takeTestController 请求业务/领域层的 Student、TestPaper、Test 和 Question 对象执行相关操作。同时，takeTestController 也请求持久化层的 DBFacade 的相关操作，实现对象的持久化。

3. 业务/领域层设计类图

如图 7-24 所示，领域层的类有：Student（学生）、TestPaper（考卷）、Question（考题）、Test（考试）、Rule（考卷生成规则）、RuleItem（考卷生成规则项）、QuestionCatalog（考题规格说明目录）和 QuestionSpecification（考题规格说明）。其中，Question 类是抽象类，它还有一系列代表选择题、填空题等的子类，为保持图简洁，未在本图中画出。

4. 持久化层设计类图

如图 7-25 所示，持久层除了类 DBFacade 和 DBConnection，以及接口 IMapper 之外，还

有8个Mapper类的子类,它们分别负责对对应领域类的持久化。

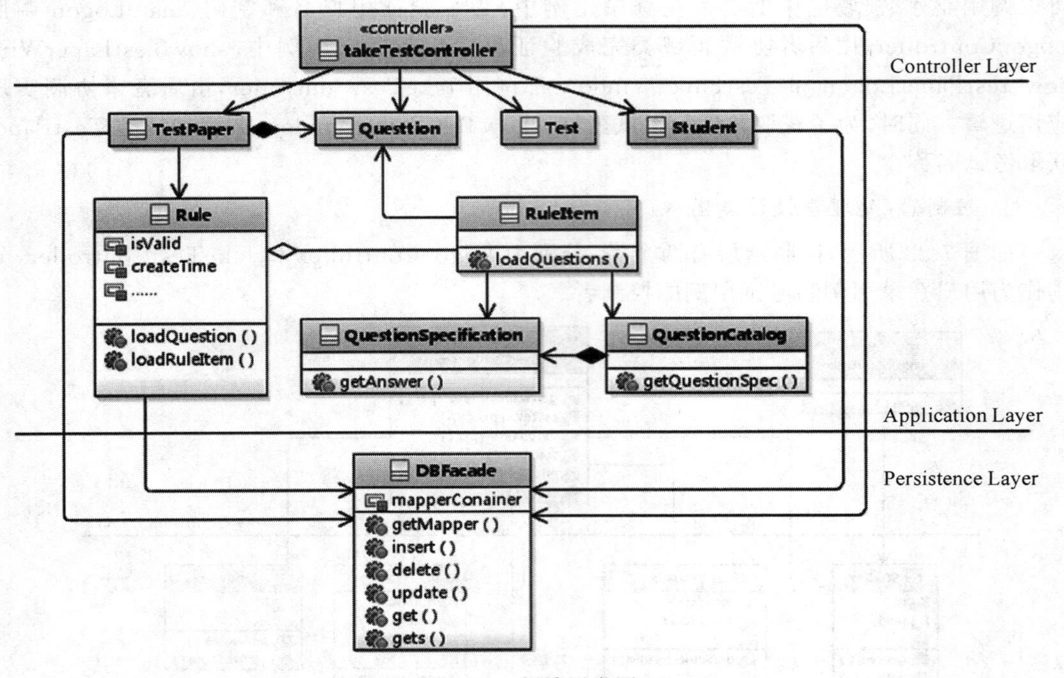

图 7-24　领域层类图

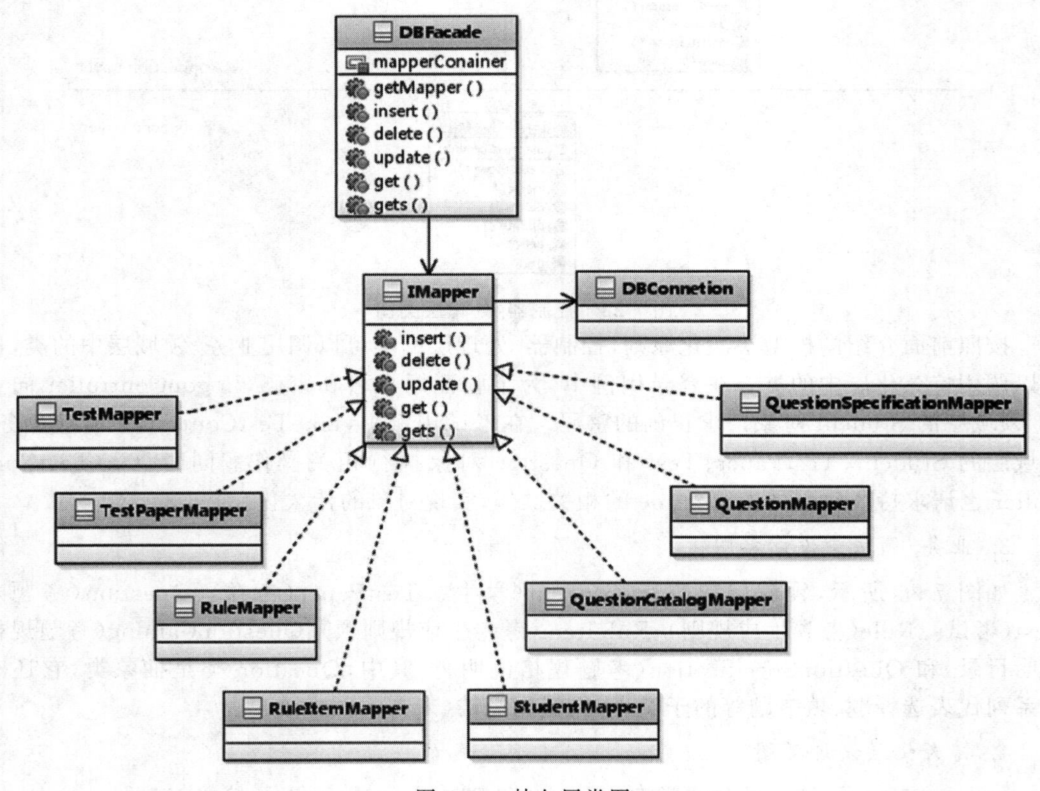

图 7-25　持久层类图

7.3.8　startUp 用例

大多数系统都有一个 startUp 用例，以及一些用于启动应用的初始化系统操作。虽然 startUp 是最早执行的系统操作，但直到所有其他系统操作都考虑完后再为它进行交互图设计，这能保证已经将初始化活动进行充分的挖掘。

应用启动时，startUp 操作表示初始阶段的运行。为了理解如何为这个操作设计交互图，最好理解初始化发生的环境。一个应用的启动和初始化依赖编程语言和操作系统。无论是哪种情况，一个常见的设计方法是先创建一个领域对象，它是第一个创建的领域对象，由它负责创建其他须在初始化过程中创建的领域对象。

初始化领域对象的选择原则：选择领域对象的容器，或者聚集层次结构的根或临近根的类作为初始化领域对象的类。这可能是一个外观控制器，也可能是包含所有或大多数其他对象的对象。

在什么地方创建第一个领域对象依赖技术。例如，在 Java 应用中，main 方法可以创建初始化领域对象或者将创建初始化领域对象的工作委托给一个工厂对象。该领域对象后续传递给相关的用户界面对象或者控制器对象。

在在线考试系统中，按照目前的设计，系统初始化时不需要什么操作，因此可以没有 startUp 用例。但是，假设永久存储中只存在为数不多的考题规格说明对象，那么就可以在系统初始化时将其全部装载到计算机内存。在这种情况下，需要 startUp 用例，用于装载所有的考题规格说明对象。由于初始化时只需创建考题规格说明对象这一种领域对象，所以考题规格说明对象就是初始化领域对象。

完成系统初始化后，当学生通过 Logon 系统操作登录系统时，这批考题规格说明对象将传递给 TakeTestController 控制器对象，使得在生成考卷时可以访问这些对象。

7.4　概要设计说明书参考模板

具体内容参见附录二。

习　题

1. 说明面向对象软件结构采用分层的原则和优点。
2. 试针对图书管理系统中“借书”用例的每一个系统事件绘制协作图，并给出类图。
3. 使用银行卡可以在 ATM 机上取款。针对取款和查询余额绘制实现该用例的顺序图或者协作图。注意，ATM 机是与银行联网的。
4. 简述面向对象设计阶段须完成的工作。

第8章　结构化设计方法

面向数据流的结构化软件设计方法是基于模块化、自顶向下细化及结构化程序设计等技术基础上发展起来的，依据需求分析的结果“数据流图”推导出软件的系统功能结构图。该方法实施的要点是：

- 建立数据流的类型。
- 指明数据流的边界。
- 将数据流图映射到程序结构。
- 用“因子化”方法定义控制的层次结构。
- 用设计测量和一些启发式规则对结构进行细化。

8.1　系统功能结构图结构

8.1.1　系统结构图中的模块

在系统结构图中，不能再分解的底层模块为原子模块。如果一个软件系统的全部实际“加工”(数据计算或处理)都由底层的原子模块来完成，而其他所有非原子模块仅仅执行控制或协调功能，那么这样的系统就是完全因子分解的系统，是最好的系统。一般而言，系统结构图有4种类型的模块，如图8-1所示。

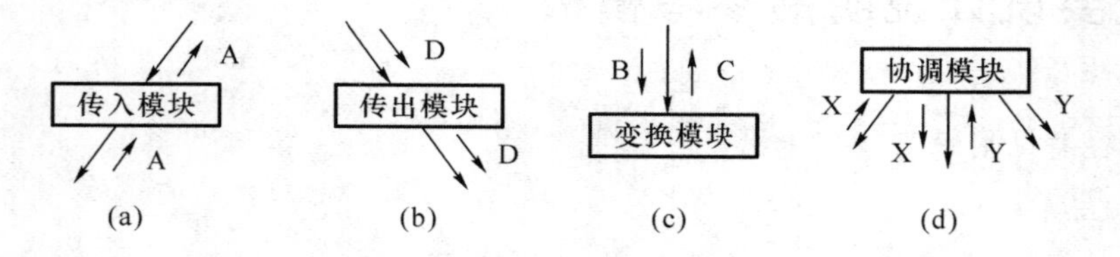

图8-1　系统结构图的4种模块类型

(1) 传入模块：从下属模块取得数据，经过某些处理过程，再将其传送给上级模块。

(2) 传出模块：从上级模块获得数据，进行某些处理过程，再将其传送给下属模块。

(3) 变换模块：即加工模块。它从上级模块取得数据，进行特定的处理过程，转换成其他形式，再传送回上级模块。大多数计算模块(原子模块)属于这一类。

(4) 协调模块：对所有下属模块进行协调和管理的模块。在系统的输入/输出部分或数据加工部分可以找到这样的模块。在一个好的系统结构图中，协调模块应在较高层出现。

在实际系统中，有些模块属于上述某一类型，还有一些模块是上述各种类型的组合。

8.1.2　变换型数据流与变换型系统结构

变换型数据处理问题的工作过程大致分为三步，即取得数据、变换数据和给出数据，如图 8-2 所示。这三步反映变换型问题数据流的基本思想。其中，“变换数据”是数据处理过程的核心工作，而“取得数据”只不过是为它准备，“给出数据”则是对变换后的数据进行后处理工作。

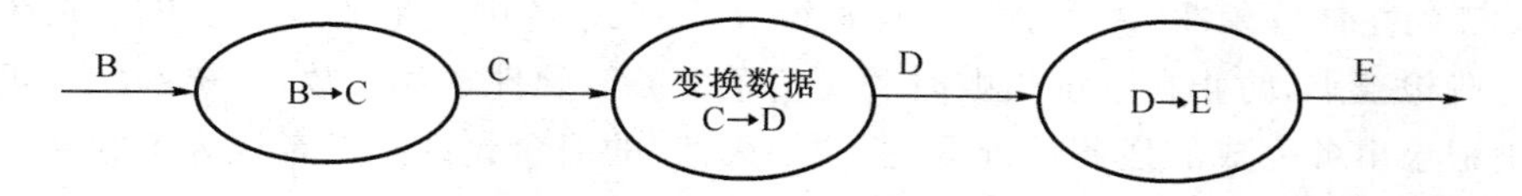

图 8-2　变换型数据流

变换型系统结构图如图 8-3 所示，相应于取得数据、变换数据、给出数据，系统的结构图由输入、中心变换和输出等三部分组成。

8.1.3　事务型数据流与事务型系统结构图

事务型数据处理问题的工作机理是接受一项事务，根据事务处理的特点和性质，选择分派一个适当的处理单元，然后给出结果。完成选择分派任务的部分称为事务处理中心，或分派部件。这种事务型数据处理问题的数据流图如图 8-4 所示。其中，输入数据流在事务中心 T 处进行选择，激活某一种事务处理加工；D1～D4 是并列的供选择的事务处理加工。

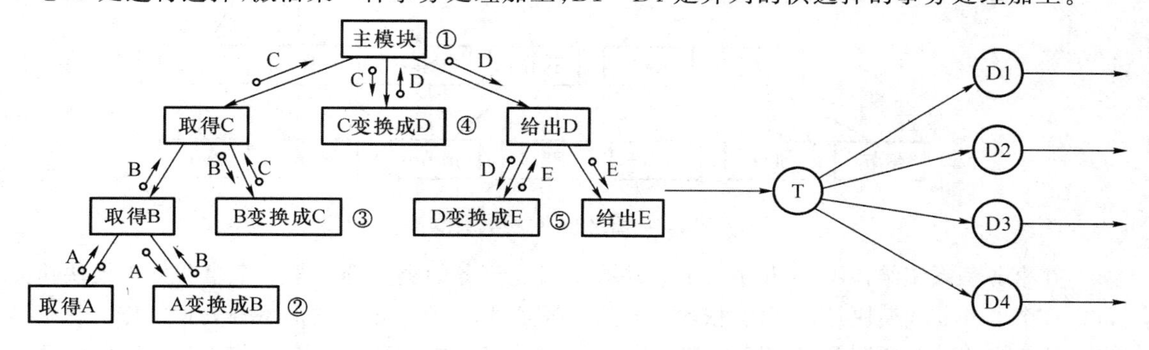

图 8-3　变换型的系统结构图　　　图 8-4　事务型数据处理问题

事务是一个最小的工作单元，不论成功与否都作为一个整体进行工作，并且不会有部分完成的事务。由于事务是由几个任务组成的，因此如果一个事务作为一个整体是成功的，则事务中的每个任务都必须成功。如果事务中有一部分失败，则整个事务失败。当事务失败时，系统返回事务开始前的状态。这个取消所有变化的过程称为“回滚”(rollback)。

事务还具有原子性(Atomicity)、一致性(Consistency)、隔离性(Isolation)及持久性(Durability)的特点，简称 ACID。

（1）原子性：用于标识事务是否完全地完成，一个事务的任何更新须在系统上完全完成。如果由于某种原因出错，事务不能完成它的全部任务，系统返回到事务开始前的状态。

（2）一致性：事务在系统完整性中实施一致性，这通过保证系统的任何事务最后都处于有效状态来实现。

■ 如果事务成功地完成,那么系统中所有的变化正确地应用,系统处于有效状态。

■ 如果在事务中出现错误,那么系统中所有的变化自动回滚,系统返回到原始状态。

(3) 隔离性:在隔离状态执行事务,使它们好像是系统在给定的时间内执行的唯一操作。如果两个事务运行在相同的时间内,执行相同的功能,那么事务的隔离性确保每一事务在系统中认为只有该事务在使用系统。这种属性有时称为串行化,为了防止事务操作间混淆,必须串行化或序列化请求,使得在同一时间仅有一个请求用于同一数据。

(4) 持久性:"持久性"说明事务一旦执行成功,在系统中产生的所有变化是永久的。应该存在一些检查点,防止在系统失败时丢失信息。甚至硬件本身失败,系统的状态仍能通过在日志中记录事务完成的任务进行重建。"持久性"的概念允许开发者认为不管系统以后发生什么变化,完成的事务是系统永久的部分。

事务型数据流图所对应的系统结构图是事务型系统结构图,如图8-5所示。

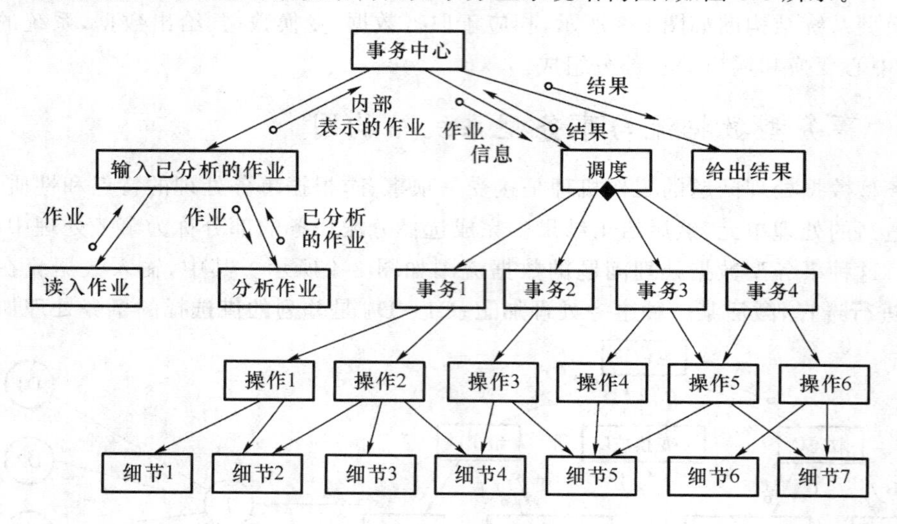

图8-5 事务型系统结构图

在事务型系统结构图中,事务中心模块按所接受事务的类型选择某一个事务处理模块执行。各个事务处理模块是并列的,依赖一定的选择条件,分别完成不同的事务处理工作。每个事务处理模块可能调用若干个操作模块,而操作模块又可能调用若干个细节模块。不同的事务处理模块可以共享一些操作模块。同样,不同的操作模块又可以共享一些细节模块。

事务型系统结构图在数据处理中经常遇到,但是更多的是变换型与事务型系统结构图的结合。例如,变换型系统结构中的某个变换模块本身又具有事务型的特点。

8.2 变换映射

变换映射是一组设计步骤,将具有变换流特征的数据流图映射为一个预定义的程序结构模版。变换映射是体系结构设计的一种策略,运用变换映射方法建立初始的变换型系统结构图,然后对它进一步改进,最后得到系统的最终结构图。设计的步骤如下所述。

步骤1:复审基本系统模型(顶层数据流图和相应的软件需求规格说明书)。评估系统规格说明和软件需求规格说明。

步骤 2：复审和细化软件的数据流图。重画数据流图时，可以从物理输入到物理输出，或者相反；还可以从顶层加工框开始，逐层向下检查各变换型加工是否具有高内聚的特性（即"加工"具有执行单一、独立的功能），以及每个"加工"是否具有足够多的细节信息，而无须再进一步细化。

重画数据流图的出发点是描述系统中的数据是如何流动的，在需求分析阶段的数据流图则侧重于描述系统如何加工数据。因此，重画数据流图应注意以下 6 个要点：

（1）以需求分析阶段的数据流图为基础，可以从物理输入到物理输出，或者相反；可以从顶层加工开始，逐层向下。

（2）在图上不出现控制逻辑（例如判定和循环等），箭头只表示数据流而非控制流。

（3）不用考虑系统的开始和结束（假定系统在不停地运行）。

（4）省略每一个加工的简单例外处理，只考虑主要加工处理逻辑。

（5）当数据流进入和离开一个"加工"时，仔细地标记"加工"，不重名。

（6）如有必要，可以使用逻辑运算符"与"和"或"。

步骤 3：确定数据流图中含有变换流特征，还是含有事务流特征。通常，系统的信息流总能表示为变换型，但其中也可能遇到明显的事务流特征，这时可采用以变换型为主，在局部范围采用事务型的设计方法。

步骤 4：区分输入流、输出流和中心变换部分，即标明数据流的边界。不同的设计人员可能选择不同的数据流边界，这导致不同的系统结构图。输入流被描述为信息从外部形式变换为内部形式的路径，输出流是信息从内部形式变换为外部形式的路径。但是，输入流和输出流的边界并未加以说明，这导致不同的设计人员在选择数据流边界时会有所不同。

（1）中心变换：多股数据流汇集的地方往往是系统的中心变换部分。

（2）逻辑输入：可以从数据流图上的物理输入开始，逐步向系统中间移动，一直到数据流不再被看作是系统的输入为止，则其前一个数据流就是系统的逻辑输入。可以认为逻辑输入就是离物理输入端最远的，且仍被看作是系统输入的数据流。

（3）逻辑输出：从物理输出端开始，逐步地向系统中间移动，就可以找到离物理输出端最远，且仍被看作是系统输出的数据流。

步骤 5：进行一级"因子化"分解，设计顶层和第一层模块。程序结构表示控制自顶向下的分布，因子化的作用是得到一个顶层的模块（主模块）完成决策。低层模块完成大多数输入、计算和输出工作的程序结构；中层的模块既完成一部分控制，又完成适当的变换工作。

首先设计主模块，用程序名字为它命名，将它画在与中心变换相对应的位置上。作为系统的顶层，它调用下层模块，完成系统所需完成的各项工作。系统结构第一层的设计方针：为每一个逻辑输入设计一个输入模块，它为主模块提供数据；为每一个逻辑输出设计一个输出模块，它将主模块提供的数据输出；为中心变换设计一个变换模块，它将逻辑输入转换成逻辑输出。第一层模块与主模块之间传送的数据应与数据流图相对应。

步骤 6：进行二级"因子化"分解，设计中、下层模块。第二级因子将数据流图中的每一个变换型加工映射为程序结构中的模块（一个输入模块、输出模块、变换模块）。从变换中心的边界开始，沿输入路径和输出路径向外，将"变换"依次映射到低层的软件结构中。这一步工作是自顶向下，逐层细化数据流图，为每一个输入模块、输出模块、变换模块设计它们的从属模块。

第二级因子化的结果往往是现实考虑和设计质量要求的折中结果,后期的软件设计复审和细化还可能导致这个功能模块结构变化,但这个结构仍然可以作为系统的初始功能结构图。

输入模块向调用它的上级模块提供数据,因而它必须有两个下属模块:一个是接收数据;另一个是把这些数据变换成它的上级模块所需的数据。输出模块从调用它的上级模块接收数据,用以输出,因而也应当有两个下属模块:一个是将上级模块提供的数据变换成输出的形式;另一个是将它们输出。中心变换模块的下层模块没有通用的设计方法,一般应参照数据流图的中心变换部分和功能分解的原则来考虑如何对中心变换模块进行分解。

根据以上方法推导出来的最初程序结构设计结果还须为每个功能模块进行命名,以体现其功能,并为每个模块提供简要的处理说明,如图8-6所示。处理说明应该包含以下内容:

(1) 模块输入和输出的信息,即接口描述。

(2) 模块需处理的信息,局部数据结构中存储的数据。

(3) 过程描述,指明该功能模块主要的逻辑规则和任务。

(4) 与该功能模块的有关限制条件和特殊的要求(I/O、与硬件相关的特征、时间要求等)。

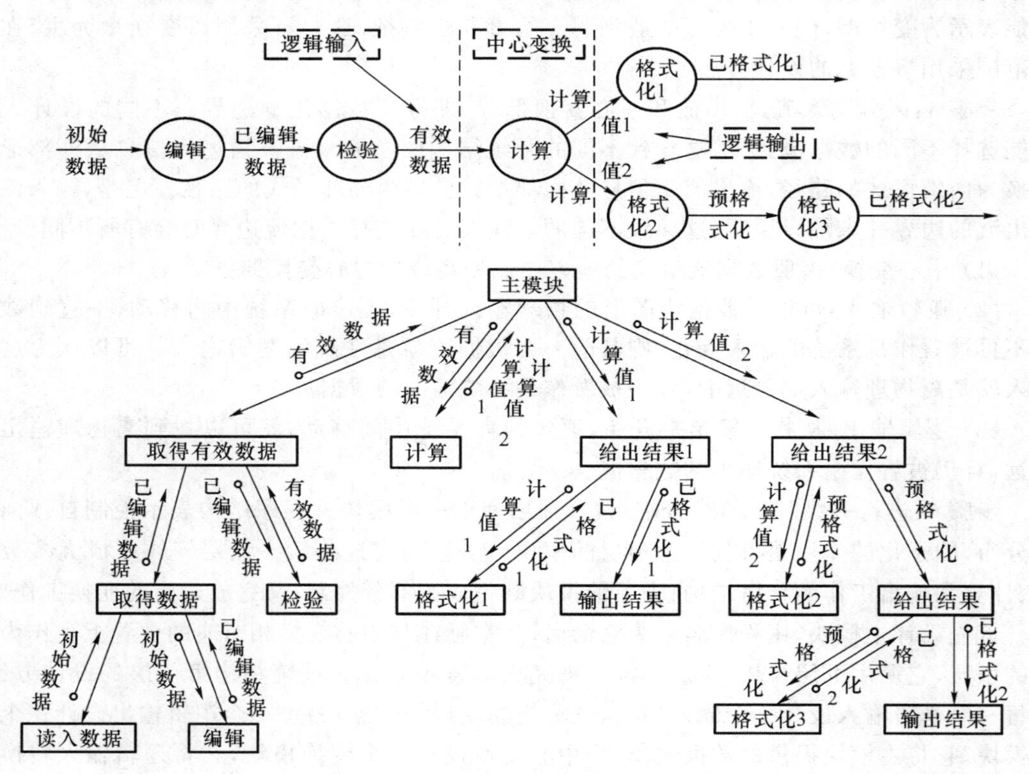

图8-6　由变换型数据流图推导出的系统初始结构图

步骤7:利用一些启发式原则(应用模块的独立概念)来改进系统的初始结构图,直到得到符合要求的结构图为止。主要考虑这些功能模块具有高内聚、低耦合的程序结构,而且最重要的是易于后期功能实现、测试和维护的程序结构。

8.3　事务映射

很多应用中存在某一种作业数据流，它可以引发一个或多个处理。这种数据流称为事务。与变换映射类似的是，事务映射也是从分析数据流图开始，自顶向下，逐步分解，建立有别于变换型的事务型系统结构图。这里以如图 8-7(a)所示的数据流图为例，说明如何推导事务型的系统结构图。

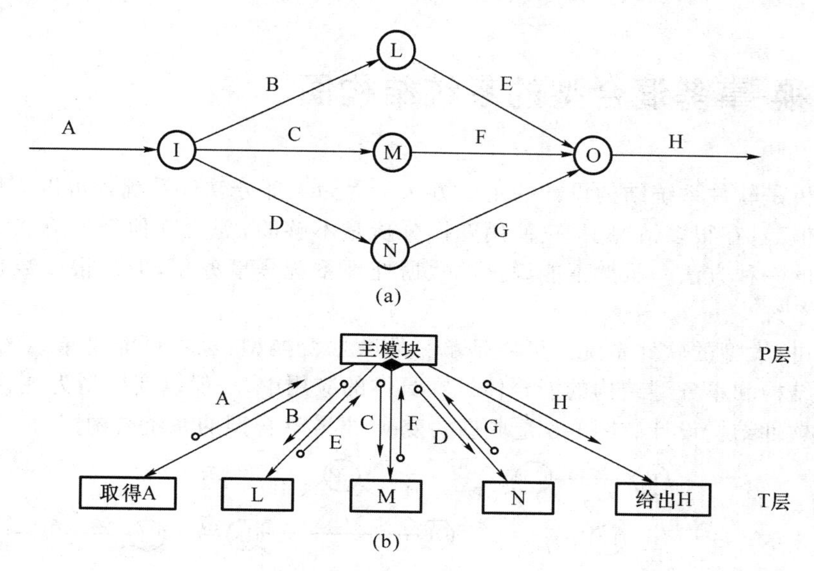

图 8-7　由数据流图推导事务型系统结构图示意

步骤 1：复审基本系统模型。

步骤 2：复审和细化软件的数据流图。

步骤 3：确定数据流图中含有变换流特征，还是含有事务流特征。以上三步与变换映射中的相应工作相同。

步骤 4：识别事务中心和每一条操作路径上的流特征。事务中心通常位于几条操作路径的起始点上，可以从数据流图上直接找出。输入路径必须与其他所有操作路径区分开来。

在如图 8-7(a)所示的数据流图中，首先确定它是具有事务型特征的数据流图，即数据流 A 是一个带有“请求”性质的信息，即为事务源，加工 I 则具有“事务中心”的功能，后继的三个加工 L、M、N 是并列的，在加工 I 的选择控制下完成不同功能的处理。最后，经过加工 O 将某一加工处理的结果整理输出。

步骤 5：将数据流图映射到事务型系统结构图上。事务流应映射到包含一个输入分支和一个分类事务处理分支的程序结构上。输入分支结构的开发与变换流的方法类似。分类事务处理分支结构包含一个调度模块，调度和控制下属的事务处理模块。

为此，首先建立一个主模块用以代表整个“加工”，它位于 P 层(主层)；然后考虑被称为 T 层(事务层)的第二层模块。第二层模块只能是三类：取得事务、处理事务和给出结果。在图 8-7(b)中，依据并列的三个“加工”，在主模块之下建立三个事务模块，分别完成 L、M 和

N的工作,并在主模块的下沿以菱形引出对这三个事务模块的选择,而在这些事务模块的左右两边则是对应于加工I和O的“取得A”模块和“给出H”模块。

各个事务模块下层的操作模块,即A层(活动层)和细节模块,即D层(细节层),在图中未画出,可以继续分解扩展,直至完成整个结构图。

步骤6:“因子化”分解和细化该事务结构和每一条操作路径的结构。每一条操作路径的数据流图由它的信息流特征,可以是变换流也可以是事务流。与每一条操作路径相关的子结构可以依照前面介绍的设计步骤进行开发。

步骤7:利用一些启发式原则来改进系统的初始结构图。

8.4 变换-事务混合型的系统结构图

变换分析是软件系统结构设计的主要方法。因为大部分软件系统都可以应用变换分析进行设计。但是,在很多情况下,仅使用变换分析是不够的,需要其他补充方法。事务分析就是最重要的一种方法。虽然不能说全部数据处理系统是事务型,但是很多数据处理系统属于事务型系统。

一般来讲,大型的软件系统不可能是单一的数据变换型,也不可能是单一的事务型,通常是变换型结构和事务型结构的混合体。在具体的应用中,一般以变换型为主、事务型为辅的方式进行软件结构设计。图8-8是典型的变换-事务混合型的系统结构图。

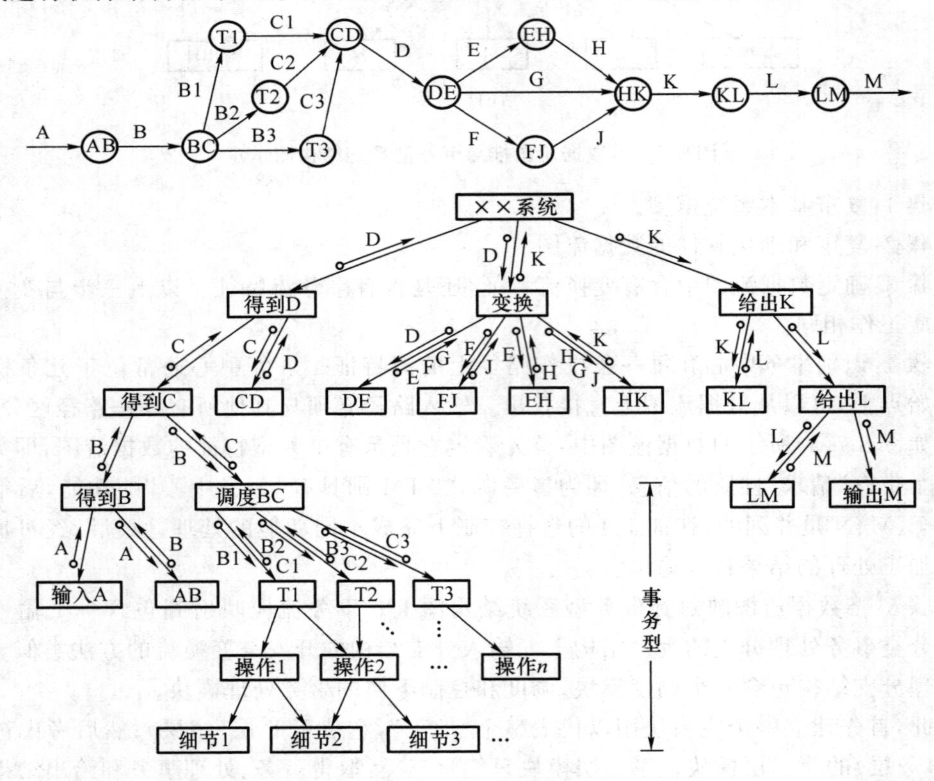

图8-8 一个典型的变换-事务混合型的系统结构

8.5　改进系统功能结构图的启发式原则

一旦经过上述方法的分析和设计得到初步的系统功能结构图，还须利用启发式原则对系统功能结构图进行改进和优化。

8.5.1　模块功能的完善

一个完整的功能模块不仅应能完成指定的功能，而且还应当能够告诉使用者完成任务的状态，以及不能完成的原因。一个完整的模块应具有以下两个部分，且这两个部分应当看作是一个模块的有机组成部分，不应分离到其他模块中，否则将增大模块间的耦合程度：

• 规定的功能部分；

出错处理部分。当模块不能完成规定的功能时，必须返回出错信息和标志，向它的调用者报告出现这种例外情况的原因。

• 如果须返回一系列数据给它的调用者，完成数据加工时应给它的调用者返回一个该模块执行是否正确结束的"标志"。

8.5.2　消除重复功能，改善软件结构

在系统的初始结构图得出之后，应当审查分析这个结构图。如果发现几个模块的功能有相似之处，可以加以改进。

(1) 完全相似：在结构上完全相似，可能只是在数据类型上不一致。此时可采取完全合并的方法，只需在数据类型的描述上和变量定义上加以修改即可。

(2) 局部相似：如图 8-9(a)所示，虚线框部分是相似的部分。这时不能简单地把两者合并为一个部分，如图 8-9(b)所示，因为这样合并后的模块内部必须设置许多的查询开关，如图 8-9(f)所示，很大程度上把模块降低到逻辑内聚一级。处理的办法是分析 R1 和 R2，找出两者之间的相同部分，并从 R1 和 R2 中分离，重新定义一个独立的下一层模块。R1 和 R2 剩余的部分根据情况还可以与它的上级模块合并，以减少控制的传递、全局数据的引用和接口的复杂度，形成如图 8-9(c)、图 8-9(d)、图 8-9(e)所示的三种方案，这些方案在减少模块间的耦合度，提高模块的内聚度方面，收到较好效果。

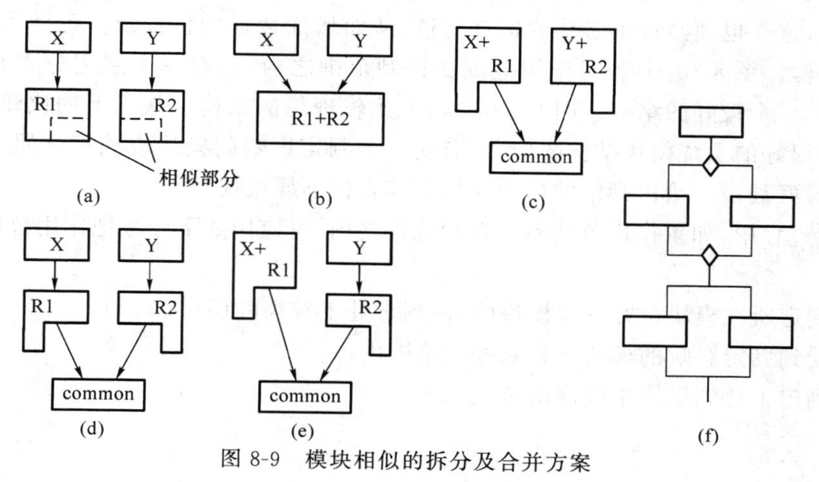

图 8-9　模块相似的拆分及合并方案

8.5.3 模块的作用范围

模块的控制范围包括它本身及其所有的从属模块,如图 8-10(a)所示。模块 A 的控制范围为模块 ABCDEFG。模块 C 的控制范围为模块 CFG。模块的作用范围是指模块内一个判定的作用范围,凡是受这个判定影响的所有模块都属于这个判定的作用范围。如果一个判定的作用范围包含在这个判定所在模块的控制范围之内,则这种结构是简单的,否则是不简单的。

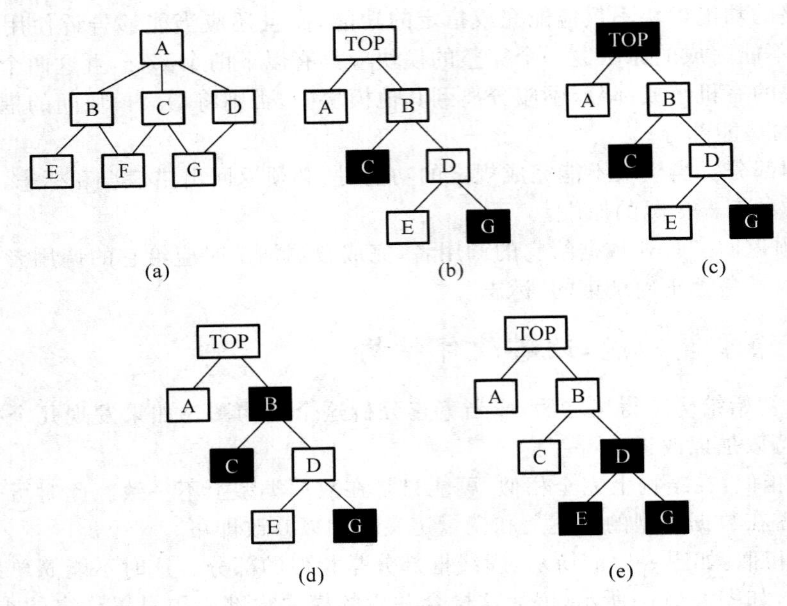

图 8-10　模块的控制范围与作用范围的关系

图 8-10(b)表明,作用范围不在控制范围之内。模块 G 判定之后,若需要模块 C 工作,则必须把信息回送给模块 D,再由 D 把信息回送给模块 B,从而就增加数据的传送量和模块间的耦合,使模块之间出现控制耦合,这显然不是一个好的设计。图中黑框表示判定的作用范围。图 8-10(c)虽然表明模块的作用范围是在控制范围之内,可是判定所在模块 TOP 所处层次太高,这样也须经过不必要的信息传送,从而增加数据的传送量。虽然可以用,但不是较好的结构。图 8-10(d)表明作用范围在控制范围之内,只有一个判定分支有一个不必要的穿越,是一个较好的结构。图 8-10(e)是个比较理想的结构。从以上的比较中可知,在一个设计得很好的系统模块结构图中,所有受一个判定影响的模块应该都从属于该判定所在的模块,最好局限于给出判定的那个模块及其直接下属模块。

在设计过程中,如果作用范围不在控制范围之内,可应用如下办法把作用范围移到控制范围之内:

- 将判定所在模块合并到父模块中,使判定处于较高的层次;
- 将受到判定影响的模块下移到控制范围内;
- 将判定上移到层次中较高的位置。

8.5.4　减少高扇出结构

经验证明，对于一个设计得很好的软件模块结构，通常上层扇出比较高，中层扇出较少，底层扇入到有高扇入的公用模块中。模块的扇出过大，使得系统的模块结构图的宽度变大，宽度越大，结构图越复杂。比较适当的模块扇出数目为2～5，最多不超过9。模块的扇出过小也不好，比如每个模块的扇出总是1，这样使得系统的功能结构图的深度大大增加，不但增加模块接口的复杂度，而且增加调用和返回的时间开销，从而降低系统的工作效率。经验表明，对于一个设计得较好的软件模块结构，平均扇出数目为3～4。

模块的扇出指模块调用子模块的个数。如果一个模块的扇出过大，表明模块过于复杂，它需要协调和控制过多的下属模块。如图8-11(a)所示，模块P的扇出为10，属于高扇出的结构，为此须增加一个中间层次的两个模块P1和P2，如图8-11(b)所示，以降低扇出的数目。

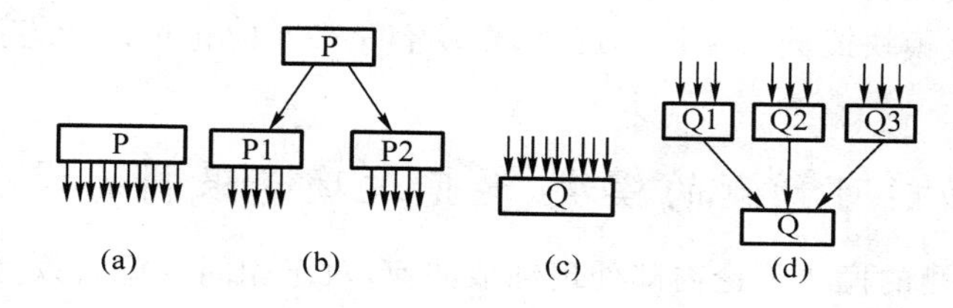

图8-11　高扇入和高扇出的分解示意图

一个模块的扇入数目很大，说明共享该模块的上级模块数目增多。但如果一个模块的扇入太大，比如超过7或8，而且它又不是公用模块，说明该模块可能具有多个功能。为此应当对其进一步分析并将其功能分解。如图8-11(c)所示，模块Q的扇入数目为9，它又不是公用模块，通过分析得知它是具有三个功能的模块，可以对其进行分解。为此在Q模块的上面增加一个中间层次的三个控制模块Q1、Q2、Q3，而把真正公用部分提取出来留在Q中，使其成为这三个控制模块的公用模块，使各模块的功能单一化，从而改善模块结构，如图8-11(d)所示。

8.5.5　避免或减少使用病态联接

应限制使用如下三种病态联接：直接病态联接（内容耦合）、公共数据域病态联接（公共耦合）和通信模块病态联接。

- 直接病态联接：即模块A直接从模块B内部取出某些数据，或者把某些数据直接送到模块B内部，如图8-12(a)。
- 公共数据域病态联接：模块A和模块B通过公共数据域直接传送或接收数据，而不是通过它们的上级模块。这种方式使得模块间的耦合度剧增。它不仅影响模块A和模块B，而且影响与公共数据域有关联的所有模块，如图8-12(b)。
- 通信模块病态联接：即模块A和模块B通过通信模块TABLEIT传送数据。从表面看，这不是病态联接，因为模块A和模块B都未涉及通信模块TABLEIT的内部。然而，它们之间的通信（即数据传送）没有通过它们的上级模块。从这个意义上讲，这种联接是病态的，如图8-12(c)所示。

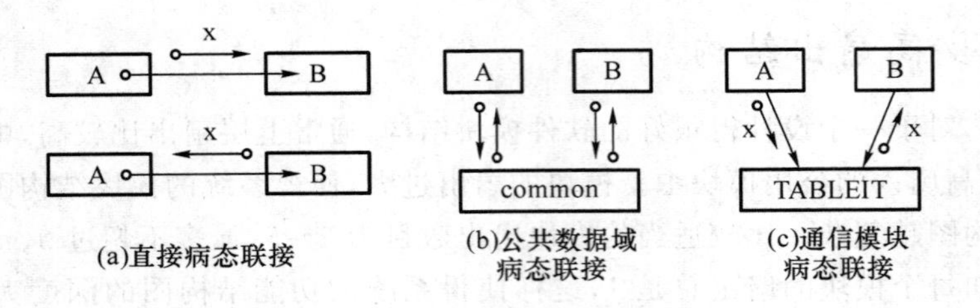

图 8-12　三种病态联接模块示意图

8.5.6　模块的大小适中

限制模块的大小是减少复杂度的手段之一,因而要求把模块的大小限制在一定的范围之内,通常规定其语句行数为50～100,最多不超过500行。

实际上,容量过大的模块往往由于分解不充分,且具有多个功能,因此须对功能进一步分解,生成一些下级模块或同层模块。反之,模块容量较小时也可以考虑是否可能与调用它的上级模块合并。

8.5.7　设计功能可预测的模块,避免过度受限制的模块

一个功能可预测的模块不论内部处理细节如何,对于相同的输入数据,总能产生同样的结果。但是,如果模块内部蕴藏一些特殊的鲜为人知的功能,则这个模块可能是不可预测的。对于这种模块,如果调用者不小心使用,其结果将不可预测。调用者无法控制这个模块如何执行,或者不能预知将引起什么后果,最终造成混乱。

图 8-13(a)是一个功能不可预测的例子。模块内部保留一个内部标记 M,模块在运行过程中由这个内部标记确定什么处理。由于这个内部标记对于调用者来说是隐藏起来的,因而调用者无法控制这个模块如何执行,或者不能预知将引起什么后果,最终造成混乱。

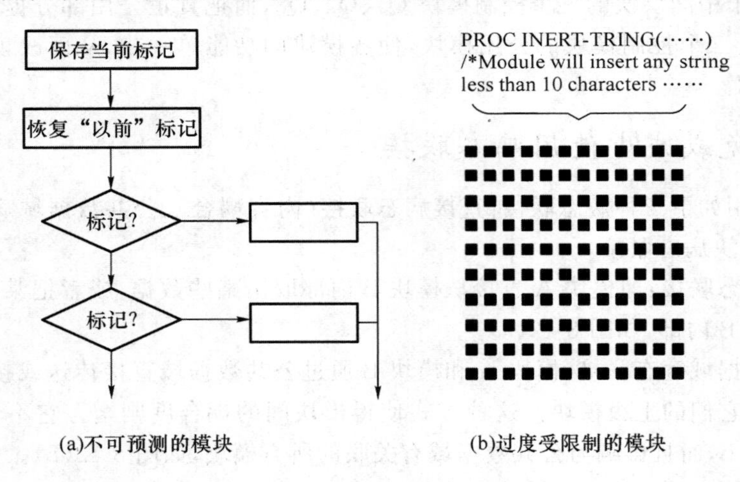

图 8-13　不可预测模块和受限模块

对于一个仅处理单一功能的模块,由于具有高度的内聚度,而受到设计人员的重视。但是,如果限制一个模块局部数据结构的大小、控制流的选择或者与外界(人、软硬件)的接口模式,如图 8-13(b)所示,则很难适应用户新的要求或环境的变化,从而给将来的软件维护

造成很大的困难，使得人们不得不花费更大的代价来消除这些限制条件。

为了能够适应将来的变化，软件模块中局部数据结构的大小应当是可控制的，调用者可以通过模块接口上的参数表或一些预定义外部参数来规定或改变局部数据结构的大小。另外，控制流的选择对于调用者来说，应当是可预测的。与外界的接口应当是灵活的，可以用改变某些参数的值来调整接口的信息，以适应未来的变化。

8.5.8　软件包应满足设计约束和可移植性

运用变换分析方法建立系统的结构图时应当注意以下四点。

(1) 在选择模块设计的次序时，必须对一个模块的全部直接下属模块都设计完成之后才转向另一个模块的下层模块的设计。

(2) 在设计下层模块时，应考虑模块的低耦合和高内聚问题，提高初始结构图的质量。

(3) 注意黑盒技术的使用。在设计当前模块时，先把这个模块的所有下属模块定义成只知道功能和调用方式的“黑盒”，并在系统设计中利用它们，暂时不考虑它们的内部结构和实现方法。在这一步定义好的“黑盒”，由于已确定了它的功能和输入、输出，在下一步就可以对它们进行设计和加工。这样，又会导致更多的“黑盒”。最后，全部“黑盒”的内容和结构应完全被确定。

(4) 如果出现了以下情况，就停止模块的功能分解：

- 当模块不能再细分为明显的子任务时；
- 当分解成用户提供的模块或程序库的子程序时；
- 当模块的界面是输入/输出设备传送的信息时；
- 当模块不宜再分解得过小时。

8.6　数据设计和文件设计的原则

8.6.1　数据设计的原则

R. S. Pressman 把数据设计的过程概括成以下两步：

(1) 为在需求分析阶段所确定的数据对象选择逻辑表示，必须对不同结构进行算法分析，以便选择一个最有效的设计方案。

(2) 确定对逻辑数据结构所必需的那些操作的程序模块(软件包)，以便限制或确定各个数据设计决策的影响范围。

无论采取什么样的设计方法，如果数据设计得好，往往能产生很好的软件系统结构，具有很强的模块独立性和较低的程序复杂性。

Pressman 提出了一组原则，用来定义和设计数据：

(1) 用于软件的系统化方法也适用于数据。应当考虑几种不同的数据组织方案，还应当分析数据设计给软件设计带来的影响。

(2) 要确定所有的数据结构和在每种数据结构上施加的操作。对于涉及软件中若干个功能的实现处理的复杂数据结构，可以为它定义一个抽象数据类型。

(3) 应当建立一个数据词典并用它来定义数据和软件的设计。

(4) 低层数据设计的决策应推迟到设计过程的后期进行。可以将逐步细化的方法用于数据设计。在需求分析时确定总体数据组织,在概要设计阶段加以细化,而在详细设计阶段才规定具体的细节。

(5) 数据结构的表示只限于那些必须直接使用该数据结构内数据的模块才能知道。此原则就是信息隐蔽和与此相关的耦合原则,把数据对象的逻辑形式与物理形式分开。

(6) 数据结构应当设计成为可复用的。建立一个存有各种可复用的数据结构模型的构件库,以减少数据定义和设计的工作量。

(7) 软件设计和程序设计语言应当支持抽象数据类型的定义和实现。如果没有直接定义某种复杂数据结构的手段,这种结构的设计和实现往往是很困难的。

以上原则可适用于软件工程的定义阶段和开发阶段。"清晰的信息定义是软件开发成功的关键"。

8.6.2 文件设计的过程

文件设计指数据存储文件设计,其主要工作是根据使用要求、处理方式、存储的信息量、数据的活动性,以及所能提供的设备条件等确定文件类别,选择文件媒体,决定文件组织方法,设计文件记录格式,并估算文件的容量。

文件设计的过程主要分为两个阶段。第一个阶段是文件的逻辑设计,主要在概要设计阶段实施。它包括以下各个步骤。

(1) 整理必需的数据元素。在软件设计中所使用的数据有长期的,有短期的,还有临时的。它们都可以存放在文件中,在需要时对它们进行访问。因此首先必须整理应存储的数据元素,给它们一个易于理解的名称,指明其类型和位数,以及其内容含义。

(2) 分析数据间的关系。分析在业务处理中哪些数据元素是同时使用的,把同时使用次数多的数据元素归纳成一个文件进行管理。分析数据元素的内容,研究数据元素与数据元素之间的逻辑关系,根据分析结果,明确数据元素的含义及其属性。

(3) 确定文件的逻辑设计。根据数据关联分析,明确哪些数据元素应当归于一组进行管理,把应当归于一组的数据元素进行统一布局,产生文件的逻辑设计。

第二个阶段是文件的物理设计,主要在软件的详细设计阶段实施。主要工作有以下5个。

① 理解文件的特性。针对文件的逻辑规格说明,进一步研究从业务处理的观点来看所要求的一些特性,包括文件的使用率、追加率和删除率,以及保护和保密等。

② 确定文件的存储媒体。选择文件的存储媒体时,应当考虑以下一些因素。

- 数据量:根据处理数据量,估算需要媒体的数量。数据量大的文件可选用磁带、磁盘或光盘作为存储媒体,数据量小的文件可采用软盘作为存储媒体。
- 处理方式:处理方式有联机处理和批处理。对于联机处理,多选用直接存取设备,如磁盘等;对于批处理,选用任何一种存储媒体都可以。
- 存取时间和处理时间:批处理对于时间没有严格的要求,因此对存储媒体也没有特殊的要求。实时处理最好选用直接存取媒体,如磁盘等,以满足响应时间的要求。
- 数据结构:根据文件的数据结构,选用能实现其结构的合适媒体及相应的存取方法。

例如，顺序文件可选用磁带或光盘，而索引文件和散列文件则必须选用磁盘。

- 操作要求：对于数据量大、执行时较少，且要求用户干预的文件，应当选用磁带媒体；对于频繁交互的文件，应当选用磁盘媒体。
- 费用要求：在满足上述要求的基础上，应当尽量选用价格低的媒体。

③ 确定文件的组织方式。根据文件的特性确定文件的组织方式。常用的文件组织方式有：顺序文件（按记录的加入先后次序排列、按记录关键码的升序或降序排列、按记录的使用频率排列）、直接存取文件（无关键码直接存取文件、带关键码直接存取文件、桶式直接存取文件）、索引顺序文件（B+树）、分区文件、虚拟存储文件、倒排文件等。

④ 确定文件的记录格式。确定文件的组织方式之后，须进一步确定文件记录中各数据项及它们在记录中的物理安排。考虑设计记录的布局时，应当注意以下 5 点。

- 记录的长度：设计记录的长度应确保能满足需要，还应考虑使用设备的制约和效率，尽可能与读写单位匹配，并尽可能减少处理过程中内外存的交换次数。
- 数据项的顺序：对于可变长记录应在记录的开头记入长度信息；对于关键码，应尽量按级别高低顺序配置；联系较密切的数据项应归纳在一起进行配置。
- 数据项的属性：属性相同的数据项应尽量归纳在一起配置；数据项应按双字长、全字长、半字长和字节的属性顺序配置。
- 预留空间：考虑到将来可能变更或扩充，应当预先留一些空闲空间。
- 子数据项：可把一个数据项分成几个子数据项，每一个子数据项也可以作为单独的项来使用。

⑤ 估算存取时间和存储容量（不要求）。

8.7　设计的后处理

为了有效地进行变换映射和事务映射，须补充一些附加的文档。这部分内容应当是软件概要设计文档的一个组成部分。在程序结构被设计和细化以后，必须为每一个模块写一份处理说明，为每一个模块提供一份接口说明，确定全局数据结构和局部数据结构，指出所有的设计约束和限制条件，然后进行设计评审并进行设计优化（如果需要和可能）。

8.7.1　处理说明

处理说明是一个关于模块内部处理的清晰且无歧义的正确描述。这种说明描述模块的主要处理任务、条件抉择和输入/输出。例如，图 8-6 给出一个变换型问题的系统结构图。其中，“给出结果 2”模块的处理说明可以如下：

“给出结果 2”模块调用“格式化 2”模块，将内部编码形式的“计算值 2”转换成以 ASCII 码表示的文本形式的预格式化数据，再调用“给出结果”模块，进一步转换成按预定的图表安排的形式输出。

这种处理说明可作为初始的模块说明，以后在详细设计时还将进一步具体化。

8.7.2　接口说明

接口说明给出一张表格,列出所有进入模块和从模块输出的数据。接口说明应包括通过参数表传递的信息、对外界的输入/输出信息、访问全局数据区的信息等。此外,还指出其下属的模块和上级模块。例如,对于图8-6给出的程序结构图中的"格式化2"模块,其接口说明如下:

```
PROCEDURE format-2;                          //过程 format-2(格式化 2)
INTERFACE ACCEPTS;                           //入口
TYPE calc-value-2 IS BINARY CODE;            //类型 calc-value-2 是二进制码
INTERFACE RETURNS;                           //出口
TYPE preformatted-data IS NUMERIC            //类型 preformatted-data 是数值型
  * no external I/O or global data Used      //无外部 I/O 或全局数据
  * called by put-result-2                   //所调用:模块 put-result-2
  * calls no subordinate modules             //调用:无下属模块
```

8.7.3　数据结构说明

数据结构的设计对每个模块的程序结构和过程细节都有深刻的影响,在软件结构确定之后,必须确定全局的和局部的数据结构。数据结构的描述可以用伪码(如PDL、类Pascal语言)或Warnier图等形式表达。

8.7.4　概要设计评审

一旦所有模块的设计文档完成以后,就可进行设计评审。在评审中,应着重评审软件需求是否满足,软件结构的质量、接口说明、数据结构说明、实现和测试的可行性和可维护性等。

软件生命周期每个阶段的工作不可能引入人为的错误。某一阶段出现的错误如果不及时纠正,即传播到开发的后续阶段,并在后续阶段中引出更多的错误。图8-14是错误的扩大效应模型。由这个模型可知,开发的每一阶段都可能由于疏忽而产生错误,如果未经评审进入下一阶段,在下一阶段中,有些错误可能扩大X倍,再加上新产生的错误,从而导致更多的错误,并传播到后续阶段。

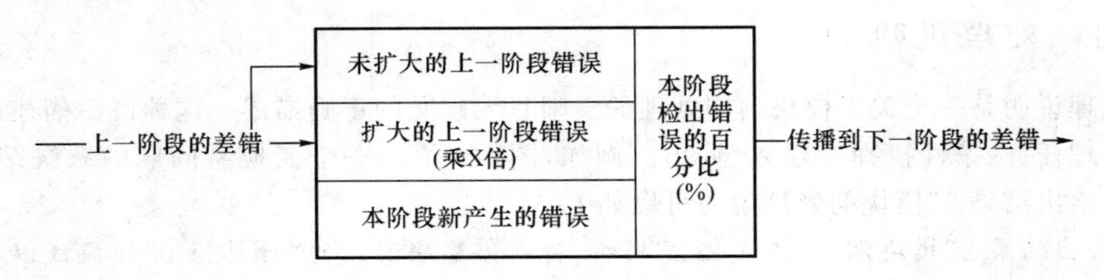

图8-14　错误的扩大模型

图8-15(a)表示在软件设计阶段与编码阶段不进行评审的情况,最后可能把12个潜在的错误带到运行环境中。在同样条件下,如果进行评审,如图8-15(b)所示,最后只有3个潜在的错误传播到运行环境。

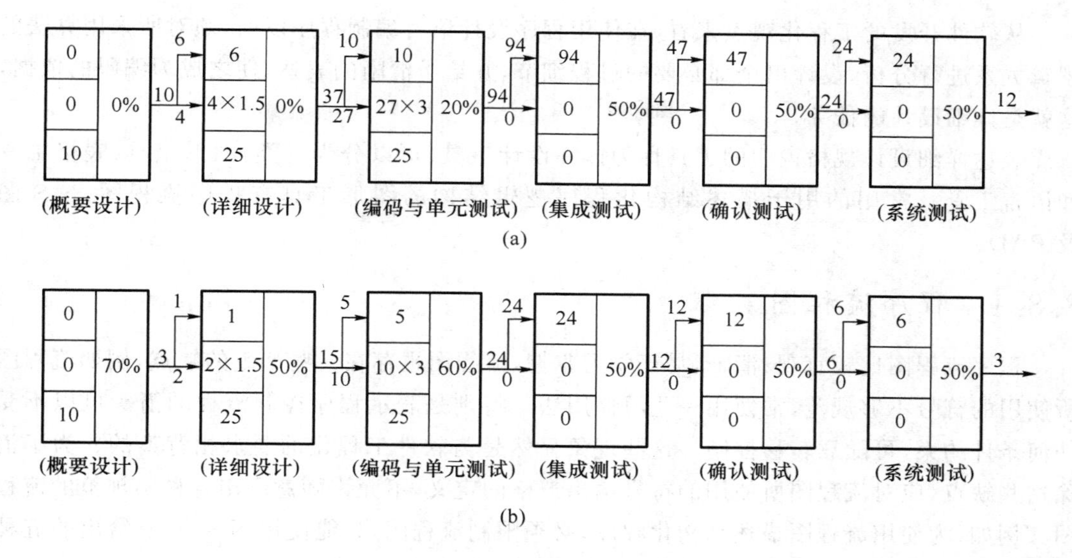

图 8-15　有评审和无评审情况下错误的传播比较

8.7.5　设计的优化

在软件的程序结构和数据结构已经按照功能和性能需求，以及按照设计标准和直觉设计出之后，再进行设计的优化工作。过早地考虑优化设计是没有意义的。

应当了解的是，简明的结构往往是精巧和高效的。优化设计需力争使模块的个数最少，这与有效的模块化不矛盾。同时，还应当寻求尽量简单，且满足信息需求的数据结构。

对于有时间运行要求的应用问题，在详细设计阶段和编码阶段必须进行优化。应注意，一个程序段的代码行数可能只占整个软件系统一个相当小的百分比(一般为 10%～20%)，却常常占整个系统运行时间很大的百分比(如 50%～80%)。因此，对于有时间效率要求的软件，可以参考以下原则：

(1) 在不考虑时间运行要求进行优化的条件下构造并改进软件的结构。

(2) 在细节设计的过程中，挑出那些有可能占用过多时间的模块，并为这些模块精心设计出时间效率更高的过程(算法)。

(3) 用高级程序设计语言编写代码程序。

(4) 检测软件，分离出占用大量处理机资源的模块。

(5) 如果有必要，用依赖机器的语言(机器指令、汇编语言)重新设计或重新编码，以提高软件的开发效率。

8.8　详细设计

在概要设计阶段，软件设计人员完成软件系统的总体结构设计，确定与需求规格说明书相对应的各个功能模块及这些模块之间的关系，此时还须进一步明确各个模块内部是如何实现这些功能的，这个阶段就是软件的详细设计。

从软件开发的工程化观点来看,在使用程序设计语言编制程序以前,须对所采用算法的逻辑关系进行分析,设计出全部必要的过程细节,并给予清晰的表达,使之成为编码的依据,这就是详细设计的任务。

表达详细设计规格说明的工具称为详细设计工具,可以分为三类:图形工具、表格工具和语言工具。常用的用于描述结构化程序逻辑结构的图形工具有程序流程图、N-S图及PAD。

8.8.1　程序流程图

程序流程图比较直观、清晰,易于学习掌握,流程图也存在一些严重的缺点,例如流程图所使用的符号不够规范,常使用一些习惯用法。特别是表示程序控制流程的箭头可以不受任何条件约束,可随意转移控制。这些现象显然是与软件工程化的要求相背离的。为了消除这些缺点,应对流程图所使用的符号给出严格的定义,不允许随意画出各种不规范的流程图。例如,为使用流程图描述结构化程序,必须限制流程图,只能使用图8-16所给出的五种基本控制结构。

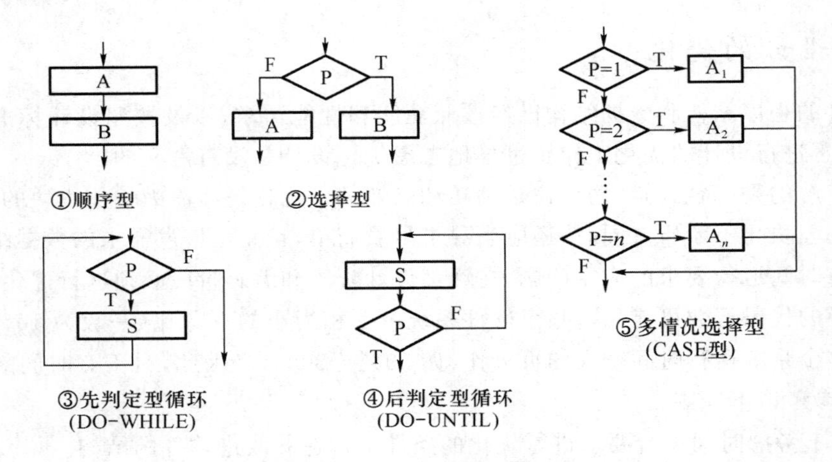

图8-16　流程图的基本控制结构

任何复杂的程序流程图都应由这五种基本控制结构组合或嵌套而成。作为上述五种控制结构相互组合和嵌套的实例,图8-17给出一个程序的流程图。图中增加一些虚线构成的框,目的是便于理解控制结构的嵌套关系。显然,这个流程图所描述的程序是结构化的。

8.8.2　N-S图

Nassi和Shneiderman提出一种符合结构化程序设计原则的图形描述工具,称为盒图,也称为N-S图。为表示五种基本控制结构,N-S图规定五种图形构件,参看图8-18。

为说明N-S图的使用方法,仍用图8-17给出的实例,将它用如图8-19所示的N-S图表示。如前所述,任何一个N-S图都是前面介绍的五种基本控制结构相互组合与嵌套的结果。当问题很复杂时,N-S图可能很大。

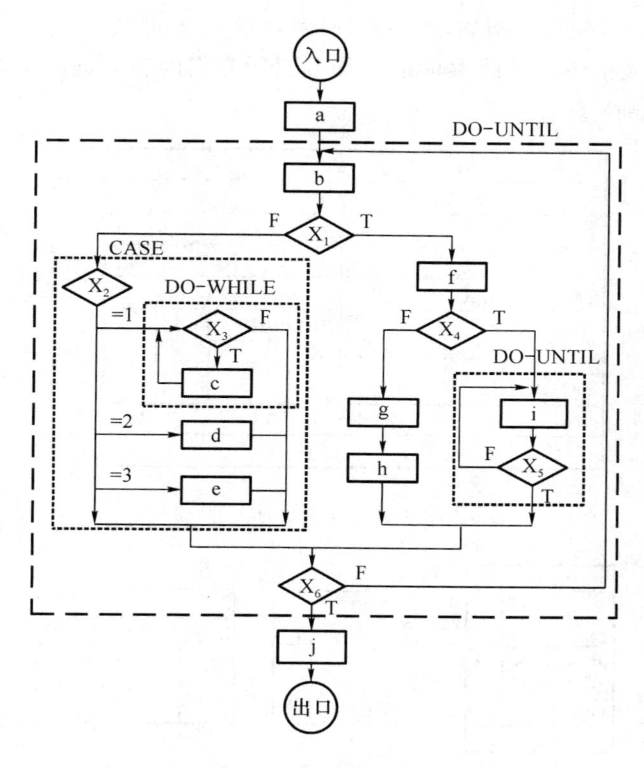

图 8-17　嵌套构成的流程图实例

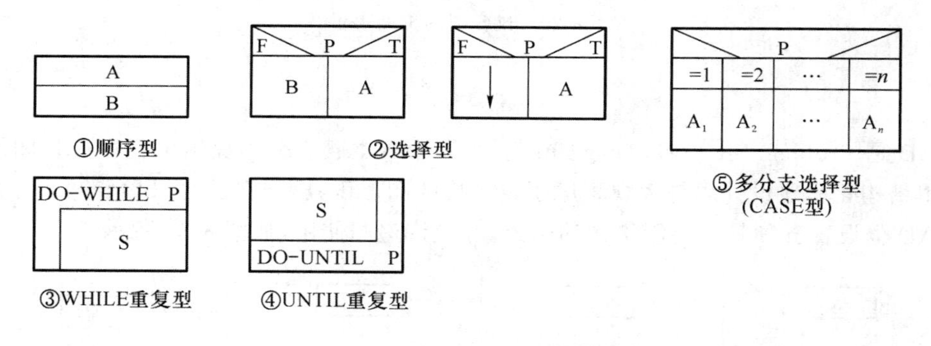

图 8-18　N-S 图的五种基本控制结构

N-S 图有以下 4 个特点：

- 图中每个矩形框（除 CASE 构造中表示条件取值的矩形框外）都是明确定义的功能域（即一个特定控制结构的作用域），以图形表示，清晰可见。
- 它的控制转移不能任意规定，必须遵守结构化程序设计的要求。
- 很容易确定局部数据和（或）全局数据的作用域。
- 很容易表现嵌套关系，也可以表示模块的层次结构。

任何一个 N-S 图都是前面介绍的五种基本控制结构相互组合与嵌套的结果。当问题很复杂时，N-S 图可能很大，在一张纸上画不下，这时可给这个图中一些部分取名称，在图中相应位置用名称（用椭圆形框住它）而不是用细节表现这些部分。然后，在另外的纸上再把这些命名的部分进一步展开。例如,图 8-20(a)中判断 X_1 取值为 T 部分和取值为 F 部分用矩形框界定的功能域中画有椭圆形标记 k 和 l,表明它们的功能进一步展开在另外的 N-S 图(即图 8-20(b)与图 8-20(c))中。

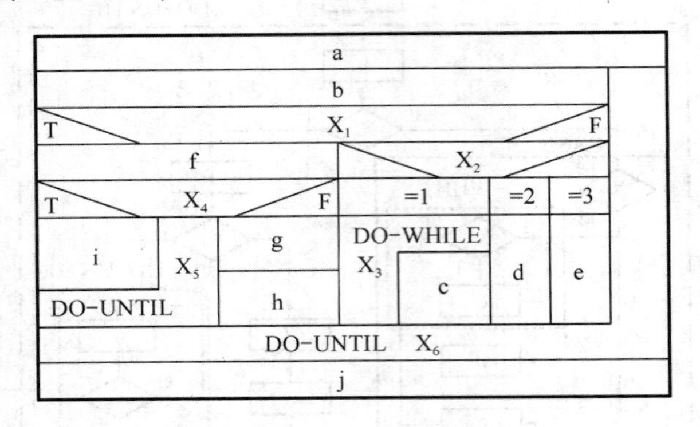

图 8-19 N-S 图的实例

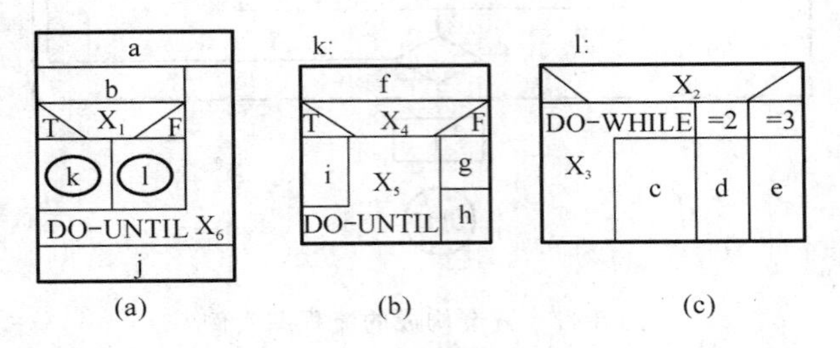

图 8-20 N-S 图的扩展表示

8.8.3 PAD

PAD 是 Problem Analysis Diagram 的缩写,系日本日立公司提出由程序流程图演化而来,且用结构化程序设计思想表现程序逻辑结构的图形工具,现在已为 ISO 认可。

PAD 也设置五种基本控制结构的图式,并允许递归使用,如图 8-21 所示。

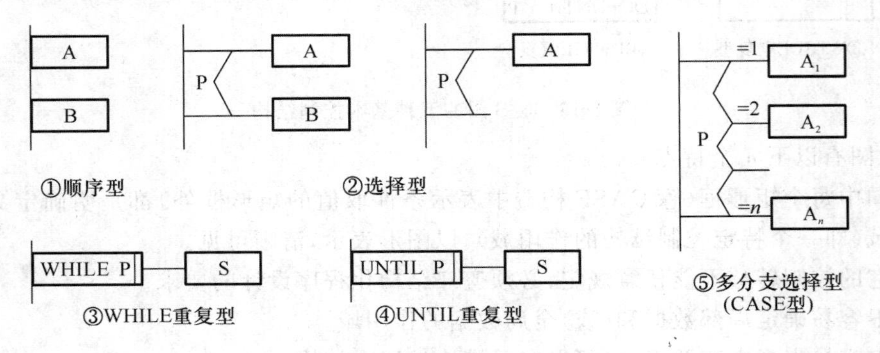

图 8-21 PAD 的基本控制结构

作为 PAD 应用的实例,图 8-22 给出图 8-17 程序的 PAD 表示。PAD 所描述程序的层次关系表现在纵线上,每条纵线表示一个层次,把 PAD 从左到右展开。随着程序层次的增加,PAD 逐渐向右展开。

PAD 的执行顺序从最左主干线的上端的结点开始，自上而下依次执行。每遇到判断或循环，就自左而右进入下一层，从表示下一层的纵线上端开始执行，直到该纵线下端，再返回上一层的纵线的转入处。如此继续，直到执行到主干线的下端为止。

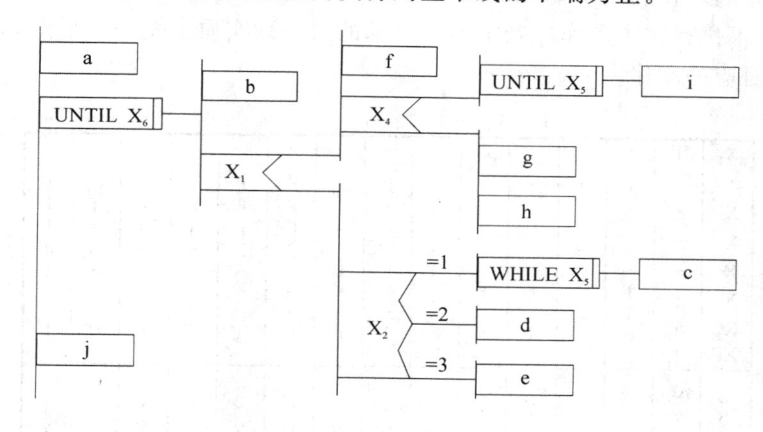

图 8-22　PAD 实例

8.8.4　判定表

当算法包含多重嵌套的条件选择时，用程序流程图、N-S 图或 PAD 都不易清楚地描述。然而，判定表却能清晰地表达复杂的条件组合与应执行动作之间的对应关系。仍然使用图 8-17 进行说明。为了能适应判定表条件取值只能是 T 和 F 的情形，对原图稍加改动，把多分支判断改为两分支判断，但整个图逻辑没有改变，见图 8-23。

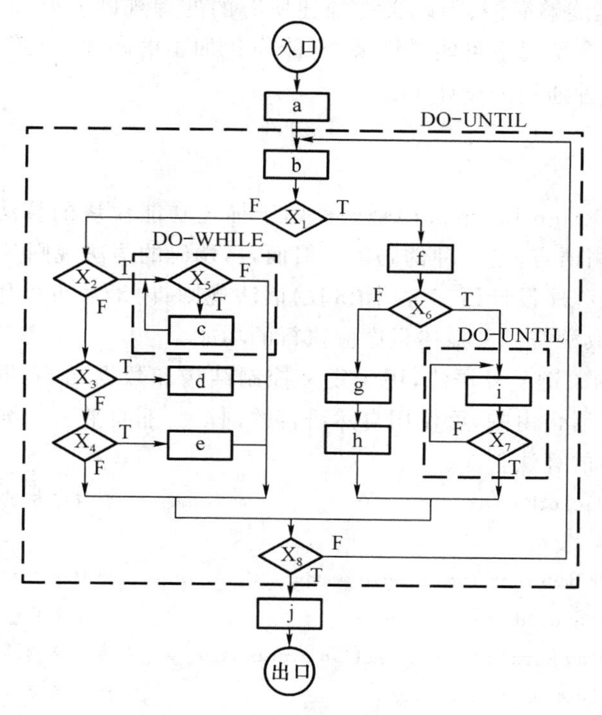

图 8-23　不包含多分支结构的流程图实例

与图 8-23 表示的流程图对应的判定表如图 8-24 所示。在表的右上半部分列出所有条件,T 表示该条件取值为“真”,F 表示该条件取值为“假”,“空白”表示这个条件无论取何值对动作不产生影响。在判定表右下半部分中列出所有的处理结果,画 Y 表示执行这个动作,“空白”表示不执行这个动作。判定表右半部的每一列实质上是一条规则,规定与特定条件取值组合相对应的动作。

	1	2	3	4	5	6	7	8	9	10	11	12	13	14
X_1	T	T	T	T	T	F	F	F	F	F	F	F	F	F
X_2	-	-	-	-	-	T	T	T	F	F	F	F	F	F
X_3	-	-	-	-	-	-	-	-	F	F	T	T	F	F
X_4	-	-	-	-	-	-	-	-	F	F	-	-	T	T
X_5	-	-	-	-	-	T	F	F	-	-	-	-	-	-
X_6	T	T	T	F	F	-	-	-	-	-	-	-	-	-
X_7	T	T	F	-	-	-	-	-	-	-	-	-	-	-
X_8	T	F	-	T	F	-	T	F	F	T	T	F	T	F
a	Y	Y	Y	Y	Y	Y	Y	Y	Y	Y	Y	Y	Y	Y
b	Y	Y	Y	Y	Y	Y	Y	Y	Y	Y	Y	Y	Y	Y
c	-	-	-	-	-	Y	-	-	-	-	-	-	-	-
d	-	-	-	-	-	-	-	-	-	-	Y	Y	-	-
e	-	-	-	-	-	-	-	-	-	-	-	-	Y	Y
f	Y	Y	Y	Y	Y	-	-	-	-	-	-	-	-	-
g	-	-	-	Y	Y	-	-	-	-	-	-	-	-	-
h	-	-	-	Y	Y	-	-	-	-	-	-	-	-	-
i	Y	Y	Y	-	-	-	-	-	-	-	-	-	-	-
j	Y	-	-	Y	-	-	Y	-	-	Y	Y	-	Y	-

图 8-24 反映程序逻辑的判定表

判定表的优点是能够简洁、无歧义地描述所有的处理规则。但判定表表示静态逻辑,是在某种条件取值组合情况下可能的结果,不能表达加工的顺序,也不能表达循环结构,因此判定表不能成为一种通用的设计工具。

8.8.5 PDL

PDL(Program Design Language)是一种用于描述功能模块的算法设计和加工细节的语言,称为程序设计用语言,是一种伪码。一般而言,伪码的语法规则分为外语法和内语法。外语法应当符合一般程序设计语言常用语句的语法规则;内语法可以用英语中一些简单的句子、短语和通用的数学符号来描述程序应执行的功能。

PDL 具有严格的关键字外语法,用于定义控制结构和数据结构,同时表示实际操作和条件的内语法又是灵活自由的,可使用自然语言的词汇。下面举一个例子,它是一个具有查找拼写错误单词功能的算法:

```
PROCEDURE  spellcheck  IS                          查找错拼的单词
    BEGIN
        split document into single words           把整个文档分离成单词
        look up words in dictionary                在字典中查这些单词
        display words which are not in dictionary  显示字典中查不到的单词
        create a new dictionary                    造一新字典
    END spellcheck
```

从上例可以看到，PDL 具有正文格式，很像一个高级语言，可以很方便地使用计算机完成 PDL 的书写和编辑工作。

PDL 作为一种用于描述程序逻辑设计的语言，具有以下特点：

- 有固定的关键字外语法，提供全部结构化控制结构、数据说明和模块特征。属于外语法的关键字是有限的词汇集，它们能对 PDL 正文进行结构分割，使之变得易于理解。为了区别关键字，规定关键字一律大写，其他单词一律小写。
- 内语法使用自然语言来描述处理特性。内语法比较灵活，写清楚即可，不必考虑语法错，以利于人们可把主要精力放在描述算法的逻辑上。
- 有数据说明机制，包括简单（如标量和数组）的与复杂（如链表和层次结构）的数据结构。
- 有子程序定义与调用机制，用以表达各种方式的接口说明。

使用 PDL，可以逐步求精：从比较概括和抽象的 PDL 程序开始，逐步写出更详细、更精确的描述。下面给出上面例子中该功能实现的四个步骤如何实现的细化过程：

```
PROCEDURE spell-check
BEGIN
   //split document into single words
   LOOP get next word
          add word to word list in sort-order
         EXIT WHEN all words processed
   END LOOP
      //look up words in dictionary
   LOOP get word from word list
     IF word not in dictionary THEN
          //display words not in dictionary
          display word,prompt on user terminal
          IF user response says word OK THEN
                add word to good word list
          ELSE
                add word to bad word list
          ENDIF
     ENDIF
     EXIT WHEN all words processed
  END LOOP
  //create a new words dictionary
  dictionary := merge dictionary and good word list
END spell check
```

8.9　界面设计的原则

软件界面不仅是软件系统功能体现最直接的表现方式，也是验证用户需求与功能实现是否匹配的一种有效方式。尤其是在应用迭代方式的开发模式中,软件开发人员可以利用自身的专业知识在很短的时间内将用户不完整,甚至片面的需求用界面的方式将系统功能体现出来,以达到补充、修改和统一对用户需求的理解和认识。

界面设计主要包括三个方面:①设计软件构件间的接口;②设计模块和其他非人的信息生产者和消费者(比如其他外部实体)的接口;③设计人(如用户)和计算机间的界面。在此,只着重于第三种界面设计范畴——用户界面设计。

Ben Shneiderman 在其关于用户界面设计的经典著作的前言中指出:

对于许多计算机化的信息系统的用户来说,挫折和焦虑是他们日常生活的一部分。他们努力地学习命令语言和菜单选择系统,这些应该可以帮助他们更好地完成工作。有些人甚至对计算机、终端和网络产生紧张和畏惧,因而刻意地回避使用计算机化的系统。

为什么软件界面如此复杂,使得用户难以理解和掌握呢?原因很简单,软件界面不仅应能充分体现系统的功能,同时还应兼顾用户使用的习惯(键盘,还是鼠标)和知识水准(一般用户,还是具有高水平计算机能力的人员),甚至还应美观大方和灵巧实用。不仅如此,软件的界面还应紧跟潮流。

因此,在进行用户界面设计的同时不仅应在技术问题上研究,同时还应对使用系统的用户加以研究。用户是什么样的人?用户怎样学习与新的基于计算机的系统交互?用户怎样解释系统产生的信息?用户对系统有哪些期望?这些问题仅是在用户界面设计时必须询问和回答的问题的一部分。

Theo Mandel 在其关于界面设计的著作中提出三条黄金规则:

(1) 置用户于控制之下;

(2) 减少用户的记忆负担;

(3) 保持界面一致。

这些黄金规则实际上形成了用于指导该项重要软件设计活动的一组用户界面设计原则的基础。

8.9.1 置用户于控制之下

在使用软件的过程中,使用者通常根据自身的使用习惯或者业务背景提出一些不切实际的要求,希望能够由用户来控制系统的操作和运行,而非由系统所规定的功能模式来完成用户所必须完成的工作。

与此同时,软件开发人员为了能够尽可能快地实现系统,在很多情况下给用户界面强加或者忽视一些必需的约束条件而简化系统的交互模式。其结果是系统在很短的时间内实现,但在使用过程中却给用户带来不少的麻烦。

Mandel 定义一组设计原则,允许用户操作控制:

(1) 以不强迫用户进入不必要或不希望的动作方式来定义交互模式。一种交互模式是界面的当前状态。例如,如果在文字处理菜单中选择"拼写检查",则软件转移到拼写检查模式。如果用户希望在这种情形下进行一些文本编辑工作,则没有理由强迫用户停留在拼写检查模式,用户应该能够几乎不需任何动作就进入和退出该模式。

(2) 提供灵活的交互。不同的用户有不同的交互偏好,应该提供选择。例如,软件可能允许用户交互通过键盘命令、鼠标移动、数字化笔或语音识别命令等方式进行。

(3) 允许用户交互可以被中断和撤销。即使陷入一系列动作中时,用户也应该能够中断动作序列处理某些其他事情(而不会失去已经处理过的工作)。用户也应该能够撤销任何动作。

(4) 技能级别增长时可以使交互流水化并允许定制交互。用户经常发现他们重复地完成相同的交互序列。因此,值得设计一种"宏"机制,使得高级用户能够定制界面以方便交互。

(5) 使用户隔离内部技术细节。用户界面应该使用户进入应用的虚拟世界。用户不应该知道操作系统、文件管理功能或其他秘密的计算技术。用户界面本质上应该绝不需要用户在位于机器内部的层次上进行交互(如用户应该永远无须在应用软件中输入操作系统命令)。

(6) 设计原则应允许用户与出现在屏幕上的对象直接交互。当用户能够操作完成某任务所必需的对象,而且操作的方式类似于如果该对象是一物理存在时所发生的情况,则用户有一种控制感。例如,某应用界面可允许用户"拉伸"某对象(增大其尺寸)即是直接操作的一种实现,所谓"所见即所得"的效果。

8.9.2 减少用户的记忆负担

用户必须记住的命令越多,与系统交互时出错的概率越大。为此,一个很好的用户界面设计不应加重用户的记忆负担。只要可能,系统应该"记住"有关的信息,并通过能够帮助回忆的交互场景来辅助用户,比如"前进"、"后退",以及"撤销"等功能按钮。

Mandel 定义一组设计原则,使得界面能够减少用户的记忆负担:

(1) 减少对短期记忆的要求。当用户涉入复杂的任务时,短期记忆要求很高。界面的设计应该设法减少记住过去的动作和结果的需求。可行的解决办法是提供可视的提示信息,使得用户能够识别过去的动作,而不是必须记住它们。

(2) 建立有意义的默认值。初始的默认集合应该对一般的用户有意义,但用户应该能够了解个人的偏好。然而,一个"reset 重置"选项应该是可用的,使得用户可以很容易回到系统参数的初始默认值。

(3) 定义直觉的捷径。使用快捷键来完成系统功能时(如用 Ctrl+C 激活"复制"命令),快捷键应该以容易记忆的方式被联系到相关动作(如使用被激活任务的第一个字母)。

(4) 界面的视觉布局应该基于真实世界的背景。例如,一个账单支付系统应该使用支票本登记流程来指导用户的账单支付过程。这使得用户能够依赖已经很好理解的可视化流程提示信息,而不是记住复杂难懂的交互序列。

(5) 以不断进展的方式提示信息。界面应该层次式地组织,即关于某任务、对象或某行为的信息应该首先在高抽象层次展示。更多的细节应该在用户用鼠标单击表明兴趣后再展示。一个对很多文字处理应用常见的例子是加下划线的功能,该功能本身是文本风格菜单下的一系列功能之一。然而,某种加下划线的能力并未列出。用户必须选择"加下划线",然后所有"加下划线"选项(例如加单下划线,加双下划线,加虚下划线)才被展示出来。

8.9.3 保持界面一致

用户应该以一致的方式展示和获取信息,这表明:①所有可视信息的组织均按照贯穿所有屏幕显示所保持的设计标准,②输入机制被约束到有限的集合,在整个应用中一致地使用,③从任务到任务的导航机制一致地定义和实现。

Mandel定义一组帮助保持界面一致的设计原则:

(1) 允许用户将当前任务放入有意义的环境中。很多界面使用数十个屏幕图像来实现复杂的交互层次。提供指示器(如窗口题目、图形图符、一致的颜色编码)以使得用户能够知道目前工作的环境是非常重要的。此外,用户应该能够确定他来自何处,以及到某新任务的变迁存在什么选择。

(2) 在应用系列内保持一致。一组应用(或产品)应该统一实现相同的设计规则,使得可以保持所有交互一致。如果过去的交互模型已经建立用户期望,则不改变,除非有合理的理由。一个特殊的交互序列一旦变成一个事实上的标准(如使用A1t+S来存储文件),则用户在后期的每个应用中都使用这个快捷键表示的功能;如果交互序列在不同的环境下具有其他含义(如使用Alt+S来激活缩放比例),则导致用户使用时应用系列不一致。

8.9.4 界面设计模型

设计用户界面时须考虑四种模型:软件工程师创建设计模型;系统分析人员(或软件工程师)建立用户模型;终端用户在脑海里对界面产生的映像,称为用户的模型或系统感觉;系统的实现者创建系统界面模型。但是,这四种模型可能相去甚远,界面设计人员的任务就是消除这些差距,导出一致的界面表示。

整个系统的设计模型包括对软件的数据、体系结构、界面和过程的表示,需求规约可以建立一定的约束条件来帮助定义系统的用户,界面的设计往往是设计模型的附带结果。

用户模型描述了系统终端用户的特点。为了建立有效的用户界面,开始界面设计之前,必须对用户加以了解,包括年龄、性别、身体状况、教育程度、工作性质、工作环境、文化和种族背景、动机、目的及性格。此外,用户可以分类为:

(1) 新手。对系统没有任何语法了解,对该应用程序或计算机的一般用法几乎没有任何基本概念。

(2) 对系统有了解的中级用户。对该应用程序有一定合理的知识背景,但对使用界面所必需的语法信息了解得还比较少。

(3) 对系统有了解的经验用户。对该应用程序的语义和语法了解得较好(这经常导致"用户强迫综合症"),这些用户经常寻找捷径和简短的交互模式。

8.9.5 用户界面设计过程

用户界面的设计过程是迭代的,可以应用螺旋模型表示。用户界面设计过程包含4个不同的框架活动:

(1) 用户、任务和环境分析及建模。

(2) 界面设计。

(3) 界面构造。

(4) 界面确认。

用户环境的分析着重于实际工作环境,须了解的问题有:

(1) 界面将物理地位于何处?

(2) 用户是否将坐着、站着或完成其他和该界面无关的任务?

(3) 显示设备是否适应空间、光线或噪音的约束条件?

(4) 是否存在特殊的环境因素而需特殊考虑?

作为分析活动的一部分而收集的信息用于创建界面的分析模型。使用该模型作为基础开始设计活动。界面设计的目标是定义一组界面对象和动作(以及它们的屏幕表示),它们使得用户能够使用这些既定的界面操作流程来完成用户所需要的工作。

"界面构造"主要根据已经确定的用户模型和设计模型开发界面的初始原型,并提供给用户使用,进而经过多次迭代,最终在用户满意的条件下完成界面的开发任务。

"界面确认"着重于:①界面功能具有正确地实现每个用户任务的能力、适应所有任务变更的能力及达到所有一般用户需求的能力;②界面具有良好的使用和学习的功能;③用户具有接受界面作为其工作中有用工具的功能。

8.9.6　界面设计须注意的常见问题

在进行用户界面设计时,通常遇到以下四种问题:系统响应时间、帮助信息、错误信息处理和命令标记。但是,许多设计人员往往在用户界面设计后期才注意这些问题(有时在操作原型已经建立之后才考虑问题),这往往导致界面设计不断反复、项目滞后和用户不满意,最好的办法是在设计的初期将这些作为设计问题加以考虑,因为此时修改比较容易,代价也低。

系统响应时间是交互式系统中用户经常有意见的地方。一般来说,系统响应时间是指从用户开始执行动作(比如按 Enter 键和单击鼠标)到软件给出预期的响应。系统响应时间包括两方面的属性:长度和变化。如果系统响应时间过长,用户显然不希望长时间等待;过快的系统响应时间有时也成为问题,因为这迫使用户加快操作节奏,从而导致错误。

系统响应时间的变化是指相对于平均响应时间的偏差,这往往更重要。即使响应时间比较长,低的响应时间变化也有助于用户建立稳定的节奏,例如,稳定在1秒的响应时间比从0.1秒到2.5秒不定的响应时间好。

在多数情况下,现代的软件系统都提供联机帮助,用户可以不离开系统而寻找到所需要的答案。除此之外,还应该提供一份详细的用户使用手册,注明每一个界面功能的操作细节和顺序。为此,在设计界面的帮助信息时应该考虑如下内容:

(1) 在进行系统交互时,是否总能得到各种系统功能的帮助?有两种选项:提供部分功能的帮助和提供全部功能的帮助。

(2) 用户怎样请求帮助?有三种选项:帮助菜单、特殊功能提示和 HELP 命令。

(3) 怎样表示帮助?有三种选项:在另一个窗口中、指出参考某个文档(非理想方式)和在屏幕特定位置的简单提示。

(4) 用户怎样回到正常的交互方式?有两个选项:屏幕上显示"返回"按钮、功能键或控制序列。

(5) 怎样构造帮助信息?有三种选项:平面式(所有信息均通过一个关键词来访问)、分层式(用户可以进一步查询得到更详细的信息)和超文本式。

出错消息和警告是指出现问题时系统给出的"坏消息"。如果处理得不好,出错消息和警告给出无用或误导的信息,从而增加用户的反感程度。许多用户遇到下面这种形式的出错消息：

```
SEVERE SYSTEM FAILURE - 14A
```

应该在某处有对错误14A的解释,否则设计者为什么指出14A呢?但出错消息并没有指出是什么错误或从何处可以找到进一步的信息。类似上面的出错消息既不能使用户满意,也不能解决问题。

通常,交互式系统给出的出错消息和警告应具备以下特征:

(1) 消息以用户可以理解的术语描述;

(2) 消息应提供如何从错误中恢复的意见;

(3) 消息应指出错误可能导致哪些不良后果(比如破坏数据),以使用户检查是否出现这些情况或帮助用户进行改正;

(4) 消息应伴随视觉或听觉上的提示信息,即显示消息时应伴随警告或者消息用闪烁方式,或明显的颜色进行提示;

(5) 消息不能带有判定色彩,即不能指责用户操作不当,因为错误信息都是系统的问题而非用户造成的。

命令行曾经是用户和系统交互的主要方式,广泛用于各种应用程序中。现在,面向窗口采用点击和拾取方式的界面使用户对命令行不再依赖,但许多高级用户仍然喜欢面向命令的交互方式。在提供命令交互方式时,必须考虑以下问题:

(1) 每一个菜单选项是否都有对应命令?

(2) 以何种方式提供命令?有三种选项:控制序列(比如Alt+P)、功能键和输入命令。

(3) 学习和记忆命令的难度有多大?命令忘了怎么办?

(4) 用户是否可以定制和缩写命令?

8.9.7 界面设计评估和优化

一旦建立操作用户界面原型,必须对其进行评估,以确定是否满足用户的需求。评估方法可以从非正式的测试驱动(比如用户可以临时提供一些反馈)到正式的设计研究(比如按照统计学的方法向一定数量的用户发放评估问题表)。

用户界面评估的周期如图8-25所示。完成初步设计后开始建立第一级的原型;用户对该原型进行评估,直接向设计者提供有关界面功效的建议。如果采用正式的评估技术(比如问题表、排序单),设计者须从调查结果中得到需要的信息(比如80%的用户不喜欢其中保存数据文件的机制);针对用户的意见对所设计的界面进行修改,完成下一级的原型。评估过程不断进行,直到无须再修改为止。

原型完成以后,设计者可以通过对用户收集反馈信息得到一些定性和定量的数据帮助进行界面评估。如果需要定量的数据,就必须进行某种形式的定时研究分析,观察用户对界面交互的使用情况,记录以下信息:在标准时间内正确完成任务的数量、使用命令的频度、命令序列、用于看屏幕的时间、出错的数目、错误的类型和错误恢复时间、使用帮助的时间、标准时间段内查看帮助的次数,这些数据可以用于指导界面修改。

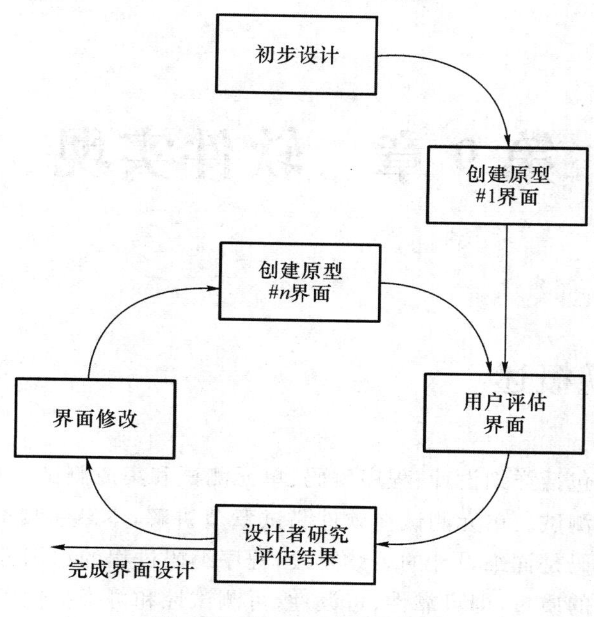

图 8-25　界面设计评估周期

习　　题

1. 说明如何应用数据流图推导出初始的系统功能结构图。

2. 说明区分变换型和事务型功能结构图的要点，并举例说明。

3. 结合“医院就诊管理系统”中的“选择科室和医生”加工，试确定相应的中心变换模块、传入模块和传出模块，并进一步给出相应的功能结构图。

4. 说明概要设计后处理包含哪几个部分。

5. 试分别使用程序流程图和 PDL 给出“选择科室和医生”模块的详细设计方案。

第9章 软件实现

9.1 软件实现概述

广义的软件实现包括详细设计、程序编码、单元测试和集成测试。狭义上理解的软件实现指程序编码和单元测试。单元测试在软件测试章节讲解，本章主要介绍软件程序编码的过程和方法。程序编码是详细设计的后续阶段，程序编码过程的组织方式、编程语言特性和程序设计风格对软件的质量，即可靠性、可读性、可测试性和可维护性等产生重要的影响。

本章不具体介绍如何编写程序，而是从软件工程角度阐述程序编写的方法及要求，以便提高软件代码的质量，保障软件具有良好的可读性和可维护性。

9.1.1 软件实现的目标

软件实现的目标是选择某种程序设计语言，将详细设计结果进行编码实现，形成可执行的软件系统。程序编码作为软件工程过程的一个阶段，是详细设计的后续阶段，输入《详细设计说明书》，输出源程序代码、可执行程序及程序说明书。作为完成程序编码的程序员，除了须熟悉所使用的编程语言和程序开发环境外，还须仔细阅读设计文档，了解待实现的模块的功能、性能要求及外部接口和实现流程。

9.1.2 软件实现的任务

软件实现的任务包括四个步骤：程序设计语言选择、集成开发环境选择、程序实现算法设计、程序编码实现。

(1) 程序设计语言选择。根据软件系统的特点和设计方案，选择一种或多种程序设计语言作为编码实现的工具。

(2) 集成开发环境选择。集成开发环境是来帮助程序设计者组织、编译、调试程序的开发工具软件。根据程序设计语言选择一款成熟、稳定、易用的集成开发环境。集成开发环境不是必需的，但是使用此类工具能够极大提高开发效率。

(3) 程序实现算法设计。针对待实现特定功能的程序模块，设计实现该模块所需的数据结构算法。

(4) 程序编码实现。明确上述任务之后，在集成开发环境中使用程序设计语言，按照设计好的算法和数据结构实现程序，并通过集成环境进行调试，发现并改正错误，完成程序编码工作，输出正确的可执行程序。

9.2　程序设计语言与集成开发环境

9.2.1　程序设计语言的选择

程序设计语言的选择是程序编码的第一步，开发人员须根据软件类型、质量要求、技术水平等多方面进行综合考虑，选择适当的程序设计语言。合适的程序设计语言能使编码困难降低，减少程序测试量，从而得到更容易阅读和维护的程序。目前的软件开发系统基本都采用高级程序设计语言编写，在决定选择何种高级程序设计语言时，一般从以下 6 个方面考虑。

1. 软件的应用领域

虽然各种通用的程序设计语言可以实现不同领域的软件系统，但是在实现效率和能力方面相去甚远，所以在选择程序设计语言时，要针对软件的应用领域进行调查，选择该领域软件最常使用的设计语言。例如，开发 Web 应用，考虑选择 Java 或 C# 语言；开发底层系统级应用，考虑选择 C 语言；数据库和信息系统开发过程选择程序设计语言和 SQL。目前，针对不同领域软件系统，比较常用的程序设计语言如表 9-1 所示。

表 9-1　针对各种应用领域的程序设计语言

应用领域	主要语言
商业	Cobol、C++、Java
科学	Fortran、C、C++、Java
系统	C、C++、Java
人工智能	LISP、Prolog
出版	TeX、PostScript
处理	UNIX shell、TCL、Perl
网络应用	HTML、JavaScript、JSP、PHP、C#

2. 系统用户的要求

如果开发的软件系统在交付后由用户负责系统后期的运行和维护工作，用户通常会指定其熟悉的程序设计语言。

3. 现有的工具环境

考虑目前已有的开发工具和编译环境是否可以满足系统开发的需要，如果能够满足要求，则可以节省配置新工具和环境的开销。

4. 开发环境成本

对于必须重新配置开发环境的系统，在选择程序设计语言时考虑相关开发软件的成本，在质量能够保证的情况下，可以选择一些免费的开源工具软件作为开发工具，并选择相应的程序设计语言进行开发。

5. 程序员的水平

尽可能选择现有程序员比较熟悉的程序设计语言,这对于节省开发时间、提高开发质量非常重要。

6. 软件可移植性的要求

如果开发的系统需运行在不同类型的计算机或不同的操作系统之上,那么须选择一种标准化程度高、程序可移植性好的程序设计语言。

9.2.2 集成开发环境

早期的程序开发过程是先利用编辑工具编写源程序,再通过编译程序将源程序转变为目标机器代码。随着程序设计语言技术的发展,集成开发环境(Integrated Development Environment,IDE)开始出现。IDE通常指运行在操作系统中的图形界面软件系统,其将编辑源程序、调试程序、生成可执行文件等功能集成到一起,极大方便了程序员的编程工作。

虽然程序编码阶段不一定选择某种集成开发环境,但是随着软件规模不断扩大,支撑库函数不断增多,使用IDE进行程序编码已经成为程序员的必然选择。

IDE通常至少由一个编辑器、一个编译器工具链和一个调试器组成。随着编程项目变得更复杂,IDE不断增加更多的管理、设计和诊断功能。目前,常用的IDE通常包含以下功能:

(1) 项目和源代码的管理功能。

(2) 源代码编辑提示功能。

(3) 文本编辑功能,包括复制、粘贴、查找、替换等。

(4) 程序跟踪调试功能。

(5) 生成可执行文件功能。

(6) 与其他插件结合的功能。

(7) 屏幕管理功能。

针对不同的程序设计语言和技术,目前比较常用的IDE包括微软公司的Visual Studio,开源的Java集成开发环境Eclipse、NetBeans,Borland公司的Delphi、C++ Builder、JBuilder等。

采用IDE进行程序的开发已经成为Windows操作系统环境下的常用方法,然而在UNIX、Linux操作系统中,IDE支持得还不是很多,所以在UNIX环境下进行程序编码往往还采用vi编辑器和gcc编译器的方法,并在make编译工具和makefile配置文件的支持下,完成大型复杂系统的编译。

9.3 程序设计方法

软件实现的根本目的是开发出质量高的程序代码。好的程序代码在保证正确的前提下,还必须具有良好的可阅读性、可理解性、可修改性、可维护性和可扩展性,这是目前衡量程序质量最主要的标准。科学的程序设计方法和规范的程序设计风格是保证程序质量的两个方面。

所谓程序设计方法学，是讨论程序的性质、程序设计理论和方法的科学，包含的内容非常丰富，包括结构化程序设计、面向对象程序设计、程序正确性证明、程序变换、程序的形式说明与推导、程序综合、自动程序设计等。其中，对于普通程序员来说，最为重要的是掌握结构化程序设计方法和面向对象程序设计方法。

9.3.1　结构化程序设计方法

结构化程序设计技术是在20世纪60年代末、70年代初为解决软件危机而提出来的，经过多年来的实践证明，结构化程序设计策略确实提高了程序的执行效率，减少了程序出错的概率，极大减少了维护的费用。

结构化程序设计是按照一定的原则与原理而组织和编写正确程序的软件技术，其基本思想是“自顶向下，逐步求精”，即将程序按照功能划分为若干个基本模块，这些模块形成一个树状结构，功能相对独立，每个模块内部均由顺序、选择和循环三种基本结构组成，模块实现过程中可以使用子程序。

1. 结构化程序设计的基本原则

(1) 使用语言中的顺序、分支、循环等有限的基本控制结构表示程序逻辑。

(2) 选用的控制结构只准许有一个入口和一个出口。

(3) 复杂结构应该用基本控制结构进行组合嵌套来实现。

(4) 语言中没有的控制结构可用一段等价的程序段模拟，但要求该程序段在整个系统中应前后一致。

2. 结构化程序采用“自顶向下，逐步求精”方法进行设计

在进行结构化程序设计时，应先考虑总体，将整个问题分解成若干相对独立的小问题，之后考虑如何将各个小问题再分解为更小的问题，直至问题最终解决；采用基本程序结构将各个小问题实现，从而完成程序编码设计。

这种解决问题的思路称为“自顶向下，逐步求精”。程序自顶向下，逐步细化，分解成一个树形结构，如图9-1所示。在同一层结点上的细化工作相互独立。任何一步发生错误，一般只影响它下层的结点，同一层其他结点不受影响。下面用一个实例来说明这种设计的过程。

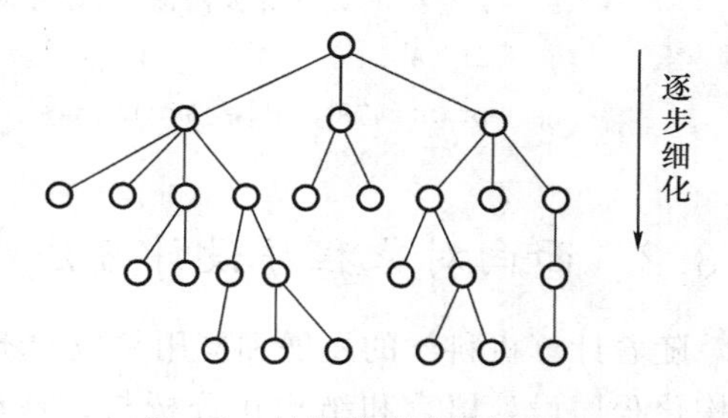

图9-1　结构化程序设计方法

例如，要求用筛选法求100以内的素数。所谓筛选法，是从2到100中去掉2,3,…,9,10的倍数，剩下的是100以内的素数。为了解决这个问题，可先按程序功能写出一个框架：

```
main ( ) {
    建立2到100的数组A[ ]，其中A[i]=i; ------------------------------1
    建立2到10的素数表B[ ]，其中存放2到10以内的素数;-----------------2
    若A[i]=i是B[ ]中任一数的倍数，则剔除A[i];-----------------------3
    输出A[ ]中所有没有被剔除的数;------------------------------------4
```

```
}
```

上述框架的每一个加工语句都可进一步细化成一个循环语句：

```
main ( ) {
    /＊建立2到100的数组A[ ],其中A[i]=i＊/ ------------------------1
    int A[101];
    for (i =2;i<=100;i++)A[i] =i;
    /＊ 建立2到10的素数表B[ ],其中存放2到10以内的素数＊/-------------- 2
    B[1] =2;  B[2] =3;  B[3] =5;  B[4] =7;
    /＊若A[i]=i是B[ ]中任一数的倍数,则剔除A[i]＊/---------------------3
    for (j =1; j<=4; j++)
    /＊检查A[ ]所有的数能否被B[j]整除并将能被整除的数从A[]中剔除;---------- 3.1
        /＊输出A[ ]中所有没有被剔除的数＊/------------------------------- 4
    for (i =2; i<=100; i++)
        /＊若A[i]没有被剔除,则输出之;-----------------------------------4.1
}
```

继续对3.1和4.1细化,直到最后每一个语句都能直接用程序设计语言来表示为止：

```
main ( ) {
    for (i =2;i<=100;i++)A[i] =i;
    B[1] =2;  B[2] =3;  B[3] =5;  B[4] =7;
    /＊若A[i]=i是B[ ]中任一数的倍数,则剔除A[i]＊/
    for (j =1; j<=4; j++)
        /＊检查A[ ]所有的数能否被B[j]整除并将能被整除的数从A[ ]中剔除＊/
        for (i =2; i<=100; i++)
        (A[i]/B[j]＊B[j] ==A[i])A[i] =0;
        /＊输出A[ ]中所有没有被剔除的数＊/
            for (i =2; i<=100; i++)
            /＊若A[i]没有被剔除,则输出之＊/
            if (A[i]! =0)
            printf("A[%d]=%d\n",i,A[i]);
    }
```

9.3.2 面向对象程序设计方法

随着计算机科学的发展和应用领域的不断扩大,各种应用领域对软件提出更高的要求。结构化程序设计语言和结构化分析与设计已无法满足用户需求的变化。为了加强软件质量,缩短软件开发周期,提高软件的可靠性、可扩充性和可重用性,软件界不断研究新方法、新技术,探索新途径。

面向对象的方法是一种分析、设计和思维方法。面向对象方法学的出发点和所追求的基本目标是使人们分析、设计与实现一个系统的方法尽可能接近人们认识客观世界的方法。也就是使描述问题的问题空间和解决问题的方法空间在结构上尽可能一致。其基本思想是:对问题空间进行自然分割,以更接近人类思维的方式建立问题域模型,以便对客观实体进行结构模拟和行为模拟,从而使设计出的软件尽可能直接地描述现实世界,构造出模块化的、可重用的、维护性好的软件，同时限制软件的复杂性和降低开发维护费用。为此，面向对象技术引入“对象”来代表事物，用“消息”建立事物之间的联系，再用“类”和“继承”来描述对象，即按照人们通常的思维方式，建立微观和宏观的问题域模型，尽可能自然地表现问题的求解过程。

在面向对象程序设计过程中，类的实现是核心问题。所有的数据和操作都被封装在类中，而整个应用则封装在一个更高级的类中。这种封装和类提供的标准界面很容易把类所表达的特性嵌入到应用中。在实现一个特定的应用软件之前，可以将必要的功能事先设计在某一个类中，或者使用已经存在的类提供的功能。在应用软件的主类中，通过各个类的实例，实现对象之间的通信和操作，从而建立待实现的应用软件。由此可知，面向对象的程序设计方法主要包括类的实现和应用程序实现两个方面。

1. 类的关系

一个类的实现常在某些方面依赖其他类的实例，所以实现类时常涉及处理类之间的关系。类的关系可以是应用级关系，也可以是类内属性的实现关系。总的来说，类之间的关系包含关联、聚合/组合、继承和依赖。这 4 种关系在 4.4 节已经介绍，在此不再赘述。

2. 类的实现

类的实现有多种方案，其中一种方案是先开发一个比较小而简单的类，作为开发比较大而复杂类的基础，即从简单到复杂的开发方案。在这种方案中，类的开发是分层的。一个类建立在一些既存的类基础上，而这些既存的类又建立在其他既存的类基础上。这种方法基于现存代码可以建立新的类，如果现存代码编写得良好且经过严格测试，那么它们就成为可用于复用的宝贵财富。相反，如果现存代码中存在缺陷，则导致新的类也存在缺陷。下面介绍这种类的实现方案须考虑的内容。

(1) 软件库(Software Base)。软件库也可以称为类库，目的是为方便程序员引用现存的部件。软件库的价值直接依赖它内部存储的代码的可靠性。软件库可以是软件系统提供的系统库，也可以是用户根据自身需要定义的用户库。

(2) 复用(Reuse)。软件复用(或软件重用)是指充分利用软件开发中积累的成果、知识和经验，而开发新的软件系统，使人们在新系统的开发中着重解决出现的新问题、满足新需求，从而避免或减少软件开发中的重复劳动。在实现类的过程中，首先考虑类的复用。在一般情况下，最高层次的类设计为抽象类。在抽象类中，大部分的功能和行为已经定义，但是缺少功能的实现，这些实现由各个具体类来提供。针对同一种行为，不同的具体类可以有不同的实现。

在进行复用过程中，复用方式有两种，一种是“原封不动”地使用现存类，即所需要的类已经存在，现建立它的一个实例，用以提供所需要的特性。另一种复用方式是“进化性”复用，适用于当一个能够完全符合要求的类不存在，但具有类似功能的类存在的情况。通过继承现存类，渐增地设计新类。

(3) 断言(Assertions)。主动实现类的一个方法是把来自类的设计信息直接纳入代码，特别要求把参数约束、循环执行等编入到代码中。这可以通过某些表示断言的语言机制来实现。一个断言就是一个语句，表达对一个过程、一个值、一段代码的约束。

断言还分为先决条件和后置条件：先决条件陈述操作执行实现必须满足的条件；后置条

件陈述在操作执行之后必须满足的条件。C语言与C++语言有一种头文件,称为"assert.h",它支持断言。例如,实现者可以针对pop操作,给出如下断言:

```
assert (TOP>0)
```

这样,宏就会检查在试图从栈中退出一项之前,栈是否为空。如果条件测试失败,则打印出一条消息,报告源文件名及在文件中发生失效的行号。

(4) 调试(Debugging)。类的调试是一个受限的过程。在一个设计得较好的类中,数据被封装在对象的内部,其他对象只能通过对象提供的接口来访问这些数据。这种数据封装限定了许多用以修改数据值的手段,也限定了对错误的数据值进行调查以找出真正原因的功能。某些面向对象的程序设计环境支持使用交互工具进行调试。工具包括断点的设置、访问源代码、检查对象(包括修改数据值和表达式求值)及编辑源代码。

(5) 内建错误处理(Built-In Error Handling)。程序员可以利用某些程序设计语言所提供的异常处理机制处理错误。"异常处理器"是一段代码,在一个特定的异常出现时调用,可以终止软件执行,可以发信号给一个更高层的异常处理器,还可以对问题进行定位处理。

(6) 用户定义的错误处理(User-Defined Error Handling)。有两种相对简单的错误处理技术,它们提供了打印出错信息和终止软件执行的能力。它们都不允许嵌套的错误处理。

第一种技术使用一个全局错误处理器对象。每一个类都能对这个全局对象进行存取。在一个用户对象中检测出一个错误时,就把一个消息发送给这个全局对象。这个消息包含一个字符串,即待打印的出错信息;消息还有一个整数,指出错误的严重程度。

第二种用户定义错误处理的技术要求每个类都定义或再定义一个命名为error的操作。这个操作不应是类的共有界面部分,而应是一个隐蔽的实现部分,可以被一些公共操作调用以检测错误。这种error操作可以打印消息,在适当时候请求一些额外输入,在必要时终止软件执行。

(7) 多重实现(Multiple Implementation)。同一个类可以多种方式实现。为此,软件库必须对库中的每一部分都能保留充足的信息,使得定义能同时关联不止一个实现。为了定义连接到几个实现所使用的关系,程序员应能指出要求的实例所在的类,并确定所期待的特定实现。

3. 应用程序的实现

应用程序的实现置于所有的类都被实现之后。事实上,使用面向对象方法实现一个应用程序是一个比用过程化方法更简单、更简短的过程。

一旦类开发出来,就已经实现应用程序的大部分工作。每个类提供了完成应用程序所需要的某种功能。完成应用程序的过程要求建立这些类的实例,有些建立起来的实例在其他类的初始化过程中使用,有的类必须通过主过程显示地加以说明,或者当作系统最高层类表示的一部分。以图形为例,建立一个用户界面实例,一旦建立,发送一个消息,启动绘图程序的命令,循环执行。然后,这个对象承担在系统寿命的其余时期协调通信联系和建立对象的责任。

对于纯面向对象的语言,在系统中每个事物都是对象。这些语言没有主过程,却常常是交互的。用户在该环境中建立一个类的实例,然后接受控制和执行操作,产生实例建立的结果和接收用户发送来的消息。由那些原始消息产生的消息序列是待开发的软件。

9.4　程序设计风格

好的程序设计风格可以极大提高程序的质量，对于程序的可读性和可维护性有非常重要的影响。所谓程序设计，是指设计、编制、调试程序的方法和过程，在程序设计中，须使程序结构合理、清晰，加入清晰的注释信息，避免使用逻辑复杂的算法，使用有含义的变量命名方式等。总之，程序设计风格的标准是使程序易于阅读和理解。程序设计风格一般表现在5个方面：源程序文档化、数据说明的方法、表达式和语句结构、输入/输出方法、错误处理，下面依次进行介绍。

9.4.1　源程序文档化

程序员在编写程序时应该意识到在软件维护过程中会有人需要阅读并理解程序，所以程序员在编写程序时必须使程序具有良好的风格。所谓源程序文档化，指程序源代码本身具有良好的可读性，如同进行代码文档说明。源程序文档化包括标识符命名、程序注释、程序布局等。

1. 标识符命名

标识符即符号名，包括模块名、变量名、常量名、子程序名、数据区名、缓冲区名、类名、接口名、包名等，好的标识符名可以极大提高代码的可读性。下面列举一些通用标识符命名的注意事项。

(1) 标识符名应能使用能够反映其含义的英文全称描述，一般情况下不使用无意义的字符串。例如，firstName、provideTime、mailAddress 等都是较好的标识符名称；x1、fn、y2 等虽然简练，但是阅读程序的人很难理解其代表的含义，不建议使用。

(2) 尽量使用专业术语进行标识符命名。在某个领域或应用场景中，如果某些对象有专有术语，则使用该专有术语更有利于人们对业务的理解。例如，在 CRM 系统中，“客户”用 customer 表示，如果程序使用 client 或 user 表示“客户”，则容易产生歧义，造成误解。

(3) 注意标识符大小写的含义。在编程规范中，往往对程序中标识符的大小写规则进行定义，便于读者清晰了解标识符代表的对象。例如，在 Java 编程规范中，代表“包”名的字符串全部使用小写字母；“类”和“接口”名的字符串第一个字母大写；“变量”名第一个字母小写，如果变量由多个单词组成，则从第二个单词开始首字母大写；Static Final 变量全部使用大写字母。

(4) 标识符不宜过长。过长的标识符使程序的逻辑流程变得模糊，给程序修改带来困难，所以应当选择精练、意义明确的标识符，从而易于理解程序功能。必要时可使用缩写，但缩写规则要一致，并且给每一个缩写标识符加注释信息。

(5) 避免使用只有略微差异的标识符。例如，两个标识符只有字母大小写不同，如 SqlServer 与 SQLServer；只有某个字母不同，如 number 与 nomber；只有单复数不同，如 student 与 students。

2. 程序注释

夹在程序中的注释是程序员与日后的程序读者之间沟通的重要手段。正确的注释能够帮助读者理解程序,可为后续阶段进行测试和维护提供明确的指导。因此,注释绝不是可有可无的,大多数程序设计语言允许使用自然语言来写注释,这极利于阅读程序。在一些正规的程序文本中,注释行的数量占到整个源程序的1/3到1/2,甚至更多。注释一般分为以下两种。

(1)序言性注释:通常置于每个程序模块的开头部分,给出程序的整体说明,对于理解程序本身具有引导作用。有些软件开发部门对序言性注释有明确而严格的规定,要求程序编制者逐项列出的有关项目包括:程序标题、有关本模块功能和目的的说明、主要算法、接口说明、有关数据描述、模块位置、开发简历等。

(2)功能性注释:嵌在源程序体中,用以描述其后的语句或程序段的编写目的,不具体解释目的如何实现,因为它常是与程序本身重复的,并且对于阅读者理解程序没有什么作用。书写功能性注释时须注意:

- 用于描述一段程序,而不是每一个语句;
- 用缩进和空行,使程序与注释容易区别;
- 保持注释与代码的一致性,修改代码的同时修改注释。

按照注释规则书写的注释,可以通过程序自动生成系统的程序说明文档,例如通过Javadoc可以自动将Java代码中的注释生成程序说明文档,极大地节省撰写程序说明的工作量。

3. 源程序布局

源程序布局指源程序的代码编排格式。合理的源程序布局能够提高源代码的清晰度,增强代码的可读性,进而提高程序的可维护性。在源程序中,可以利用空格、空行和移行等方法提高程序的可视化程度。良好的源程序布局风格表现在以下8个方面。

(1)一行最好只书写一个语句。

(2)每行缩进两个字符。不使用Tab键进行缩进,因为不同的源代码管理工具中Tab键因用户设置不同而具有不同的宽度。

(3)在选择语句和循环语句中,其中的程序段语句向右阶梯移行,这样可使程序的逻辑结构更加清晰,层次更加分明。

(4)在程序说明部分和执行部分之间,不同功能模块之间可以用空行进行分隔。避免每行语句之间都增加一行空行。

(5)不随意省略可以省略的大括号,大括号独自占有一行。

(6)结束括号应该与其对应的开始括号具有相同的缩进量。

(7)不随意使用无意义的小括号。

(8)使用小括号时,左括号和后一个字符之间不应该出现空格,右括号和前一个字符之间也不应该出现空格。

9.4.2 数据说明

为实现软件需求中的功能,必须设计特定的数据结构。数据结构的选择和组织是在详细设计阶段确定的,在程序编码过程中,必须对其进行声明后才能够使用。声明数据结构的过程称作数据说明。在编写程序时,尽量遵循数据说明的风格。为了使程序中数据说明更易于理解和维护,必须注意以下三点。

（1）数据说明的次序应当规范，使数据属性容易查找，也有利于测试、排错和维护。例如，类型说明可按如下顺序排列：常量说明、复杂类型数据结构、简单变量类型说明（顺序：整型变量说明、实型变量说明、字符型变量说明、逻辑型变量说明）、数组说明。

（2）当多个变量名用一个语句说明时，应当对这些变量按字母的顺序排列。

（3）如果设计了一个复杂的数据结构，应当使用注释来说明在程序实现时这个数据结构的用途和特点。

9.4.3　语句结构

在设计阶段确定软件的逻辑流结构，而构造单个语句则是编码阶段的任务。语句结构力求简单、直接，不能为了片面追求效率而使语句复杂化。语句结构一般应从以下方面加以注意：

（1）一行内只写一条语句，并且采取适当的移行格式。

（2）程序编写首先应当考虑清晰性，不刻意追求技巧。

（3）程序编写得简单，直截了当地说明程序员的用意。

（4）除非对效率有特殊的要求，否则程序编写要做到清晰第一，效率第二。

（5）首先保证程序正确，然后才考虑执行速度。

（6）避免使用临时变量使可读性下降。

（7）使用公共函数代替重复使用的表达式。

（8）使用括号清晰地表达算术表达式和逻辑表达式的运算顺序。

（9）尽量只采用基本的控制结构编写程序。

（10）用逻辑表达式代替分支嵌套。

（11）避免使用空的 ELSE 语句和 IF…THEN IF…的语句。

（12）使与“判定”相联系的动作尽可能地紧跟“判定”语句。

（13）避免采用过于复杂的条件测试。

（14）避免过多的循环嵌套和条件嵌套。

（15）使用数组，以避免重复的控制序列。

（16）尽可能用通俗易懂的伪码来描述程序的流程，然后再翻译成必须使用的语言。

（17）使模块功能尽可能单一，模块间的耦合能够清晰可见。

（18）利用信息隐蔽，确保每一个模块的独立性。

（19）从数据结构出发构造程序。

（20）不修补不好的程序，应重新编写。

（21）对于太大的程序，应分块编写、测试，然后再集成。

对于面向对象的程序设计，还应注意以下方面：

（1）保持类的方法不宜太大；对于每个类的方法，代码行不超过 50 行为最佳。

（2）减少参数个数。有大量参数的方法通常很难阅读。

（3）为了减少复杂程度和提高可维护性，应当避免类的继承层数过多。

（4）尽量少用运算符重载。

（5）尽最大可能使用错误处理过程，并对状态和错误进行记录。

（6）充分考虑异常的处理。

9.4.4 输入和输出

输入和输出信息是与用户的使用直接相关的。输入和输出的方式和格式应当尽可能方便用户使用。因此,在软件需求分析阶段和设计阶段,应基本确定输入和输出的风格。系统能否被用户接受,有时取决于输入和输出的风格。

不论是批处理的输入/输出方式,还是交互式的输入/输出方式,在设计和程序编码时都应考虑下列原则:

(1) 对所有的输入数据进行检验,从而识别错误的输入,以保证每个输入数据的有效性。

(2) 检查输入项的各种重要组合的合理性,必要时报告输入状态信息。

(3) 输入的步骤和操作尽可能简单,并保持简单的输入格式。

(4) 输入数据时,应允许使用自由格式输入。

(5) 应允许默认值。

(6) 输入一批数据时,最好使用输入结束标志,而不要由用户指定输入数据数目。

(7) 在以交互式输入/输出方式进行输入时,在屏幕上使用提示符明确提示交互输入的请求,指明可使用选择项的种类和取值范围。同时,在数据输入的过程中和输入结束时,在屏幕上给出状态信息。

(8) 当程序设计语言对输入/输出格式有严格要求时,应保持输入格式与输入语句的要求一致。

(9) 给所有的输出加注解,并设计输出报表格式。

输入/输出风格还受到许多其他因素的影响,如输入/输出设备(例如终端的类型、图形设备、数字化转换设备等)、用户的使用习惯,以及通信环境等。

9.4.5 错误处理

软件执行过程中可能出现可以预测或不可预测的错误,系统的错误处理能力极大影响软件系统的正确性、稳定性及其他非功能性属性。所以,为提高软件质量和可靠性必须增强程序的错误处理能力,大致可包含两类技术:一类是避开错误技术,即在开发的过程中不让差错潜入软件的技术;另一类是容错技术,即对某些无法避开的差错,使其影响减至最小的技术。在程序设计过程中,要考虑以下错误处理方法。

(1) 返回错误代码。返回的错误代码指示错误发生的原因,调用者可以根据错误代码进行错误处理。

(2) 调用错误处理函数。用错误处理函数对错误进行统一处理,这样有利于集中地对错误进行管理。

(3) 显示错误信息。错误发生时,提示错误信息。例如,当用户输入非法数据时,向用户提示正确的输入格式。

(4) 记录日志。错误发生时,记录系统日志文件,并继续执行。

(5) 退出程序。这种方式对一些安全性要求较高的程序比较合适,防止继续执行可能对系统带来的破坏。

习　　题

1. 请说明软件实现都包含哪些方面的工作？
2. 请阐述在软件实现环节都需要完成哪些具体的任务？
3. 选择程序设计语言时都要考虑哪些方面？
4. 集成开发环境的作用是什么？
5. 主要的程序设计方法有哪几种？
6. 结构化程序设计方法的主要思想是什么？
7. 面向对象程序设计方法的主要思想是什么？
8. 程序设计风格都包括哪些方面？
9. 请说明什么是好的程序设计风格？

第10章 软件测试

10.1 软件测试概述

10.1.1 软件测试的定义

早期的软件测试指为发现错误而执行软件程序的过程。随着软件规模的日益扩大，软件需求分析和设计的作用越来越突出，统计表明，软件系统中60%以上的错误不是程序开发导致的，而是需求分析和设计环节引入的，所以对需求分析结果和设计方案进行测试显得非常重要。目前，软件测试指为发现软件中存在的错误，对软件开发过程中形成的各项输出进行检查的过程。软件测试对象包括需求规格说明、概要设计说明、详细设计说明、单元代码、集成的系统，以及其他一些输出文档。

图10-1较好地体现了软件测试是贯穿于软件开发全过程的，对每个阶段输出物的测试结果是该阶段完成的里程碑。事实上，软件测试的粒度还可以进一步缩小，如对需求分析评审，并不需要全部需求都分析完成再进行评审，而是可以分析完一部分，评审一部分。再如，程序开发也不需要全部模块都完成才能够进行集成测试，而是可以完成一个模块，集成一个模块。如图10-2所示的软件测试H模型能够更清晰地体现这种测试过程。

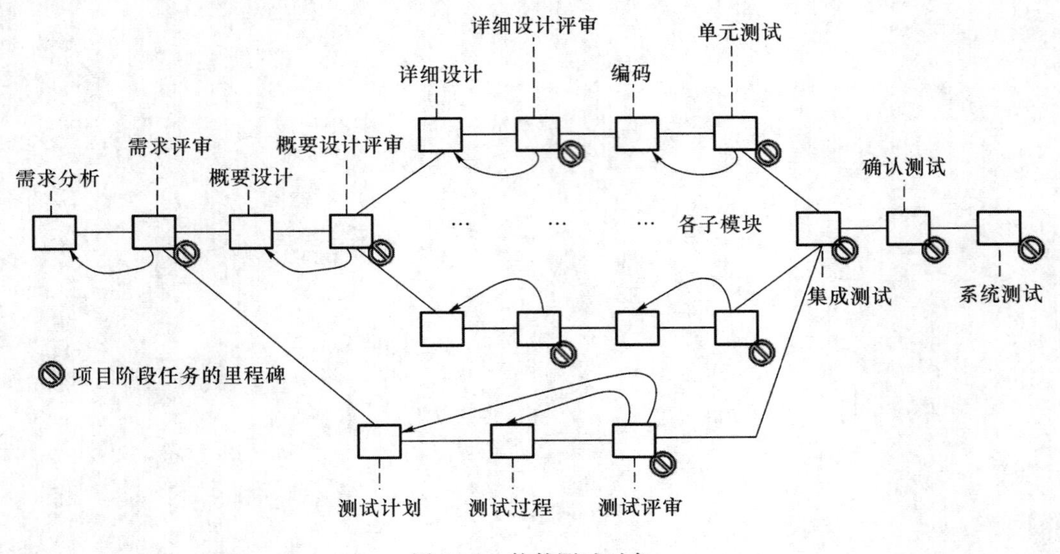

图10-1 软件测试对象

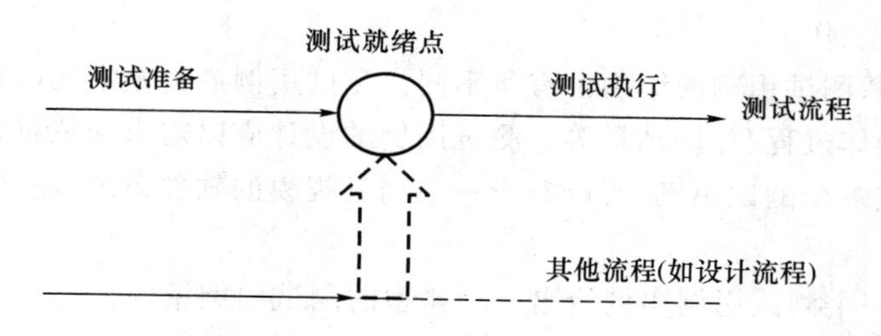

图 10-2　软件测试 H 模型

该模型像一个横放的字母 H，所以称为 H 模型。其中，上边的分支体现了软件测试过程，下边的分支代表软件开发中的其他过程，模型体现软件测试过程与软件开发的其他过程是并行执行的。对于每项待测试内容，只要测试准备就绪，达到测试就绪点，就可以开展相应测试的活动。测试的对象可以非常灵活，如某个模块的功能测试、某个模块的需求测试、系统的框架设计测试、系统的性能测试、用户手册测试等。

在各类测试工作中，某些测试是通过评审工作完成的。某些是通过具体的测试工作完成的，总体来说，广义的软件测试可以包含三类具体的活动：确认、验证和测试。

(1) 确认：评估待开发的软件产品是否正确无误、可行和有价值的，并确保一个待开发软件是正确的，即与用户的期望是完全符合的，是对软件开发构想的检测，能够回答"是否构造了正确的软件"的问题。

(2) 验证：检测软件开发的每个阶段、每个步骤结果是否正确无误，是否与软件开发各阶段的要求或期望的结果相一致，并确保软件会正确无误地实现软件的需求，开发过程是沿正确的方向进行的，能够回答"是否正确地构造了软件"的问题。

(3) 测试：设计测试用例，运行程序，执行具体系统测试的过程。

10.1.2　测试用例

在开展软件测试工作过程中，首先须明确软件测试的范围。对于一个程序或软件系统来说，其能够接受的输入是非常多的，唯一能够保证程序正确的测试方法是"穷举测试"，即将所有可能的输入情况均测试一遍。但是，事实表明，对于一个非常简单的程序来说，其所有的输入情况都可能是天文数字。

以如图 10-3 所示的程序 P 为例，分析测试用例的数量。

假设程序 P 有输入 X 和 Y，对其进行处理后输出 Z。设 X、Y 均为整数，则在字长为 32 位的计算机上进行处理时，测试数据组(X_i，Y_i)的最大可能数目为 $2^{32}\times2^{32}=2^{64}$。如果利用穷举测试对该程序进行测试，把所有的 X、Y 值都作为测试数据，假设程序 P 测试一组 X、Y 数据需要 1 毫秒，计算机一天工作 24 小时，一年工作 365 天，则完成全部测试数据的测试约需要 5 亿年。

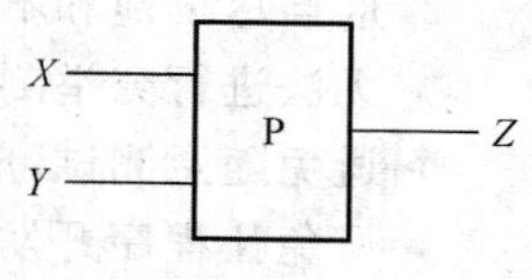

图 10-3　程序实例

由于任何软件开发项目都受到期限、费用、人力等条件的限制，进行穷举测试工作量过大，实施起来是不现实的。那么，为更为高效地揭露程序中隐藏的错误以达到最佳的测试效果，就需要从大量的测试数据中精心挑选少量的测试数据，这些测试数据称为测试用例。测试用例定义了软件测试的范围，是测试工作的指导性文档，设计测试用例是软件测试过程中的一项非常重要的工作。

测试内容不同,测试用例的结构也有所不同。测试用例最为基本的内容包括用例编号、用例名称、输入、操作过程、预期结果等。测试用例的设计应以需求为依据,系统的每个需求点都须对应一个或多个测试用例,所以对于一个稍具规模的软件系统,测试用例的数量可能非常多。

表10-1通过一个测试用例实例给出一个典型的测试用例结构。

表10-1　典型的测试用例实例

用例编号	XT-YH-0001	用例名称	增加用户-合法输入
测试功能	增加用户	测试目的	在各项用户数据均合法的情况下,系统能够正确添加一个用户
业务说明	此处给出该系统在增加用户时,各项输入字段的限制要求,以及系统处理的业务规则		
前置条件	此处说明进行该功能操作时,所需要的数据环境、登录用户所须具有权限等说明		
操作过程	(1) 执行“系统管理”下的“用户管理”,出现用户管理页面 (2) 单击“用户管理”页面中的“新增用户”按钮,弹出“增加用户”窗口 (3) 在“增加用户”窗口中输入用户各项信息,每个字段均符合业务说明中的限制要求 (4) 单击“确定”按钮		
预期结果	系统提示“增加用户成功”,在返回的“用户管理”页面的用户列表中显示出新增用户信息		
其他说明	无		
用例设计人	张三	用例审核人	李四

10.1.3　软件测试的目的

软件测试的目的是以最少的人力、物力和时间找出软件中存在的各种错误和缺陷,通过修正错误和缺陷提高软件质量。达到上述目的的方法是设计出精简、高效的测试用例。每一次测试活动的目的是发现至今尚未被发现的错误,而不是证明系统是正确的。

10.1.4　软件测试的原则

在进行软件测试过程中,须遵循的软件测试基本原则包括:

- 所有的测试工作都应该以用户的需求为依据;
- 应当尽早地和不断地进行测试;
- 无法进行穷举测试,尽量选择效率最高的测试用例来开展测试;
- 避免随意测试,应有计划、有步骤、有组织地开展测试工作;
- 避免让程序开发者测试其开发的程序;
- 错误往往存在群集现象,针对重点模块进行更充分的测试;
- 完全测试是不可能的,测试须终止;
- 妥善保管测试过程中产生的全部过程文档。

10.1.5　软件测试分类

在讨论软件测试时,往往提到各种测试类型,例如功能测试、性能测试、黑盒测试、白盒测试等,这些名称实际上是在不同分类角度下给出的描述。为了更加明确这些测试活动之间的关系，下面给出测试的分类。

(1) 按照开发阶段：单元测试、集成测试、确认测试、系统测试、验收测试。

(2) 按照测试对象：需求测试、设计测试、代码测试、文档测试。

(3) 按照测试实施组织方式：开发方测试、用户测试、第三方测试。

(4) 按照测试用例设计技术：白盒测试、黑盒测试。

(5) 按照测试是否须运行系统：静态测试、动态测试。

(6) 按照测试执行的方式：手工测试、自动化测试、半自动化测试。

(7) 按照测试的内容不同：功能测试、性能测试、安全性测试、易用性测试、兼容性测试等。

10.1.6 相关术语

在软件测试过程中，为了更加清晰地描述软件中存在的问题及运行不正常的表现，引入一些相关术语。

软件错误(Software Error)：软件错误就是常说的 Bug，是人们在进行软件的需求分析、设计和开发中人为产生的错误，可存在于文档或代码中，是一种面向开发的概念。

软件缺陷(Software Defect)：软件缺陷是指存在于软件(文档、数据、程序)中不希望或不可接受的偏差。其结果是软件运行于某一特定条件下时出现系统故障。一个软件错误在系统中就会产生一个或多个软件缺陷。软件错误和软件缺陷描述程序存在问题的静态状态。

软件故障(Software Fault)：软件故障指软件运行过程中产生一种不希望或不可接受的系统内部状态，是描述系统运行状态的一种动态行为。一个软件缺陷激活时，便产生一个软件故障；同一个软件缺陷在不同条件下激活，可能产生不同的软件故障。

软件失效(Software Failure)：软件失效是指软件运行过程中产生一种不希望或不可接受的系统外部状态。软件故障如果没有及时进行容错处理，便不可避免地导致软件失效。

软件测试是通过系统失效的表现，找到导致失效的错误，通过修复编程级别的错误，修复系统中存在的缺陷，进而解决系统运行时出现故障，以及失效的情况。

大量的实践经验表明，软件系统中有可能存在各种各样的错误，这些错误在不同程度上对系统的正常运行带来影响。为了更清晰地认识软件错误，给出软件错误分类表，如表 10-2 所示。

表 10-2　常见的错误分类

分类角度	分类结果
按错误严重程度分	严重：系统崩溃，数据丢失损坏等，必须及时解决 较严重：操作错误、错误结果、功能遗漏等，须尽快解决 一般：小问题、错别字、UI 布局等，安排解决 建议：不影响使用的软件瑕疵或更好的实现方法，建议解决
按错误引入的阶段分	需求定义类错误：对软件需求的理解与用户真正需求不一致 规格说明类错误：规格说明没有真正体现用户的需求 框架设计类错误：系统总体架构设计存在缺陷 算法设计类错误：模块算法与逻辑要求不符 编码类错误：程序编写存在错误，未能完全实现算法的要求

续表

分类角度	分类结果
按错误的性质分	数据错误:数据结构定义不合理,数据类型不合理,数据范围不合理 加工错误:加工逻辑错误,加工精度错误,加工性能不符合要求等 显示错误:显示内容错误,显示格式错误,显示顺序错误,显示精度错误等
按错误所在的接口层次分	硬件接口错误:中断处理、I/O 指令、通道等使用错误 操作系统接口错误:系统调用出现错误、内存使用错误等 数据库接口错误:数据库连接、数据库访问、数据库管理存在的错误等 系统间接口错误:通信协议错误、接口方式错误、数据传递错误等 模块间接口错误:模块间交互协议、参数个数、参数类型、参数顺序等存在的错误 模块内接口错误:数据类型定义、数据初始化等存在的错误

10.1.7　软件的可测试性

软件的可测试性是一个计算机程序能够被测试的容易程度。在软件开发过程中,很多环节都能够影响软件的可测试性,例如需求分析的描述、设计架构、实现手段等。如果设计人员和程序员乐于完成一些对测试过程有帮助的工作,则可以极大提高软件的可测试性。

表 10-3 列出影响软件可测试的因素。

表 10-3　影响软件可测试的因素

影响软件可测试的因素	描　述	表　现
可用性	运行得越好,被测试的效率越高	系统的错误很少
		没有阻碍测试执行的错误
可观察性	所看见即所测试	每个测试有唯一、明确的输出
		系统状态和变量可见,或在运行中可查询
		过去的系统状态和变量可见,或在运行中可查询(事物日志)
		所有影响输出的因素都可见
		容易识别错误输出
		通过自测机制自动侦测内部错误
		自动报告内部错误
		可获取源代码
可控制性	对软件的控制越好,测试越能自动执行与优化	所有可能的输出都产生于某种输入组合
		通过某种输入组合,所有的代码都可能执行
		测试工程师可直接控制软件和硬件的状态及变量
		易于对测试进行说明、自动化和再生
可分解性	系统能够敏捷地分解,执行更灵巧的再测试	软件系统由独立模块构成且能够独立测试各软件模块

续表

影响软件可测试的因素	描　述	表　现
简单性	测试的内容越少，测试的速度越快	功能简单
		结构简单
		代码简单
稳定性	变化越小，对测试的破坏作用越小	软件的变化是不经常的
		软件的变化是可控制的
		软件的变化不影响已有的测试
		软件失效后恢复良好
易理解性	得到的信息越多，进行的测试越灵巧	设计过程能够很好地理解
		内部、外部和共享构件之间的依赖性能够被很好地理解
		设计过程变化时通知
		可随时获取技术文档
		技术文档组织合理，详细明确、稳定

10.2　系统测试步骤

前文强调软件测试的对象包括软件开发过程中的各种输出，在对软件系统进行测试时，按5个步骤进行，即单元测试、集成测试、确认测试、系统测试和验收测试，如图10-4所示。

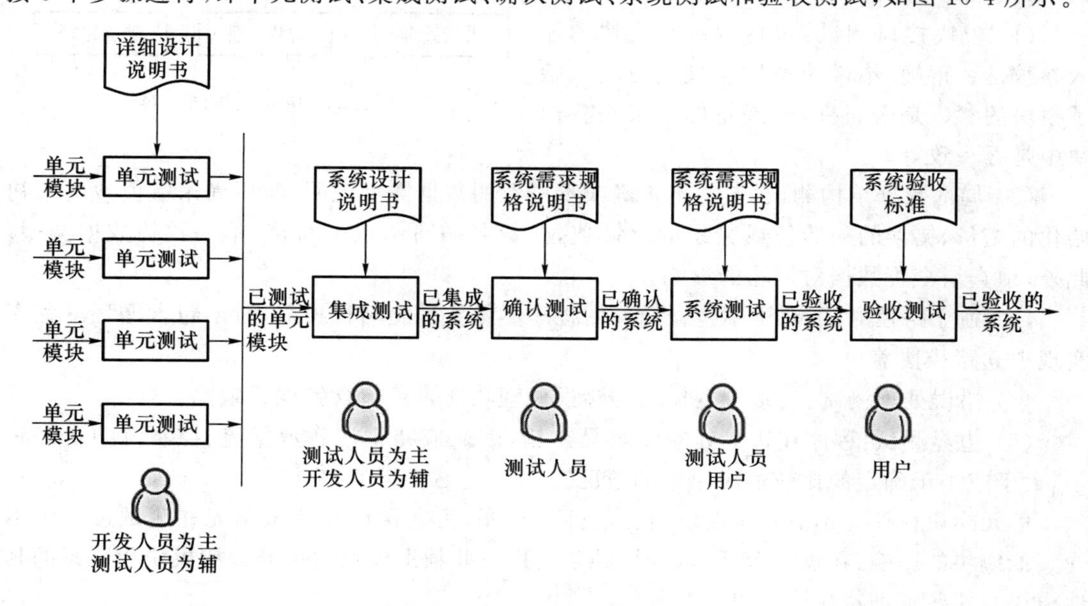

图10-4　系统测试步骤

下面详细介绍每个测试步骤相关的内容。

10.2.1 单元测试

软件系统是由许多单元模块构成的,这些单元可能是一个对象、一个类、一个函数或者是组件或服务。单元往往具有特定的功能,并与其他单元有明确的接口。组成软件系统单元的质量对系统质量产生直接的影响。

单元测试是对软件基本组成单元进行的测试,其目的在于发现各单元模块内部可能存在的各种问题。单元测试可以通过静态测试和动态测试来完成,一般是由开发人员为主、测试人员为辅来开展的测试活动。

静态测试指在进行测试过程中不运行被测试程序,而是通过对软件代码进行分析、检查和审阅,进而找到程序中存在错误的过程。实践表明,静态测试是一种非常有效的软件测试方法,30%～70%的代码逻辑设计错误都可以通过静态测试发现。静态测试可以由人工进行,也可以借助软件测试工具自动进行,有利于批量发现问题,并且在发现问题的同时也定位问题。单元的静态测试往往通过代码评审方式来完成,开发组织内部可以成立专门的代码评审小组,通过代码阅读和开评审会等方式对代码进行静态检查,以保障代码符合编程规范要求、编程格式要求、设计方案要求,逻辑算法正确,程序结构合理,内存使用安全等。

动态测试指在进行测试过程中运行被测试程序,按照要求进行输入,查看程序输出是否符合程序设计要求,进而找到程序中存在错误的过程。进行动态测试时须首先设计测试用例,单元测试一般从程序的内部结构出发,以系统详细设计说明书为依据,以白盒测试用例设计方法为主、黑盒测试用例设计方法为辅来设计测试用例。单元测试重点对5方面进行测试,如图10-5所示。

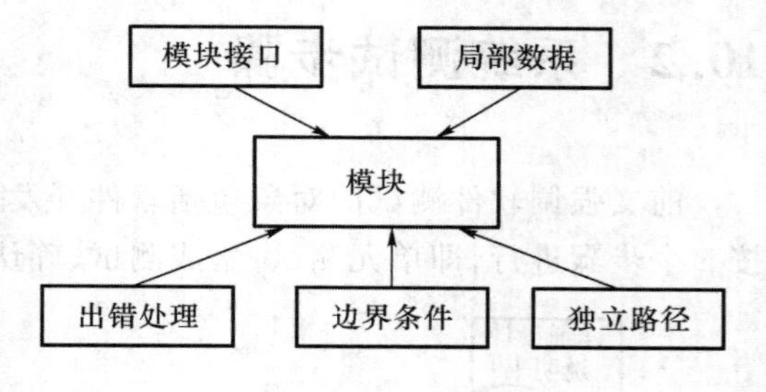

图10-5 单元测试的内容

(1) 模块接口测试:包括调用本模块的输入参数是否正确,本模块调用子模块时输入给子模块的参数是否正确,全局量的定义在各模块中是否一致等。

(2) 局部数据结构测试:包括不正确或不一致的数据类型说明,使用尚未赋值或尚未初始化的变量,错误的初始值或错误的默认值,变量名拼写错或书写错,不一致的数据类型。此外,须查清全程数据对模块的影响。

(3) 独立路径测试:对于不包含循环的程序尽量实现全路径覆盖,对于包含循环的程序实现独立路径覆盖。

(4) 错误处理测试:负责检查模块的错误处理功能是否包含错误或缺陷。

(5) 边界测试:程序在边界处非常容易出错,因此应特别注意数据流、控制流中正好等于、大于或小于确定的比较值时出错的情况。

单元模块往往并不是一个能够运行的独立程序,为了保证被测试单元在测试过程中不受其他模块的影响,在进行单元测试时,经常使用一些辅助模块模拟与被测模块相联系的其他模块。这些辅助模块分为以下两种。

(1) 驱动模块:相当于被测模块的主程序。它接收测试数据,把这些数据传送给被测模块,最后输出实测结果。

(2) 桩模块:又称为存根模块,用以代替被测模块调用的子模块。桩模块可以仅负责少量的数据处理,给出合理输出即可,而无须完全实现子模块的全部逻辑。

单元测试各种模块间关系如图10-6所示。

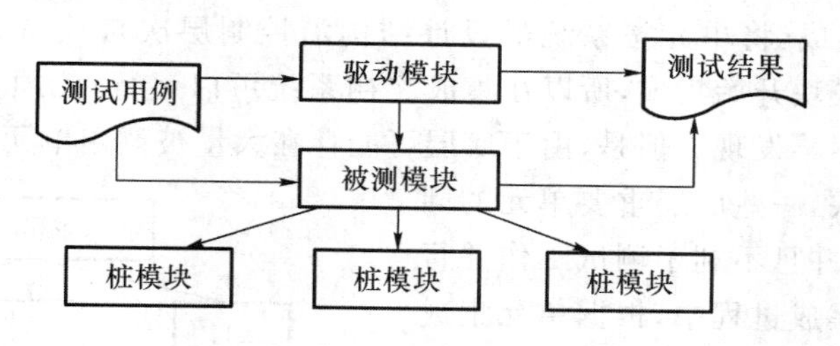

图10-6　单元测试的测试环境

10.2.2　集成测试

当组成软件系统的所有单元都经过严格的单元测试之后,就需要将它们按照系统设计说明书的要求逐步组装为一个完整的系统。

"集成测试"又称为"组装测试",是对集成的单元进行测试,以检查这些单元之间的接口是否存在问题。"集成测试"可以体现为一种边集成边测试的过程。经过集成测试,分散开发的单元被连接起来,构成相对完整的系统,各单元接口之间存在问题已经基本消除,为下一步的"确认测试"奠定基础。"集成测试"需要开发人员与测试人员共同配合来完成相关的测试工作,主要采用黑盒测试用例设计方法来设计测试用例。

"集成测试"主要验证以下问题:

➢ 把各个模块连接起来时,穿越模块接口的数据是否会丢失;
➢ 一个模块的功能是否会对另一个模块的功能产生不利的影响;
➢ 各个子功能组合起来,能否达到预期要求的父功能;
➢ 全局数据结构是否有问题;
➢ 单个模块的误差累积起来,是否会放大,从而达到不能接受的程度;
➢ 单个模块的错误是否会导致系统错误。

选择什么方式把模块组装起来形成一个可运行系统,直接影响模块测试用例的形式、所用测试工具的类型、模块编号的次序和测试的次序,以及生成测试用例的费用和调试的费用。下面介绍常用的系统集成方式。

1. 一次性集成方式

"一次性集成"也称为"大棒集成",指完成单元测试后,将全部单元按照概要设计说明的要求一次性完成组装,形成完整系统的集成方式。

"一次性集成"可以快速将单元集成为系统,并且无须开发驱动模块和桩模块。但是,由于一次性集成的系统运行成功的概率微乎其微,同时出现很多问题,而且定位问题变得非常困难,所以一般情况下不建议采用一次性集成方式。

2. 增量式集成方式

"增量式集成"又称为"渐进式集成",指在完成单元测试后,按照概要设计说明的要求逐步将单元集成为系统的集成方式。增量式集成过程中须按照某种策略选择下一个将集成的单元,按照概要设计说明将其集成到系统中,在集成过程中重点对本次集成的接口进行测试,以发现集成过程中产生的问题。按照选择下一个集成单元的策略不同,又可以分为以下3种增量集成方式。

(1) 自顶向下集成:将单元按系统的设计结构沿控制层次自顶向下进行集成的方式。该方式从最顶层的模块开始集成,所以在集成之初系统可以运行,无须再编写驱动模块,顶层的集成问题可以尽早发现。但是,由于底层可能存在大量被调用单元,所以在集成过程中须开发大量的桩模块,一些底层重要单元的问题后期才能够发现,并且不利于测试工作并行开展。在自顶向下集成过程中,根据单元集成的策略,可以进一步划分为深度优先和广度优先的两种集成策略。以如图10-7所示的结构化程序设计框架为例,讨论两种集成方式的单元集成过程。

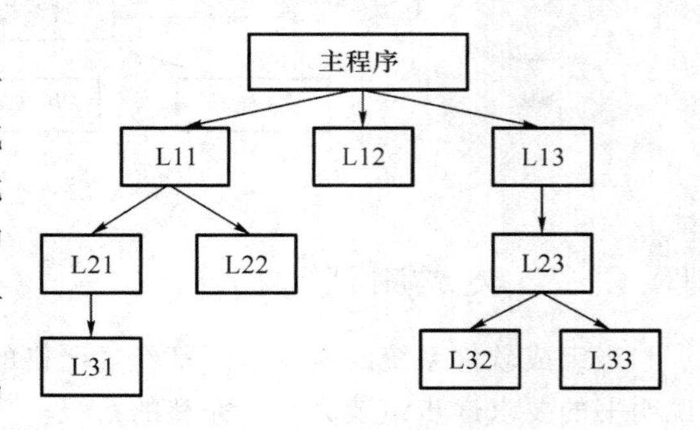

图10-7 某程序模块调用关系

深度优先策略指在从主程序开始集成的过程中,只要遇到调用函数的情况,优先完成函数集成,在函数执行过程中又调用某个函数,则将该函数作为下一个集成的单元,直到完成该函数下全部单元集成为止,再继续从主程序开始向下集成后续的调用函数。在图10-7中,按照深度优先策略集成,单元集成顺序为主程序→L11→L21→L31→L22→L12→L13→L23→L32→L33。

广度优先策略指从主程序开始,首先集成直接被主程序调用的函数,再集成这些函数调用的函数,逐步集成,直到全部函数完成集成为止。在上例中,按照广度优先策略集成,单元的集成顺序为主程序→L11→L12→L13→L21→L22→L23→L31→L32→L33。

(2) 自底向上集成:从软件底层模块开始集成,将实现某个特定功能的单元组进行集成,再逐步向上集成,直到完成所有单元模块集成。采用自底向上集成方式,首先可以将底层一些特定功能包含的模块划分为一个集成组,编写驱动程序,完成组内单元集成,再用上层模块代替驱动模块,逐步向上,完成全部模块集成。自底向上集成方式能够使相对独立的程序模块组并行开展测试工作,有利于快速发现某些底层关键模块中存在的问题,且无须开发大量的桩模块。但是,由于系统顶层模块最后才完成集成,所以系统直到最后才能够运行,顶层验证推迟,一些设计方面的问题难以发现,且须编写一定数量的驱动程序。

如图10-8所示,可以将上例中的模块划分为两个底层模块组,一组包含L11、L21、L22、L31,设计驱动程序,调用该组函数,组内集成可以视模块数量及模块间关系采用一次集成或增量集成方式。另一组包含L13、L23、L32、L33,设计驱动程序,调用该组函数。完成组内测试后,用主程序代替驱动模块,逐步完成系统的集成测试工作。

(3) 三明治集成:下层模块自底向上集成,上层模块自顶向下集成,直到所有单元集成完成,是一种从两端向中间逐步集成的思路。采用三明治集成方式可以使上层单元集成与下层单元组集成并行执行,从而提高系统集成测试效率;系统从集成开始就可以运行,上层单元和下层关键单元的问题都能在早期发现,是一种非常实用的集成方式。但是,三明治集成过程中对上层集成过程需要开发一定数量的桩模块,对下层集成模块组需要编写驱动模块,辅助工作量较大,且集成工作组织协调难度增大,因此须精心安排方能达到理想的集成测试效果。

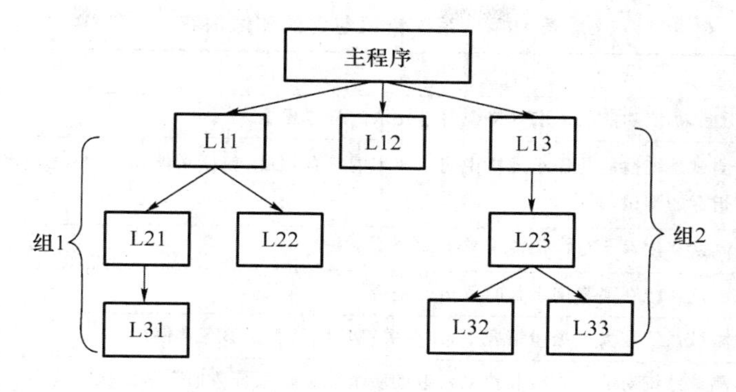

图 10-8　自底向上集成分组

10.2.3　确认测试

软件完成集成测试之后，已经形成一个基本可运行的软件系统。这时，开发组织须对系统的各方面特性进行确认测试。

确认测试又称为“有效性测试”，任务是检查已实现的软件是否满足需求规格说明中定义的各种需求，以及软件配置是否完全、正确。确认测试一般是由开发组织中专门的测试人员完成的系统级测试活动，采用黑盒测试用例设计方法设计测试用例。“确认测试”过程中可发现大量开发问题，通过修复这些问题，能够得到一个相对完善的确认系统。

同时，对于需求规格说明中定义的非功能需求，在不受运行环境影响的情况下，也可以在确认测试环节进行相应的测试，如系统可移植性、兼容性、出错自动恢复、可维护性等；对于一些受运行环境制约的非功能性需求的测试，可以在后续的系统测试环节进行，如性能测试、互联测试等。

此外，在确认测试环节还须进行软件配置复查，其目的是保证软件配置的所有成分都齐全，各方面的质量都符合要求，具有维护阶段所必需的细节，而且已经编排好分类的目录，如对软件开发过程中形成的各类文档、数据、代码进行复查，为提交相关材料进行准备。

10.2.4　系统测试

为运行软件系统，必须具有相应的运行环境，包括硬件环境、网络环境、操作系统环境、数据库环境、中间件环境、外围系统环境、系统用户环境等。“确认测试”完成后，可以将已确认的软件系统安装部署到今后实际运行环境中，在该环境中再次对系统的各方面情况进行全面的测试，这个环节称为系统测试。

系统测试一般由若干个不同的测试组成，目的在于与真实生产环境同样的环境下充分运行系统，验证整个系统是否满足需求规格说明中定义的各方面的要求。系统测试的工作范围、测试方法和测试计划一般由甲方确定，具体测试执行可以由甲方测试小组与乙方测试小组共同完成。

系统测试阶段有可能开展的测试内容如表 10-4 所示。

表 10-4 系统测试包含的测试内容

测试名称	测试描述
功能测试	测试系统功能与需求规格说明中要求的符合程度
性能测试	测试系统性能与需求规格说明中要求的符合程度,包括功能响应时间、最大并发用户数、吞吐量等指标的测试
压力测试	测试系统在大负荷情况下是否能够正常运行
疲劳强度测试	测试系统在高强度下长时间运行是否会出现问题
大数据量测试	测试系统在大数据量情况下,一些关键功能是否能够正常使用
安全性测试	测试系统对非法入侵和信息窃取的防范能力及系统数据安全的保障能力
易用性测试	测试系统的美观性、一致性、功能符合性、易理解性及易学习性是否满足用户的要求
兼容性测试	测试系统在需求规格说明书中规定的支持系统运行的各种软硬件环境下是否能够正常使用
健壮性测试	测试系统发生故障后,容错能力及从故障中恢复的能力
互联测试	测试系统与其他系统接口通信是否正确
安装测试	测试系统安装部署过程是否正确,是否能够正确安装及卸载
启停测试	测试系统在各种情况下是否正常启动和停止
配置测试	测试系统在各种配置下是否能够按照预期要求正常运行
文档测试	对系统开发过程中生成的各类文档进行测试

在进行某个系统的系统测试环节,须根据系统的特点及需求的要求,确定在系统测试环节须开展哪些测试工作。例如,如果系统需求存在安全性的要求,则在该环节须进行安全性测试;需求明确系统性能要求,则须开展性能测试;如果系统具有高可靠性要求,可以开展可靠性测试和健壮性测试等。系统测试通过后,系统具备了开始试运行的条件,可以正式投入试运行。

10.2.5 验收测试

完成系统测试后,系统可以正式投入试运行;试运行一段时间后,系统已经基本稳定,各方面均已满足需求的要求,这时须对系统进行验收。在进行验收之前,须根据系统验收要求,开展验收测试工作。

验收测试之前,由于系统已经稳定运行了一段时间,所以验收测试不再对系统的功能进行全面测试,而选择用户最为关注的核心功能进行确认即可。验收测试用例应当是粗粒度的,结构简单,条理清晰,而不应当过多地描述软件内部实现的细节。验收测试是一个形式意义上的测试工作,不能期待在这个环节发现大量的问题。

验收测试应该由软件的委托单位组织专门的验收小组完成,小组成员应该包括相关领导、业务人员、项目成员、领域专家等。验收测试通过标志系统已经完成验收,可以开始正式投入使用。如果说在试运行阶段是部分用户参与系统使用,那么在验收测试之后,系统就可以面向全体用户推广。

对于一些面向广大用户开发的产品类型的软件系统,让每个用户都参与软件验收测试是不切实际的。很多软件产品生产者采用一种称之为 α 测试和 β 测试的测试方法,以发现只有最终用户才能发现的错误。

α 测试指测试用户在开发环境下进行的测试，测试时开发者可以坐在用户旁边，随时记录用户使用中发现的错误和提出的修改建议，是一种在受控的环境下进行的测试。α 测试的目的是评价软件产品的 FURPS(即功能、可使用性、可靠性、性能和支持)。α 测试人员是除产品开发小组成员之外首先见到产品的人，他们提出的修改意见是特别有价值的。为了保障测试的效果，α 测试最好在软件达到一定稳定性和可靠性之后再开始。

β 测试指多个用户在实际使用环境下进行的测试。当 α 测试达到一定的可靠程度后，开发企业可以发布 β 测试版本，面向更广大的用户开始 β 测试工作。在 β 测试中，用户在各自的计算机中自由使用系统，记录遇到的问题，包括发现的错误和建议，并向开发小组报告。开发小组在收集大量 β 测试用户反馈的问题后，须进行逐条判断，哪些问题的确须修改，哪些建议可以忽略，并根据甄别的结果进行修改。β 测试处于整个测试的最后阶段，不能指望在 β 测试中发现更多问题。通过 β 测试之后，可以发布面向全体用户的稳定版本。

10.3　软件测试流程

前文介绍的软件测试 H 模型体现软件测试过程的复杂性和灵活性，只要相关测试内容准备就绪，就可以开展相应的测试活动。测试过程中开展的各种测试工作都是一项独立的复杂过程，须按照一定流程来开展，才能够达到理想的测试效果。图 10-9 给出通用的软件测试流程。

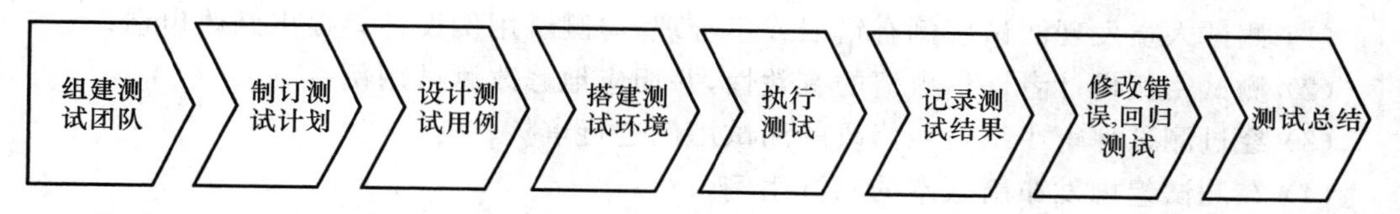

图 10-9　软件测试流程

在进行任何一项测试工作时，均须按照这个流程开展工作。下面对测试流程当中的每个活动进行介绍。

10.3.1　组建测试团队

在开展某项软件测试工作时，首先须组建测试团队。测试团队最基本的测试任务包括：制订测试计划、设计测试用例、搭建测试环境、执行测试工作、记录测试结果、开展回归测试、进行测试总结等。

测试团队应该包含以下角色。

(1) 测试经理：负责组建测试团队，制定进度计划，评估测试风险，控制测试成本，进行资源调配，明确测试方案，进行测试总结等工作。

(2) 测试设计人员：负责设计测试用例，测试工作分工等工作。

(3) 测试工程师：负责执行测试任务，报告测试结果，进行回归测试等工作。

(4) 测试配置人员：负责测试环境搭建，版本控制，配置管理等工作。

测试团队中的各类人员密切配合，才能够高效地完成相应的测试工作。

对于从事测试工作的工程师,除了须掌握一定的软件开发和测试的专业知识外,还须具备高度的责任感、良好的沟通能力、较强的自信心和耐心、适度的怀疑精神和好奇心、敏锐的洞察力、反向思维和发散思维能力及良好的记忆力。

10.3.2 制订测试计划

在进行软件测试前,周密的计划和合理的安排是必不可少的。测试计划建立在充分理解需求的基础上的,是测试的起始步骤和重要环节。

制订测试计划活动的输出是《软件测试计划》文档,其中须明确软件测试需求、测试的范围、测试的依据、使用的测试方法和技术、测试人员的安排、进度计划要求、采用的测试工具、测试环境、保密要求、估计测试工作量等内容。

10.3.3 设计测试用例

测试用例在测试过程中具有非常重要的作用,测试用例的设计结果对测试的工作量、测试的效率及测试的效果都具有直接的影响。测试团队需要专门的人员负责测试用例的设计工作,并且由专门的评审小组对测试用例进行评审,测试用例设计人员根据评审的结果对测试用例进行修改,从而设计出精简、高效的测试用例。

测试用例并不是设计好之后就一成不变的。在测试过程中,很可能补充新的测试用例,也可以对已有的测试用例进行修改或删除多余的测试用例。测试用例维护流程包括以下内容。

(1) 测试人员发现测试用例有错误或不合理,向测试用例设计者提出修改申请;

(2) 测试用例设计者评估申请的有效性,并相应地修改测试用例;

(3) 经过测试评审小组对经修改的测试用例进行审核;

(4) 在测试组内发布新版本的测试用例。

测试用例的设计一定以需求规格说明为依据,系统定义的每个需求点都对应一个或多个测试用例。测试用例可以采用黑盒测试用例设计方法或白盒测试用例设计方法设计,具体的设计方法在后续相关章节进行介绍。

测试用例设计结果需输出一个《软件测试用例》文档,该文档可以组织为 Word 文档或 Excel 表格。由于测试用例须在测试团队内共享,所以这种管理方式须将测试用例文档纳入配置管理,防止版本不一致对测试工作带来的负面影响。可以采用测试管理平台来实现对测试用例的管理工作,这样能够更加高效地协调不同人员之间的测试用例维护工作。

10.3.4 搭建测试环境

软件测试须在一定环境下进行,测试环境直接影响测试的效果。搭建测试环境是测试实施的一个重要阶段,测试环境准备得是否合理严重影响测试结果。在制定测试计划时,须明确测试环境要求,并准备部署测试环境所需要的资源。在单元测试与集成测试阶段,测试环境是开发环境;在确认测试阶段,测试环境可以是开发环境或模拟测试环境;在系统测试和验收测试阶段,测试环境应该是系统的真实运行环境。

测试团队需要专门负责搭建测试环境的测试配置人员,测试环境有可能包括以下方面。

硬件环境:服务器、网络、客户端、外设等;

软件环境：操作系统、数据库、中间件、应用软件等；

数据环境：准备系统测试所需要的数据环境，即支持系统运行的配置数据、处理数据及内容数据等。

10.3.5　执行测试及结果记录

执行测试指软件测试人员在软件测试方案的指导下，在搭建好的测试环境中依据设计好的测试用例，实际进行软件测试的过程。执行测试在测试工作中是比较容易的工作，根据测试执行的方式，可以分为人工执行测试或自动化执行测试。

在测试执行过程中，须根据测试的实际情况记录测试结果，包括通过的情况和不通过的情况。对于不通过的测试用例，须相应生成一条错误记录，并报告给相关的开发人员。记录错误时，须包含以下内容：测试软件名称、测试版本号、测试人、测试时间、软硬件环境配置、软件错误类型、错误严重等级、优先级、输入、测试操作步骤、实测输出结果（必要的附图、日志等）、错误处理人、修复时间、修复方案、错误状态等。

全部测试用例执行完成后，需输出《软件测试错误记录》文档。

10.3.6　错误修改

软件测试的错误必须由相关开发人员迅速、准确地处理，尽快修复错误，保障软件符合设计目标，所以在测试和系统维护过程中发现的错误都经历记录、确认、修复、验证等管理过程。错误处理过程主要借助错误状态字段，常用的状态定义包括7个方面。

- 新错误（New）：新报告的错误；
- 打开（Open）：确认并分配给相关开发人员，且目前正在处理中的错误；
- 修正（Fixed）：开发人员已修正，且等待测试人员回归测试的错误；
- 拒绝（Declined）：经确认不是错误，拒绝修改；
- 延期（Deferred）：不属于当前版本修复的错误，由后续版本修复；
- 重新打开（ReOpen）：经过回归测试，仍然存在问题的错误；
- 关闭（Closed）：已经修复，并经过验证可以关闭的错误。

在以上状态的驱动下，错误处理的基本过程如下所述。

（1）测试人员通过执行测试发现系统错误，创建一条错误记录，并设置错误状态为New；

（2）开发负责人接收错误，判断错误是否真正存在，如果存在，则将错误分配给相应的开发人员进行修改，并置问题状态为Open；如果判断问题不是开发错误，则可以说明原因，并将错误状态置为Declined；如果开发负责人发现错误在短期内无法修复，则对情况进行说明，并将状态设置为Deferred。

（3）开发人员对其负责的错误进行修改，记录错误产生的原因及修复方案，完成后，将错误状态置为Fixed；

（4）测试人员对修改后的错误或已经说明的错误进行回归测试，如果测试通过，则将错误状态置为Closed；

（5）如果测试人员通过回归测试发现问题仍然存在，则将问题状态修改为ReOpen，并重新回到步骤（2）。

由于错误管理过程比较烦琐,建议在专门的错误跟踪平台支持下完成,常用的此类平台包括 Compuware 公司的 TrackRecord、Mozilla 公司的 Buzilla、微软公司的 BMS、IBM 公司的 ClearQuest 等。

全部错误处理完成后,需输出《软件测试错误处理记录》文档。

10.3.7 回归测试

回归测试是在软件发生变动时确保修改有效性的一种测试策略和方法。回归测试作为软件生命周期的一个组成部分,在整个软件测试过程中占有很大的比重,一旦软件发生改变,就需要进行回归测试。回归测试须确保修改的有效性,一方面体现为其是否符合要求,即缺陷正确修正,新增功能能够正确运行等;另一方面其是否对原有功能未造成不利的影响,即不导致原来正常的功能失效。

由于系统的测试用例数量往往非常多,每次回归测试不可能、也没有必要将所有测试用例全部重新执行一遍,那么选择哪些测试用例作为回归测试的范围,是一项有技巧的工作。回归测试所涵盖的测试用例称为回归测试包,回归测试包对于回归测试的效果有非常重要的影响,设计时须兼顾效率和有效性两个方面。常用的回归测试包选择策略包括以下 4 种。

全回归:将全部测试用例都重新执行一遍,这种方法工作量大,往往适用于进行自动化测试的情况。

基于风险的回归:识别系统中最重要、一旦失效风险最高的测试用例,在每次系统修改后,均进行回归测试。

基于操作频度的回归:识别系统中使用率最高、一旦失效影响最大的测试用例,在每次系统修改后,均进行回归测试。

基于影响分析的回归:识别本次修改操作有可能给系统带来的影响范围,对此范围的测试用例进行回归测试。

在进行回归测试包选择时,可以综合以上策略,确定合理的回归测试包,再开展相应的回归测试工作。

10.3.8 测试总结

如果在测试过程中产生的问题均得到解决,软件的各项指标达到预期的结果,那么可以停止测试,并对本次测试工作进行总结。测试总结通过《软件测试总结报告》文档来体现,其中须说明本次测试的基本任务、执行情况、测试工作量、测试结果、测试评估效果、遗留问题等内容。

综上所述,在软件测试工作中需输出的文档如表 10-5 所示。

表 10-5 软件测试输出文档

文档名称	内容说明
软件测试计划	明确测试范围、测试方案、测试人员、测试进度等内容
软件测试用例	确定测试执行用例的范围
软件测试记录	记录全部测试用例执行结果
软件测试错误记录	记录测试过程中产生的问题及问题分析
软件测试错误处理记录	记录问题处理方案及处理结果
软件测试总结报告	对软件测试进行全面总结

10.4　测试用例设计方法

10.4.1　测试技术分类

测试用例规定测试工作的范围，是测试工作的指导文档。为了达到较好的测试效果和较高的测试效率，须设计数量尽可能少、有效性尽可能高的测试用例。为设计出高效测试用例，人们对测试用例设计方法展开大量的研究工作。

在进行系统测试过程中，可以从两方面入手来进行测试用例的设计工作：

(1) 已知产品的需求规格说明，通过测试证明每个已实现的功能是否符合需求规格的要求。

(2) 已知产品的内部工作过程，通过测试证明每种内部操作是否符合设计规格的要求。

在第一种情况下，被测试系统对于测试人员来说像一个黑盒，测试人员不必关心系统内部的工作过程，仅通过系统外在特征来进行测试，称之为黑盒测试；在第二种情况下，测试人员在充分了解软件内部运行过程的基础上进行测试，称之为白盒测试。

1. 黑盒测试

黑盒测试又称为功能测试、数据驱动测试或基于规格说明的测试，指在不考虑程序内部结构和内部特征的情况下，根据软件产品的功能设计规格说明在计算机上进行测试，以证实每个已实现的功能是否符合要求。黑盒测试说明测试工作应在软件的接口处进行，即这种方法把测试对象看作一个黑盒，测试人员完全不考虑程序内部的逻辑结构和内部特性，只依据程序的需求分析规格说明检查程序的功能是否符合它的功能说明。

2. 白盒测试

白盒测试又称为结构测试、逻辑驱动测试或基于程序的测试，指根据软件产品的内部工作过程设计测试用例，以证实每种内部操作是否符合设计规格要求，说明所有内部成分是否经过检查。白盒测试把测试对象看作一个打开的盒子，允许测试人员利用程序内部的逻辑结构及有关信息设计或选择测试用例，对程序所有程序元素进行覆盖测试。通过在不同点检查程序的状态，确定实际的状态是否与预期的状态一致。

黑盒测试与白盒测试优缺点如表10-6所示。

表10-6　黑盒测试与白盒测试的优缺点

	黑盒测试	白盒测试
优点	①适用于各阶段测试 ②易于从产品功能角度测试 ③容易入手，生成测试数据	①可构成测试数据，使特定程序元素得以测试 ②有一定的充分性度量手段 ③有较多工具支持
缺点	①某些代码得不到测试 ②如果规格说明有误，则无法发现 ③不易进行充分性测试	①设计测试用例难度较大 ②无法对未实现规格说明的程序内部欠缺部分进行测试 ③工作量大，通常只用于单元测试，有应用局限

10.4.2 黑盒测试技术

黑盒测试可用于单元测试、集成测试、确认测试、系统测试及验收测试环节,非常适合于进行系统或程序单元的功能测试。下面介绍4种最为常用的黑盒测试用例设计方法。

1. 等价类划分

等价类划分是一种典型的黑盒测试方法。所谓等价类是指输入域的子集,在该子集中,各个输入数据对于揭露程序中的错误都是等效的,并合理假定:测试某等价类的代表值等价于对这一类其他值的测试。因此,可以把全部输入数据合理划分为若干个等价类,在每一个等价类中取一个典型值作为测试的输入数据,这样可用少量典型的测试数据,取得较好的测试效果。

等价类划分有两种不同的情况:

➢ 有效等价类:是指对于规格说明来说是合理、有意义的输入数据构成的集合。利用它可以测试软件在合法输入的情况下,是否给出了符合规格说明的输出。

➢ 无效等价类:是指对于规格说明来说是不合理、无意义的输入数据构成的集合。利用它可以测试软件对于不合理的输入数据是否进行充分判断并给出提示信息。

在设计测试用例时,同时考虑有效等价类和无效等价类的设计。软件不能都只接收合理的数据,还须面对不合理的数据,这样的软件才能具有较高的可靠性。采用等价类划分方法设计测试用例的步骤为:

(1) 划分等价类,包括有效等价类与无效等价类。

(2) 对所有有效等价类进行顺序编号;对所有无效等价类进行顺序编号。

(3) 设计测试用例,尽可能多地覆盖尚未被覆盖的有效等价类,重复这一步骤,直到全部有效等价类均被覆盖到为止。

(4) 设计测试用例,每次只覆盖一个无效等价类,重复这一步骤,直到全部无效等价类均被覆盖到为止。

对于各种不同的输入数据类型,划分等价类的方法如下所述。

(1) 按区间划分:如果某个字段的输入条件属于一个取值范围[x,y],则可以确立一个有效等价类和两个无效等价类。有效等价类是大于等于x、小于等于y的值组成的集合;无效等价类包括小于x的值组成的集合和大于y的值组成的集合。例如,对于成绩字段,有效范围为[0,100],则划分一个有效等价类"0≤成绩≤100"和两个无效等价类"成绩>100"、"成绩<0",如图10-10所示。

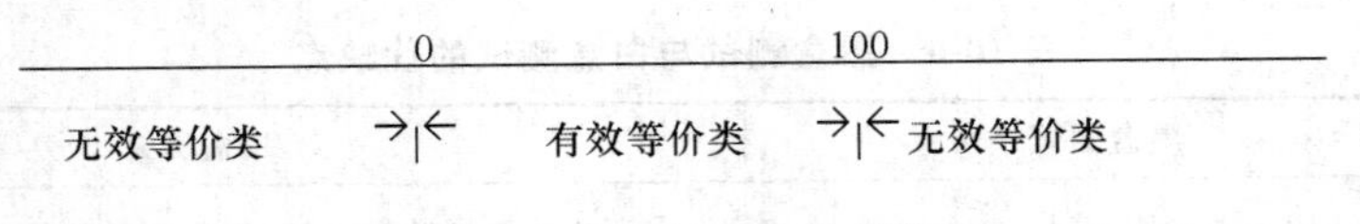

图10-10 按区间划分的等价类

(2) 按数值集合划分:如果输入条件规定输入数据的集合,则可划分一个有效等价类和一个无效等价类,有效等价类是所有符合输入条件的数据集合,无效等价类是所有不允许输入的数据集合。例如,对于月份字段,允许输入{1,2,3,4,5,6,7,8,9,10,11,12},则划分一个有效等价类,即允许输入的数据组成的集合和一个无效等价类,即集合以外的数据。

(3) 如果输入条件是一个布尔量,则可以确定一个有效等价类,即取“真”;一个无效等价类,即取“假”。

(4) 按数值划分:如果规定输入数据的一组值,而且程序对每个输入值分别进行处理,这时可以为每一个输入值确立一个有效等价类和一个无效等价类,无效等价类中包含所有不允许输入的数值。例如,对于学历字段,允许输入“专科”、“本科”、“硕士”、“博士”四种之一,且系统针对每种学历计算奖金的算法不同,则分别取这四个值作为四个有效等价类,另外把四种学历之外的任何输入数据作为无效等价类。

(5) 按限制条件或规则划分:如果规定输入数据必须遵守的规则或限制条件,则可以确立一个有效等价类,即各方面均符合规则要求,和若干个无效等价类,每个无效等价类从不同角度违反输入规则。例如,对于姓名字段,要求必须都为中文且长度不超过 30 个字符,则设计一个有效等价类,满足限制条件;设计两个无效等价类,一个不满足名字都是中文条件,另一个不满足长度不超过 30 个字符条件。

补充说明:如果已划分的等价类中各元素在程序中的处理方式仍然有所不同,则可将此等价类进一步划分成更小的等价类。

下面通过一个实例来说明利用等价类划分方法设计测试用例的过程。

在某高校教师管理系统中,增加一个教师用户时,须输入以下字段:工作证号、姓名、密码、参加工作时间等字段,其中的字段有如下要求:

(1) 工作证号必须是整数,范围区间为[1,5000],不能为空;

(2) 姓名必须是中文字符,不能超过 20 个中文字符,不能为空;

(3) 密码必须大于等于 6 位,必须包括数字和字母;

(4) 参加工作时间必须是 8 位数字,格式为 YYYYMMDD,如 20130525。

在对增加教师功能进行功能测试时,采用等价类划分的测试用例设计方法设计测试用例的过程如下所述。

第一步:划分等价类。增加教师时,各个字段均作为输入项,在每个输入字段上划分有效等价类与无效等价类。等价类划分结果如表 10-7 所示。

表 10-7　增加教师功能等价类

输入条件	有效等价类	编号	无效等价类	编号
工作证号	整数	1	非整数	11
	[1,5000]	2	＜1	12
			＞5000	13
姓名	中文字符	3	包含非中文字符	14
	不超过 20 个汉字	4	超过 20	15
	不能为空	5	空	16
密码	长度大于等于 6	6	长度为 6 位以下	17
	必须包括数字和字母	7	只包含数字	18
			只包含字母	19
			不包含数字和字母	20

续表

输入条件	有效等价类	编号	无效等价类	编号
参加工作时间	8位	8	不是8位	21
	数字	9	出现非数字	22
	YYYYMMDD	10	YYYY<1	23
			MM>12	24
			MM<1	25
			DD>31	26
			DD<1	27

第二步:设计测试用例。按照前文所述的等价类设计测试用例的原则,首先设计测试用例使其尽可能多地覆盖有效等价类,此处设置各字段全部符合要求的测试用例即可满足覆盖全部有效等价类。对于每个无效等价类,每个测试用例仅需要覆盖一个无效等价类。按照该原则设计完成的测试用例如表10-8所示。

表10-8　等价类划分法设计的测试用例

用例序号	测试用例(工作证号、姓名、密码、参加工作时间)	覆盖的等价类
1	2799,张三,ABC12345,20060912	1,2,3,4,5,6,7,8,9,10
2	5.6,张三,ABC12345,20060912	11
3	0,张三,ABC12345,20060912	12
4	6000,张三,ABC12345,20060912	13
5	4567,赵A,ABC12345,20060912	14
6	4567,我是一个名字特别长的人我是一个名字特别长的人,45678909,20060912	15
7	4567,,ABC12345,20060912	16
8	4567,张三,4567,20060912	17
9	4567,张三,4567777,20060912	18
10	4567,张三,ABCDEFG,20060912	19
11	4567,张三,@#￥%……&*,20060912	20
12	4567,张三,ABC12345,2006091299	21
13	4567,张三,ABC12345,20060A12	22
14	4567,张三,ABC12345,00000912	23
15	4567,张三,ABC12345,20061812	24
16	4567,张三,ABC12345,20060012	25
17	4567,张三,ABC12345,20060935	26
18	4567,张三,ABC12345,20060900	27

注意,利用等价类划分方法设计测试用例无法发现日期中由于二月和大小月带来的无效日期问题,例如利用以上测试用例,如果输入日期为20060431,系统也按照合法日期进行记录。

2. 边界值分析

利用等价类划分方法设计测试用例时，从选择等价类中典型值作为测试用例。但是，从长期的测试工作经验得知，大量的错误发生在输入范围的边界上，而不在输入范围的内部。因此，针对各种边界情况设计测试用例，可以查出更多的错误。

边界值分析方法是最有效的黑盒测试方法，使用该方法设计测试用例，首先应确定边界情况，选取正好等于、大于，或小于边界的值作为测试数据。在边界情况很复杂时，找出适当的测试用例还须针对问题的输入域、输出域边界耐心细致地逐个考虑。在一般情况下，采用边界值分析法选取测试用例的原则如下所述。

(1) 如果输入条件规定值的范围，则应选取正好达到这个范围的边界值，以及正好超过这个范围的边界值作为测试输入数据。

(2) 如果输入条件规定值的个数，则用最大个数、最小个数、比最大个数多 1、比最小个数少 1 的数作为测试用例。

(3) 如果输出结果限定在某个范围内，则应选取测试用例，使输出结果正好达到这个范围的边界值，或正好超过这个边界值。

(4) 如果输出结果规定了个数，则选用使输出结果为最大个数、最小个数、比最大个数多 1、比最小个数少 1 的数作为测试用例。

(5) 如果输入与输出是有序集合，则应选取集合的第一个元素和最后一个元素作为测试用例。

在一般情况下，边界值分析方法是在等价类划分方法选取了等价类中的典型值作为测试用例的基础上，进一步增加某些等价类的边界值作为测试用例，重点检验程序在边界情况是否存在错误。在增加教师用户功能中，采用边界值分析方法补充测试用例的结果如表 10-9 所示。

表 10-9　边界值分析法设计的测试用例

用例序号	测试用例(工作证号、姓名、密码、参加工作时间)	说　明
1	0000，张三，ABC12345，20060912	工作证号下限边界
2	0001，张三，ABC12345，20060912	工作证号下限边界
3	0002，张三，ABC12345，20060912	工作证号下限边界
4	4999，张三，ABC12345，20060912	工作证号上限边界
5	5000，张三，ABC12345，20060912	工作证号上限边界
6	5001，张三，ABC12345，20060912	工作证号上限边界
7	4567，我是姓名为十九的用户我是姓名为十九的人，ABC12345，20060912	姓名长度为 19
8	4567，我是姓名为二十的用户我是姓名为二十的用户，ABC12345，20060912	姓名长度为 20
9	4567，我是姓名为二十一的用户我是姓名为二十一的人，ABC12345，20060912	姓名长度为 21
10	4567，张三，34567，20060912	密码长度为 5
11	4567，张三，234567，20060912	密码长度为 6
12	4567，张三，1234567，20060912	密码长度为 7
13	4567，张三，ABC12345，2006091	日期输入 7 位

续表

用例序号	测试用例(工作证号、姓名、密码、参加工作时间)	说明
14	4567,张三,ABC12345,20060912	日期输入为8位
15	4567,张三,ABC12345,200609129	日期输入为9位
16	4567,张三,ABC12345,20061105	输入月份为11
17	4567,张三,ABC12345,20061205	输入月份为12
18	4567,张三,ABC12345,20061312	输入月份为13
19	4567,张三,ABC12345,20060012	输入月份为00
20	4567,张三,ABC12345,20060103	输入月份为01
21	4567,张三,ABC12345,20060222	输入月份为02
22	4567,张三,ABC12345,20061100	输入日期为00
23	4567,张三,ABC12345,20061201	输入日期为01
24	4567,张三,ABC12345,20061202	输入日期为02
25	4567,张三,ABC12345,20060430	输入日期为30
26	4567,张三,ABC12345,20060131	输入日期为31
27	4567,张三,ABC12345,20060332	输入日期为32

3. 因果图

前面介绍的等价类划分方法和边界值分析方法都着重考虑单个输入的限制条件,但是未考虑输入条件之间的制约关系。在某些情况下,系统需求规格说明中会定义一些基于多条件组合的业务逻辑,如果在测试时考虑输入条件的各种组合,那么组合的数量有可能非常多,而且其中有一些组合在实际中不会发生。因果图法是一种适合于检查软件多个输入条件的各种组合情况下系统是否存在问题的黑盒测试用例设计方法。

利用因果图生成测试用例的基本步骤是:

(1) 分析软件规格说明描述中,哪些是原因(输入或状态),哪些是结果(输出或动作),并给每个原因和结果赋予一个唯一的标识符。

(2) 分析软件规格说明中的语义,找出原因与原因之间、原因与结果之间的关系,根据这些关系画出因果图。

(3) 由于语法或环境限制,有些原因与原因之间、原因与结果之间的组合情况不可能出现。为表明这些特殊情况,在因果图上用一些记号标明约束或限制条件。

(4) 把因果图转换成判定表,并根据因果图中的制约关系对判定表进行化简,去掉不可能存在的组合情况。

(5) 简化后的判定表中每一列是一种有效的条件组合,对应一个测试用例。

下面首先介绍因果图的画法。在因果图中,用 C*i* 表示原因,E*i* 表示结果,其基本符号如图 10-11 所示。原因和结果之间的关系包括:

- 恒等:若原因出现,则结果出现;若原因不出现,则结果也不出现,如图 10-11(a)所示。
- 非:若原因出现,则结果不出现;若原因不出现,结果反而出现,如图 10-11(b)所示。
- 或(∨):若几个原因中有一个出现,则结果出现;几个原因都不出现,结果不出现,如

图10-11(c)所示。

➢ 与(∧):若几个原因都出现,结果才出现;若其中有一个原因不出现,结果不出现,如图10-11(d)所示。

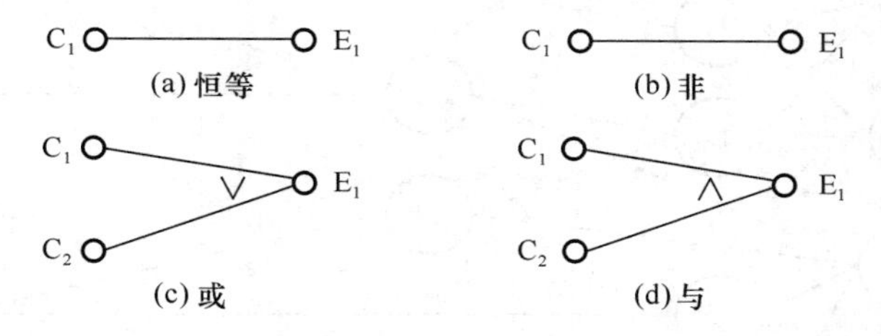

图10-11　因果图中原因与结果关系表示符号

为了表示原因与原因之间、结果与结果之间可能存在的约束条件,在因果图中可以附加一些表示约束条件的符号,如图10-12所示。

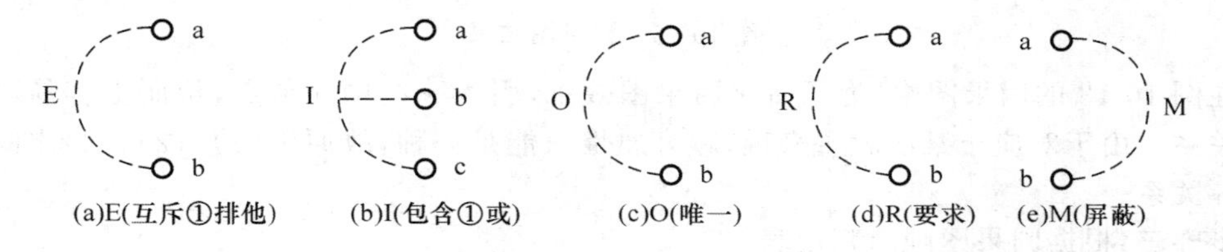

图10-12　因果图的约束符号

➢ E(互斥):表示a,b两个原因不同时成立,两个最多有一个可能成立。

➢ I(包含):表示a,b,c三个原因中至少有一个必须成立。

➢ O(唯一):表示a和b当中必须有一个,且仅有一个成立。

➢ R(要求):表示当a出现时,b必须也出现;不可能a出现,b不出现。

➢ M(屏蔽):表示当a是1时,b必须是0;当a为0时,b的值不定。

下面通过一个实例给出利用因果图法设计测试用例的过程。

某餐厅结算系统的业务逻辑:如果学生消费,结算时打8折;如果教师就餐,结算时打9折;如果教师在教师节就餐,结算时打8折;如果普通顾客就餐,餐费到达200元时(含教师)打8.5折。现在对该功能进行测试,用因果图法设计该业务的测试用例。

步骤一:找出原因与结果。通过对需求规格的分析,导致不同打折结果的因素包括就餐角色、消费金额、就餐日期等因素,分析得到的原因与结果如表10-10所示。

表10-10　分析得到的原因与结果

原　因	结　果
学生就餐——(1) 教师就餐——(2) 普通顾客就餐——(3) 教师节就餐——(4) 消费满200——(5)	打8折——(21) 打9折——(22) 打8.5折——(23) 不打折——(24)

步骤二:画出因果图。根据需求规格的描述,将原因与原因、原因与结果之间的关系体现在因果图中,结果如图10-13所示。

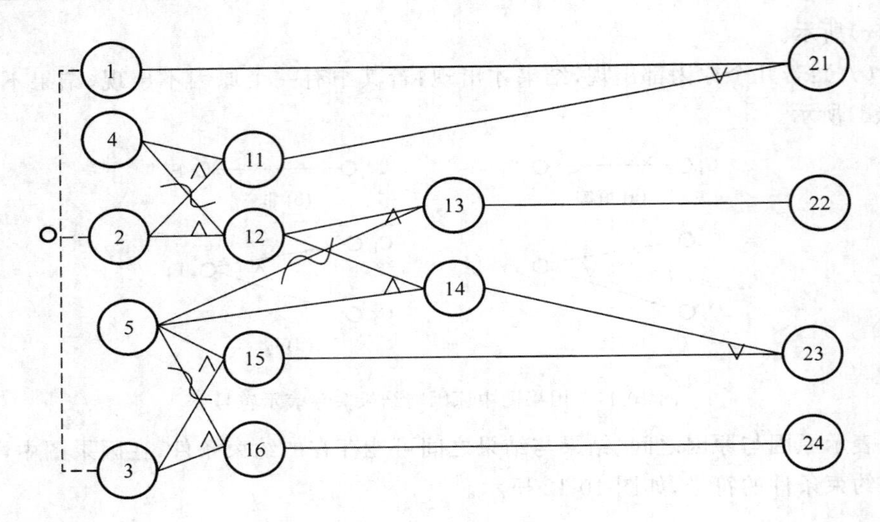

图 10-13　因果图结果

在图 10-13 的因果图中，为了简化因果图效果，引入一些中间节点，从而更容易看清楚因果关系。由于对应于某次就餐来说，顾客属性只能是一种，故原因(1)、(2)、(3)之间是一种唯一关系。

步骤三：根据因果图画出判定表。

通用的判定表结构如表 10-11 所示。

表 10-11　通用的判定表结构

条件桩	条件项
结果桩	结果项

其中，条件桩区域排列所有原因，条件项区域排列所有原因有可能的组合情况；结果桩排列所有结果，结果项区域体现在各种原因组合的情况下对应的结果组合。

根据上述因果图结果，由于原因(1)、(2)、(3)只能有一个成立，所以将判定表中包含两者同时成立的列直接删除，得到简化后的判定表结果如表 10-12 所示。

表 10-12　简化后的判定表结果

		1	2	3	4	5	6	7	8	9	10	11	12
条件桩	1	1	1	1	1	0	0	0	0	0	0	0	0
	2	0	0	0	0	1	1	1	1	0	0	0	0
	3	0	0	0	0	0	0	0	0	1	1	1	1
	4	0	0	1	1	0	0	1	1	0	0	1	1
	5	0	1	0	1	0	1	0	1	0	1	0	1
结果桩	21	1	1	1	1	0	0	1	1	0	0	0	0
	22	0	0	0	0	1	0	0	0	0	0	0	0
	23	0	0	0	0	0	1	0	0	0	1	0	1
	24	0	0	0	0	0	0	0	0	1	0	1	0

步骤四:设计测试用例。以简化后判定表中的每一列为依据设计测试用例,设计结果如表 10-13 所示。

表 10-13 测试用例设计结果

用例名	用例输入	预期结果
用例 1	学生非教师节消费不足 200 元	打 8 折
用例 2	学生非教师节消费满 200 元	打 8 折
用例 3	学生教师节消费不足 200 元	打 8 折
用例 4	学生教师节消费满 200 元	打 8 折
用例 5	教师非教师节消费不足 200 元	打 9 折
用例 6	教师非教师节消费满 200 元	打 8.5 折
用例 7	教师教师节消费不足 200 元	打 8 折
用例 8	教师教师节消费满 200 元	打 8 折
用例 9	普通顾客非教师节消费不足 200 元	不打折
用例 10	普通顾客非教师节消费满 200 元	打 8.5 折
用例 12	普通顾客教师节消费不足 200 元	不打折
用例 13	普通顾客教师节消费满 200 元	打 8.5 折

由测试用例可知,某些原因对结果产生制约作用,例如如果消费者角色为学生,则无论消费时间和消费金额为何值,结果都是打 8 折。对于这样的情况,可以进一步简化测试用例,将表 10-13 中的 4 个测试用例简化为 1 个测试用例即可。

4. 错误推测法

错误推测法指的是人们依靠丰富的测试经验和直觉推测程序中可能存在的各种错误,从而更好地编写测试用例的方法。

错误推测法的基本思想是:列举程序中所有可能有的错误和容易发生错误的特殊情况,根据它们选择测试用例。例如,输入数据为 0,或输出数据为 0 是容易发生错误的情形,因此可选择输入数据为 0,或使输出数据为 0 的情况作为测试用例。又如,输入表格为空或输入表格只有一行,也是容易发生错误的情况,可选择表示这种情况作为测试用例。再如,可以针对一个排序程序,输入空值(没有数据)、输入一个数据、让所有的输入数据都相等、让所有输入数据有序排列、让所有输入数据逆序排列等。

在使用错误推测法设计测试用例时,没有明确的方法论指导测试用例的设计过程,测试工程师根据以往的经验灵活设计,往往在设计测试用例的最后环节,作为进一步提高测试用例有效性的手段。

10.4.3 白盒测试技术

白盒测试旨在使测试充分地覆盖程序中的各种结构,并以程序结构中的某些元素是否得到测试为准则来判断测试的充分性。白盒测试追求对程序元素的覆盖度,覆盖度越高,测试越充分,发现错误的概率越大。程序元素是指程序中有意义,且覆盖测试中指定被执行的语法或语义成分,包括语句、判定、条件、路径等内容。

不同的测试覆盖准则对应待测试的程序元素不同,也代表测试的标准不同。

设P是给定的程序,C是给定的测试覆盖准则,在准则C下,待覆盖程序元素的集合表示为 $E(P,C)=\{e_1,e_2,\cdots,e_n\}$。

测试用例设计的目的是使E(P,C)中所有元素均得以执行。每生成一个新的测试用例,都须检验该用例是否覆盖E(P,C)中尚未被执行的元素。覆盖测试方法的基本要求是产生测试用例,使得E(P,C)中的每个元素至少被执行一次。程序测试覆盖率定义为

$$\text{程序元素的覆盖率}=\frac{E(P,C)\text{被执行元素的个数}}{E(P,C)\text{元素总数}}\times 100\%$$

程序覆盖率越高,测试越充分。本节介绍白盒测试用例设计方法中的逻辑覆盖法及基本路径测试法。

1. *逻辑覆盖*

逻辑覆盖是以程序内部逻辑结构为基础设计测试用例的一种白盒测试技术。这一方法要求测试人员对程序的逻辑结构十分了解,甚至掌握源程序的所有细节。由于覆盖测试的目标不同,逻辑覆盖又可分为语句覆盖、判定覆盖、判定-条件覆盖、多重条件覆盖及路径覆盖等。下面以如图10-14所示的程序段为例,介绍以上各种逻辑覆盖方法。

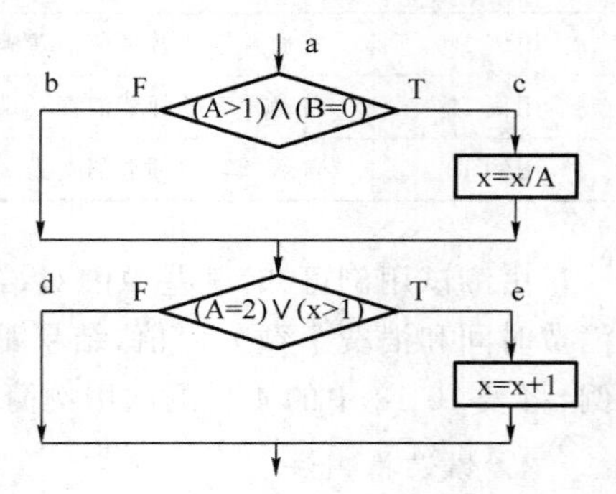

图10-14 逻辑覆盖参考程序流程图

(1) 语句覆盖:设计若干个测试用例,运行被测程序,使得每一个可执行语句至少执行一次。语句覆盖又称为点覆盖,使得程序中每个可执行语句都得以执行。在上例中,只需设计一个测试用例,输入数据:A=2,B=0,X=4,即达到语句覆盖。语句覆盖是最弱的逻辑覆盖准则,效果有限,是设计测试用例的最基本要求。

(2) 判定覆盖:设计若干个测试用例,运行被测程序,使得程序中判定取"真"分支和取"假"分支至少经历一次。在上例中,设计两组测试用例即满足判定覆盖的要求:

A=3,B=0,X=0 可覆盖a,c,d分支。

A=2,B=1,X=1 可覆盖a,b,e分支。

判定覆盖只比语句覆盖稍强一些。实际效果表明,只满足判定覆盖,还不能保证一定能查出在判断的条件中存在的错误。因此,还需要更强的逻辑覆盖准则检验判定中的内部条件。

(3) 条件覆盖:设计若干个测试用例,运行被测程序,使得程序中每个判定中每个条件的可能取值至少执行一次。在上例中,两个判定表达式都包含两个条件,对所有条件的取值加以标记,即

第一判定表达式:设条件A>1,取"真",记为T1;取"假",记为 $\overline{T}1$。

条件B=0,取"真",记为T2;取"假",记为 $\overline{T}2$。

第二判定表达式:设条件A=2,取"真",记为T3;取"假"记为 $\overline{T}3$。

条件X>1,取"真",记为T4;取"假",记为 $\overline{T}4$。

在上例中，只需设计两组测试用例即可满足条件覆盖的要求：

A=1，B=0，X=3，满足条件 $\overline{T}1$，$\overline{T}2$，$\overline{T}3$，$\overline{T}4$，可覆盖 a，b，e 分支；

A=2，B=1，X=1，满足条件 $\overline{T}1$，$\overline{T}2$，$\overline{T}3$，$\overline{T}4$，覆盖 a，b，e 分支。

条件覆盖虽然深入判定中的每个条件，但有可能不满足判定覆盖的要求。由该例可知，虽然该测试用例满足条件覆盖，却没有覆盖到 a，c，e 分支，即不满足判定覆盖，为了解决这一矛盾，引入判定-条件覆盖。

(4) 判定-条件覆盖：设计足够的测试用例，运行被测程序，使得判定中每个条件的所有可能取值至少执行一次，同时所有可能的结果至少执行一次。

在上例中，只需设计两组测试用例就可以满足判定-条件覆盖的要求：

A=2，B=0，X=4，满足条件 $\overline{T}1$，$\overline{T}2$，$\overline{T}3$，$\overline{T}4$，可覆盖 a，c，e 分支；

A=1，B=1，X=1，满足条件 $\overline{T}1$，$\overline{T}2$，$\overline{T}3$，$\overline{T}4$，覆盖 a，b，d 分支。

该测试用例满足判定-条件覆盖，但是判定-条件覆盖也存在缺陷：某些条件往往会掩盖另一些条件的判断，从而遗漏某些条件运算错误的情况。

(5) 多重条件覆盖：设计足够的测试用例，运行被测程序，使得判定所有可能的条件取值组合至少执行一次。

在上例中，需设计四组测试用例即可满足多重条件覆盖的要求：

A=2，B=0，X=4，满足条件 $\overline{T}1$，$\overline{T}2$，$\overline{T}3$，$\overline{T}4$，覆盖 a，c，e 分支；

A=2，B=1，X=1，满足条件 $\overline{T}1$，$\overline{T}2$，$\overline{T}3$，$\overline{T}4$，覆盖 a，b，e 分支；

A=1，B=0，X=2，满足条件 $\overline{T}1$，$\overline{T}2$，$\overline{T}3$，$\overline{T}4$，覆盖 a，b，d 分支；

A=1，B=1，X=1，满足条件 $\overline{T}1$，$\overline{T}2$，$\overline{T}3$，$\overline{T}4$，覆盖 a，b，d 分支。

多重条件覆盖是一种较强的覆盖准则，可以覆盖前述的各种逻辑覆盖准则，能够有效地检查出各种可能条件取值的组合下程序逻辑是否正确。它不但可覆盖所有条件可能取值的组合，还可覆盖所有判断的可取分支。但多重条件覆盖可能会遗漏掉某些路径，例如上例中的 a，c，d 路径，所以测试方法还不充分。

(6) 路径测试：设计足够的测试用例，覆盖程序中所有可能的路径。对于上例，可以选择如下的测试用例来覆盖该程序的全部路径：

A=2，B=0，X=4，满足条件 $\overline{T}1$，$\overline{T}2$，$\overline{T}3$，$\overline{T}4$，覆盖 a，c，e 分支；

A=3，B=0，X=1，满足条件 $\overline{T}1$，$\overline{T}2$，$\overline{T}3$，$\overline{T}4$，覆盖 a，c，d 分支；

A=1，B=1，X=2，满足条件 $\overline{T}1$，$\overline{T}2$，$\overline{T}3$，$\overline{T}4$，覆盖 a，b，e 分支；

A=1，B=1，X=1，满足条件 $\overline{T}1$，$\overline{T}2$，$\overline{T}3$，$\overline{T}4$，覆盖 a，b，d 分支。

由以上测试用例设计结果可知，多重条件覆盖能够检查判定及条件组合情况下的程序逻辑的正确性，但是有可能遗漏一些关键的程序路径；路径覆盖能够覆盖所有程序从入口到出口经历的路径，但是不保障能够覆盖到全部条件的组合情况。所以，在一般情况下，在设计测试用例时可综合多重条件覆盖与路径覆盖的要求，设计出更完备的测试用例。

2. 基本路径测试

路径覆盖要求能够覆盖所有从程序入口到出口的路径。对于一个不包含循环的程序来说，路径覆盖是有可能；对于一个带有循环的程序，其路径数就有可能非常多，在测试用例设计过程中，路径覆盖是很困难的。即使不能全路径覆盖，也须覆盖程序中最为基础的路径，设计测试用例，覆盖程序中的基本路径称为基本路径测试。

在使用基本路径测试方法过程中,须引入一个图示化工具——程序控制流图,一个典型的控制流图结构如图10-15所示。

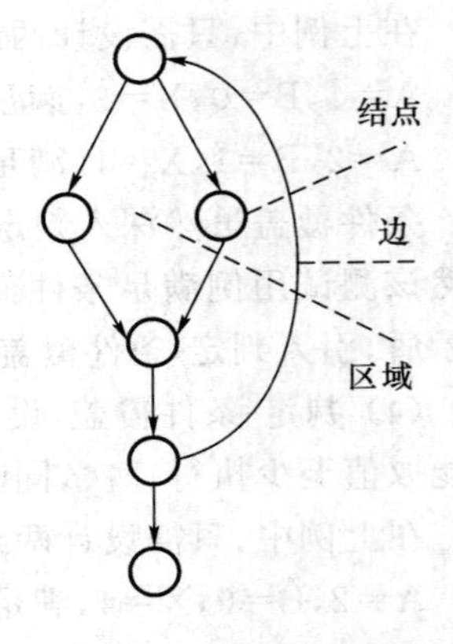

图10-15 程序控制流图结构

控制流图是对程序流程图进行简化后得到的一种图示方式,可以更加突出地表示程序控制流的结构。控制流图包含以下三种元素。

(1) 结点:圆圈表示单条或多条语句。

(2) 边:带箭头的线条,起始于一个结点,终止于一个结点,表示控制流的方向。

(3) 区域:边和结点圈定的范围,包括封闭区域和开放区域。

控制流图中5种典型的控制流符号如图10-16所示。

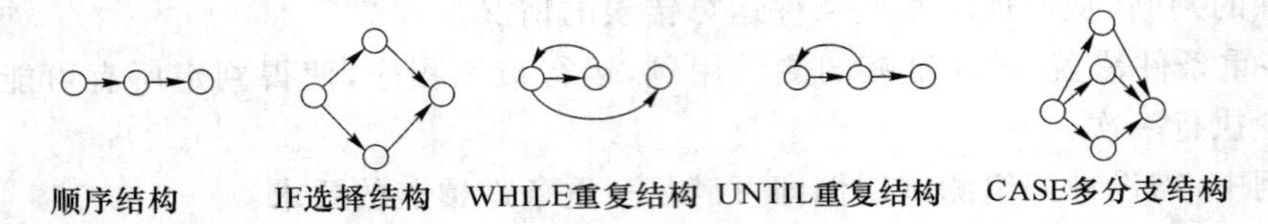

图10-16 控制流图的各种图形符号

使用基本路径测试方法设计测试用例的步骤如下所述。

(1) 根据程序代码或程序流程图导出程序的控制流图。

将程序流程图转换为控制流图时,须注意以下内容:在流程图中为顺序结构的几个结点在控制流图中可合并为一个结点;控制流图中每个判定分支结构在分支结束时须增加一个虚拟的汇聚结点,多个汇聚结点可合并;控制流图中判定结点中判定条件必须为单一条件,如果程序判定结点中有多个条件,须在转换为控制流图时将其转换为单条件判定节点。转换方法如图10-17所示。

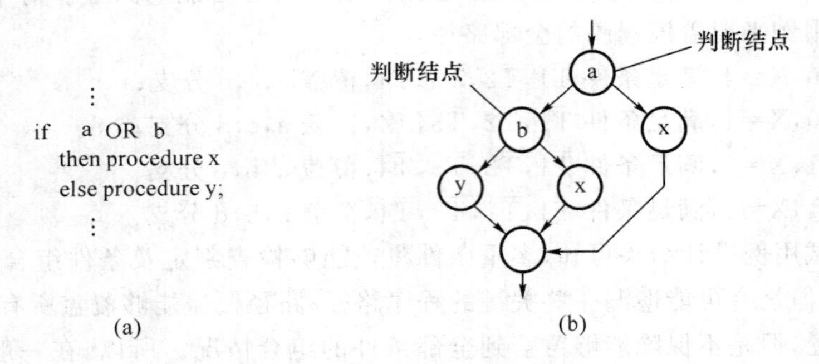

图10-17 控制流图中多条件判定转换方法

(2) 计算控制流图的环路复杂度$V(G)$。

控制流图的环路复杂度确定程序中基本路径的上界,依次为依据可以快速找出程序中的全部基本路径。环路复杂度有三种计算方法,即

第一种:等于控制流图中的区域数,包括封闭区域和开放区域;

第二种:设E为控制流图的边数,N为结点数,则环路复杂度$V(G)=E-N+2$;

第三种：若设 P 为控制流图中的判定结点数，则有 $V(G)=P+1$。

(3) 确定基本路径集。

基本路径指程序的控制流图中从入口到出口的路径，该路径至少经历一个从未经历的边。按照以上原则，可以在控制流图中逐步得到基本路径集。基本路径集不是唯一的，对于给定的控制流图，可以得到不同的基本路径集。最大的基本路径条数是步骤(2)中计算的环路复杂度。

(4) 以每条基本路径为依据设计测试用例。

根据步骤(3)抽象出的基本路径集，设计测试用例，覆盖全部基本路径。

下面通过一个程序实例进一步阐述采用基本路径法设计测试用例的过程。

某程序函数代码如下，其对应的程序流程图如图 10-18 所示。

```
void Func(int iRecordNum,int iType)
1{
2  int x = 0;
3   int y = 0;
4   while (iRecordNum > 0)
5     {
6       if(0 =  = iType)
7      { x = y + 2; break;}
8       else
9          if (1 =  = iType)
10                {x = y + 10; iRecordNum--;}
11           else
12                {x = y + 20; iRecordNum--;}
13      }
14 }
```

步骤一：画出控制流图。根据流程图转控制流图的方法，得到上述程序对应的控制流图，如图 10-19 所示。

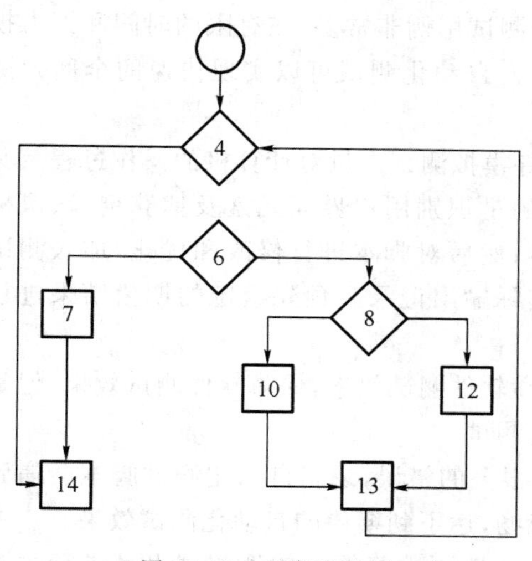

图 10-18　程序流程图

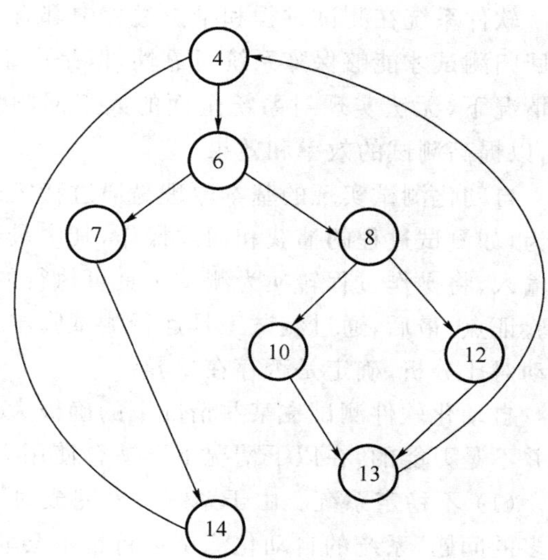

图 10-19　程序控制流图

步骤二:计算环路复杂度。采用任何一种计算方法可以得到本例的环路复杂度为4。

步骤三:得到基本路径。

路径1:4-14;

路径2:4-6-7-14;

路径3:4-6-8-10-13-4-14;

路径4:4-6-8-12-13-4-14。

步骤四:设计测试用例。根据上面的基本路径,设计输入数据,使程序分别覆盖上面四条路径。

路径1:4-14。输入数据:iRecordNum=0;预期结果:x=0。

路径2:4-6-7-14。输入数据:iRecordNum=1,iType=0;预期结果:x=2。

路径3:4-6-8-10-13-4-14。输入数据:iRecordNum=1,iType=1;预期结果:x=10。

路径4:4-6-8-12-13-4-14。输入数据:iRecordNum=1,iType=2;预期结果:x=20。

10.5　自动化软件测试

软件测试是一项工作量大、重复度高的工作。因此,如何提高软件"再测试"和"回归测试"的自动化程度,把测试人员从繁杂、重复的手工测试中解脱出来,显著提高软件测试效率,成为软件测试领域的一个重要发展方向。目前,针对不同的测试目的,已经开发出大量的测试工具产品。本节对软件测试工具进行简单介绍。

10.5.1　自动化测试概述

自动化测试指通过测试工具软件,按照测试工程师预定的计划对软件产品进行自动测试的过程。自动化测试可以对软件进行快速、全面的测试,从而提高软件质量,节省测试成本,缩短产品发布周期,是软件测试的一个重要组成部分。

软件系统在测试过程和维护过程中都有可能频繁修改,原则上每一次系统变化都须执行回归测试才能够保障系统可靠性,但是由于系统测试用例非常多,在有限的时间和人力投入情况下,无法实现对系统全面的人工回归测试,而自动化测试可以实现快速的全回归测试,以提高测试的效率和效果。

自动化测试实现的基本原理是通过特定的软件模拟测试人员对计算机的操作过程及其行为,如测试过程的捕获和回放操作,其中最重要的是识别用户界面元素及捕获键盘、鼠标的输入,将操作过程转换为测试工具可执行的脚本;然后对脚本进行修改和优化,加入测试的验证点;最后,通过测试工具运行测试脚本,将实际输出记录和预先给定的期望结果进行自动对比分析,确定是否存在差异。

自动化软件测试在某些情况下的确极大地提高软件测试效率,保障软件测试效果,但是它并不是万能的,在以下情况下不适合使用自动化测试:

(1) 不稳定系统。由于系统开发完成时,存在很多的错误,录制自动化测试脚本会遇到很多的问题,系统的自动化测试运行也不会非常流畅,达不到期望的自动化测试效果。

(2) 主观感受型测试。对于一些易用性测试、文档测试等须由软件测试人员进行主观判断的测试是不适合采用自动化测试工具完成测试的。

(3) 开发周期短的系统。由于自动化软件测试需要大量的前期准备工作，如果项目开发周期短，应用自动化测试反而有可能降低测试的效率，达不到期望的效果。

综上所述，自动化测试只是一种软件测试手段，在一定程度上可以提高软件测试效率，但是其并不能够完全代替人的手工测试，软件测试的大部分工作还是需要手工方式开展。所以，软件测试人员须非常明确各类软件测试工具的适用场景，能够合理使用自动化软件测试工具，以达到提高项目软件测试效率的目标。下面介绍一些主流的软件测试工具。

10.5.2　软件测试工具分类

目前，测试领域存在大量的测试工具，其功能也各不相同。按照不同的标准，可以对软件测试工具进行以下分类。

按照功能分类，软件测试工具可以分为单元测试工具、功能测试工具、压力测试工具、负载测试工具、回归测试工具、嵌入式测试工具、性能测试工具、Web 测试工具、页面链接测试工具、测试管理工具、缺陷跟踪工具等。

按照测试工具在测试过程中起到的不同作用分类，可以分为静态分析工具、动态测试工具、测试数据自动生成工具、模块测试台、集成测试环境等。

下面对上述典型的测试工具进行介绍。

1. 白盒测试工具

白盒测试工具一般针对代码进行测试，测试中发现的错误可以定位到代码级。根据测试的原理，又可以分为静态测试工具和动态测试工具。

2. 黑盒测试工具

黑盒测试适用于进行黑盒测试的程序或系统，通常包括功能测试和性能测试工具。黑盒测试工具可以帮助测试人员创建一个快速、可重用的测试过程，自动管理测试过程，快速分析和调试程序，包括针对回归、强度、单元、并发、集成、移植，容量和负载建立测试用例，自动执行测试和产生文档结果。

3. 测试管理工具

测试管理工具用于对测试工作进行管理，包括对测试计划、测试用例、测试执行、缺陷跟踪等进行管理。

4. 静态分析工具

静态分析工具无须执行所测试的程序。它扫描所测试程序的正文，对程序的数据流和控制流进行分析，然后给出测试报告。静态分析工具一般由 4 个部分组成：语言程序的预处理器、数据库、错误分析器和报告生成器。

5. 动态测试工具

动态测试通过选择适当的测试用例，运行所测试的程序，比较实际运行结果和预期结果之间的异同，从而发现错误。作为动态测试工具，应能够使所测试的程序加以控制运行，自动监视、记录、统计程序的运行情况。动态测试工具包括测试覆盖监视程序、断言处理程序、符号执行程序、调节分析、成本估算、时间分析、资源利用等功能。

6. 测试数据自动生成工具

测试数据自动生成工具可以为所测试程序自动生成测试数据。这类工具能够减轻生成大量测试数据时的工作量,在自动生成测试数据时,还可以避免程序员对一部分测试数据区别对待。测试数据自动生成工具包括路径测试数据生成程序、随机测试数据生成程序、根据数据规格说明生成测试数据等。

7. 模块测试台

在对一个模块进行测试时须为它编写驱动模块和桩模块,以代替其在程序中的上下层相关模块。模块测试台是承担生成这类模块的工具,提供一种专门的测试用例描述语言,负责将输入数据传送给测试模块,然后将实际输出结果与在描述测试用例的语言中所表述的期望结果进行比较,找出错误。

8. 集成测试环境

用于软件测试的自动工具非常多,例如环境模拟程序、代码检查程序、测试文档生成程序、测试执行验证程序、输出结果比较程序、程序正确性证明程序、各种调试工具等,于是出现很多将多种测试工具融为一体的集成化测试系统。

10.5.3 常用的软件测试工具简介

(1) 单元测试工具。

➢ C++Test:针对C/C++语言的单元测试工具,自动为函数、类生成测试用例,测试驱动函数和桩函数。

➢ JUnit:针对Java语言的单元测试工具,目前已经集成在eclipse中,可以自动生成JUnit测试框架代码。

➢ JTest:针对Java语言的单元测试工具,可以自动生成测试代码和测试用例,可以检查代码书写规范,代码覆盖率等,也可以集成在eclipse中。

➢ .Test:针对.Net框架的单元测试工具。

(2) 测试管理工具。

➢ Suite TestStudio:Rational公司的软件测试管理工具,包括需求分析管理、缺陷探测和系统报告等功能。

➢ Testexpert:可用于测试过程中的信息管理,功能包括测试计划和设计、测试开发和执行、测试结果收集及测试结果分析和报告。

➢ QADirector:Compuware的QACenter工具套件之一,是测试过程管理工具,包括测试设计、测试执行和结果分析等过程的管理。

➢ EasyTest:可以对功能测试中使用的测试计划进行管理。

(3) GUI测试工具。

➢ Rational robot:可以对程序界面执行功能测试、回归测试及整合测试等,可以快速有效地跟踪和报告与测试相关的所有信息,并绘制出图表。

➢ WRunner:Mercury Interactive公司用于Windows系统的GUI测试工具。

➢ SilkTest:Segue公司用于Windows系统的GUI测试工具。

➢ TestQuest：TestQuest公司用于Windows系统和一些PDA移动设备上的GUI测试工具。

(4) 负载性能测试工具。

➢ PerformanceStudio：Rational公司的产品，用于电子商务系统、ERP系统和C/S应用的负载、强度和多客户的测试，允许无编程环境下的多机同步测试。

➢ LoadRunner：HP公司的产品，适用于企业级应用，根据客户要求创建虚拟客户，进行负载测试，有性能报表功能，最多可以模拟成千上万的客户，支持Oracle、SQL Server等多种主流数据库，操作复杂。

➢ QALoad：Compuware公司的产品，和LoadRunner类似，虚拟客户有上限，操作相对简单，脚本可以调试，可生成报告。

➢ WebLoad：Rebadiew公司的产品，是一款强大的专业网站性能测试工具，虚拟客户数量理论上没有上限，脚本语言为JavaScript。

➢ Visual Qualitify：Rational公司的性能测试工具。

(5) Web测试工具。

➢ SilkTest，SilkPerfomer，Surf：SilkTest使用Segue的广义测试结构，提供保证Internet和Intranet稳定的功能测试和回归测试；SilkPerfomer仿真实际Web消息流，测量Web服务器的容量和能力；Surf用于功能回归测试。

➢ Web Application Stress：微软的Web压力测试软件。

➢ Webqulify：专门用于JavaScript应用的Web测试工具。

➢ Watchfire：可以自动分析、测试和报告Web站点的质量、特性和可用的Web测试工具。

(6) 缺陷跟踪工具。

➢ Rational ClearQuest、Compuware公司的TrackRecord、免费跟踪软件SilkRadar等都是常用的缺陷跟踪工具，它们都允许客户通过Web方式访问，有利于不同地点，甚至跨国的开发团队间的缺陷管理；通过SQL语句可以得出跟踪的各种统计信息。

10.6　软件的可靠性

软件测试的目标是消除错误，提高软件的可靠性，那么什么是软件的可靠性？如何衡量软件的可靠性？这节讨论软件可靠性的问题。

10.6.1　基本概念

在衡量一个软件系统时，一般用“可用性”和“可靠性”两个指标来衡量它的优劣程度。所谓软件可用性指程序在给定的时间点，按照需求规格说明书的规定，成功运行的概率。软件的可靠性指程序在给定的时间间隔内，按照需求规格说明书的规定，成功运行的概率。可靠性和可用性之间的主要差别是可靠性关注在$0\sim t$间隔内系统没有失效，而可用性只关注在时刻t，系统是正常运行的。

按照IEEE的规定，术语“错误”的含义是由开发人员造成的软件差错，而术语“故障”的含义是由错误引起软件的不正确行为。下面按照上述规定使用这两个术语。

10.6.2 软件可靠性衡量方法

在软件开发的过程中，利用测试的统计数据，衡量软件的可靠性，从而控制软件的质量。下面介绍衡量软件可靠性的方法。

1. 估算平均无故障时间

软件的平均无故障时间(MTTF)是一个重要的可靠性指标，往往作为对软件质量评价的要求。MTTF(Mean Time To Failure)估算公式(Shooman 模型)为

$$\mathrm{MTTF}=\frac{1}{K[E_{\mathrm{T}}/I_{\mathrm{T}}-E_{\mathrm{c}}(t)/I_{\mathrm{T}}]}$$

其中，K 是一个经验常数，美国一些统计数字表明，K 的典型值是 200；E_{T} 是测试之前程序中原有的故障总数；I_{T} 是程序长度(机器指令条数或简单汇编语句条数)；t 是测试(包括排错)的时间；$E_{\mathrm{C}}(t)$是在 $0\sim t$ 期间内检出并排除的故障总数。

公式的基本假定是：

(1) 单位程序长度中的故障数 $E_{\mathrm{T}}/I_{\mathrm{T}}$ 近似为常数，不因测试与排错而改变。统计数字表明，通常 $E_{\mathrm{T}}/I_{\mathrm{T}}$ 值的变化范围在 $0.5\times10^{-2}\sim2\times10^{-2}$之间；

(2) 故障检出率正比于程序中残留故障数，而 MTTF 与程序中残留故障数成反比；

(3) 故障不可能完全检出，但一经检出应立即改正。

下面对此问题予以分析：

设 $E_{\mathrm{C}}(t)$ 是 $0\sim t$ 时间内检出并排除的故障总数，t 是测试时间(月)，则在同一段时间 $0\sim t$ 内的单条指令累积规范化排除故障数曲线 $\varepsilon_{\mathrm{c}}(t)$为

$$\varepsilon_{\mathrm{c}}(t)=E_{\mathrm{C}}(t)/I_{\mathrm{T}}$$

这条曲线在开始呈递增趋势，然后逐渐和缓，最后趋近于一水平的渐近线 $E_{\mathrm{T}}/I_{\mathrm{T}}$。利用公式的基本假定：故障检出率(排错率)正比于程序中残留故障数及残留故障数必须大于零，经过推导得

$$\varepsilon_{\mathrm{c}}(t)=\frac{E_{\mathrm{T}}}{I_{\mathrm{T}}}(1-\mathrm{e}^{-K_1t})$$

这是故障累积的 S 形曲线模型，参看图 10-20。

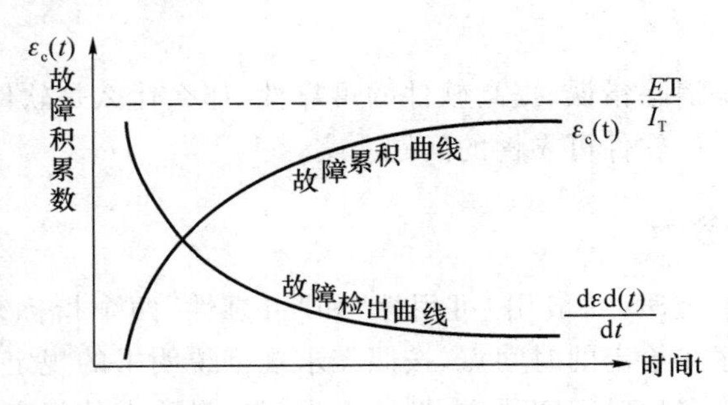

图 10-20 故障累积曲线与故障检出曲线

故障检出曲线服从指数分布亦在图 10-20 中显示。

$$\frac{d\varepsilon_c(t)}{dt}=K_1\left(\frac{E_T}{I_T}e^{-K_{1t}}\right)$$

2．估算软件中故障总数 E_T 的方法

程序中潜藏的错误数目是另一个非常重要的软件可靠性指标，它既直接标志软件的可靠程度，又是计算软件平均无故障时间的重要参数。程序中的错误总数 E_T 与程序规模、类型、开发环境、开发方法论、开发人员的技术水平和管理水平都有十分密切的关系。下面介绍两种估算 E_T 的方法。

（1）利用 Shooman 模型估算程序中原来错误总量 E_T——瞬间估算法：

$$\text{MTTF}=\frac{1}{K[E_T/I_T-E_c(t)/I_T]}=\frac{1}{\lambda}$$

所以

$$\lambda=K\left(\frac{E_T}{I_T}-\frac{E_c(t)}{I_T}\right)$$

若设 T 是软件总的运行时间，M 是软件在这段时间内的故障次数，则

$$T/M=1/\lambda=\text{MTTF}$$

现在对程序进行两次不同的互相独立的功能测试，相应的检错时间 $t_1<t_2$，检出的错误数 $E_C(t_1)<E_C(t_2)$，则有

$$\begin{cases}\lambda_1=\dfrac{E_c(t_1)}{t_1}=\dfrac{1}{\text{MTTF}_1}\\ \lambda_2=\dfrac{E_c(t_2)}{t_2}=\dfrac{1}{\text{MTTF}_2}\end{cases}$$

且

$$\begin{cases}\lambda_1=K\left[\dfrac{E_T}{I_T}-\dfrac{E_c(t_1)}{I_T}\right]\\ \lambda_2=K\left[\dfrac{E_T}{I_T}-\dfrac{E_c(t_2)}{I_T}\right]\end{cases}$$

解上述方程组，得到 E_T 的估计值和 K 的估计值：

$$\hat{E}_T=\frac{E_c(t_2)\lambda_1-E_c(t_1)\lambda_2}{\lambda_1\lambda_2}$$

$$\hat{K}=\frac{I_T\lambda_1}{E_T-E_c(t_1)}\quad 或\quad \hat{K}=\frac{I_T\lambda_2}{E_T-E_c(t_2)}$$

（2）利用植入故障法估算程序中原有故障总数 E_T——捕获-再捕获抽样法。

若设 N_S 是在测试前人为向程序中植入的故障数（称播种故障），n_S 是经过一段时间测试后发现的播种故障的数目，n_0 是在测试中又发现的程序原有故障数。设测试用例发现植入故障和原有故障的能力相同，则程序中原有故障总数 E_T 的估算值为

$$\hat{N}_0=\frac{nN_s}{n_s}$$

此方法要求对播种故障和原有故障同等对待，因此可以由对这些植入已知故障一无所知的测试专业小组进行测试。

这种对播种故障的捕获-再捕获的抽样法显然需消耗许多时间在发现和修改播种故障上，这影响工程的进度，而且为使植入的故障有利于精确地推测原有的故障数，如何选择和

植入这些播种故障也是很困难的。为了回避这些难点,设计下面不必埋设播种故障的方法。

(3) Hyman 分别测试法。

分别测试法是植入故障法的一种补充测试法。由两个测试员同时互相独立地测试同一程序的两个副本。用 t 表示测试时间(月):记 $t=0$ 时,程序中原有故障总数是 B_0;$t=t_1$ 时,测试员甲发现的故障总数是 B_1,测试员乙发现的故障总数是 B_2。其中,两人发现的相同故障数目是 b_c,两人发现的不同故障数目是 b_i。

在大程序测试时,开始几个月所发现的错误在总的错误中具有代表性,两个测试员测试的结果应当比较接近,b_i 不是很大。这时有以下等式:

$$B_0 = \frac{B_1 B_2}{b_c}$$

如果 b_i 比较显著,应当每隔一段时间,由两个测试员再进行分别测试,分析测试结果,估算 B_0。如果 b_i 减小,或几次估算值的结果相差不多,则可用 B_0 作为程序中原有错误总数 E_T 的估算值。

习　题

1. 试说明什么是软件测试。软件测试的对象有哪些?
2. 阐述软件测试 H 模型的内容及含义。
3. 试说明系统测试步骤包括哪些具体的测试,每种测试的输入、输出、依据及完成测试的主要人员。
4. 对于某项具体的测试工作,软件测试流程是什么?
5. 阐述什么是黑盒测试。常用的黑盒测试用例设计方法有哪些?
6. 阐述什么是白盒测试。常用的白盒测试用例设计方法有哪些?
7. 试说明自动化软件测试的优势及局限性。

第11章 软件维护

软件维护是软件生命周期的最后一个阶段，处于软件系统投入生产运行以后，也是延长软件生命周期的重要过程。其主要任务除了保障软件正常运行，还须针对新需求、出现的软件错误进行必要的软件开发过程和活动。随着软件的大型化和使用寿命的延长，软件的维护费用日益增长，大型软件的平均维护成本高达开发成本的4倍左右。因此，提高软件的可维护性，开发有效的软件维护支持工具，降低软件维护费用，满足用户新的需要，以延长软件寿命成为软件生命周期中不可缺少的工作。

11.1 软件维护概述

软件在开发完成交付用户使用后，必须保证在相当长的时期内能够正常运行。虽然在不同应用领域软件维护成本相差很大，但是平均来说，大型软件维护成本高达开发成本的4倍左右。目前，国外许多软件开发组织把60%以上的人力用于维护已有的软件，而且这个百分比还有继续增长的趋势。将来软件维护工作甚至可能会成为软件开发组织的负担，使软件开发组织没有余力开发新的软件。

软件工程方法学的一项主要目标是提高软件的可维护性，减少软件维护所需要的工作量，降低软件系统的总成本。

11.1.1 软件维护的定义和分类

所谓软件维护是在软件已经交付使用之后，为了改正错误或满足用户新的需求而修改软件的过程，即在软件运行/维护阶段对软件产品所进行的一切改动。要求进行软件维护的原因多种多样，归结起来有四种类型。

1. 改正性维护

在软件交付使用后，必然有一部分隐藏的错误被带到系统运行阶段来。这些隐藏的错误在某些特定的使用环境下就会暴露出来。为了识别和纠正软件错误、改正软件性能上的缺陷而进行诊断和改正错误的过程称为改正性维护。

2. 适应性维护

随着计算机技术的飞速发展，外部环境（新的软硬件配置）或数据环境（数据库、数据格式、数据输入/输出方式、数据存储介质）可能发生变化，为了使软件适应这种变化而修改软件的过程称为适应性维护。

3. 完善性维护

在软件的使用过程中，用户常会对软件提出新的功能与性能要求。为了满足这些要求，须修改或再开发软件,以扩充软件功能,提高软件性能,改进加工效率,提高软件的可维护性。这种情况下进行的维护活动称为完善性维护。

在维护阶段的最初一、二年,改正性维护的工作量较大。随着错误发现率逐步降低,软件逐步趋于稳定,就进入正常使用期。之后,由于改造的要求,适应性维护和完善性维护的工作量逐步增加。实践表明,在几种维护活动中,完善性维护所占的比重最大,来自用户要求扩充、加强软件功能、性能的维护活动约占整个维护工作的50%,如图11-1所示。

4. 预防性维护

除了以上三类"维护"之外,还有一类维护活动,称作预防性维护。这种"维护"是为提高软件的可维护性、可靠性等,为以后进一步改进软件打下良好基础。通常,预防性维护定义为"把今天的方法学用于昨天的系统以满足明天的需要",即采用先进的软件工程方法对须维护的软件或软件中的某一部分重新进行设计、编制和测试。

在整个软件维护阶段所花费的全部工作量中,预防性维护只占很小的比例。由图11-2中可知,软件维护工作占整个软件生存期工作量的70%以上。

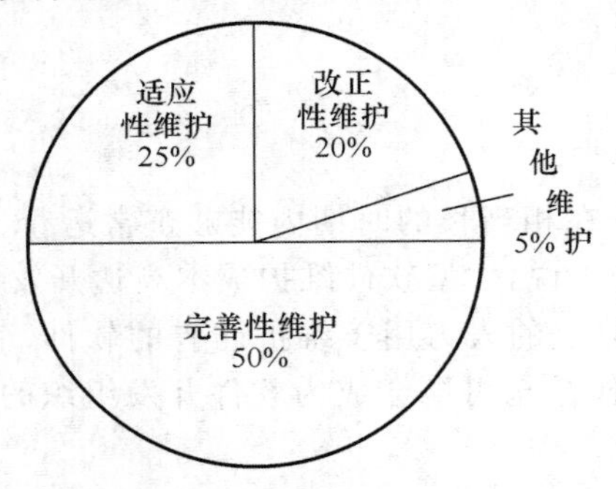

图11-1 三类"维护"占总"维护"比例

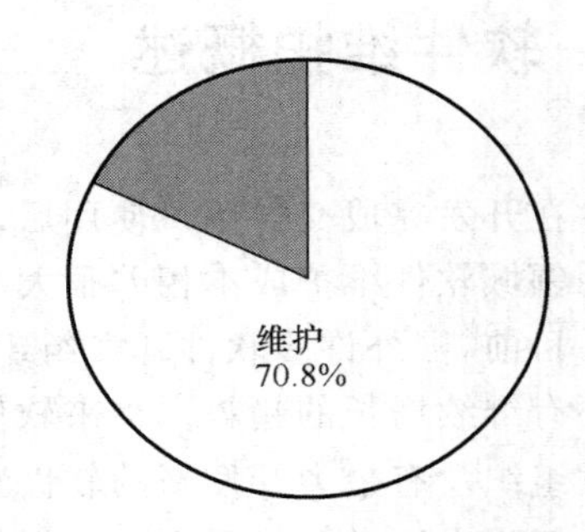

图11-2 "维护"在软件生存期所占比例

11.1.2 影响软件维护工作量的因素

在软件维护中,维护工作量直接影响软件维护成本。因此应当考虑哪些因素影响软件维护的工作量,应该采取什么维护策略才能有效地维护软件并控制维护成本。影响软件维护工作量的特性有以下4种。

(1) 系统大小:系统越大,所执行功能越复杂,理解掌握起来越困难,改造的难度越大。

(2) 程序设计语言:语言的功能越强,生成程序所需的指令数就越少;语言的功能越弱,实现同样功能所需语句就越多,程序就越复杂,维护难度增大。

(3) 系统年龄:老系统不断修改,结构越来越乱;由于维护人员经常更换,程序变得越来越难于理解。

(4) 文档的完备程度:许多软系统并未按照软件工程的要求进行开发,因而没有文档,或文档太少,或在长期的维护过程中文档在许多地方与程序实现变得不一致,造成软件维护的难度增加。

如果软件在开发时没有考虑将来可能修改,就为软件的维护带来许多问题。

11.1.3　软件维护中的典型问题

软件维护中出现的大部分问题都是由于软件需求分析和设计过程中的缺陷导致的，在这两个阶段如果不进行严格而科学的管理和规划，必然造成软件在维护阶段产生各种问题。以下是软件维护中经常遇到的典型问题：

（1）问题定位困难。系统的某些问题是在特定的数据集和特定的操作过程下才出现的，由于在开发环境中没有生产数据，或无法完全模拟用户的操作行为，所以用户遇到的问题往往无法重现，这就给定位问题带来很大的困难。

（2）理解别人写的程序通常非常困难。如果仅有代码而没有任何说明文档或注释，则阅读和修改程序将是一项非常困难的工作。

（3）需维护的软件往往没有合格的文档，或者文档资料明显不足。很多文档本身存在很多问题，或者随着软件版本变化，文档没有进行修改。容易理解并且和程序代码完全一致的文档才是真正有价值的。

（4）不能指望原开发人员维护系统。由于维护阶段持续时间很长，软件开发人员的流动性又很大，所以在软件维护过程中，原来的开发人员往往无法参与维护工作。

（5）某些软件在设计时没有考虑将来的修改，从而导致软件的可维护性很差。

（6）在维护过程中，由于对系统某些部分修改，造成其他部分运行产生异常，使系统变得非常不稳定。

（7）软件维护不是一项吸引人的工作，由于以上原因经常导致维护工作出现困难，从而使软件维护人员产生挫折感。

11.2　软件维护活动

软件系统在上线时，维护工作较多，往往须设置专门的维护团队，完成系统的改造、测试等工作；在系统稳定运行了一段时间后，维护工作相对减少，此时可以不用设置专门的维护团队，但是必须保证随时提供能够维护系统的人员。维护工作往往是在系统发生问题，或用户提出新的需求时进行的，没有严格的时间规律。维护工作涉及的人员多、周期长、流程复杂，所以对维护工作进行周密的管理显得非常重要。为了有效地进行软件维护，应建立完善的维护工作规程，包括建立维护的机构，确定维护申请报告的流程及评价过程，为维护申请规定标准的处理步骤；建立维护活动的等级制度及评审标准等。

11.2.1　维护机构

维护机构指对软件维护工作进行组织、协调、验收、跟踪的部门或人员。除了较大的软件开发公司外，通常在软件维护工作方面不保持正式的维护机构。但是，在软件开发部门，确立一个非正式的维护机构则是非常必要的。图 11-3 给出了典型的维护机构的组织方案。

（1）系统用户是系统的使用人员，当用户在使用系统的过程中发现问题或有新的需求，可以将维护申请提交给系统维护管理员。

（2）维护管理员是维护工作的管理者和组织者，负责维护申请的受理、评价、分配、验收

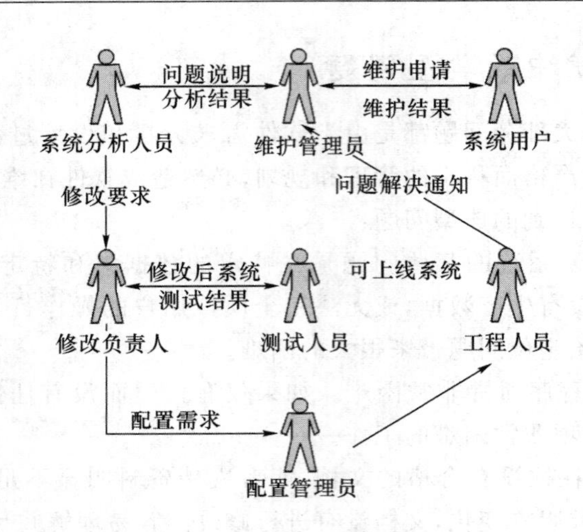

图 11-3 软件维护机构

等工作。维护管理员通常是用户与维护机构的接口。

(3) 系统分析人员负责对发生的问题进行分析,判断是否须对系统进行修改。

(4) 修改负责人负责对系统进行修改,以修复系统中存在的缺陷。

(5) 测试人员对修改后的系统进行充分的测试,以保证系统问题真正得以解决,并不影响其他功能。

(6) 工程人员负责将修改后的系统重新部署,以满足用户的使用。

(7) 配置管理人员负责对修改范围严格把关,控制修改范围,对软件配置进行审计。

(8) 维护管理员、系统分析员、修改负责人、配置管理员均代表维护工作的某个职责范围,有的职责需要多个人来承担,例如不同的系统有不同的修改负责人;有的人可以承担多个职责,例如某个人既是维护管理员,也是配置管理员,以及某个系统监督人员可能须进行多个系统的维护评价工作等。

在开始维护之前,明确各种维护工作责任,可以大大减少维护过程中的混乱情况。

11.2.2 维护申请单

维护申请(Maintenance Request,MR)是发生软件维护工作需求时由用户填写的申请文档,是系统用户与维护机构的交互手段,也是界定维护工作范围和工作量的凭证。软件维护组织通常提供维护申请报告模板,由申请维护的用户填写。维护申请一般包含的内容如表 11-1 所示。

表 11-1 维护申请模板

申请日期		申请人	
拟满足日期		优先级	低/中/高
问题/需求描述	注:如果是改正性维护,须明确说明发生问题时的输入数据、操作流程、错误提示或错误现象,以及其他与定位问题相关的材料。如果是适应性维护或完善性维护,必须提出一份修改说明书,列出所有希望的修改		

维护申请报告是由软件组织外部提交的文档,是计划维护工作的基础。如果须对系统进行修改,软件组织内部相应地给出软件修改报告(Software Change Report,SCR),说明软件中所须修改的性质、申请修改的优先级、为满足该维护申请报告所需的工作量、预计修改后的状况等内容。修改报告一般包含的内容如表11-2所示。

表11-2 软件修改报告模板

申请日期		修改负责人	
维护类型	改正/适应/完善/预防	优先级	低/中/高
拟满足日期		工作量	
修改要求	注:通过分析给出系统如何修改才能满足用户要求的修改方案		

11.2.3 软件维护工作流程

软件维护工作涉及人员多,流程复杂,在1993年IEEE计算机学会软件工程标准分委会颁布的IEEE 1219《软件维护标准》中定义了软件维护工作流程,具体步骤如下所述。

(1) 维护申请:一般由用户、程序员或管理人员提出,是软件维护的开始阶段。

(2) 分类与鉴别:根据软件维护申请(MR),由维护机构来确认其维护类别,给MR一个编号,并输入数据库保存。这是整个维护阶段收集数据与审查的开始阶段。

(3) 分析:先进行维护的可行性分析,在此基础上进行详细分析。可行性分析主要确定软件更改的影响、可行的解决方案及所需的费用。详细分析则需要提出更完整的更改需求说明,鉴别须更改的要素,提出测试方案和策略,制定实施计划。

(4) 设计:汇总全部信息,开始更改,如开发过程的工程文档、分析阶段的结果、源代码、资料信息等。本阶段应更改设计的基线,更改测试计划,修订详细分析结果,核实维护需求。

(5) 实现:本阶段的工作是制订程序更改计划并进行软件更改,包括编码、单元测试、集成、风险分析、测试准备审查、更新文档。风险分析在本阶段结束时进行。所有工作应该置于软件配置管理系统的控制之下。

(6) 系统测试:系统测试主要测试程序之间的接口,以确保修改的软件满足用户的需求,回归测试确保不引入新的错误。

(7) 验收测试:这是最终的综合测试,应由客户、用户和第三方共同进行。这个阶段报告测试结果,进行功能配置审核,建立软件新版本,准备软件文档的最终版本。

(8) 交付:此阶段将新的系统交给用户安装并运行。供应商应审核实物配置,通知所有用户,备份文档版本,完成安装与培训工作。

11.3 维护期的软件开发

进行软件维护时,必然对源程序进行修改,通常对源程序的修改须经历以下三个步骤:分析和理解程序、修改程序、重新验证程序。下面分别介绍。

11.3.1 分析和理解程序

全面、准确、迅速地理解程序是决定维护工作成败和质量好坏的关键。在这方面，软件的可理解性和文档的质量非常重要。在进行软件维护之前,必须:

(1) 理解程序的功能和目标。

(2) 掌握程序的结构信息,即从程序中细分出若干结构成分。如程序系统结构、控制结构、数据结构和输入/输出结构等。

(3) 了解数据流信息,即所涉及的数据来源,在哪里使用等。

(4) 了解控制流信息,即执行每条路径的结果。

(5) 理解程序的操作要求。

11.3.2 修改程序

程序修改时,必须事先计划,然后周密有效地实施修改工作。

1. 设计程序的修改计划

程序的修改计划须考虑人员和资源的安排。小的修改工作不需要详细的计划,但是对于需耗时数月的修改工作,必须制订修改的计划,修改计划的内容主要包括以下四项。

(1) 规格说明信息:数据修改、处理修改、作业控制语言修改、系统之间接口的修改等。

(2) 维护资源:新程序版本、测试数据、所需的软件系统、计算机时间等。

(3) 人员:程序员、用户相关人员、技术支持人员、厂家联系人、数据录入员等。

(4) 办公资源:纸面、计算机媒体等。

针对以上每一项,可采用自顶向下的方法,在理解程序的基础上,进行以下操作:

(1) 研究程序的各个模块、模块的接口、数据库,从全局的观点提出修改计划。

(2) 依次把待修改,以及那些受修改影响的模块和数据结构分离出来。为此,须识别受修改影响的数据;识别使用这些数据的程序模块;对于上面程序模块,按属于产生数据、修改数据,还是删除数据进行分类;识别这些数据元素的外部控制信息;识别编辑和检查这些数据元素的地方;隔离待修改的部分。

(3) 详细分析待修改以及那些受变更影响的模块和数据结构的内部细节,设计修改计划,标明新逻辑及待改动的现有逻辑。

(4) 向用户提供回避措施。用户的某些业务因软件中发生问题而中断,为不让系统长时间停止运行,须把问题局部化,在可能的范围内继续开展业务。如果问题原因未明确,先就问题现象提供回避的操作方法;如果原因已明确,则可以通过临时修改或改变运行控制等手段回避系统运行时产生问题。

- 在问题的原因还未找到时,先就问题的现象提供回避的操作方法。
- 如果已找到问题的原因,可通过临时修改或改变运行控制以回避在系统运行时产生的问题。

2. 修改代码,适应变化

在制订修改计划之后,严格按照计划的内容修改代码。在修改过程中,尽量按照以下要求进行:

(1) 正确、有效地编写修改代码。

(2) 谨慎地修改程序，尽量保持程序的风格及格式；在程序清单上注明改动的语句。

(3) 不删除程序语句，除非完全肯定它是无用的。

(4) 不试图共用程序中已有的临时变量或工作区；为避免冲突或混淆用途，应自行设置变量。

(5) 插入错误检测语句。

(6) 在修改过程中做好修改的详细记录，消除变更中任何副作用。

修改后程序有可能带来一些副作用。所谓副作用是指因修改软件而造成的错误或其他不希望发生的情况，修改程序带来三种副作用：

1. 修改代码的副作用

在使用程序设计语言修改源代码时，都可能引入错误。例如，删除或修改一个子程序、标号、标识符，改变程序代码的时序关系，改变占用存储的大小，改变逻辑运算符，修改文件的“打开”或“关闭”，改进程序的执行效率，以及把设计上的变化翻译成代码的变化、边界条件逻辑测试的变化时，都容易引入错误。

2. 修改数据的副作用

在修改数据结构时，有可能造成软件设计与数据结构不匹配，因而导致软件出错。数据副作用是修改软件信息结构导致的结果。例如，在重新定义局部或全局的常量、重新定义记录或文件的格式、增大或减小一个数组或高层数据结构的大小、修改全局或公共数据、重新初始化控制标志或指针、重新排列输入/输出或子程序的参数时，容易导致设计与数据不相容的错误。数据副作用可以通过详细的设计文档加以控制。在此文档中描述一种交叉引用，把数据元素、记录、文件和其他结构联系起来。

3. 文档的副作用

对数据流、软件结构、模块逻辑或任何其他有关特性进行修改时，必须对相关技术文档进行相应修改，否则会导致文档与程序功能不匹配、默认条件改变、新错误信息不正确等错误，使得软件文档不能反映软件的当前状态。对于用户来说，软件事实上就是文档。如果对可执行软件的修改不反映在文档里，就会产生文档的副作用。例如，对交互输入的顺序或格式进行修改，如果没有正确地记入文档中，可能引起重大的问题。过时的文档内容、索引和文本可能造成冲突，引起用户的不满。因此，必须在软件交付之前对整个软件配置进行评审，以减少文档的副作用。

11.3.3 重新验证程序

将修改后的程序提交用户之前，须用以下的方法进行充分的确认和测试，以保证修改后的软件正确性。

1. 静态确认

修改软件可能引起新的错误。程序修改完成后，须对修改进行静态确认，为了提高确认的有效性，验证修改后的程序至少需要两个人参加，检查内容包括：

(1) 软件修改是否涉及规格说明？修改结果是否符合规格说明？有没有曲解规格说明？

(2) 程序修改是否足以修正软件中的问题？源程序代码有无逻辑错误？修改时有无修

补失误?

(3) 修改部分对其他部分有无不良影响?

对软件进行修改,常引发别的问题,因此有必要检查修改的影响范围。

2. 计算机确认

在充分进行以上确认的基础上,用计算机对修改程序进行确认测试。

(1) 确认测试顺序:先对修改部分进行测试,然后隔离修改部分,测试程序未修改的部分,最后再把它们集成起来进行测试。这种测试方式称为回归测试。

(2) 准备标准的测试用例。

(3) 充分利用软件工具重新验证。

(4) 在重新确认过程中,邀请用户进行测试,以确认问题是否解决。

3. 维护后的验收

在交付新软件之前,维护主管部门要检验以下内容:

(1) 全部文档是否完备,并已更新。

(2) 所有测试用例和测试结果已经正确记载。

(3) 记录软件配置所有副本的工作已经完成。

(4) 维护工序和责任已经确定。

习 题

1. 什么是软件维护?为什么需要软件维护?
2. 软件维护分为哪几类?简述每类的维护过程。
3. 列举影响软件维护工作量的因素。
4. 下面有关软件维护的叙述有些是不准确的,试将它们列举出来。供选择的答案:

① 为维护一个软件,必须先理解这个软件。

② 阅读别人写的程序并不困难。

③ 文档不齐全,也可以维护一个软件。

④ 谁编写软件,谁维护这个软件。

⑤ 设计软件时应考虑到将来修改软件的情况。

⑥ 维护软件是一件很吸引人的工作。

⑦ 维护软件就是改正软件中的错误。

⑧ 软件维护是一项复杂的工作。

5. 简述软件维护的工作流程,阐述各维护机构在维护过程中的主要任务。
6. 软件维护过程中对程序的修改会带来哪些副作用?

第12章　软件项目管理

12.1　软件项目管理概述

项目(Project)是指为提供某项独特的产品、服务或成果所进行的有时限的工作。更具体的解释为在有限的资源、有限的时间内为特定的客户完成特定目标的一次性工作。这里的"资源"指完成项目所需要的人、财、物;"时间"指项目有明确的开始和结束时间;"客户"指提供资金、确定需求并拥有项目成果的组织或个人;"目标"是满足要求的产品、服务或成果。项目虽然具有时限性,但是项目的成果往往不具有时限性,如设计一个写字楼属于一个建筑设计项目;建设一个写字楼是建筑工程项目;进行写字楼内部装修属于一个建筑装修项目等。

软件项目(Software Project)是一种成果体现为软件产品的项目,即在有限的资源、有限的时间内为特定的客户完成特定的软件产品的一次性工作,如开发一套新的软件产品、对现有软件产品进行修改升级、为某组织定制开发的信息系统等。

项目管理(Project Management)就是把各种知识、技能、手段和技术应用于项目活动之中,以期在有限的资源和规定的时间内完成项目的特定目标。

软件项目管理(Software Project Management)就是在软件开发过程中通过对各个开发环节的管理,在有限资源和规定时间内完成客户要求的特定软件产品。

实现项目目标受到四个因素制约:项目范围、成本、进度和客户满意度。项目范围是为使客户满意而须完成的所有工作;项目成本是完成项目所需要的费用,必须在客户为这个项目提供的资金限额以内;项目进度是安排每项任务的起止时间及所需的资源等,是为项目描绘的一个过程蓝图。项目目标是在一定时间、预算内完成工作的范围,使客户满意。

为了实现项目目标,使软件项目开发获得成功,须对软件开发项目的工作范围、可能遇到的风险、需要的资源(人力、硬件和软件)、待完成的任务、经历的里程碑、所需的成本及进度的安排等予以充分认识。软件项目管理的对象是软件工程项目,所涉及的范围覆盖整个软件工程过程,这种管理开始于技术工作开始之前,在软件从概念到实现的过程中持续进行,最后在软件工程过程结束时终止。

12.2　软件项目管理知识体系

美国项目管理学会(Project Management Institute,PMI)成立于1969年,致力于向全

球推行项目管理,是由研究人员、学者、顾问和经理组成的全球最大的项目管理专业组织。项目管理知识体系(Project Management Body of Knowledge,PMBOK)是 PMI 在 20 世纪 70 年代末提出的,并于 1996 年、2000 年、2004 年、2008 年进行四次修订。这个知识体系指南把项目管理划分为 9 个知识域,即项目综合管理、项目范围管理、项目时间管理、项目成本管理、项目质量管理、项目人力资源管理、项目沟通管理、项目采购管理、项目风险管理等,如图 12-1 所示。

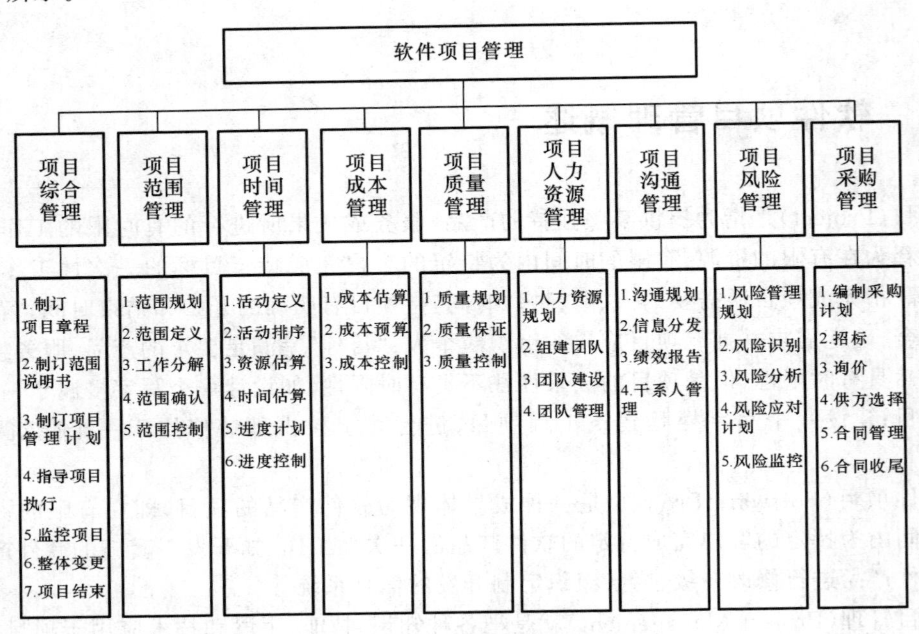

图 12-1 软件项目管理知识体系图

这一知识体系促进世界项目管理行业的发展,推动和鼓励项目管理知识的推广和传播。下面简要介绍各知识域的内容。

(1) 项目综合管理:将项目管理各种必要要素综合为整体的过程和活动,并在项目管理过程组范围内识别、定义、组合、统一并协调。项目综合管理包括下列项目管理过程:制订项目章程、制订项目初步范围说明书、制订项目管理计划、指导与管理项目执行、监控项目工作、整体变更控制和项目结束。

(2) 项目范围管理:界定为确保成功完成项目所需完成的工作,也是仅须完成的工作。项目范围管理由如下项目管理过程组成:范围规划、范围定义、制作工作分解结构(Work Breakdown Structure,WBS)、范围确认和范围控制等。

(3) 项目时间管理:阐述确保项目按时完成所需的各项过程,包括活动定义、活动排序、活动资源估算、活动持续时间估算、制订进度表及进度控制等。

(4) 项目成本管理:阐述确保项目按照规定预算完成须进行的费用规划、估算、预算的各项过程。项目成本管理由如下项目管理过程组成:成本估算、成本预算和成本控制等。

(5) 项目质量管理:阐述确保项目达到其既定质量要求所须实施的各项过程。项目质量管理由如下项目管理过程组成:质量规划、质量保证和质量控制。

(6) 项目人力资源管理:阐述组织和管理项目团队的各个过程。项目人力资源管理由如下项目管理过程组成：人力资源规划、项目团队组建、项目团队建设和项目团队管理。

(7) 项目沟通管理：阐述为确保项目信息及时而恰当地提取、收集、传输、存储和最终处置而须实施的一系列过程。项目沟通管理由如下项目管理过程组成：沟通规划、信息发布、绩效报告和干系人管理等。

(8) 项目风险管理：阐述与项目风险管理有关的各项过程。项目风险管理由如下项目管理过程组成：风险管理规划、风险识别、定性风险分析、定量风险分析、风险应对计划，以及风险监控等。

(9) 项目采购管理：阐述采购或取得产品、服务或成果，以及合同管理所需的各项过程。项目采购管理由如下项目管理过程组成：采购规划、招标、询价、卖方选择、合同管理及合同收尾等。

12.3　软件项目管理过程

项目管理过程是一组为完成一系列事先制定的产品、成果或服务而执行相互联系的活动。软件项目管理的完整过程可概括为五个过程组，如图 12-2 所示。

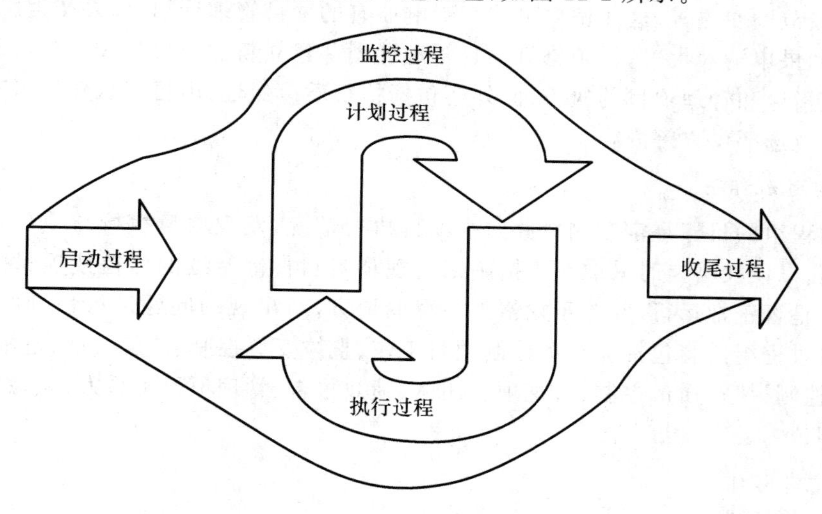

图 12-2　项目管理过程图

1. *启动过程组*

启动过程组主要目标是定义并批准项目或项目阶段。这是软件项目管理的第一个过程，目的是确定软件项目的目标、范围。通常，在系统需求工程阶段确定项目的目标和范围。目标表明软件项目的目的，但不涉及如何达到这些目的。这些目标必须是可实现和可度量的，软件的限制条件、性能、稳定性等都须明确说明，必须满足客户的要求。范围表明软件待实现的基本功能，并尽量以定量的方式界定这些功能。在明确软件项目的目标和范围后，就应考虑可能的解决方案，明确技术和管理上的要求。本阶段虽然涉及方案细节不多，但在此基础上，管理人员和技术人员就能够合理地估算成本，制定可行的任务分解和进度安排。启动过程组包括项目章程制订、项目范围说明书制订等内容。

2. 计划过程组

计划过程组的目标是定义和细化目标,为实现项目目标选择最优方案。计划过程组需要从多方面收集具有不同完整性和可信度的信息,对这些信息进行分析,对其中包含的需求、风险、机会、假设条件和限定条件进行鉴别和确定,为制订计划奠定基础。计划过程组尽可能让所有项目干系人都参与进来,从而保证计划制订的客观性、完整性,并为今后顺利实施项目计划铺平道路。项目计划工作结束时,须将制订的各项内容以清晰、明确的方式发布出来,以便对后续的工作进行指导,收集反馈意见并进行细化。计划过程组通过多个过程来开展项目计划活动,包括制订项目管理计划、编制项目范围计划、范围定义、创建工作分解结构(WBS)、活动定义、活动排序、活动资源估算、活动历时估算、制订进度计划、成本估算、成本预算、编制质量计划、编制人力资源计划、组建项目团队、沟通计划编制、编制风险管理计划、风险识别、定性风险分析、定量风险分析、制订风险应对计划、制订采购计划、编制合同等内容。

3. 执行过程组

执行过程组的目标是整合人力及其他资源,完成项目或项目阶段的活动,以保持项目进展与项目管理计划一致。在项目执行过程中,可能由于各种原因造成偏差,例如活动工期、资源可用性、范围变更等,这些偏差可能会影响原有的项目管理计划,如果产生影响,会引发变更申请,如果申请被批准,就须修订项目管理计划并建立新的项目基线。执行过程组最主要的活动是指导和管理项目的执行,此外还包括执行质量保证、项目团队建设、信息发布、获取供方响应及选择供方等内容。

4. 监控过程组

监控过程组的目标是定期测量并监视项目执行情况,发现项目执行与项目管理计划是否存在偏离,以便在必要时采取纠正措施来实现项目目标。持续的监控使项目团队能观察项目或阶段是否正常运行,并提示须格外注意的地方,对出现的问题进行预判,并进行变更控制。监控过程组内容包括监督和控制项目工作、整体变更控制、范围验证、范围控制、进度控制、成本控制、执行质量控制、管理项目团队、绩效报告、管理项目干系人、风险监督和控制及合同管理。

5. 收尾过程组

收尾过程组的目标是正式验收产品、服务或成果,并有条不紊地结束项目或项目阶段。项目过程在完成时,要求所有项目管理过程组中所定义的流程均已完成才可以结束项目或项目阶段。收尾过程组包括项目收尾和合同收尾等活动。

6. 各过程组的交互

各个项目过程组不是相互独立的,而是通过它们各自所产生的结果相互关联,一个过程的结果或者输出通常会成为另外一个过程的输入或整个项目的最终结果。在项目过程组之间及项目过程组内中,这种联系是迭代的。计划过程组为执行过程组提供一个前期的项目管理计划文件,并且经常随项目推进而不断进行更新。此外,项目过程组很少是离散的或者只出现一次,而是相互交叠活动,在整个项目中以不同的强度出现。图 12-3 给出项目过程组是如何交互的,以及在项目中不同阶段的重叠水平。

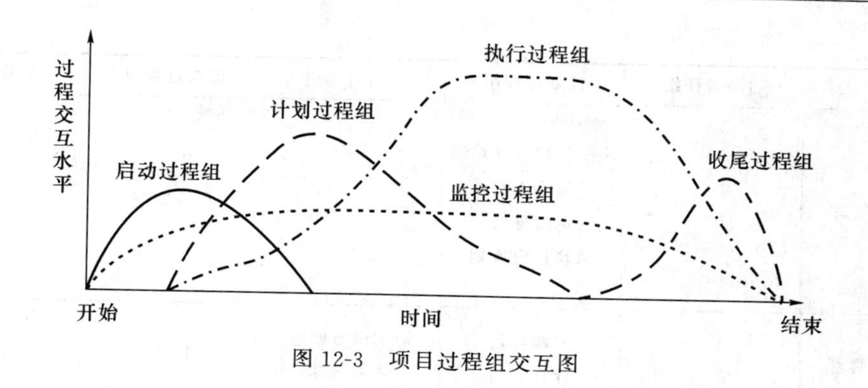

图 12-3　项目过程组交互图

12.4　项目过程组与项目管理知识域的映射关系

在项目管理每个过程组中，都须进行多种项目管理活动，每个项目管理知识域中的活动都发生在某个或某几个过程组中，了解在某个项目过程组中须从事哪些项目管理活动显得非常重要，表 12-1 给出项目过程组与项目管理知识域之间的映射关系。

表 12-1　项目过程组与项目管理知识域的映射关系

过程组 / 知识领域	启动过程组	计划过程组	执行过程组	监控过程组	收尾过程组
项目综合管理	制订项目章程 制订项目范围说明书	项目管理计划	指导和管理项目执行	监视和控制项目工作整体变更控制	项目收尾
项目范围管理		范围规划 范围定义 WBS 建立		范围验证 范围控制	
项目时间管理		活动定义 活动排序 活动资源估算 活动历时估算 进度计划制定		进度控制	
项目成本管理		成本估算 成本预算		成本控制	
项目质量管理		质量规划	质量保障	质量控制	
项目人力资源管理		人力资源计划编制 团队组建	团队建设	团队管理	
项目沟通管理		沟通计划编制	信息发布	绩效报告 干系人管理	

续表

	启动过程组	计划过程组	执行过程组	监控过程组	收尾过程组
项目风险管理		风险管理计划编制 风险识别 风险分析 风险相应规划		风险监控	
项目采购管理		采购规划 计划签约	请求供方回应 供方选择	合同管理	合同收尾

下面简要介绍软件项目知识体系中各方面知识。

12.5 软件项目管理体系

12.5.1 项目综合管理

项目综合管理是项目管理中一项综合性和全局性的管理工作,含有统一、整合、关联和集成等措施,这些措施对完成项目、成功满足项目干系人的要求和期望起到关键作用。就具体管理项目而言,项目综合管理决定在什么时间把工作量分配到相应的资源上,预判潜在的问题,并在其产生负面影响之前积极处理,以及协调各项工作使项目整体上取得一个好的结果。

项目综合管理包括以下活动。

- 制订项目章程:制订一份正式批准项目或阶段的文件,并记录能反映干系人需要和期望的初步要求的过程。
- 制订项目管理计划:对定义、编制、整合和协调所有子计划所必需的行动进行记录的过程。
- 指导与管理项目执行:为实现项目目标而执行项目管理计划中所确定的工作的过程。
- 监控项目工作:跟踪、审查和调整项目进展,以实现项目管理计划中确定的绩效目标的过程。
- 实施整体变更控制:审查所有变更请求,批准变更,管理对可交付成果、组织过程资产、项目文件和项目管理计划的变更过程。
- 结束项目或阶段:完结所有项目管理过程组的所有活动,以正式结束项目或项目阶段的过程。

项目综合管理中各项活动的输入、工具与技术及输出内容如图12-4所示。

图 12-4　项目综合管理

12.5.2　项目范围管理

项目范围一般来自项目投资方或客户明确的项目目标或具体需求，任何一个项目的建设过程都有其明确的目的，因此在讨论项目范围管理时，始终以项目目标为核心。此外，还须对项目范围进一步细化，使项目范围具体化、层次化、结构化，从而达到可管理、可控制、可实施的目的。

在项目中不断地重申项目范围，有利于项目不偏离轨道，这是实施项目控制管理的一个有效手段。项目范围管理不仅仅是让项目管理和实施人员知道为达到预期目标须完成哪些具体的工作，还须确认清楚项目相关各方在每项工作中清晰的分工界限和职责。

项目范围管理的目标是确保项目包含且仅包含达到项目成功所必须完成的工作。项目范围管理包括以下活动。

➢ 规划范围：为实现项目目标而定义并记录干系人需求的过程。

➢ 定义范围：制订项目和产品详细描述的过程。

➢ 创建工作分解结构（WBS）：将项目可交付成果和项目工作分解为较小的、更易于管理的组成部分的过程。WBS 是一种以结果为导向的分析方法，用于分析项目所涉及的工作,所有这些工作构成项目的整个工作范围。WBS为项目进度、成本、变更的计划和管理提供基础。

➢ 确认范围:指项目干系人对项目范围正式承认,其贯穿于整个项目生命周期,从项目管理组织确认WBS的具体内容,到项目各阶段的交付物检验,再到最后项目收尾文档的验收和项目评价等都属于范围确认活动。

➢ 控制范围:监督项目和产品的范围状态、管理范围基准变更的过程。因为客户需求、项目环境、资源水平和管理能力等因素会造成项目范围在实施过程中增加或减少,所以项目范围变更不可避免,项目范围变更的控制显得十分重要。对项目范围变更控制的主要工具是建立并运用项目变更控制系统,规范变更流程,划清相关责任。

项目范围管理中各项活动的输入、工具与技术及输出内容如图12-5所示。

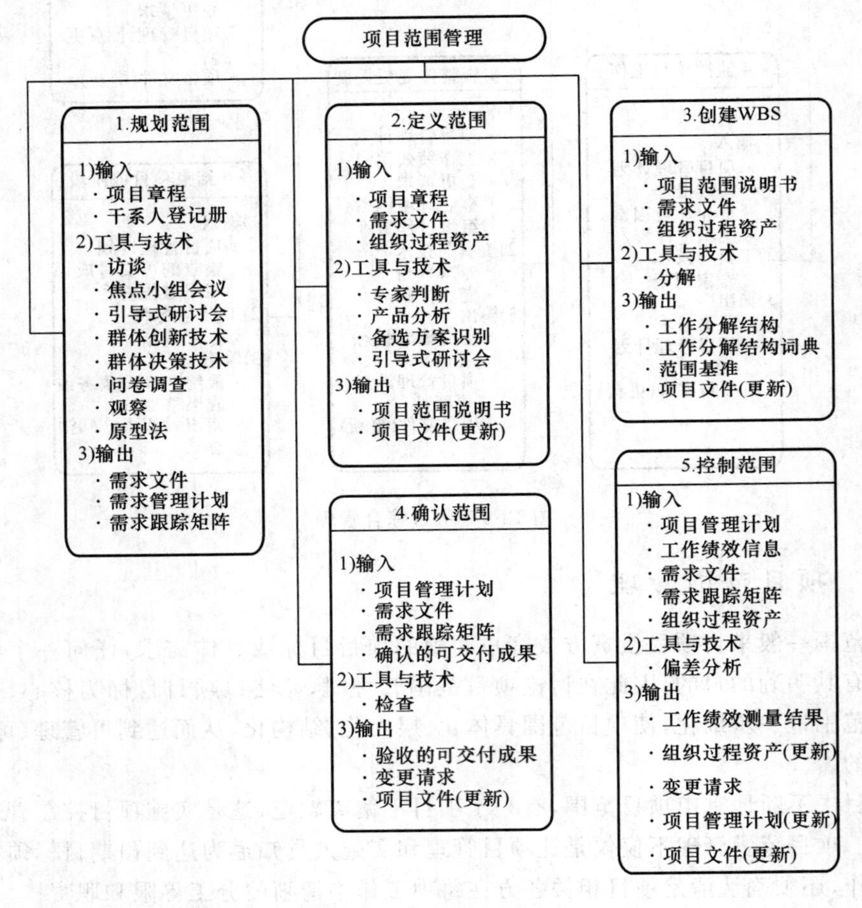

图12-5 项目范围管理

12.5.3 项目时间管理

时间是一种特殊的资源,具有单向性、不可重复性和不可替代性。保障项目能够在时间要求内按时完成是项目管理的一项基本要求。项目时间管理主要目标是保障项目按照规定的时间完成。作为一个项目管理者,应该明确项目中的各项活动,识别关键任务,安排任务执行的顺序和时间,跟踪各项活动开展情况,及时发现进度偏差,协调资源以弥补拖延的进度，并最终达到按期交付的目的。

项目时间管理包含以下活动。

➢ 定义活动：识别为完成项目可交付成果而须采取的具体活动的过程。

➢ 排列活动顺序：识别和记录项目活动间逻辑关系的过程。

➢ 估算活动资源：估算各项活动所需材料、人员、设备和用品的种类和数量的过程。

➢ 估算活动持续时间：根据资源估算的结果，估算完成单项活动所需工作时间的过程。

➢ 制订进度计划：分析活动顺序、持续时间、资源需求和进度约束，以及编制项目进度计划的过程。

➢ 控制进度：监督项目状态以更新项目进展、管理进度基准变更的过程。

项目时间管理中各项活动的输入、工具与技术及输出内容如图 12-6 所示。

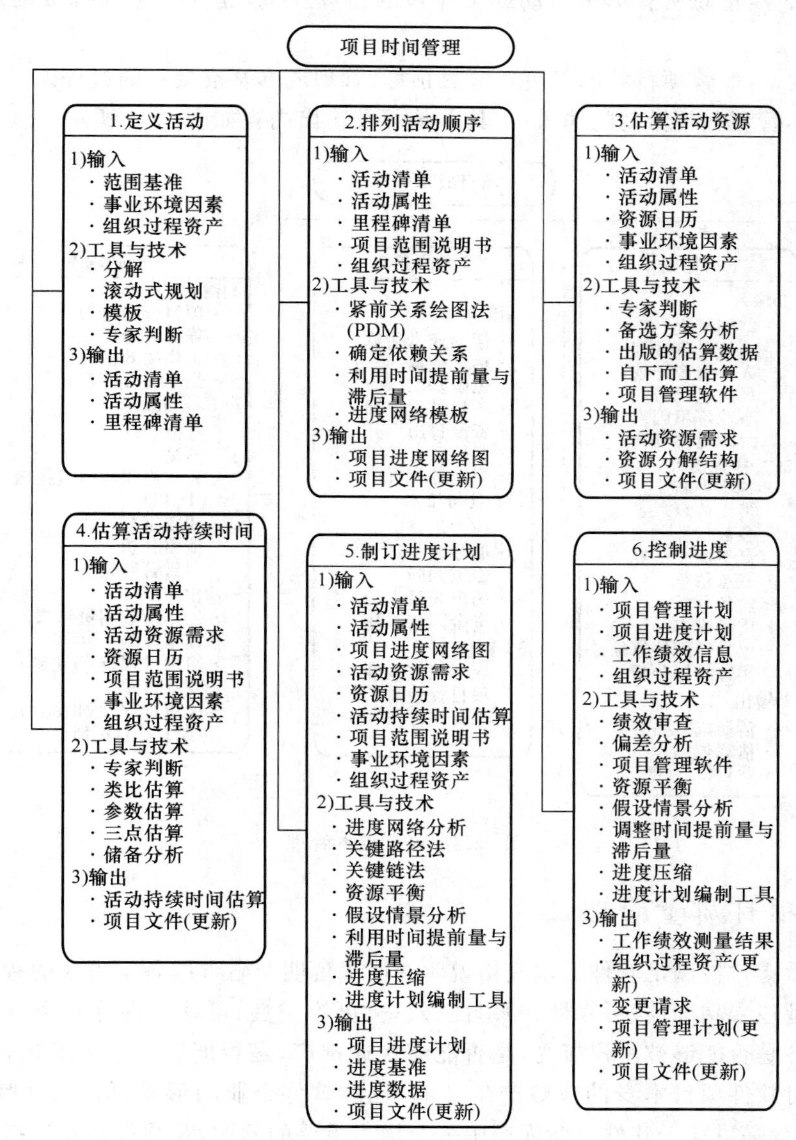

图 12-6　项目时间管理

12.5.4 项目成本管理

软件开发成本指软件开发过程中耗费的各项资源的货币表现,包括人力成本、物力成本、资金成本、能源成本等。在项目总金额一定的前提下,成本越低,则利润越高;反之,成本越高,则利润越低,所以对项目成本的控制是项目经济意义的重要保障。同时,在对项目进行报价之前,也须进行较为准确的成本估算,在此基础上再进行系统的报价,否则容易出现实际开发成本高于系统报价的情况。

项目成本管理包括以下活动。

➢ 估算成本:对完成项目活动所需资金进行近似估算的过程。

➢ 制订预算:汇总所有单个活动或工作包的估算成本,建立一个经批准的成本基准的过程。

➢ 控制成本:监督项目状态以更新项目预算、管理成本基准变更的过程。

项目成本管理各项活动的输入、工具与技术及输出内容如图12-7所示。

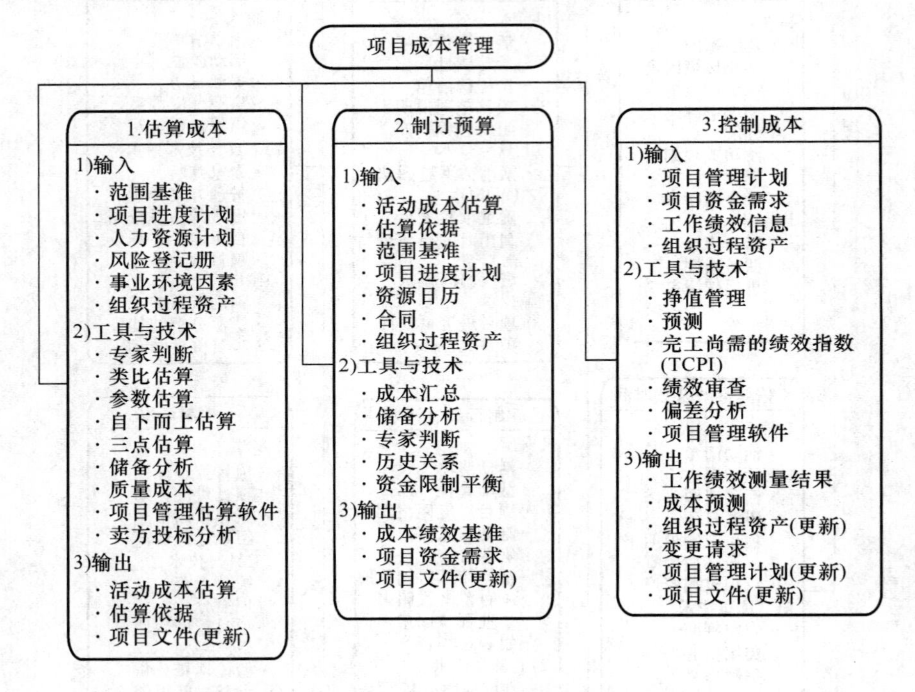

图12-7 项目成本管理

12.5.5 项目质量管理

软件质量指软件满足软件需求规格说明中明确说明及隐含的各项需求的程度。ISO的软件质量模型包含功能性、可靠性、易用性、效率、可维护性、可移植性等6个方面。软件质量决定了软件是否能够被用户接受,是否能够快速推广,是否能够长期可靠运行。此外,软件质量不仅对软件项目本身的成败产生影响,也对软件企业的形象、信誉、品牌产生影响。所以,软件质量是贯穿于软件生命周期中一个极为重要的问题,是软件开发过程中采用的各种开发技术和检验方法的最终体现。

软件项目管理中最重要的内容是时间、成本与质量。在规定的时间内，在预算成本范围内，开发出高质量的软件是软件开发企业一直追求的目标。这三个方面相互影响，相互制约，良好的项目管理须综合三方面因素，平衡各方面的目标，采取相应措施保障三方面均达到理想的效果。

项目质量管理包括以下活动。

➢ 规划质量：识别项目及其产品的质量要求和标准，并书面描述项目如何达到这些要求和标准的过程。

➢ 实施质量保证：审计质量要求和质量控制测量结果，确保采用合理的质量标准和操作定义的过程。

➢ 实施质量控制：监测并记录执行质量活动的结果，从而评估绩效并建议必要变更的过程。

项目质量管理各项活动的输入、工具与技术及输出如图 12-8 所示。

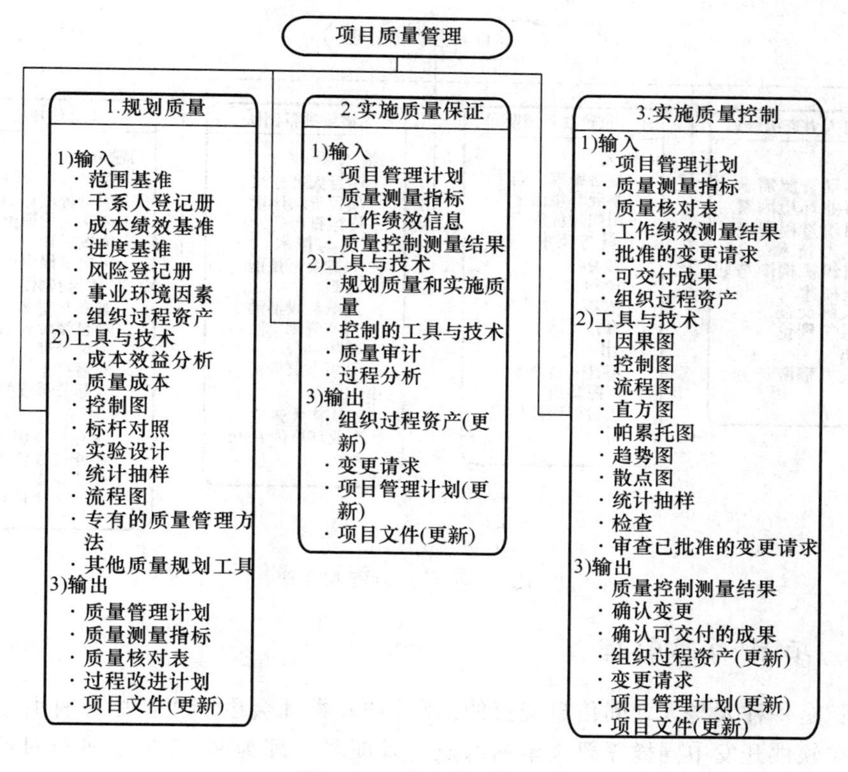

图 12-8　项目质量管理

12.5.6　项目人力资源管理

影响软件项目进度、成本、质量的因素包括“人、过程、技术”，其中“人”的因素是第一位的。人力资源是软件项目中最为重要的资源，是决定项目成败的关键因素。有效的人力资源管理对项目管理者来说是一项很大的挑战。

项目中的人力资源一般是以团队的形式存在的，当一组人称为团队时，他们应该为一个共同的目标而努力，协调一致，取长补短，精诚合作，共同开发出高质量的软件产品。项目管理者在进行人力资源管理时,考虑选择合适的人组成团队,合理安排工作,加强团队建设,营造良好团队工作氛围,建立良好的沟通机制,公平公正,适当激励,最大限度调动团队人员的工作积极性,共同为项目目标而努力工作。

项目人力资源管理包括以下活动。

➢ 制订人力资源计划:识别和记录项目角色、职责、所需技能及报告关系,并编制人员配备管理计划的过程。

➢ 组建项目团队:确认可用人力资源并组建项目团队的过程。

➢ 建设项目团队:提高工作能力、促进团队互动和改善团队氛围,以提高项目绩效的过程。

➢ 管理项目团队:跟踪团队成员的表现,提供反馈,解决问题并管理变更,以优化项目绩效的过程。

项目人力资源管理中各项活动的输入、工具与技术及输出内容如图12-9所示。

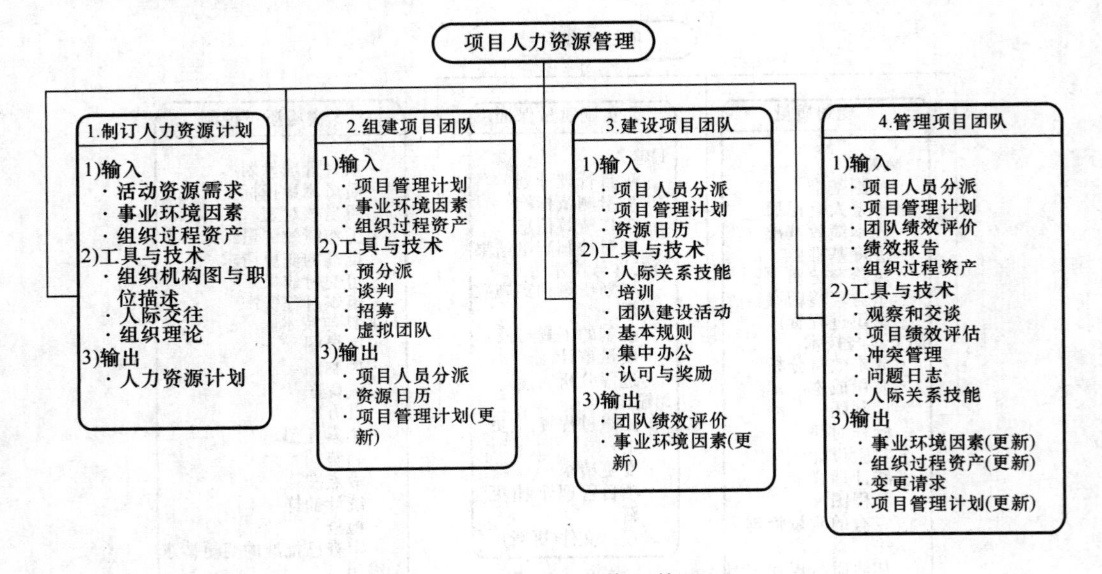

图12-9 项目人力资源管理

12.5.7 项目沟通管理

"沟通"是一种人与人之间信息交流的活动,是人类社会生产生活中一种必不可少的社交行为。在软件开发中同样需要大量的沟通。以项目经理为例,在项目进行过程中须与客户沟通、与架构师沟通、与开发人员沟通、与测试人员沟通、与配置管理人员沟通、与企业领导沟通等。经验表明,项目经理80%以上的时间都在进行各种沟通活动。

"沟通"分为口头沟通与书面沟通、正式沟通与非正式沟通、单向沟通与双向沟通、语言沟通与非语言沟通等。在软件项目中,将信息正确传达给相关人员,且相关人员通过沟通正确理解所了解的信息,是一项非常重要,但十分困难的工作。如何建立一种良好的沟通机制,达到理想的沟通效果,对于项目管理人员来说是非常重要的一项工作。

项目沟通管理包含以下活动。

➢ 识别干系人:识别所有受项目影响的人员或组织,并记录其利益、参与情况和产生影响的过程。

➢ 规划沟通:确定项目干系人的信息需求,并定义沟通方法的过程。

➢ 发布信息:按计划向项目干系人提供相关信息的过程。

➢ 管理干系人期望:为满足干系人的需求而与之沟通和协作,并解决所发生的问题的过程。

➢ 报告绩效:收集并发布绩效信息(包括状态报告、进展测量结果和预测情况)的过程。

项目干系人(Project Stakeholder)也称利害相关者,是积极参与项目或其利益因项目实施或完成而受到积极或消极影响的个人和组织,还可能对项目的目标和结果施加影响。项目管理团队必须明白项目干系人有哪些,确定其要求和期望,根据其要求对项目进行管理,确保项目成功。

每个项目都包括如下关键干系人。

项目经理:负责管理项目的个人。

顾客/客户:使用项目产品的个人或组织。

执行组织:参与项目的人员所在的工作单位。

项目团队成员:完成项目工作的集体。

项目管理团队:直接参与项目管理活动的项目班子成员。

出资人:为项目提供资金或财物资源的个人或团体。

有影响力的人:同项目产品取得和使用没有直接的关系,但因其在顾客组织或实施组织中的地位而能够对项目的进程施加积极或消极影响的个人或集体。

项目干系人在参与项目时责任与权限大小变化很大,并且在项目生命期的不同阶段也会变化。识别项目干系人有时很困难,如果遗漏重要的项目干系人可能会给项目造成重大的影响。项目干系人的影响有时是积极的,有时是消极的,积极的项目干系人往往能够从项目中获益,所以会积极帮助项目顺利达成目标;消极的项目干系人可能由于项目实施对其利益产生不良的影响,所以须提前识别此类干系人,并提前沟通,达成共识,以免在项目后期对项目产生影响。

项目沟通管理中各项活动的输入、工具与技术及输出内容如图 12-10 所示。

12.5.8　项目风险管理

风险指损失发生的不确定性,是对潜在的、未来可能发生的损害的一种度量。风险不一定会发生,但是一旦发生就会造成相应的损害后果。软件项目风险指在软件开发过程中可能发生的对软件开发结果或开发组织带来损害的事件。软件项目风险一旦发生,会影响项目进度,增加项目成本,影响项目质量,甚至导致项目失败。项目管理中对风险的管理就是要最大限度避免风险发生,或尽可能降低风险发生对项目开发带来的影响。项目风险管理的目标在于提高项目积极事件的概率和影响,降低项目消极事件的概率和影响。

项目风险管理中包含以下活动。

➢ 规划风险管理:定义如何实施项目风险管理活动的过程。

➢ 识别风险:判断哪些风险会影响项目并记录其特征的过程。

➢ 实施定性风险分析:评估并综合分析风险的发生概率和影响,对风险进行优先排序,从而为后续分析或行动提供基础的过程。

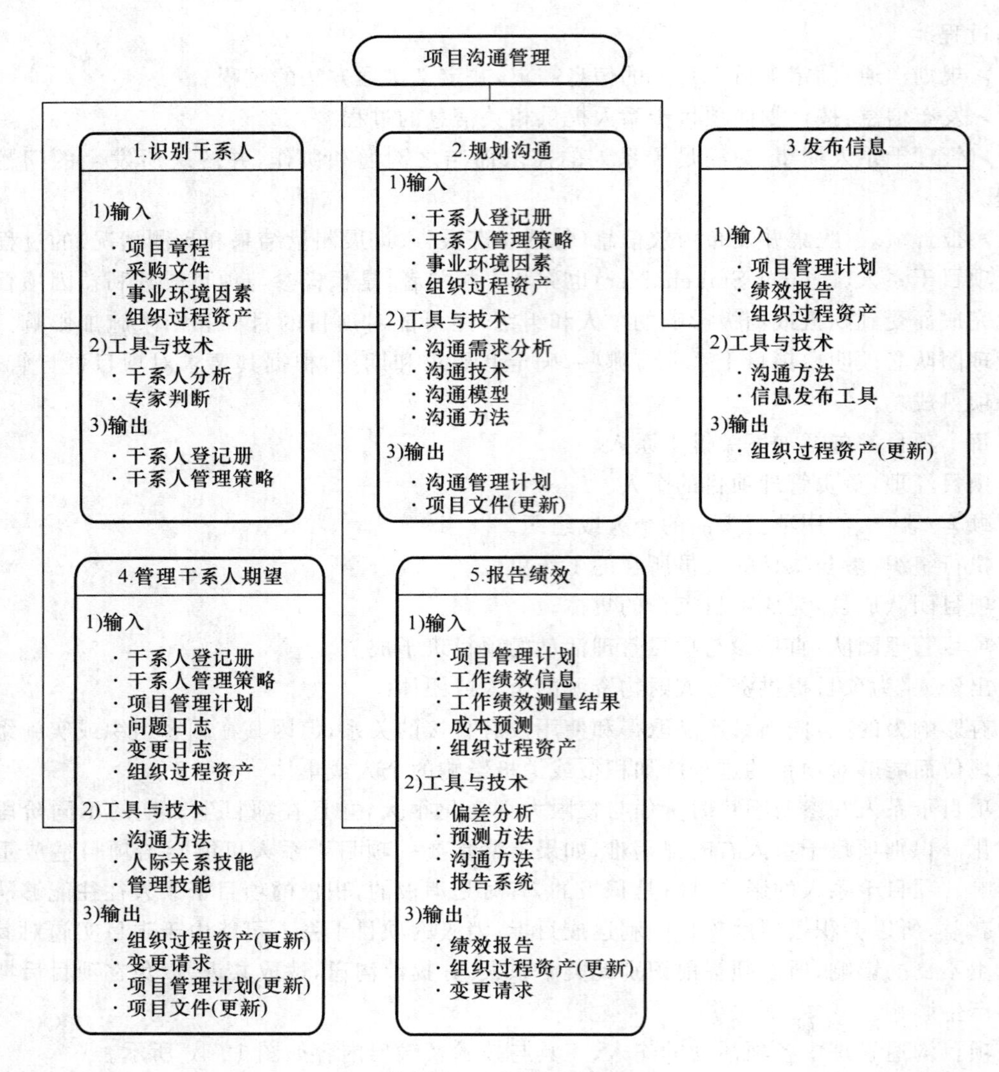

图 12-10　项目沟通管理

➢ 实施定量风险分析：就已识别风险对项目整体目标的影响进行定量分析的过程。

➢ 规划风险应对措施：针对项目目标，制订提高机会、降低威胁的方案和措施的过程。

➢ 监控风险：在整个项目中，实施风险应对计划，跟踪已识别风险，监测残余风险，识别新风险和评估风险过程有效性的过程。

项目风险管理中各项活动的输入、工具与技术及输出如图 12-11 所示。

12.5.9　项目采购管理

“采购”指在项目进展过程中，根据项目需要，以付费的方式从项目团队外部获得产品或服务的过程。通常发生的“采购”分为两类：一类是对市场上流通的软件产品进行采购，例如采购数据库，采购中间件等；另一类是针对项目组的特殊需求采购相应的服务，例如外包测试，外包开发等。当项目组有采购某项产品或服务的需求时，通常须考虑以下问题：是否须采购，能否自行开发？如果确定采购，向谁采购？愿意花多少钱采购？合同如何签订，如何

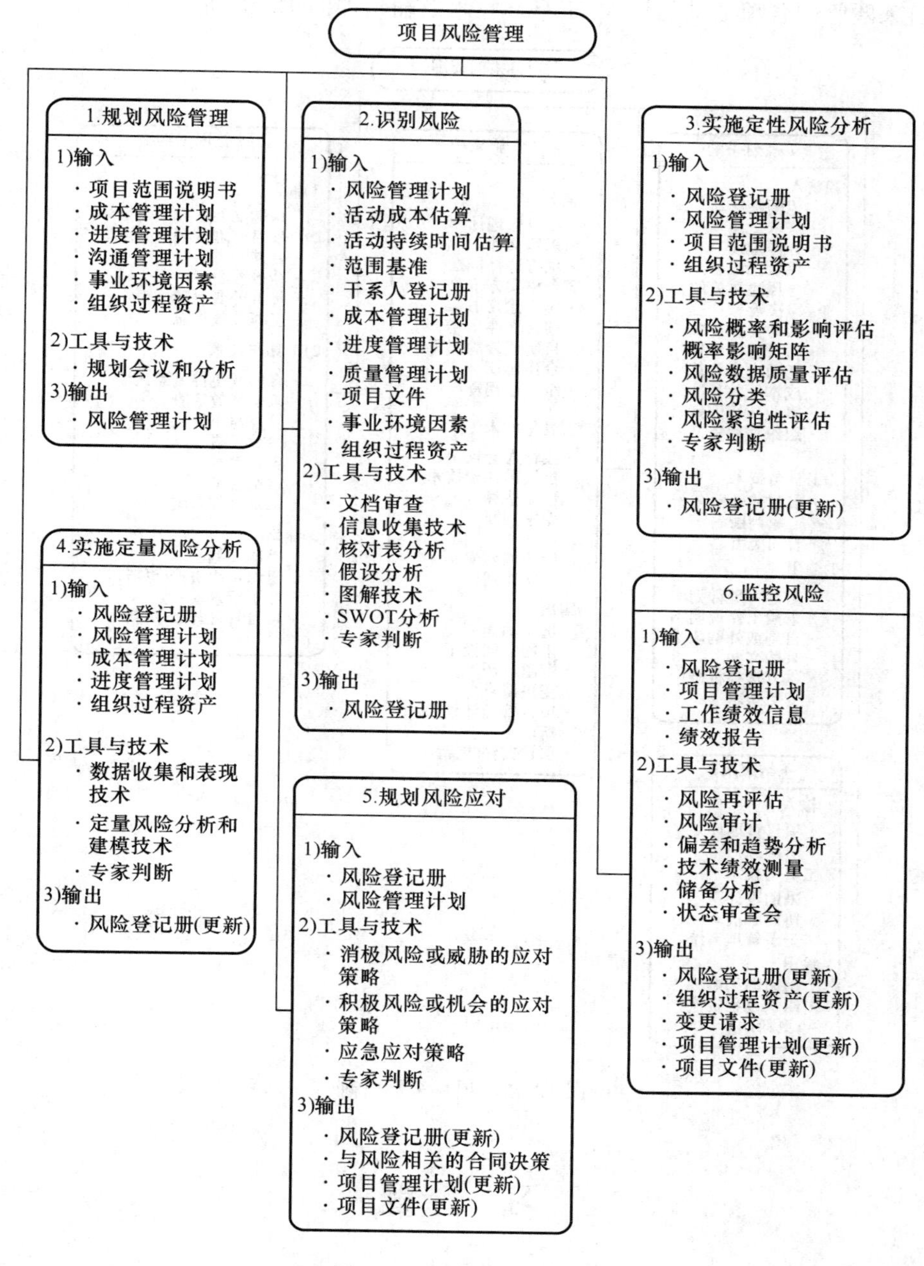

图 12-11　项目风险管理

履行？以上这些问题都须在项目采购管理过程中一一进行解答。

项目采购管理包含以下活动。

- 规划采购：记录项目采购决策，明确采购方法，识别潜在卖方的过程。
- 实施采购：获取卖方应答，选择卖方并签订合同的过程。
- 管理采购：管理采购关系、监督合同绩效及采取必要的变更和纠正措施的过程。
- 结束采购：完成单次项目采购的过程。

项目采购管理各项活动的输入、工具与技术及输出如图12-12所示。

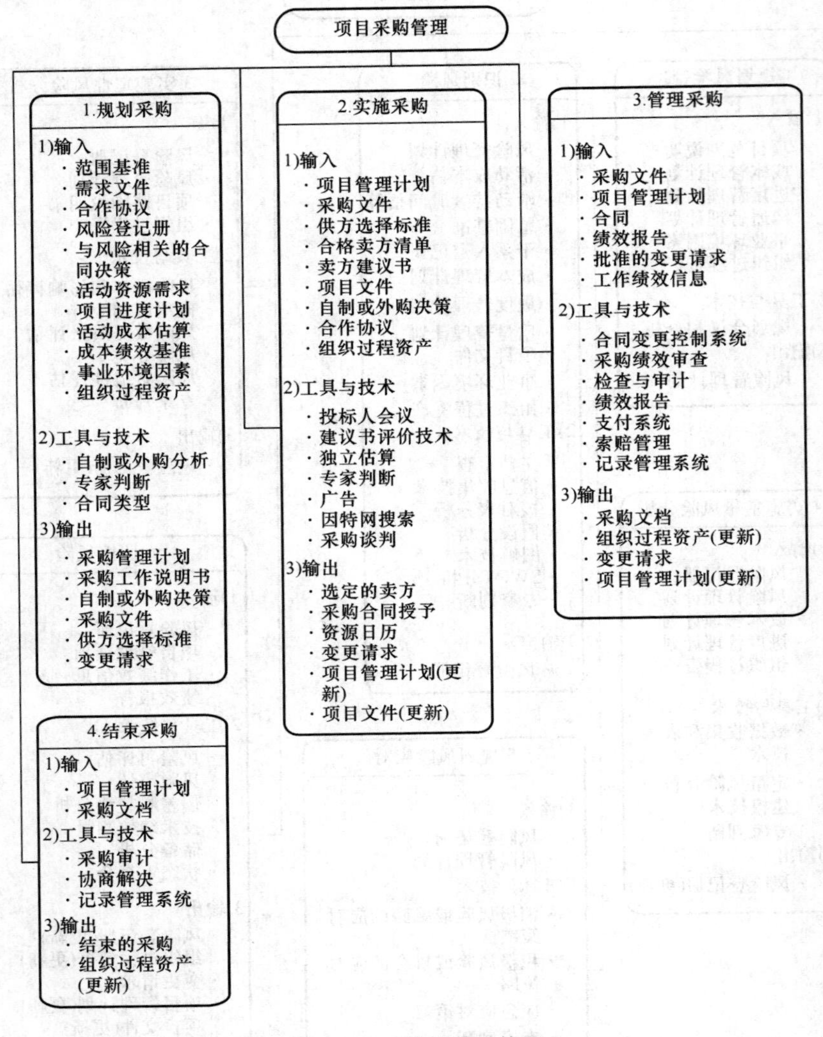

图12-12 项目采购管理

习 题

1. 什么是项目？什么是软件项目？
2. 什么是项目管理？什么是软件项目管理？
3. 软件项目管理包括哪9方面的内容？
4. 软件项目管理的过程是什么？
5. 软件项目管理过程组与知识域之间的关系是什么？

附录一

×××系统
软件概要设计说明书
系统结构设计

单位名称：
创建日期：

文件修订记录

版本	修订人	修订日期	修订内容
1.0		2013-05-14	创建、编写文件初稿

目　录

1 概　　述

// 描述系统的总体概貌及系统建设的总体目标。

1.1 文档约定

// 文档的描述内容是×××系统的概要设计说明书。

// 文档的功能需求列表参照双方共同认可的报价列表内容。

// 文档采用基于UML建模语言的面向对象建模方式对功能需求进行描述。

// 需要描述的功能都有对应的用例编号。

// 针对某一特定角色的功能都由下面三项内容进行需求内容的详细说明：

1) 用例图：一个图可以包含多个基本用例，每个基本用例也可以具有多个扩展和包含类型的子用例。

2) 用例说明：描述基本用例和子用例的详细说明。

3) 系统顺序图：只针对基本用例进行UML图形化描述；基本用例具有扩展和包含用例的，也只需绘制一张系统顺序图，在图上表明角色与子用例的消息交互即可。除此之外，还需明确消息的名称以及消息中包含的参数名称和数据类型(如果，已经编码可参照方法调用的名称以及相应的参数名称)。

// 文档中所有的UML图形均以IBM RSA 8.0.3版本的建模工具进行绘制。

// 性能需求以文字和列表的方式具体给出。

1.2 预期的读者和阅读建议

编号	预期读者	阅读建议
1	客户	确认文档中给出的功能需求描述
2	开发方	熟悉并掌握项目的各项功能要求

1.3 产品的范围

// 说明系统所涉及的子系统及相应的功能。

1.4 参考文献

2 项目背景描述

// 说明系统建设的背景及系统建设目标，给出系统的总体架构示意图，重点突出×××系统平台、门户和移动终端以及其他子系统的建设要求，并给出每个部分的功能模块定义。

2.1 运行环境

// 下表为一个实例，试参考。建议根据上述内容分别给出以下子系统的运行环境要求。

编号	名称	运行环境
1	应用服务器	CentOS release 6.4
2	Web 服务器	Tomcat 6.0.26
3	数据库	Oracle 11g r2
4	数据存储	Oracle RAC
5	并行计算平台	Hadoop 0.20.2/hive 0.11.0
6	客户端	IE8 及以上浏览器,Firefox,Google chrome

2.2 设计和实现上的限制

// 试给出各子系统运行和开发所需的技术条件和限制说明。

限制因素	限制说明	备注
必须采用的技术、工具、编程语言、数据库等	B/S 混合结构,数据库采用 Mysql 数据库。其他无特殊限制	
不能使用的技术、工具、编程语言、数据库等	无特殊限制	
企业策略、政策法规、业界标准	必须遵守中华人民共和国的相关法律法规	
硬件限制	无特殊限制	
性能限制	无特殊限制	

2.3 假定和依赖

// 定义各子系统运行和开发中可能的假定条件和依赖因素,可参考以下两表的例子。

表 2-1 假设因素

编号	假 设	备注
1	客户端操作系统 IE 8.0 以上或 firefox 3.0 以上版本	
2	对现有业务、功能描述与实际情况基本相符合,对需求变更不影响系统框架大调整	

表 2-2 依赖因素

编号	依赖	依赖说明	备注
1	Mysql	业务数据存储在 Mysql 数据库中	
2	Tomcat	系统 Web 发布通过 tomcat 实现	

3 系统的技术架构说明

3.1 X_1 功能名称(比如,能耗数据分析)

//说明:例如某系统"能耗数据分析"模块,注意此处是功能列表中的某一级功能,图中的用例不应少于功能列表中的内容。

3.1.1 用例图

• // 下图给出了“能耗数据分析”的用例图,建议在绘图时将基本用例给出红色,比如下图中的“场所级结构分析”、“企业及结构分析”。

• // 用例的粒度问题也是需要特别关注的,比如功能列表中的第二级中的“结构分析”可以表示为该角色对应的基本用例“能耗结构分析”,其中“场所级结构分析”、“企业及结构分析”可以作为该基本用例的扩展子用例,或者作为该基本用例的继承子用例。

• // 下图中的扩展和包含子用例都是基于某个基本用例的功能,其中“包含”特指基本用例必须执行的一个子功能,子功能执行完毕返回后基本用例才可继续执行后续操作;“扩展”特指基本用例在某个条件成立时才去调用的子功能,也就是说基本用例具有一个或多个扩展点。

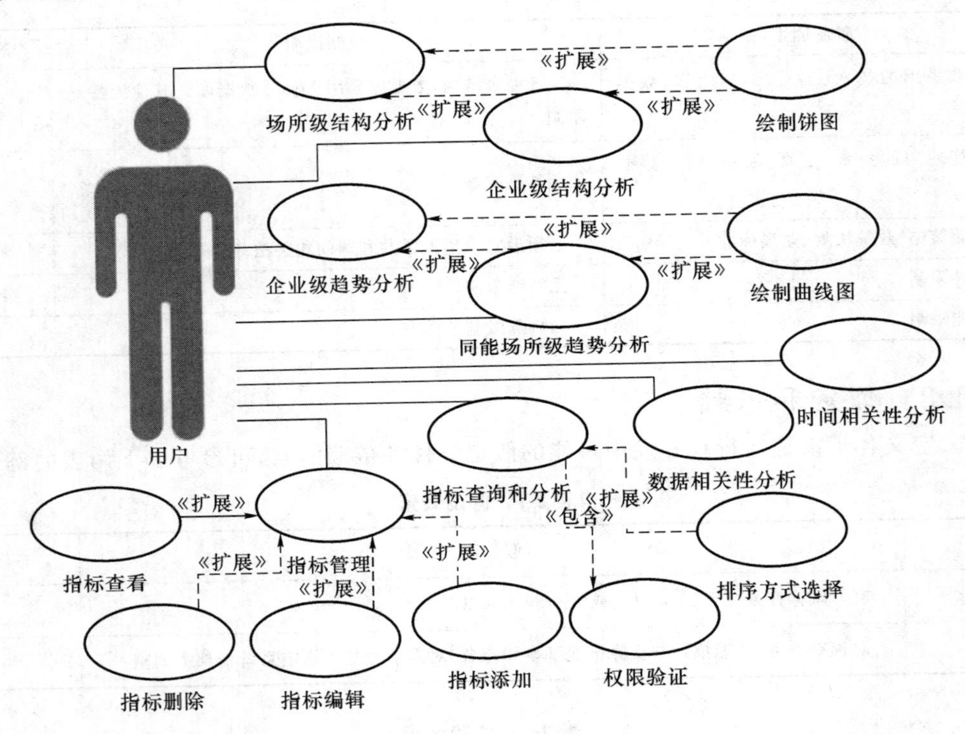

3.1.2 角色定义

// 角色名称:明确给出使用该用例角色的名称定义,比如:销售。

// 角色职责:定义该角色在该用例范围内的主要职责(尽量以业务指责定义,而非系统角色职责),比如:联系客户,记录客户信息,记录访谈信息,安排客户访谈计划等。

3.1.3 用例:企业级结构分析

//说明:根据用例图中的每个用例逐个进行定义。

1. 用例说明

//按照下面模板进行用例交互的说明,尽量以“无软件系统时”该角色如何执行该业务功能的操作次序为准,并避免使用技术词汇进行描述。

用例编号：	UC_C_03_01
用例名称：	
范围：	
级别：	
主要参与人：	
前置条件：	
后置条件：	
主要成功场景：	
1	
2	
3	
扩展(或替代流程)	
1.a	
2.a	
*.a	

2. 系统顺序图

// 使用 RSA 8.0.3 为每一个"基本用例"定义相应的角色与系统之间的事件交互图，进一步明确用例说明中每一条消息的名称和参数定义，如果有编码可参照编码中相应部分的方法名称和参数名称，图中只需表示方法调用的名称，但文档中还需添加参数名称和类型定义。

// 如果基本用例具有包含子用例，并且子用例与角色之间具有明确的消息交互时，可在同一个系统顺序图上进行描述。

// 如果基本用例具有扩展用例，并且子用例与角色之间具有明确的消息交互时，可在同一个系统顺序图上使用交互片段来表示；如果基本用例存在多个扩展子用例，则在同一张系统顺序图上使用多个交互片段表示。如下图的一种表示方法。

// 系统顺序图上的消息名称，建议使用可编码的表示方法，尽量避免使用中文；消息中的参数不用在图上表示，但需要在系统顺序图下面给出相应的表进行说明。

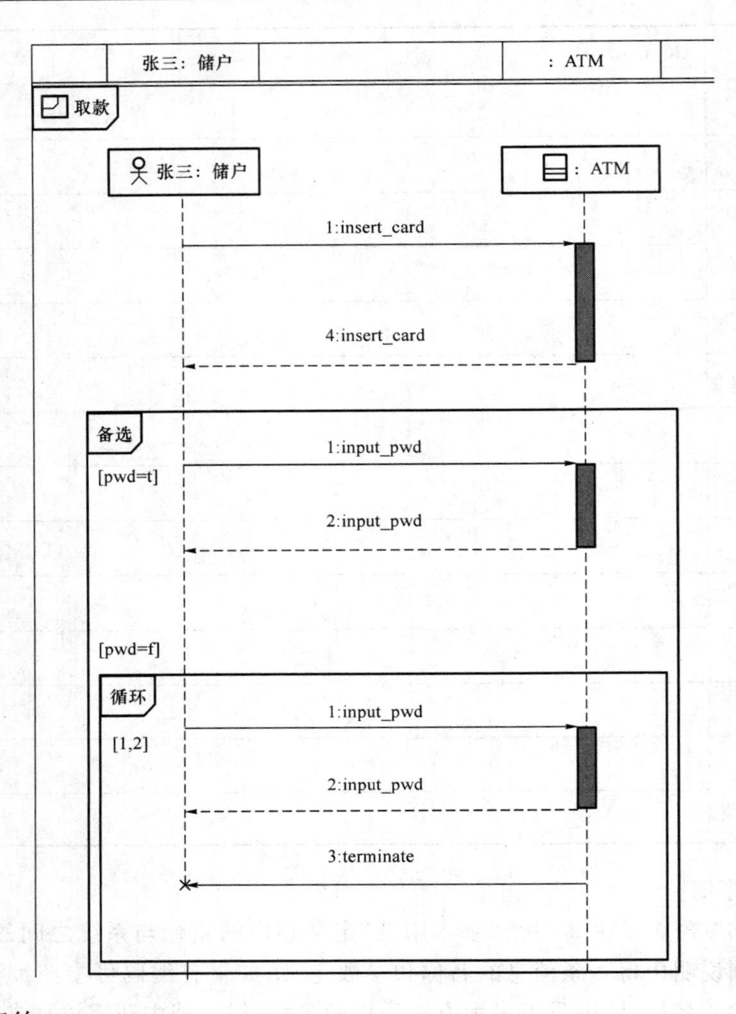

3．操作契约

//针对每个基本用例的系统顺序图上出现的系统事件，结合并参考领域模型的结果，给出每个系统事件为了能够得到约定的返回值，说明系统事件作用于领域模型中概念类的三种操作：①对象的创建或删除；②对象之间的关联建立或者删除；③对象属性值的修改。

系统事件名称	用例	参数说明
1．insert_card(No.，Bankid)	取款	1．No.：int； 2．Bankid：int； 3．Bankname：string；
2．input_pwd(pwd)	验证密码	1.
3		1. 2.
4		
5		
6		

3.2 X_2 功能(比如,数据采集)

// 下面内容同 X_1 功能。

4 其他非功能需求

// 此处明确给出甲方对于应用系统各功能模块的性能指标,主要涉及响应时间,响应周期和吞吐量三项指标。

// 特别说明,关于性能指标我方正在与甲方沟通。

附录二

×××系统
软件概要设计说明书
系统结构设计

单位名称：
创建日期：

文件修订记录

版本	修订人	修订日期	修订内容
1.0		2013-05-14	创建、编写文件初稿

目　录

1 概　　述

// 描述系统的总体概貌及系统建设的总体目标。

1.1 文档约定

// 文档的描述内容是×××系统的概要设计说明书。

// 文档中涉及的各项功能来源于系统的需求分析规格说明书。

// 文档采用基于 UML 的面向对象建模方式对对系统的功能进行结构设计。

// 功能的小节以需求分析规格说明书中的基本用例进行排序。

// 系统的结构设计由动态结构和静态结构组成，且静态结构通过动态结构汇总得到。

// 系统的动态结构组成：

1）每个基本用例及其子用例，对应有一张系统顺序图；

2）用例实现的设计说明系统顺序图中的每个系统事件，进入软件系统后由哪个软件对象接收，并由哪些其他的软件对象协同工作，按照需求分析规格说明的要求返回规定的结果给使用者；

3）每个系统事件的交互图使用 UML 的顺序图表示某一时刻软件对象的交互实例；

4）系统顺序图中有多少个系统事件（比如，5 个），该用例实现的交互图就有多少个（5 个顺序图）；

5）每个系统事件有明确的方法和参数定义。

// 系统的静态结构组成：

1）系统的静态结构主要由软件类及其之间的关系表示，即类图；软件类之间的关系主要使用定向关联（表示一个软件类的方法调用另一个软件类的方法），在明确两个类之间有相互调用的情况下使用双向关联；

2）系统结构过于复杂的情况下，通过包图的方式描述系统的宏观静态结构；包图主要使用依赖关系表示包和包之间的调用关系。

// 文档中所有的 UML 图形均以 IBM RSA 8.0.3 版本的建模工具进行绘制。

1.2 预期的读者和阅读建议

编号	预期读者	阅读建议
1	客户	确认文档中给出的功能需求描述
2	开发方	熟悉并掌握项目的各项功能要求

1.3 产品的范围

// 说明系统所涉及的子系统及相应的功能。

1.4 参考文献

2 项目背景描述

// 说明系统建设的背景及系统建设目标，给出系统的总体架构示意图，重点突出×××系统平台、门户和移动终端，以及其他子系统的建设要求，并给出每个部分的功能模块定义。

2.1 运行环境

// 下表为一个实例,试参考。建议根据上述内容分别给出以下子系统的运行环境要求。

编号	名称	运行环境
1	应用服务器	CentOS release 6.4
2	Web 服务器	Tomcat 6.0.26
3	数据库	Oracle 11g r2
4	数据存储	Oracle RAC
5	并行计算平台	Hadoop 0.20.2/hive 0.11.0
6	客户端	IE8 及以上浏览器,Firefox,Google chrome

2.2 设计和实现上的限制

// 试给出各子系统运行和开发所需的技术条件和限制说明。

限制因素	限制说明	备注
必须采用的技术、工具、编程语言、数据库等	B/S 混合结构,数据库采用 Mysql 数据库。其他无特殊限制	
不能使用的技术、工具、编程语言、数据库等	无特殊限制	
企业策略、政策法规、业界标准	必须遵守中华人民共和国的相关法律法规	
硬件限制	无特殊限制	
性能限制	无特殊限制	

2.3 假定和依赖

// 定义各子系统运行和开发中可能的假定条件和依赖因素,可参考以下两表的例子。

表 2-1 假设因素

编号	假 设	备注
1	客户端操作系统 IE 8.0 以上或 firefox 3.0 以上版本	
2	对现有业务、功能描述与实际情况基本相符合,对需求变更不影响系统框架大调整	

表 2-2 依赖因素

编号	依赖	依赖说明	备注
1	Mysql	业务数据存储在 Mysql 数据库中	
2	Tomcat	系统 Web 发布通过 tomcat 实现	

3 系统的技术架构说明

//说明:此处描述系统选择的技术基础架构,比如 EJB,Struts/Struts2,SSH 等分层架构;

//如果本文档涉及数据库结构设计,则须再次描述系统的数据存储架构,比如 Oracle RAC。

4 系统的动态结构设计说明

//后续所有内容描述根据需求的每个用例的实现过程。

4.1 模块名称(比如,数据采集)

4.1.1 基本用例(用例编号和基本用例名称)

//说明:说明该基本用例对应的系统顺序图上每个系统事件的交互过程设计。

4.1.1.1 系统事件列表

//说明:下表给出该基本用例对应的系统顺序图上所有系统事件的名称和参数说明,其中用例一列说明该系统事件对应的用例名称(基本用例或是子用例)。

系统事件名称	用例	参数说明
1. insert_card(No. ,Bankid)	取款	1. No. :int; 2. Bankid:int; 3. Bankname:string;
2. input_pwd(pwd)	验证密码	1.
3		1. 2.
4		
5		
6		

4.1.1.2 系统事件名_1

// 说明:此处将 RSA 对应的交互图截图粘贴,注意图的大小(如果交互图过大,则将截图文件以"用例编号_系统事件名"命名保存并给出该图片的链接)。

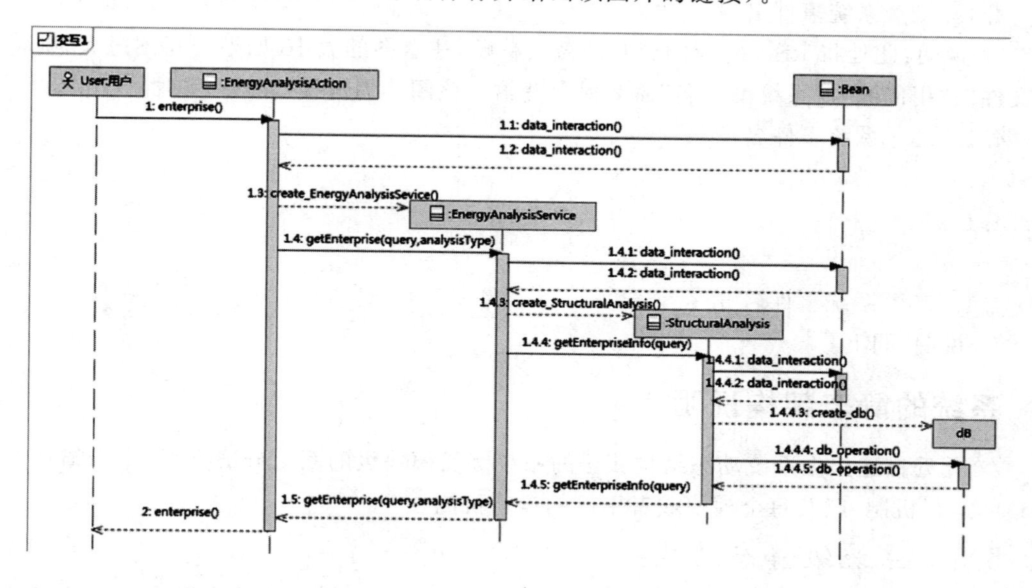

// 注明:上图中的软件对象仅用于示意,根据自身的软件结构进行设计。

4.1.1.3 系统事件名_2

4.1.1.4 ………

4.1.1.5 系统事件名_n

// 说明:同上。

4.1.2 基本用例(用例编号和基本用例名称)

//说明:说明该基本用例对应的系统顺序图上每个系统事件的交互过程设计。

4.1.2.1 系统事件列表

//说明:下表给出该基本用例对应的系统顺序图上所有系统事件的名称和参数说明,其中用例一列说明该系统事件对应的用例名称(基本用例或是子用例)。

系统事件名称	用例	参数说明
1. insert_card(No.,Bankid)	取款	1. No.:int; 2. Bankid:int; 3. Bankname:string;
2. input_pwd(pwd)	验证密码	1.
3		1. 2.
4		
5		
6		

4.1.2.2 系统事件名_1

// 说明:此处将 RSA 对应的交互图截图粘贴,注意图的大小(如果交互图过大,则将截图文件以"用例编号_系统事件名"命名保存并给出该图片的链接)。

4.1.2.3 系统事件名_2

4.1.2.4 ………

4.1.2.5 系统事件名_n

// 说明:同上。

5 系统的静态架构说明

// 此处描述根据系统动态结构获得的系统级及模块级的系统分层类图,用于描述系统的整体运行机制,以及每个模块或者用例的运行机制。

5.1 系统级静态结构

// 说明,此处描述系统级的静态结构,该静态结构基于所有的模块级或者用例级的静态结构；如果软件类过多，系统级静态结构通常使用UML的包图来描述。

5.2 模块级（或用例级）静态结构

5.2.1 模块_1（比如，某功能模块的名称）

// 首先，建议在模块级进行系统的静态结构描述；

// 其次，如果模块级所包含的软件类过多，则在模块级别上继续使用UML包图进行静态结构的描述。然后，在模块下创建第四级标题，以用例名称（基本用例）命名，并给出对应的UML类图。

5.2.2 模块_2

5.2.3 ……

5.2.4 模块_n

附录三　UML 活动图/顺序图/状态机图

A.　活动图(Activity Diagram)

用例图描述使用系统的用户对系统的一些功能和性能的要求,而活动图除了能描述业务流程之外,还可以用于软件的详细设计阶段针对软件对象的方法定义。

活动图不仅能够描述业务对象(用例图中的角色)或者系统对象之间动作(Action)的交互,而且最根本的目的还在于描述一个对象为了执行一个任务或者活动所必须执行的一系列动作。由于活动图使用的符号与传统的程序流程图及数据流图等符号十分近似,所以成为软件开发人员最常用的一种 UML 图形表示法。

A.1　活动图的基本结构

A.1.1　活动图的基本元素

活动图的基本结构由如图 A-1 所示的活动起点、动作、控制流、决策与合并节点及活动终点构成。

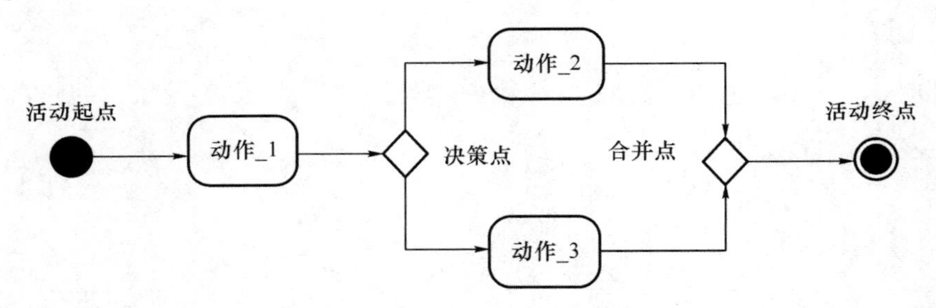

图 A-1　UML 活动图的基本结构

- 活动起点由一个实心的圆点表示,表示活动由此开始;
- 活动的终点由一个内含实心圆的圆圈表示,表示所有必须执行的动作全部完成;
- 动作是在活动的起点和活动的终点之间由一些圆角矩形的元素组成,这些动作可以是一些行为的执行、计算或者流程中的任意关键步骤;
- 控制流是连接活动图基本元素的有向实心箭头,表示一个动作执行完成后将控制权交给下一个动作;
- 决策点和合并点由一个空心的菱形表示,其中决策点表示的语义是在某个条件下活动转向哪一个对应的动作,决策点的分支可以是多分支的结构。

A.1.2　活动的启动

启动活动最简单和最常见的方式是通过活动起点,每个活动图中只能有一个活动起点,如图 A-2 所示。使用活动起点启动的活动往往是活动参与者主动发起的,如果活动是由其他一些条件所触发的，也可以采用如图 A-3 和图 A-4 所示的三种方式表示活动的起点。

需说明的是，这三种方式是 UML 2.0 规范中规定的标准方式，但是本书建议的 RSA 建模工具不能支持，在此特以 Visio 的绘图工具进行表示。

(1) 间事件触发活动：某个时间事件发生后，活动触发，如图 A-2 所示。

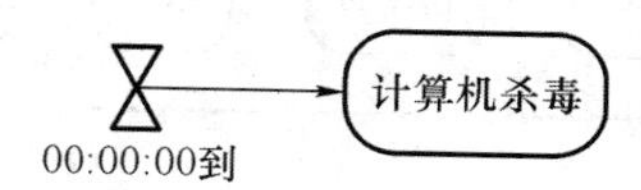

图 A-2　每天的 0 点，计算机杀毒软件自动启动

(2) 接收输入数据启动活动：接收某个数据后，活动启动，如图 A-3 所示。

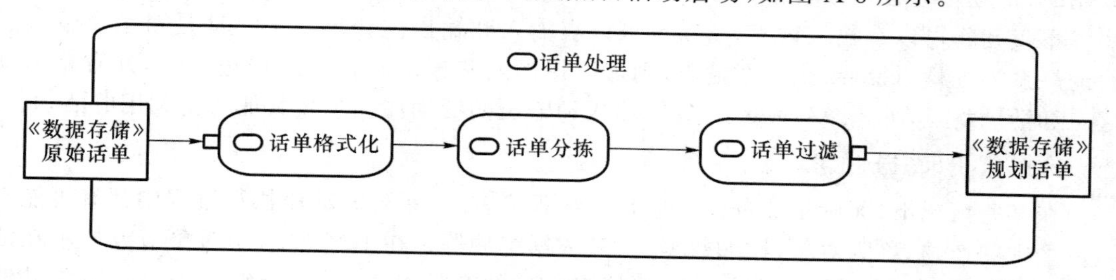

图 A-3　收到输入的原始话单后，活动启动

(3) 信号调用启动活动：某个信号被调用后，活动启动，如图 A-4 所示。

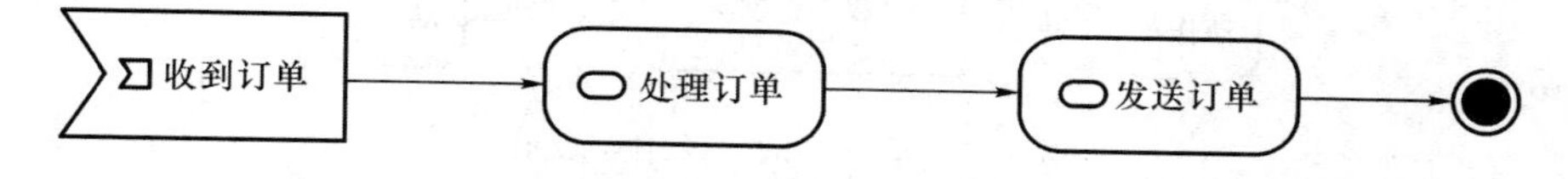

图 A-4　接收到收到订单信号后，活动启动

A.1.3　动作

动作(Action)是活动图中发生的重要步骤，表示命令执行或任务实现，动作完成后，执行流程转入活动图的下一个动作，从某种意义上讲“活动”由一些列“动作”构成。动作具有原子性、不可中断性、瞬时行为性等特点，在 UML 2.0 中表示“动作”的符号是圆角矩形，如图 A-1 所示。

如果动作执行须有数据输入或动作执行后数据输出，而且这些数据是活动图中的重要信息，则可以用引脚的方式对输入和输出进行表示，如图 A-5 所示。

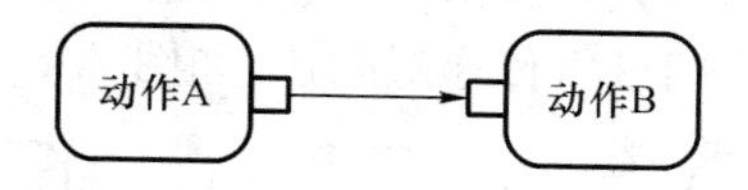

图 A-5　动作的输入引脚与输出引脚

A.1.4　活动

在系统建模过程中，经常把“活动”与“动作”这两个不同概念的元素混淆。活动包含从活动起点到活动终点的全部内容，可由多个动作组成。比如，在生活当中，每天早起的刷牙可以看作是一个“活动”，为了完成刷牙，必须完成一系列的“动作”：取出牙刷、打开牙膏盖、挤牙膏、刷牙、漱口、冲洗牙具等。

活动图往往用来描述整个活动,可以用活动框(Activity Frame)将属于某个活动的所有动作包含到一起。活动框用圆角矩形表示,写上活动的名称,例如描述刷牙的活动如图A-6所示。

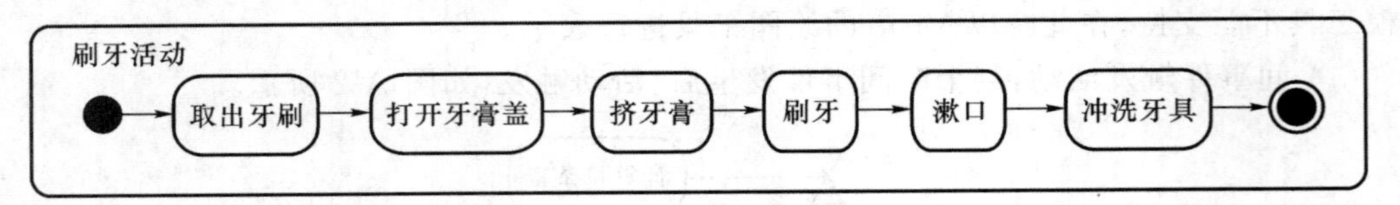

图A-6　刷牙活动图

如果在一张图上描述多个活动,则须用活动框将每个活动区分开,但是在构建简单的活动图时,活动框往往可以省略。

不仅动作可以有输入输出,活动也可以有输入和输出。如果一个活动是对某个输入进行的一系列处理,最终得到一个输出,则可以将输入和输出画在活动框边界上,并省略活动起点和活动终点,如图A-3所示。具有输入和输出的活动往往是被其他活动调用的活动。

A.1.5　数据对象

在某些情况下,无论是业务流程还是系统程序,在一系列的动作执行过程中都有可能产生一些中间产物,称为对象,比如数据文件、数据缓冲等。在UML中,用对象节点显示在活动里流动的数据,对象节点代表活动中特定点上的有效对象,并且能够用来显示对象被使用、创建或被任何周围的动作修改。对象节点被绘制为矩形,其结构表示如图A-7所示。

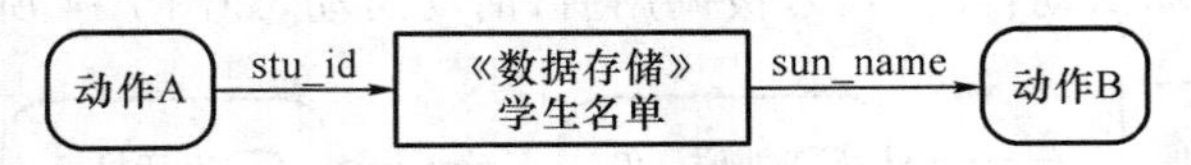

图A-7　活动图的对象结点表示

A.1.6　控制流与对象流

在活动图中,动作和动作之间用控制流进行连接,UML用单向箭头表示控制流,箭头指向下一个动作。

在活动图中,动作和对象结点之间用对象流进行连接,UML也使用单向箭头表示对象流,用于区别控制流和对象流的方法是查看是箭头两边否有“引脚”:只要有一个引脚,该箭头一定是“对象流”。如果箭头从动作出发指向对象,则表示动作对对象施加一定的影响,包括修改、创建、撤销等;如果对象流从对象出发指向动作,则表示对象执行该动作或作为该动作的输入。

当动作调用已定义好的活动图、状态图或者顺序图时,如果被调用的对象已经添加输入和输出引脚,这时动作和它们之间可以传递对象流,如图A-8所示。

图A-8　活动图的输入和输出引脚

A.1.7　决策点与合并点

当活动图的流程须根据不同条件执行不同动作序列时,可以使用决策点。决策点表示成一个菱形节点,至少有一条输入流和多条输出流。每条输出流包含一个写在方括号里的监护条件，决定决策点后执行哪条输出流。

如果监护条件是完整且互斥的，则活动图到达决策点后必将有相应的流程继续进行。但是，如果监护条件不完整，则有可能引起在决策点无法继续执行的情况；如果监护条件不互斥，则有可能引起多个输出流满足执行条件的情况。为了减少流程混乱的情况，在书写监护条件时，尽量使条件包含所有可能的情况并且互斥。

活动图某多分支过程结束，可以使用合并点将各分支合并到，再继续向下执行。合并点也用菱形表示，有多条输入流和一条输出流。在 UML 1.x 中，从决策点流出的多个输出可以直接流入下一个动作，这种"表示"暗含分支合并后进入动作，但这种"表示"是不合理的。因为当多条输入流流入一个动作时，表示必须所有输入流都到达，动作才能够开始执行，但是在决策点后，只有一条输出流被执行，所以这种"表示"容易引起歧义。在 UML 2.0 之后，通过明确的合并节点结束分支过程，再进入下一个动作，从而使活动图更加清晰。具有决策点与合并点的活动图如图 A-9 所示。

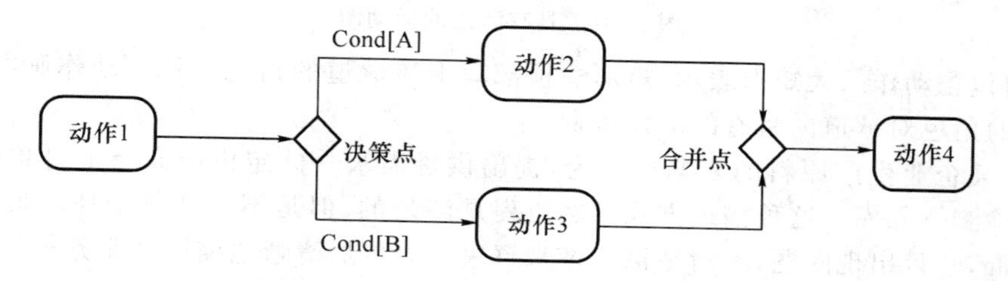

图 A-9　具有决策点及合并点的活动图

A.1.8　活动的终止

活动终点表示活动的结束，一个活动图可以包含多个活动终点，到达任何一个终点都代表停止活动图中所有的活动。UML 活动终点表示如图 A-1 所示。

在某些情况下，活动图包含多条路径，如果某条路径执行结束，但是整个活动并没有结束，则可以使用"流结束节点"来终止该路径。UML 用内含叉号的圆圈表示结束流节点，如图 A-10 所示。

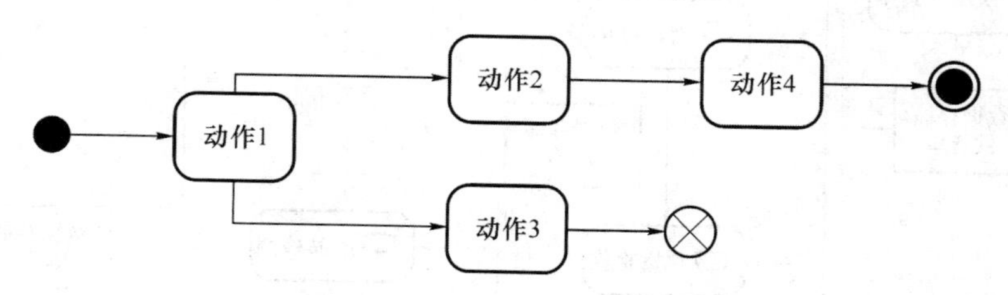

图 A-10　具有流结束节点的活动图表示

A.2　活动图的扩展结构

A.2.1　多泳道活动图

在一般情况下，活动图描述一个对象的活动情况，而在某些情况下，完成一个活动需要多个业务角色或者系统对象共同完成。如果活动图不加以区分各自所需完成的动作，有可能使流程阅读者不清楚某个动作到底由谁执行或负责。为此，UML 提供泳道元素来分别表示每个对象在活动中所执行的动作序列，具有泳道的活动图结构如图 A-11 表示。

泳道将活动图划分为若干组，每组上方标明负责该组活动的业务角色名称。在 UML

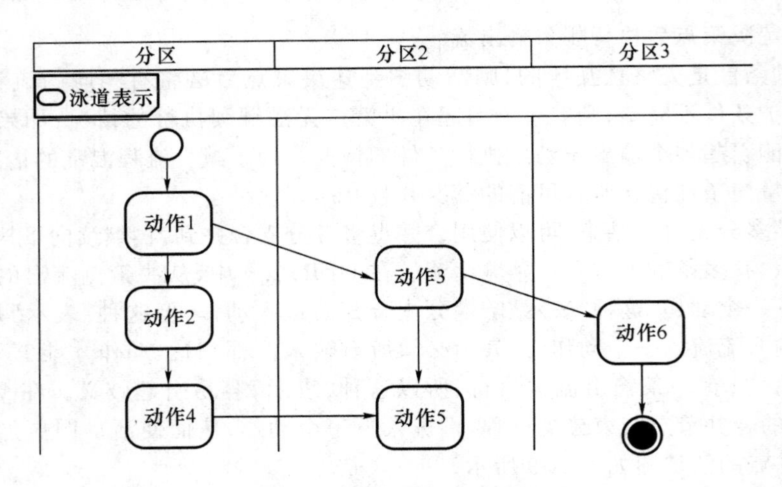

图 A-11　具有泳道的活动图

中,泳道用包含动作的大矩形表示,矩形框顶部写上该泳道的角色名称。动作画在泳道内,泳道代表的角色对泳道内所有的动作负责。

例如,某企业生产原料的采购过程为:提出供货需求→确定供应商→下订单→到货验收→产品检测→入库。这种描述方式虽然流程是清楚的,但是不清楚每个环节负责的部门或角色是谁,一旦出现问题,不清楚该找谁来解决。为更加清晰地描述多业务角色在活动图中的职责,引入多泳道活动图,以便清楚地展示各角色之间的动态交互行为。图 A-12 以多泳道的方式描述企业生产原料采购的过程。

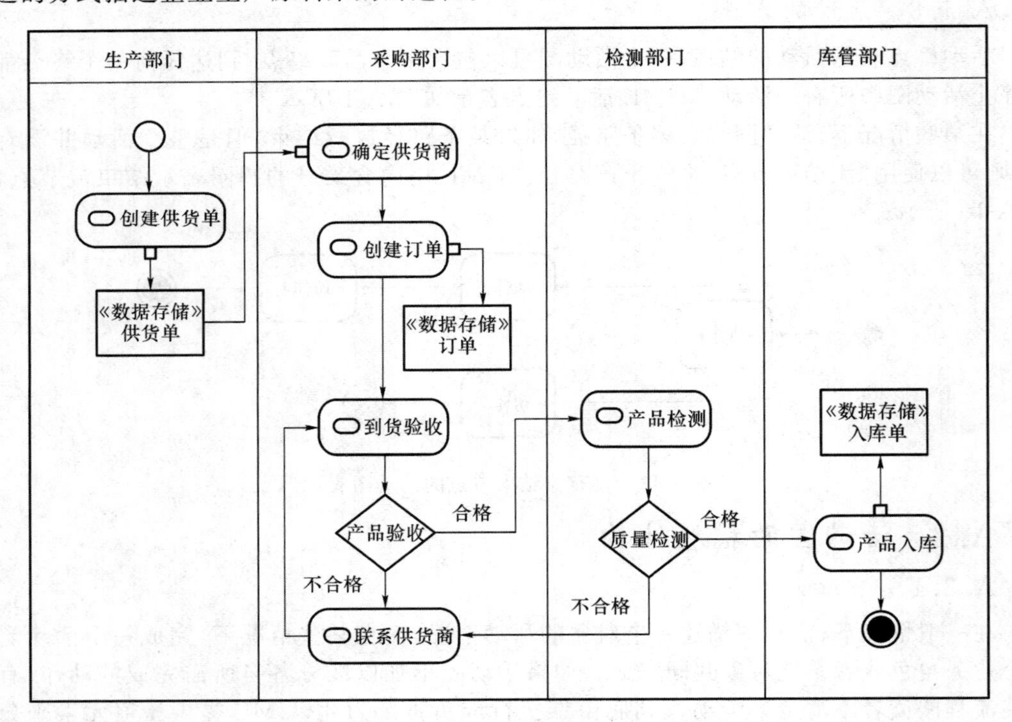

图 A-12　UML 活动图泳道结构

在某些情况下，如果不便于使用多泳道活动图，也可以在活动图的动作节点中用注释的方式描述该动作对应的角色，但是这种方式不直观，描述工作量大，没有多泳道方式清晰。

A.2.2 并发

在某些情况下，一个活动须执行一些并发的动作，这是一般的程序流程图或者数据流图所没有的表示功能，为此 UML 特为活动图设计并发条和汇接条，其结构如图 A-13 所示。

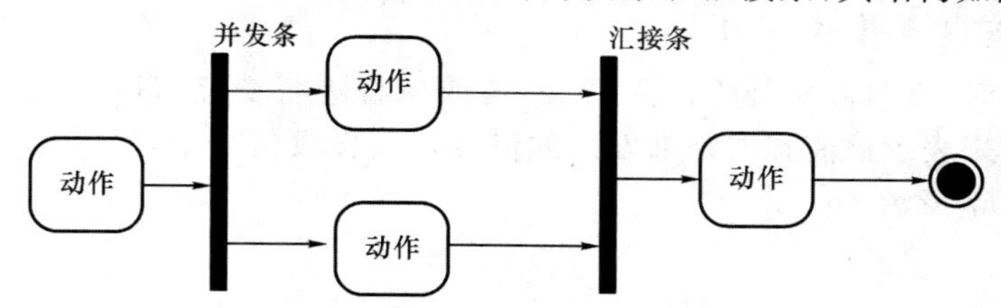

图 A-13 活动图的并发表示

并发条表示当其前的动作执行完毕后，后续的动作并发执行。汇接条表示只有所有并发动作全部执行完毕后，才能开始执行下面的动作。

A.2.3 调用

在某些复杂的流程中，活动图变得很庞大或者发现有些部分已经在其他的活动图中定义过。为了方便起见引入调用机制，调用机制分为如下的两种。

(1) 行为的调用，包括活动图的调用、状态图的调用和顺序图的调用，其结构如图 A-14 所示。注意，在绘制活动图时，这些被调用的图必须是已经定义好的。

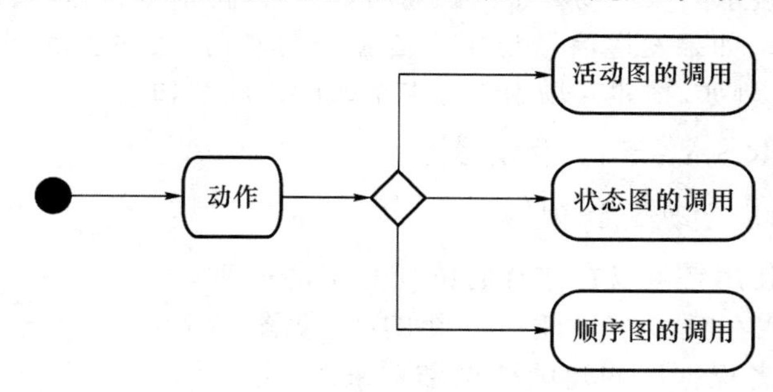

图 A-14 活动图的行为调用结构

(2) 动作的调用，这里的“调用”仅特指别的活动图中已经定义的动作，这时特别注意此时的“调用”必须是对象流的箭头，而不能是控制流。因为，如果是控制流，两个动作之间不再是调用关系。为了区别其他的动作，在图中将被调用的动作统称为运算，其结构如图 A-15 所示。

为了表示动作调用，在被调用的动作之前添加一个方形小块，称为输入锁钉或输出锁钉，用来接收对象流的调用。

A.2.4 时间事件

在某些活动图中，须描述动作之间的时间关系，例如在吃饭 30 分钟后再吃药，在吃饭动作和吃药动作之间就有一个时间的限制关系。为了描述动作之间的时间关系，UML 引入时间事件节点来为等待时间建模。UML 2.0 规范用沙漏符号代表时间事件，沙漏符号旁边用文字显示等待的时间，如图 A-16 所示。需要说明的是，IBM RSA 并不支持此图形符号。

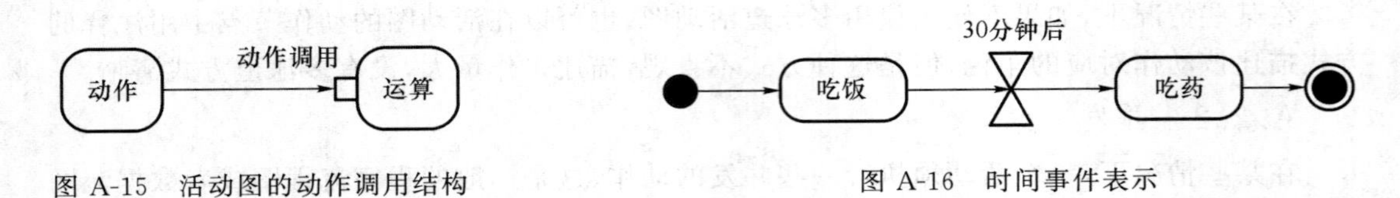

图 A-15　活动图的动作调用结构　　图 A-16　时间事件表示

A.2.5　发送与接收信号

在描述活动时，有时涉及与外部人员、系统或流程进行交互，UML 2.0 规范活动图用"发送信号节点"来表示该流程向外部发送的信号，用"接收信号节点"来表示从外部接收到的信号，如图 A-17 所示。

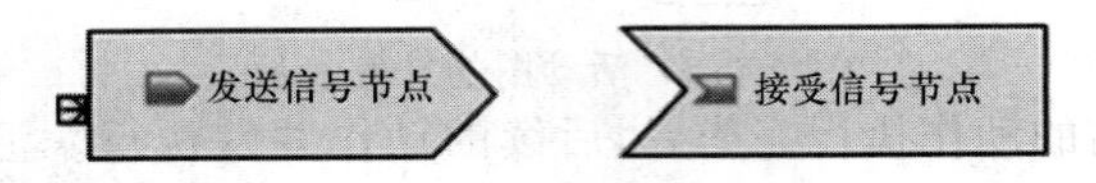

图 A-17　发送信号节点与接收信号节点

发送信号节点显示在该环节须向某外部对象发送一个信号，该信号被异步发送，即信号发送后，不必等待响应，可以继续执行下一个动作。

接收信号节点表示系统等待外部信号，知道接收到之后才继续向下执行。当接收信号节点有输入流时，表示只有当前一个动作完成后，该活动才进入等待信号的状态；当接收信号节点没有输入时，表示当该活动处于活跃态时，一直等待信号，一旦收到等待的信号，活动启动，如图 A-4 所示。如果发送信号与接收信号一同使用，往往表示同步的调用行为或等待响应的调用行为。例如，描述商场用银行卡结账的活动图如图 A-18 所示。

A.3　使用 RSA 绘制活动图

A.3.1　模型中活动图的创建

在一般情况下，使用者可以在任意的位置上通过右键选择"添加图"的方式在模型中创建一个新的"活动图"。然而，在此建议使用者根据所构建的模型结构来决定"活动图"的位置。

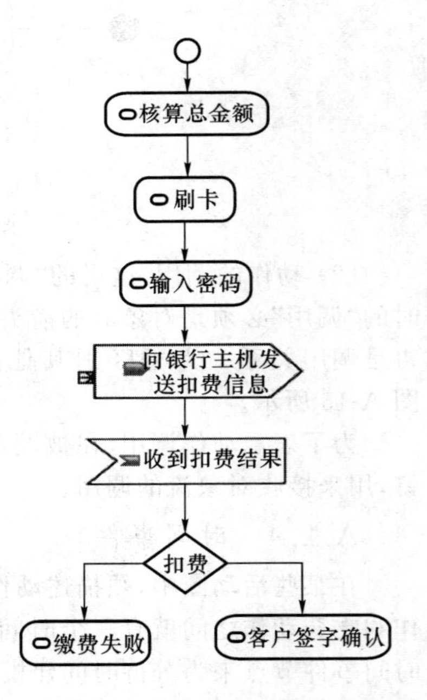

图 A-18　带信号节点的活动图

在本例中，首先决定"活动图"描述的范围属于"领域模型"(有些参考书将其置于"用例模型"中)，进而决定每个业务部门应该具有各自的业务流程，为此将"活动图"置于"部门"目录之下；其次，每个部门可能还有多个业务流程，为了能够清晰地描述出这些业务流程，就需要多个活动图对应表示，为此在"部门"下又设置一个"活动图"的子目录，如图 A-19 所示。

如图 A-19 所示，默认的活动图创建之后是以"活动1"和"图1"表示的，建议使用者在已经对须描述的业务清楚的情况下，将其重命名，便于与业务流程对应和后期管理。在如图 A-20 所示的领域模型中创建活动图的步骤如下：

（1）在左侧的目录树中选择活动图子目录，然后右击；

（2）选择“添加图”；

（3）选择“活动图”；

（4）在可能的情况下重新命名活动图，默认的类图名称为“图＋数字”。

A. 3. 2　绘制基本活动图

基本的活动图由活动的初始节点、控制节点、操作（action 或者称为动作）、操作之间的控制流和数据流（或称为对象流）及活动的终结点构成。

在 RSA 中，双击左边模型目录树中的“图 1”后，右边的主窗口自动切换到一个空白的活动图，并在左上角以“活动 1”来命名。与此同时，RSA 在右侧的“选用板”中自动将绘制活动图所需要的图形元素展示出来，如图 A-20 所示。

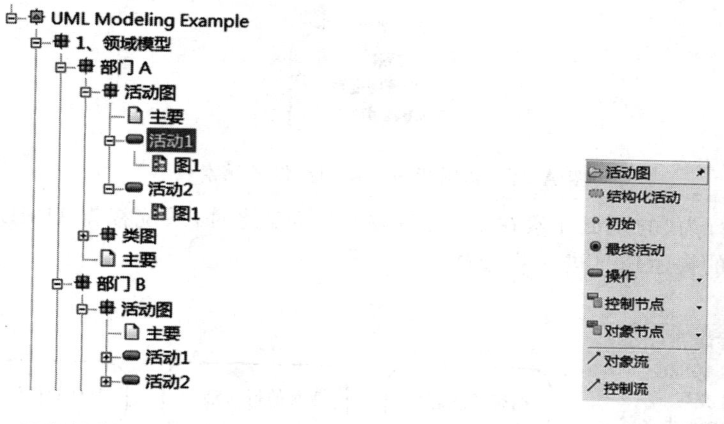

图 A-19　在领域模型中创建活动图

图 A-20　选用版中的活动图图形元素

A. 3. 3　绘制操作之间的控制流

首先特别说明，RSA 中的操作也称为活动图中的动作，为了使读者与 RSA 工具的术语保持一致，后续部分均采用操作表示动作。在绘制一些必需的操作之后，就须在操作之间的控制切换进行表示，这就是控制流。控制流表示为一个具有方向的箭头，如图 A-21 所示。

操作之间创建控制流有两种方式：

（1）在“选用板”上选择“控制流”图形元素，然后将鼠标指针移动至“源操作”并单击，再将控制流箭头拖拽至“目标操作”；

（2）在活动窗口中将鼠标指针停留在“源操作”上，系统自动出现“浮动控制流”，单击选择并将控制流箭头拖拽至“目标操作”。

（3）在通常情况下，在创建两个操作之间的控制流之后，无须特别表示控制流的名称，但如果须明确控制流名称的情况，可单击控制流并在活动窗口下的控制流属性区域对其名称和所需的其他属性进行标注，如图 A-22 所示。

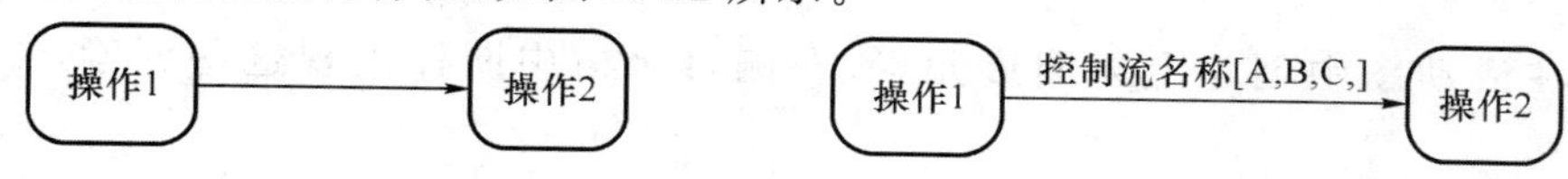

图 A-21　绘制操作之间的控制流

图 A-22　为控制流添加名称及参数

为了能够实现图 A-22 所示的效果，就须在控制流属性的如下区域内进行配置，如图 A-23 所示。

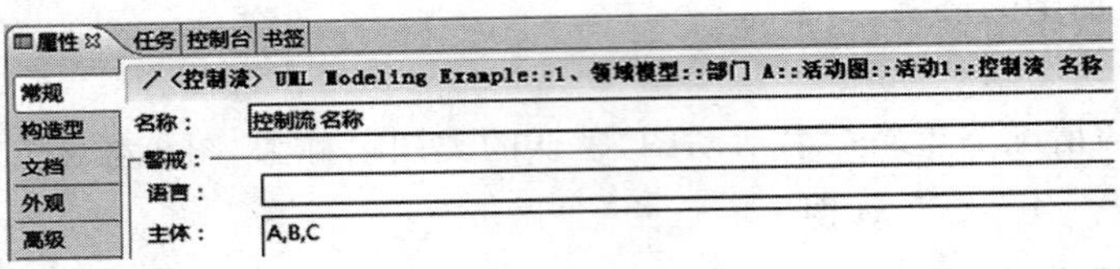

图 A-23 控制流的属性列表

A.3.4 操作的行为调用和运算调用

通过右侧选用板可以看到操作还有另外两种表示：调用行为和调用操作，如图 A-24 所示。

图 A-24 调用行为和调用操作的元素表示

选择“调用行为”的图形元素在活动窗口中进行创建时，系统根据 UML 2.0 规范给出如图 A-25 所示的提示信息进一步选择。

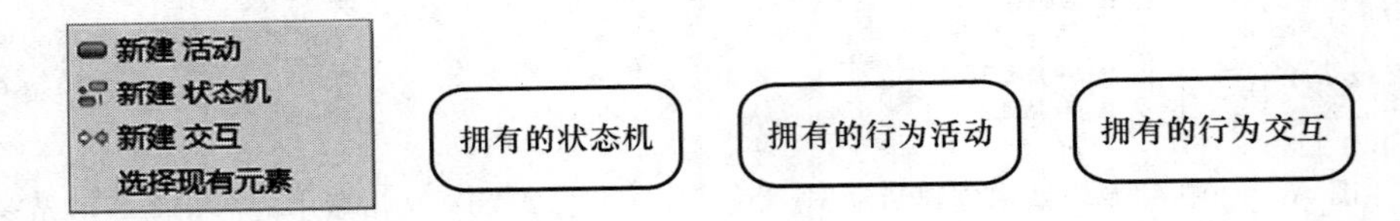

图 A-25 调用行为的 UML 实例图形元素表示

当选择“调用操作”的图形元素在活动窗口中进行创建时，系统根据 UML 2.0 规范给出如图 A-26 所示的提示信息进一步选择。

“调用行为”与“调用操作”这两种操作类型与“操作”之间的本质差别在于它们可以接收和发送对象流，也就是在这些图形元素上可以添加输入和输出“引脚”，图 A-27 展示利用浮动图标的方式来进行添加。

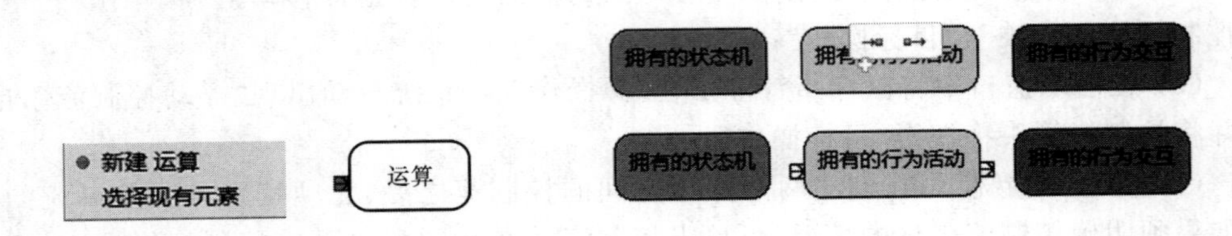

图 A-26 调用操作的 UML 实例图形元素表示 A- 27 为调用行为和调用操作添加输入和输出引脚

一旦在活动图中创建上述图形元素，左侧目录树中同样出现这些元素，如图 A-28 所示。

同时，如果在该活动下再生成一张新的活动图，新的活动图中自动带入这些图形元素，从而在语义上完整表示这些元素。

A.3.5 控制节点的绘制

在RSA提供的选用板中可以看到有一项“控制节点”的图形元素包，其中包含决策节点、合并节点、派生节点、连接节点、初始节点、最终活动节点、最终流节点，如图A-29所示。以上所述的各类节点的使用方法需要读者根据UML的语义进行活动图的绘制，在此笔者只通过决策节点、派生节点及连接节点的绘制方法介绍这一类图形元素的使用特点，其他节点的使用方法可进行参照。

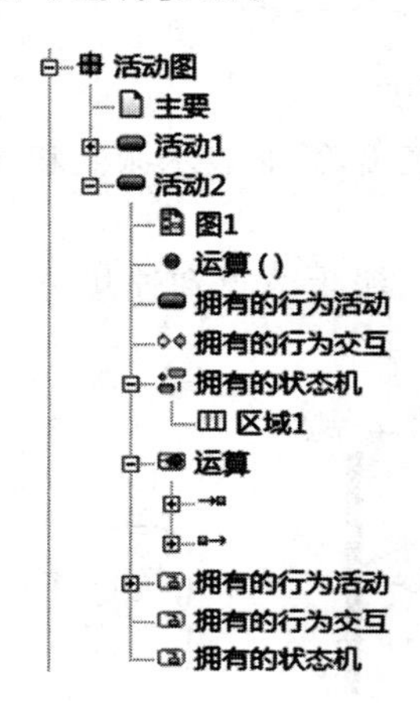

图 A-28 添加调用行为和调用操作后目录树中的元素

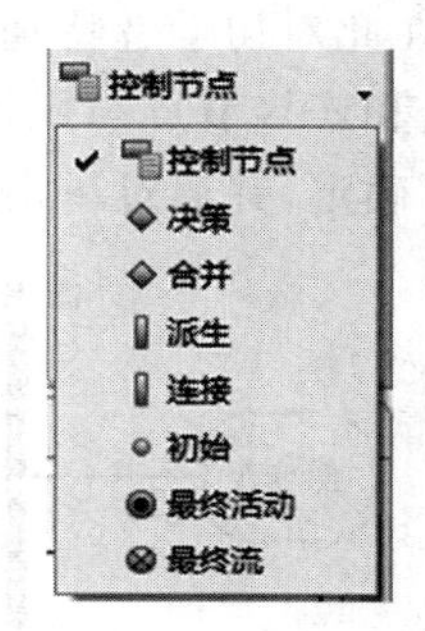

图 A-29 RSA控制节点的图形符号

A.3.6 决策点的绘制

决策节点主要用于活动图中具有判断的分支情况，一般至少由三个操作组成，其中一个为“源操作”，其余两个为“目标操作”；在这两类操作之间具有一个决策节点。决策节点与操作之间有控制流进行连接。决策点图形元素由一个菱形来表示，如图A-30所示。

决策点图形元素的绘制步骤如下：

(1) 在“选用板”上选择“控制节点”并通过下拉菜单展开。

(2) 选择“决策点”图形元素。

(3) 在活动窗口中单击，放置“决策点”图形元素。

(4) 选中决策点并对决策点的名称进行修改。

(5) 在操作和决策点之间放置控制流：

- 在“选用板”上选择控制流图形元素；
- 确定控制流的起始图形元素(操作1)，并将控制流拖曳至目标图形元素(决策点)。

图A-30中决策点的两条控制流上的“警戒条件”(Guard Condition)的设置可参见控制流属性设置。控制流的名称Cond由控制流属性的名称确定，条件A由控制流的“主体”来表示。

A.3.7 派生节点和连接节点的绘制

派生节点主要用于活动图中表示并发执行的一些操作场景，这也是UML活动图有别于一般程序流程图的一个重要特点。连接节点用于表示一些并发操作执行完成后，由连接节点表示这些操作全部完成，然后才可以执行后续的操作。注意图A-31中将派生节点和

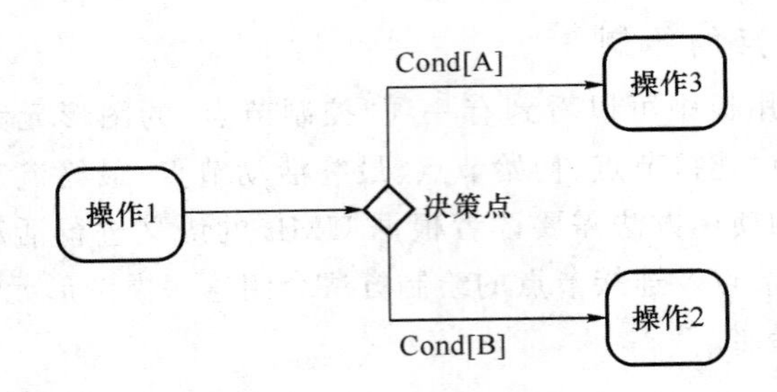

图 A-30 具有决策点的活动图

连接节点放置在一张图中表示,其主要目的仅为了节省篇幅,而非表示派生和连接节点一定是成对出现,在此对初学者特别进行提示。

派生节点和连接节点与操作之间由控制流进行连接,派生节点和连接节点的图形元素可由"选用板"确定,并通过单击将其放置在活动窗口中。

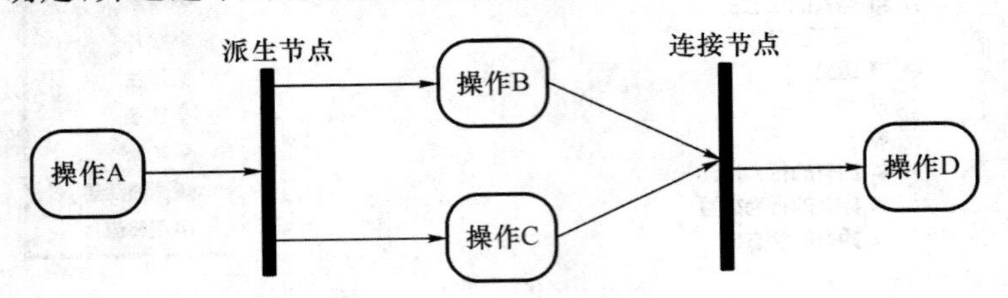

图 A-31 具有派生节点和连接节点的活动图

如图 A-31 所示的派生节点和连接节点的绘制方法与决策点的方法一样,需要说明的是,这两个图形元素被创建后须根据活动图的布局调整各自的长短和大小。图给读者展示从派生节点到操作 B 和操作 C 的控制流以直线的方式进行连接,而从操作 B 和操作 C 到连接节点的控制流是以斜线的方式进行连接。以上的线条连接方式可以利用 RSA 提供的格式选项之线样式自行调整,进一步使模型中的各种图示以更加清晰的方式展现。

A.3.8 对象节点的绘制

对象节点的主要作用在活动图中表示一些除了控制流之外与数据流相关的对象,这些对象在活动图中与操作之间可以接收和发送数据流。RSA 所提供的对象节点类型包括中心缓冲区节点、数据存储节点及活动参数节点。

在活动图中引入对象节点之后,对象节点只能接收和发送数据流,即对象节点之间、对象节点与操作之间、控制节点与对象节点之间的连接只能是数据流,而非控制流,如图 A-32 所示。

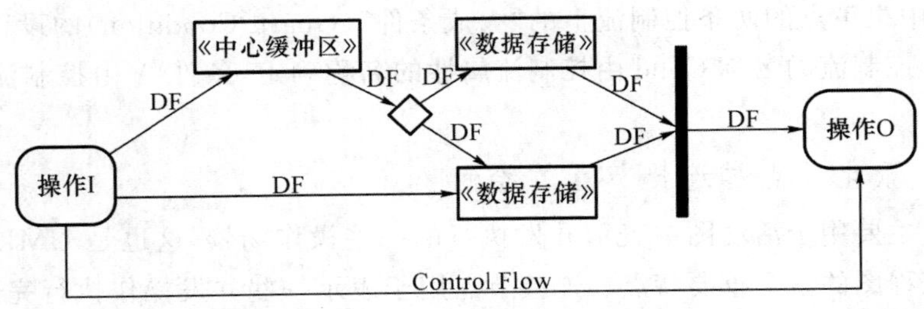

图 A-32 具有对象节点的活动图

对象流(Data Flow,DF)的绘制既可以通过选用板中的对象流，也可以通过图中各元素自带的浮动箭头来实现，RSA 通过内置的控制将与对象节点间的流自动设置为对象流，而使用者无须选择，很大程度上方便设计人员。

图中显示活动图中在两个操作之间可能流转的一些数据流，而且也给出数据对象之间的数据流转也可以引用控制节点及连接节点；除此之外，也特别标明与对象流相对应的操作之间的控制流。

A.3.9 泳道的绘制

一些业务流程的场景出现多个角色或者多个部门协同工作的情况，此时须在业务流程中明确表示哪些活动是由具体哪一个角色或者部门来执行的，UML 规范给出一个非常有用的机制活动分区(或者称为泳道)来分别表示参与活动图中的角色。

RSA 的选用板没有提供活动分区的图形元素，这是建议 RSA 须进一步改进的地方。不过，RSA 也提供两种方式来构建泳道，第一种比较便捷的方式是通过浮动图形元素来选择“分区”；第二种可以通过左边的目录树中右击已经创建的活动图选择添加“分区”，如图 A-33 所示。

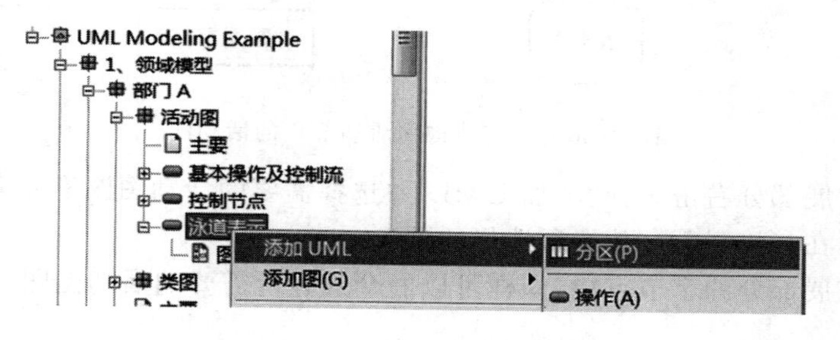

图 A-33 在目录树中添加泳道

建议在绘制活动图之前事先规划好有几条泳道，并给每一条泳道进行命名。绘制活动分区的步骤如下：

(1) 在模型浏览器中(左边的目录树)选择活动图并右击；通过浮动图表选择，如图 A-34(a)所示；

(2) 选择“添加 UML”并进一步选择“分区”，如图 A-34(b)所示；

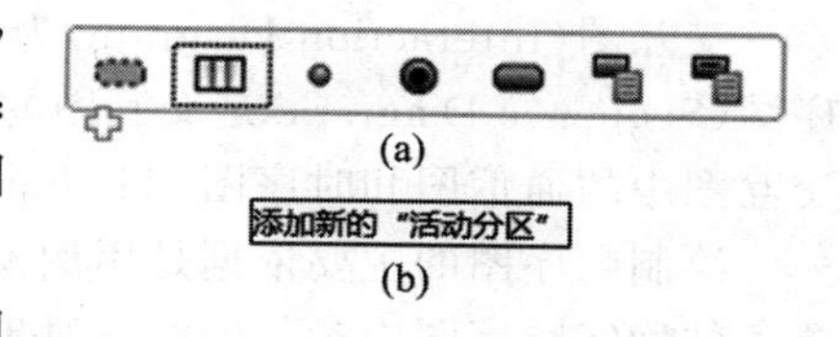

图 A-34 绘制活动分区

(3) 当分区被选中时或者双击该分区，可对“分区”进行重命名。

A.3.10 结构化活动节点的绘制

结构化的活动节点是一个可执行的活动节点，不仅可以扩展到下级活动节点，而且可以嵌套。节点内部也可以具有完整的活动图。结构化的活动节点描绘为虚线、圆角的矩形，内含它的节点和流程，而在顶部显示关键字 ＜＜结构＞＞，如图 A-35 所示。

结构化活动节点也是一个完整活动图的一个组成部分，不仅可以连接控制流，也可以连接数据流，如图 A-36 所示。

绘制结构化活动节点的步骤如下：

(1) 在选用板中选择“结构化活动节点”图形元素；

(2) 在活动窗口中单击，放置其图形；

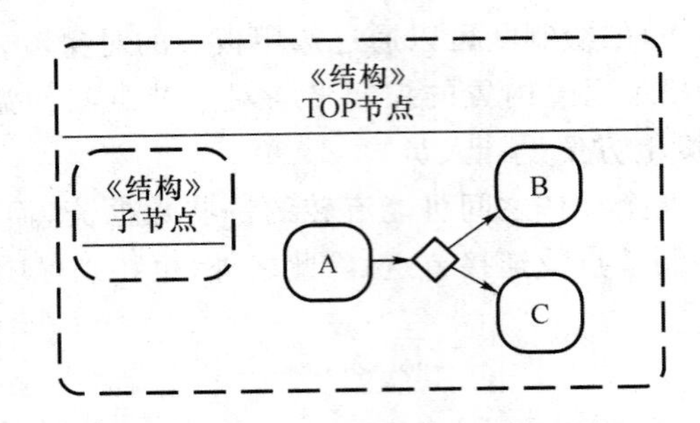

图 A-35 基本的结构化节点的内部结构组成

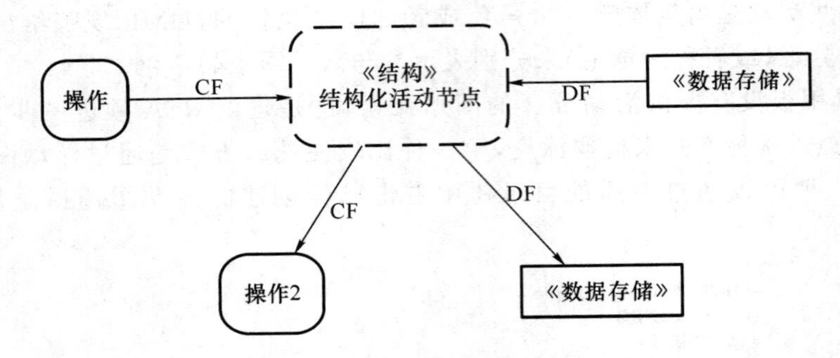

图 A-36 具有结构化活动节点的活动图

(3) 在其扩展部分右击选择“添加 UML”并选择需要的活动图图形元素；

(4) 单击后在其扩展部分放置所选择的图形元素；

(5) 在其扩展部分的字节点内，同样可以嵌套放置所需要的活动图图形元素。

B. 顺序图

交互图(Interaction Diagram)为系统各组成部分之间重要的运行时交互进行建模。顺序图(Sequence Diagram)是交互图的重要组成部分，是描述系统动态结构最主要的方法，与交互图中的通信图和时序图(Timing Diagram)共同为系统各部分之间的交互进行建模。

绘制顺序图的主要依据是用例模型中系统顺序图的每一个系统事件及操作契约中的后置条件确定顺序图中参与的业务对象并根据用例描述的内容绘制它们之间的交互次序。

B.1 顺序图的基本表示

顺序图的主要目的是定义对象之间为了完成一个用例或者一个用例中的动作而交互的事件序列，产生一些希望的输出。其重点不仅是消息本身，更重要的是消息产生的顺序。顺序图按照水平和垂直的维度传递信息，垂直维度从上而下表示消息/调用发生的时间序列，水平维度从左到右表示消息发送到的对象实例。注意，水平维度上的各对象先后次序并无特殊含义，但一般来讲把发起消息的参与者对象放置在最左侧。

B.1.1 对象及生命线

顺序图是由一组参与某特定场景交互的对象组成的，且每个对象在图中都具有一条生命线。在顺序图中，除了参与交互的参与者对象和领域模型中的对象之外，还可根据需要添加一些辅助的系统级对象表示更加清晰的系统动态处理过程。

参与顺序图交互的都是对象实例，而非定义的类。正因为参与交互的是对象，每个对象都有创建和销毁的过程，所以才用生命线表明该对象在此交互的过程中何时产生，何时又删除。

顺序图中对象的命名格式如图 B-1 所示，其中，Object_name 表示对象名称，Class_name 是对象对应的类。如果不强调具体哪个对象参与交互，而仅强调是该类的某个对象，则可以用匿名对象参与交互。

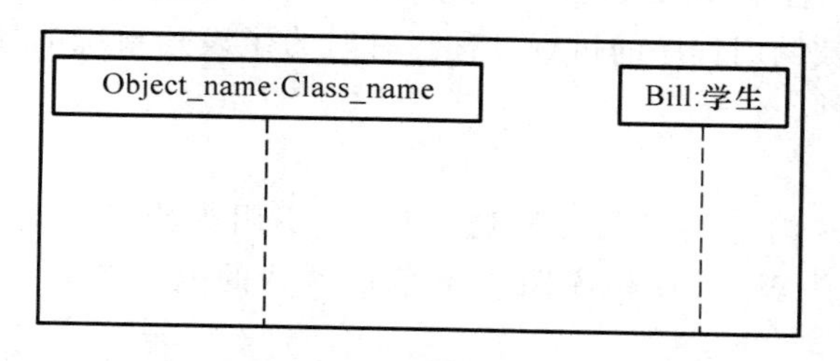

图 B-1 顺序图中对象的命名及生命线

图中的虚线是这个参与交互的对象的生命线，其时间从对象的顶部开始并向下延伸，其长短并非说明对象存在的长短，只说明在与其他对象进行交互时消息之间的前后顺序。

B.1.2 消息

在任何一个系统中，对象都不是孤立存在的，它们之间通过消息进行通信。在顺序图中，一个对象在某个时刻出发一个请求，并以某种方式发送给另一个对象，那么这个请求在 UML 顺序图中称为消息(message)。相对而言，系统设计和开发人员习惯将这个请求称为信号(signal)，在语义上它们是相同的。

在顺序图中，消息从一个对象的生命线指向另一个对象的生命线的箭头表示，箭头上面标明消息的名称，称之为签名(signature)，其 UML 定义其格式为

```
Signature = message_name(arguments):return_type
arguments = parameter_name:data_type
```

消息的发送次序由它们在垂直轴上的相对位置决定，并用编号来代表消息发生的先后顺序。消息类型包括：同步消息、异步消息、创建消息、销毁消息、嵌套消息和自返消息等。

1. 同步消息

“同步消息”指发送消息的对象在发送消息后，必须收到“返回消息”，才能够继续执行。在顺序图中，“同步消息”用实心箭头表示，返回消息用实心虚线箭头表示，如图 B-2 所示。

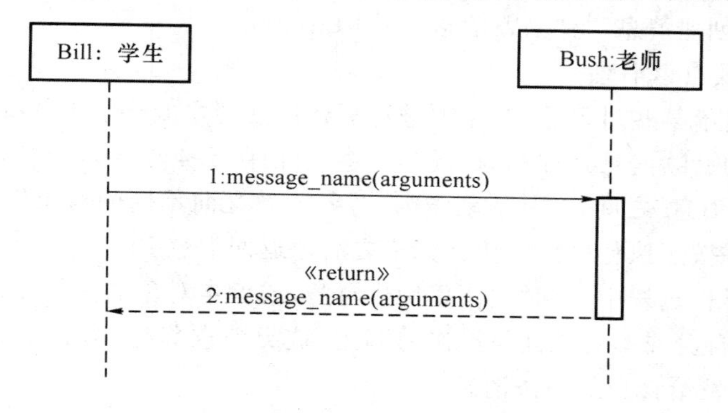

图 B-2 顺序图中的同步消息

“返回消息”是可选的，消息上可以标明操作的返回值。在顺序图建模时，如果更加关注

主动消息的情况,则可以省略同步消息的“返回消息”;如果关注每个消息的返回值情况,则须将“返回消息”和“返回内容”画出。

在如图 B-2 所示的例子中,某个学生 Bill 向老师 Bush 发送一条实心有向箭头的请求消息(同步消息)Req_message,然后老师对这个请求进行回复,向 Bill 发送一条虚线有向箭头的返回消息《return》。老师 Bush 在接收消息和返回消息之间条形区域称为控制焦点或者可理解为通常意义上被调用程序的执行过程。有时为了表达系统的性能要求,可在这里加上时间返回的约束条件。

2. 异步消息

“异步消息”指发送消息的对象在发送消息后,不用等待返回消息,也可以继续执行。“异步消息”用开放箭头表示,在顺序图中不存在默认的返回消息,如图 B-3 虚线框部分所示。

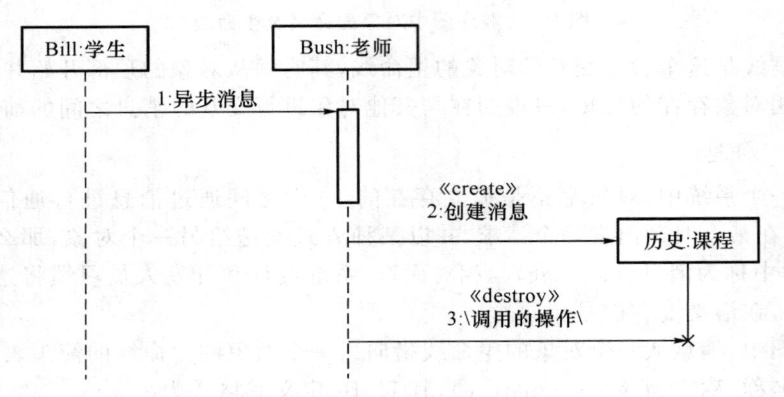

图 B-3 顺序图中的异步消息

3. 创建消息与销毁消息

“创建消息”用于动态创建一个对象实例,与“同步消息”不同之处在于“创建消息”指向被创建对象的顶部,消息上用〈〈create〉〉构造型进行标识。被创建的对象与顺序图中的其他对象可以实现消息交互,直到该对象被销毁为止。

某个对象在交互过程中使用完毕后,向该对象发送“销毁消息”将其清除,用〈〈destroy〉〉构造型标识。被销毁的对象在销毁消息后用叉号截断生命线,表示对象已经结束,不能再参与之后的消息交互。“创建消息”与“销毁消息”如图 B-3 所示。

4. 嵌套消息及自返消息

有些消息发送给某些对象后,对象须进行复杂的处理才能够给出“返回消息”,为了响应某条消息而进行的后续消息处理称为“嵌套消息”。由图 B-4 可知,对象助教接收到“同步消息”M1 和其“返回消息”之间,在其活动条内,对象助教又向不同的对象发送(或者称为程序调用)多个消息,并按照执行的次序执行完毕之后才返回消息 M1。

在对象执行操作过程中,有时须调用操作自身,或者本对象的其他操作,这时,对象自发一条消息,表示对自身或本对象其他操作的调用,这类消息称为“自返消息”。在图 B-4 中,M1.3 是对象助教发给自身的一条消息。

B.1.3 活动条

活动条也称为“激活”,指对象接收到某条消息后所执行的操作。活动条用一个窄长的

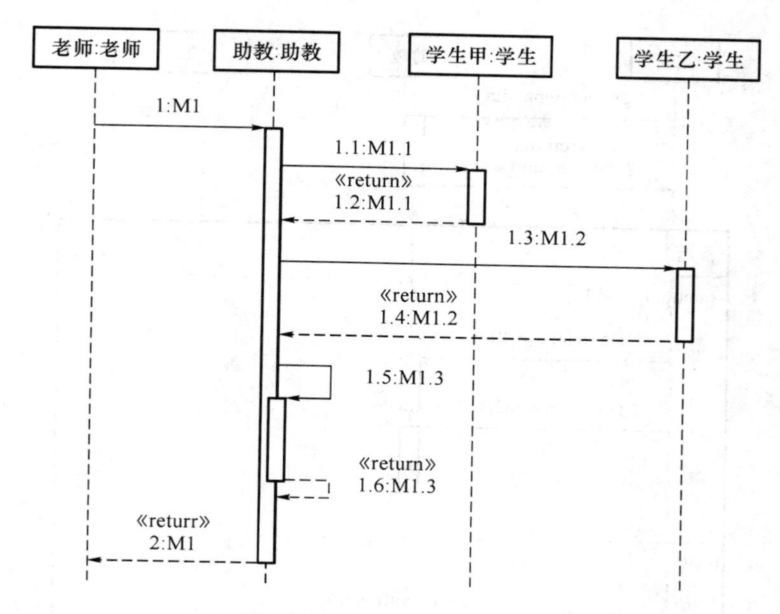

图 B-4 顺序图中的同步嵌套消息及自返消息

矩形来表示，活动条的长度表示对象操作执行的持续时间，矩形的顶端和操作的开始时刻对齐，矩形的末端和操作结束时刻对齐，如图 B-4 中消息 M1 所示。

在操作执行过程中，如果需要调用其他对象的操作，则可以向其他对象发送消息，如果该操作归递自调或调用本对象的其他操作，称为自调用，在原有的活动条稍微靠右的位置上再画一个活动条，并将消息指向该活动条，如图 B-4 中消息 M1.3 对应的活动条。

B.2 顺序图的扩展表示

上一节说明了顺序图的基本用法，在不复杂的场景中可以完成系统动态结构的设计，然而在一些具有分支、条件选项及循环的情况下就需要更加灵活的机制进行表示，除此之外如果参与交互的规模比较大，或者有某些部分是已经在别处定义的情况下，须使用“引用”的方法。

B.2.1 备选结构 Alt

备选结构用来指明在两个或更多的消息序列之间互斥的选项，支持经典的 if then else 逻辑建模，其结构如图 B-5 所示。

备选的结构很大程度上解决以前绘制顺序图时必须采用的实例格式，也就是一个细节需要一个片断的顺序图。如果采用备选结构，一般来讲比较复杂的 if then else 结构都可以利用顺序图的一般格式来表达。

B.2.2 选项结构 Opt

如果程序或者业务流程执行的过程中存在一个“特定条件”，在此条件下须相应处理：要么是“特定条件”取真时，怎么处理；要么是“特定条件”取假时，怎么处理。它仅是备选结构的一部分，只支持 if-then 逻辑建模，其结构如图 B-6 所示。

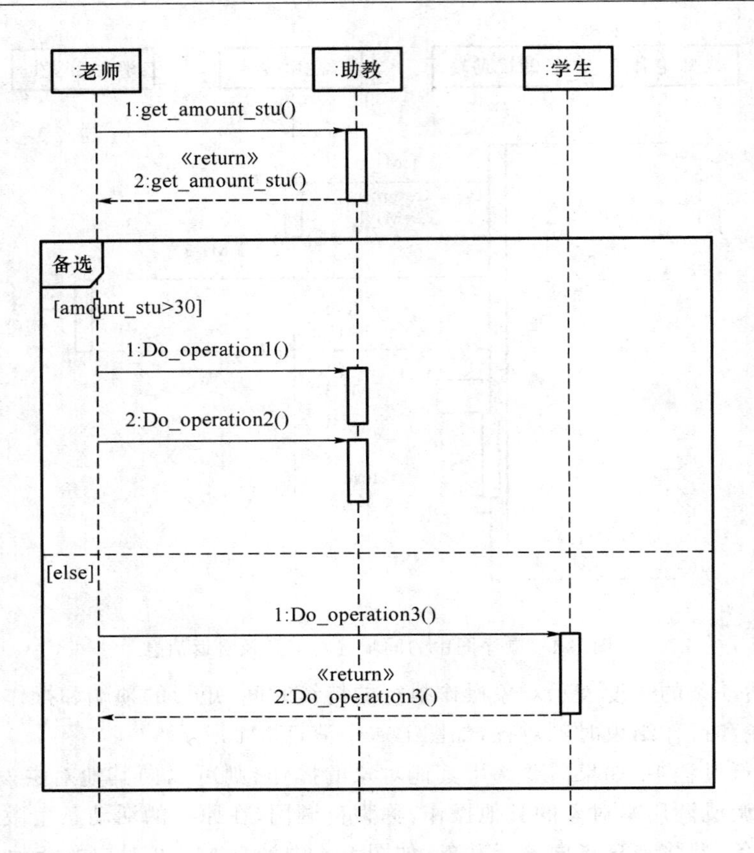

图 B-5 顺序图的备选结构

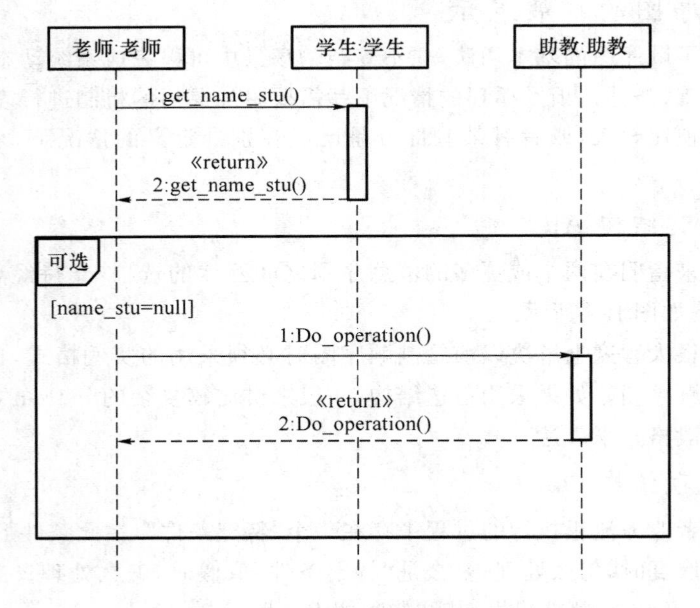

图 B-6 顺序图的选项结构

B.2.3 循环结构 Loop

以往 UML 1.x 中对于循环处理的表示仅停留在消息的条件框中以“ * ”表明此处为循环结构，而且也只能表循环结构中的一个消息。UML 2 已经对循环结构进行改进，但还必须与备选结构或者选项结构相结合完整地表示在某个条件下执行多少次循环，并且也可表示在某个循环下多条消息的处理，其结构如图 B-7 所示。

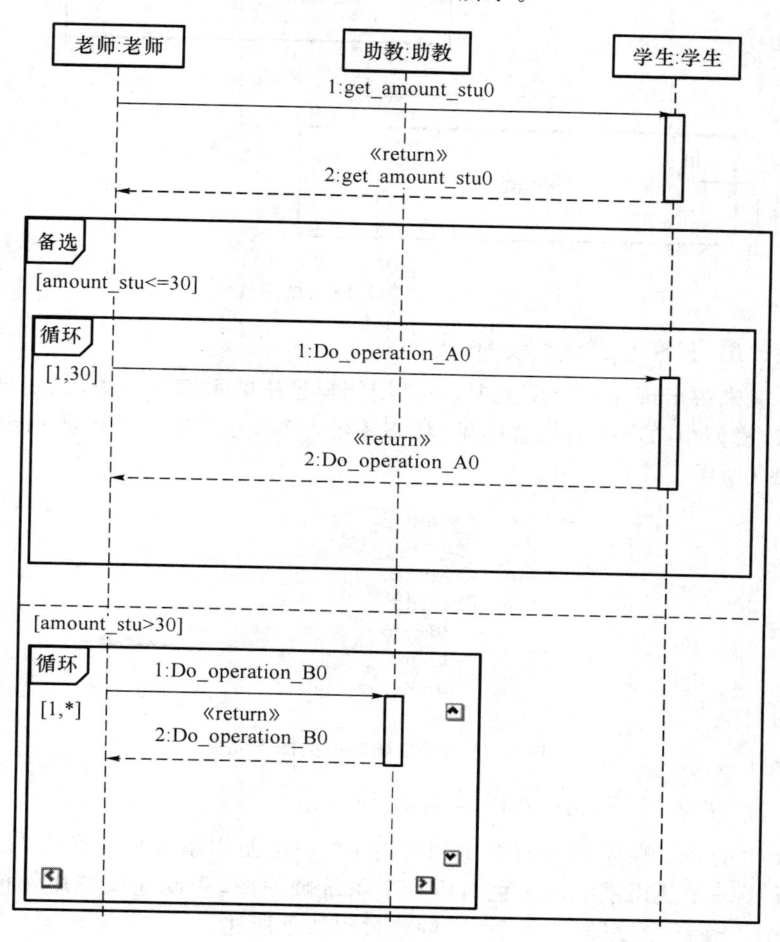

图 B-7 顺序图的循环结构

B.2.4 片段引用结构 Ref

在设计过程中发现某些交互的情况存在已经定义好的交互片段，在此情况下完全没有必要重新绘制，此时可以“引用”那段已定义好的交互片段。此外，对于某些非常庞大的交互场景，将所有的细节都绘制在一张图上时未免过于复杂，也不利于浏览，为此可以采用分段自顶向下的绘制方法，利用“引用”的方式将一个大的交互场景分割为相互有联系的小交互场景，其结构如图 B-8 所示。

以上内容是 UML 2.0 所支持的几个核心的顺序图扩展机制，除此之外还支持诸如中断、并发、声明等顺序图的扩展机制，在此不一一赘述。

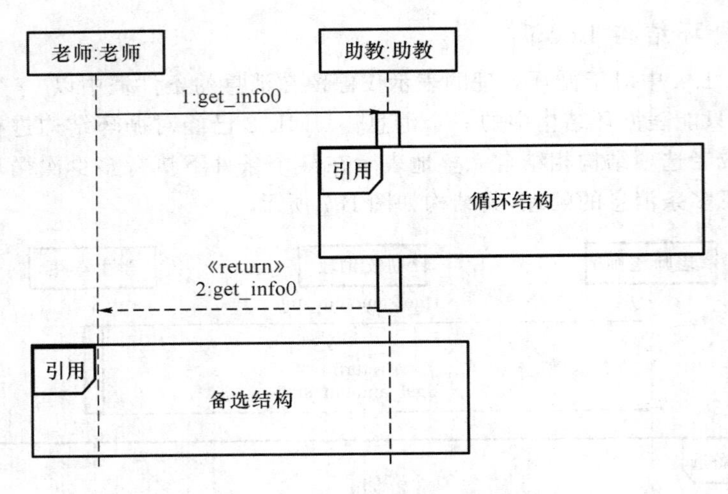

图 B-8 顺序图的片断引用结构

B.3 使用 RSA 绘制顺序图

顺序图一般来讲出现在两个模型中,一是用例模型中的系统顺序图,二是设计模型中的动态结构,设计模型中顺序图的位置参见“状态图绘制”部分。选用板中所列出顺序图的图形符号如图 B-9 所示。

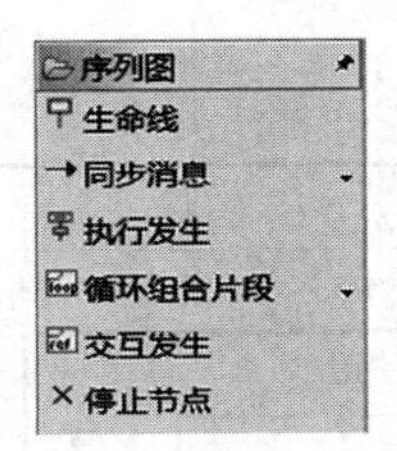

图 B-9 选用板中顺序图的图形元素

B.3.1 系统顺序图(SSD)创建对象的步骤

用例模型中的系统顺序图只有两个对象存在,一是使用系统的角色,二是待构建的系统。一般情况下一个使用系统的角色对应一个系统顺序图,为此建议在用例模型中根据用例所在位置创建“系统顺序图”的子目录,创建过程如下所述。

(1) 在目录树用例模型中确定合适的层级位置创建“系统顺序图”子目录;

(2) 选择“系统顺序图”并选择“序列图”;

(3) 如有必要修改系统顺序图的名称,右侧活动窗口默认命名为“交互+数字”;

(4) 右侧选用板自动切换到顺序图的图标元素区内;

(5) 在选用板上选择“生命线”并在活动窗口中合适的位置上单击;

(6) 选择“新建操作者”并在对话框中给其命名,对应使用系统的角色;

(7) 使用浮动图标的方式创建对象;

(8) 重复第 5 步骤;

(9) 选择“新建类”并在对话框中将其命名为 system。

注意图 B-10 中第一个对象的类型是“操作者”,为此其图标中有一个人物图形用来区别其他对象。除此之外,顺序图中的对象由两个部分组成,冒号后面文字表示的是“类”,冒号前面的文字表示的是“对象实例”。如果所表示的顺序图相对来说比较抽象而不能明确顺序图中的具体对象时，则可以通过双击图中的对象并去掉对象名称或者通过下面的对象属性表将常规中“代表”的属性值清空，如图 B-11 所示。

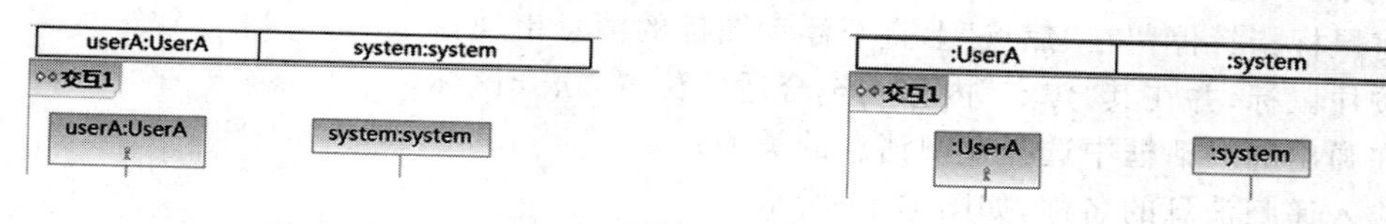

图 B-10　系统顺图中的两个对象

图 B-11　系统顺序图中无具体实例对象的表示

B. 3. 2　系统顺序图对象之间消息的绘制

在通常情况下，系统顺序图中两个对象之间的消息类型以“同步消息”和“异步消息”为主，有时还有“破坏消息”。下面给出两个对象之间绘制消息的操作方式，此处给出浮动图标的方式(后面给出选用板方式)：

(1) 将鼠标指针放置在顺序图中发出消息的对象生命线上，直至消息浮动图标出现；

(2) 无论线条的方向，按住鼠标，拖拽至接收消息的对象生命线上，松开鼠标；

(3) 在弹出的对话框中选择消息的种类，比如同步消息；

(4) 在弹出的对话框中输入消息的名称，默认的情况下系统将其命名为“调用的操作”，如图 B-12 所示。

(5) “异步消息”和“破坏消息”的绘制方式基本相同。

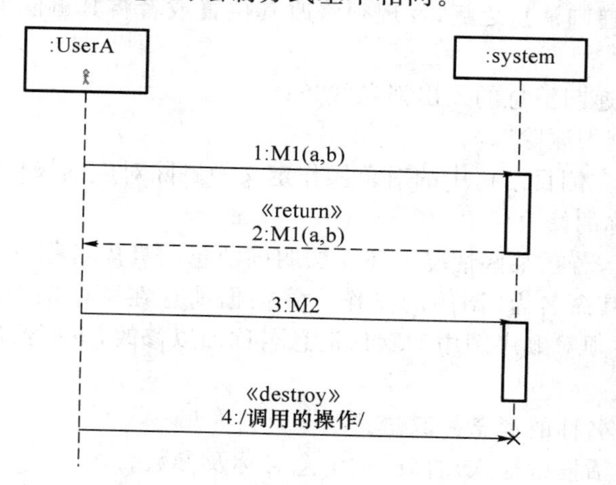

图 B-12　系统顺序图中创建消息示例

B. 3. 3　设计模型中顺序图的绘制

除了系统顺序图中描述的基本绘制方式外，在设计模型中还有一些扩展的图形元素也非常重要，比如“创建消息”、“递归消息”和消息片断等。

1. 创建消息的绘制

(1) 创建者对象和被创建者对象首先在顺序图中创建，如图 B-13 所示的 C_a 和 C_b；

(2) 从创建者对象的生命线上引出消息，拖拽至被创建者对象的生命线上并松开鼠标；

(3) 在弹出的对话框中选择消息类型为“创建消息”；

(4) 系统自动调整两个对象的位置，“创建消息”指向被创建者消息的顶部，如图 B-13 所示。

2. 递归消息的绘制

(1) 在已经绘制的“同步消息”或者“异步消息”中确定具有递归消息的“焦点”，在 RSA 中称之为“执行发生”；

(2) 将鼠标指针停留在“焦点”上直至浮动图标的消息出现；

(3) 按住鼠标，并在其“焦点”内移动至合适的位置，松开鼠标；

(4) 在弹出的对话框中选择递归消息的类型；

(5) 输入递归消息的名称，如图 B-14 所示。

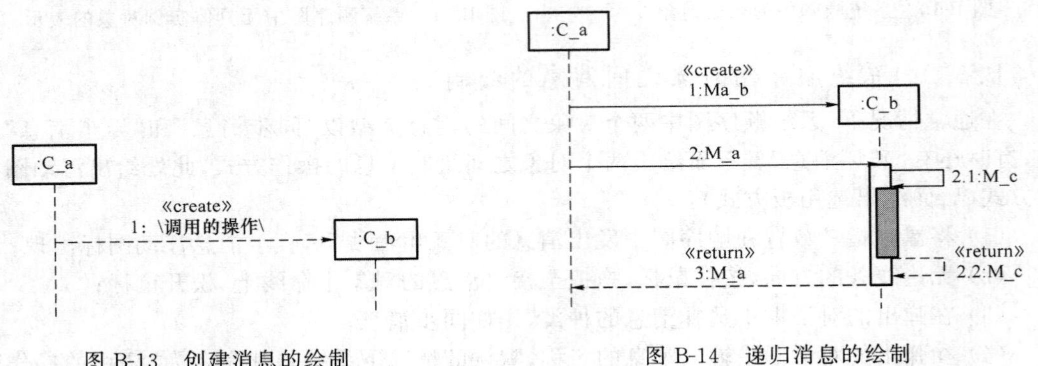

图 B-13　创建消息的绘制　　图 B-14　递归消息的绘制

3. 递归消息的修改和删除

在顺序图中绘制递归消息之后，发现须修改其位置或者将其删除的情况下，须遵循以下步骤。

(1) 在图中选择递归消息的发出消息线条；

(2) 选择“从模型中删除”；

(3) 根据需要在左侧目录树中的对象操作定义中删除对应的操作定义。

4. 默认消息名称的修改

在绘制顺序图时，若在某些情况下还无法明确消息的具体名称，可以省略给消息添加名称，这是系统自动将其命名为“调用的操作”，并根据消息在顺序图中的位置给出消息的标号。明确消息名称后须对顺序图中的默认消息名称加以修改，下面给出常用的两种方法。

方法一：

(1) 选择须修改名称的消息并双击。

(2) 在弹出的对话框中输入须修改的消息名称及参数。

(3) 如果此时修改的消息类型为同步消息，那么第2步所修改的消息名称为该消息的返回消息名称。

(4) 此时鼠标焦点还停留在消息上，单击系统再次弹出对话框要求再次输入消息的名称。

(5) 此处尤其须使初学者注意，必须选择“放弃”然后完成消息名称修改，否则将出现下面的情况：

① 如果此时输入的名称与第1次的消息名称相同，则系统弹出警告信息；

② 如果选择继续，则完成同步消息的名称修改，但左边的目录树中接收消息对象的操作定义中出现两个名称相同的消息(操作)，此处是 RSA 须改进的一个地方。

方法二：

(1) 在左边目录树中确定接收消息的对象；

(2) 右击选择“添加 UML”中的操作；

(3) 命名所添加的操作名称；

(4) 选择须修改消息名称的线条，单击；

(5) 在该消息的属性列表中选择“签名”的下拉对话框；

(6) 在对话框中选择所需要的运算，即发送消息的名称；

(7) 完成消息名称修改。

需要说明的是，根据 UML 语义的规定，顺序图中接收消息的对象应该具有处理这条消息的操作(或者称为方法)，为此在图中所出现的每一条消息都应在接收消息对象的操作中有其定义。RSA 目前所提供的这种一致性和完整性机制只有在消息绘制过程中同时定义消息的名称才能体现，然而默认命名的消息无法在对象操作中体现，只能通过上面给出的第 2 种方法来完善。

如果初学者计划在开始阶段随意绘制出一个顺序图，然后再后期进行修改。这时必须特别注意不能随意在图中修改消息的名称，否则很可能产生消息和对象一致性和完整性的问题。

5. 组合片段及交互引用的绘制

RSA 为顺序图提供至少 12 种组合片段的类型及交互引用的图形元素，这 13 种图形元素的绘制方法基本相同。下面给出循环片段的绘制方法，如图 B-15 所示。

(1) 在“选用板”上通过组合片段下来框选择“循环组合”；

(2) 在顺序图中任意位置上单击；

(3) 在弹出的对话框中选择并确定组合所覆盖的对象；

(4) 在组合图中系统默认给出循环次数为[0, *]；

(5) 可在图中双击组合的默认循环数区域进行修改；

(6) 在循环片断组合内绘制对象间的消息，具体操作参见消息的绘制方法；

(7) 可在组合片段内还可以添加任意类型的组合片段并在片段内绘制消息。

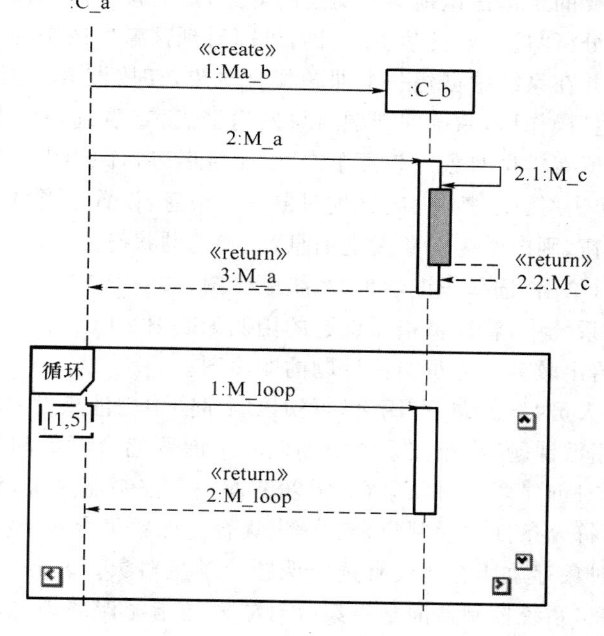

图 B-15 循环片段的绘制

B.4 顺序图举例

在毕业设计管理系统中,"选择毕设学生"用例的用例描述如表B-1所示。

表B-1 "选择毕设学生"用例描述

用例名称	选择毕设学生	
需求对应关系	完成教师选择毕业设计学生功能,能够完全满足	
用例目标	教师能够对选择其课题的学生选中或拒绝	
前置条件	教师已登录 系统处于教师选择毕业设计学生周期	
后置条件	教师选择学生结果正确记录	
主要角色	教师	
次要角色	无	
主要场景	步骤	动作
	1	教师执行"我的课题"可以查看课题列表
	2	在某个课题后选择"查看选题学生"功能
	3	系统列出所有选择该课题的学生列表
	4	教师单击学生姓名,可以查看学生详细信息
	5	教师单击学生姓名后的"接受"功能完成对学生的接受操作
扩展场景	步骤	动作
	5.1	教师单击学生姓名后的"拒绝"功能,将该学生拒绝

根据用例描述,给出教师选择毕设学生的顺序图。

创建顺序图最主要的工作是识别参与交互的对象,之后按照用例操作流程,识别对象之间的交互消息。通过分析"选择毕设学生"用例,可以看到该顺序图中的消息发起者是教师,教师执行"我的课题"并在系统中创建一个课题集合对象,存放该教师提交的所有课题。教师执行"查看选题学生"操作后,系统向课题对象发送消息,查看选择该课题的学生列表,同时创建选择该课题的所有学生对象。教师单击"学生姓名"后,向学生对象发送消息,返回该学生所有信息;教师单击"接受"按钮,向学生对象发送消息,设置选题状态为"已被接受";如果教师单击"拒绝"按钮,则向学生对象发送消息,设置选题状态为"被拒绝"。

根据以上的分析,给出"选择毕设学生"系统顺序图,如图B-16所示。

在毕业设计管理系统中,管理员指派课题的用例如表B-2所示。

根据用例描述,给出教务处人员指派课题的顺序图。

通过分析教务处人员"指派课题"用例,可知该顺序图中的消息发起者是教务处人员,教务处人员通过执行"指派课题"命令在系统中创建一个课题集合对象和一个学生集合对象。由于一条消息不能同时创建两个对象集合,所以设置一个控制器对象,该对象收到"指派课题"消息后,分别创建符合条件的课题集合和学生集合。课题集合对象存放所有人数不满的课题对象,学生集合对象存放所有还没有选中课题的学生对象。教务处人员选择学生和课题后,单击"指派"按钮,系统控制器向学生集合对象发送指派课题消息,学生集合对象创建选择的学生对象,并向该对象发送设置课题消息,从而完成对学生选择课题设置。

根据以上的分析结果，给出“指派课题”系统顺序图，如图 B-17 所示。

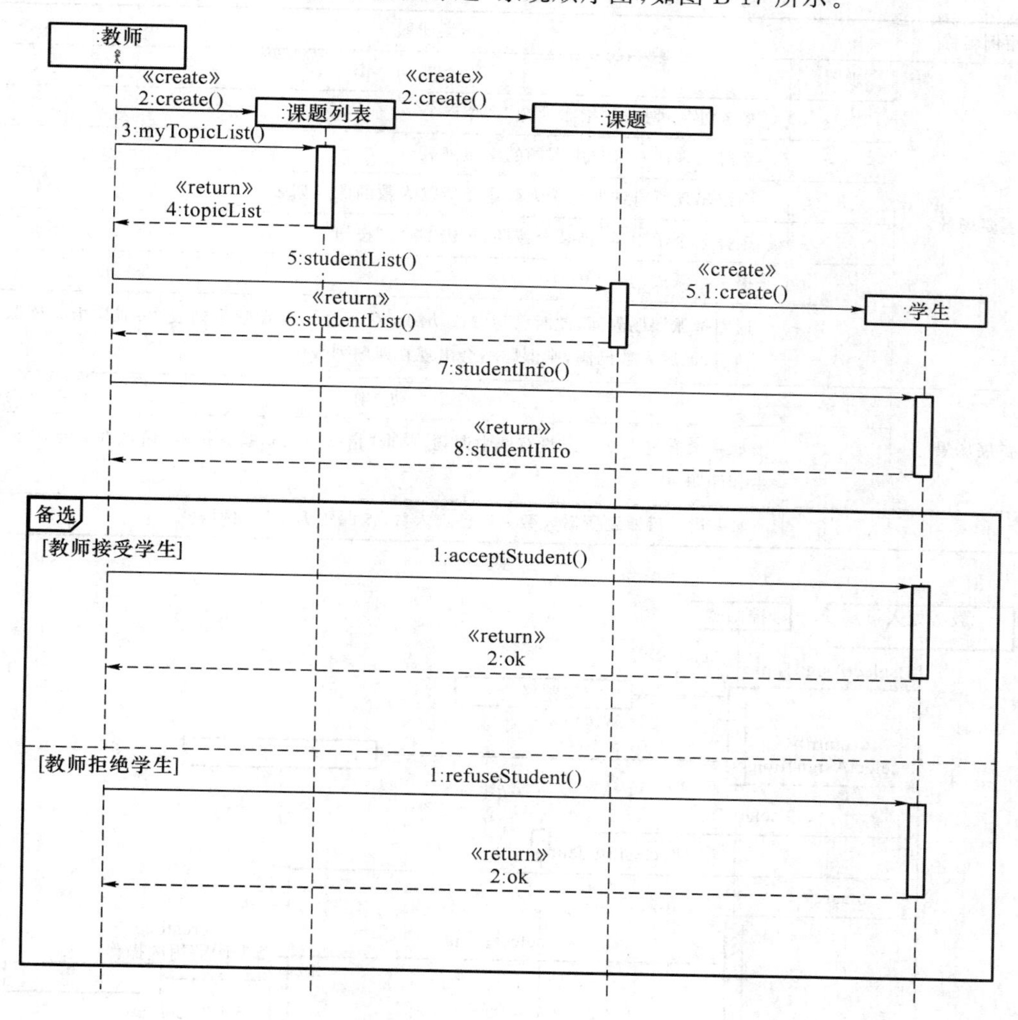

图 B-16 “选择毕设学生”用例的顺序图

表 B-2 “指派课题”用例描述

用例名称	指派课题
需求对应关系	将未选中课题的学生和未达到选题需求人数的课题进行指派
用例目标	给未选中课题的学生指派上课题
前置条件	教务处人员已登录 系统处于管理员指派课题周期
后置条件	学生拥有某个课题 课题已选题人数加 1 教师能够看到指派课题的学生
主要角色	教务处人员
次要角色	无

续表

用例名称	指派课题	
	步骤	动　作
主要场景	1	教务处人员执行“指派课题”命令
	2	系统出现所有未选中课题的学生列表
	3	系统出现所有课题已选人数小于所需人数的课题列表
	4	选择某个学生,选择某个课题,单击“指派”按钮
	5	提示指派成功
	6	返回指派课题界面,此时已指派成功的学生不会出现在学生列表中;如果指派该课题后,课题人数已满,则课题不会出现在课题列表中
扩展场景	步骤	动　作
	4.1	如果没有选中学生或没有选中课题,单击“指派”按钮,系统提示“请选择要指派的学生和课题”
	6.1	如果指派后课题所需人数大于已选人数,该课题仍在课题列表中

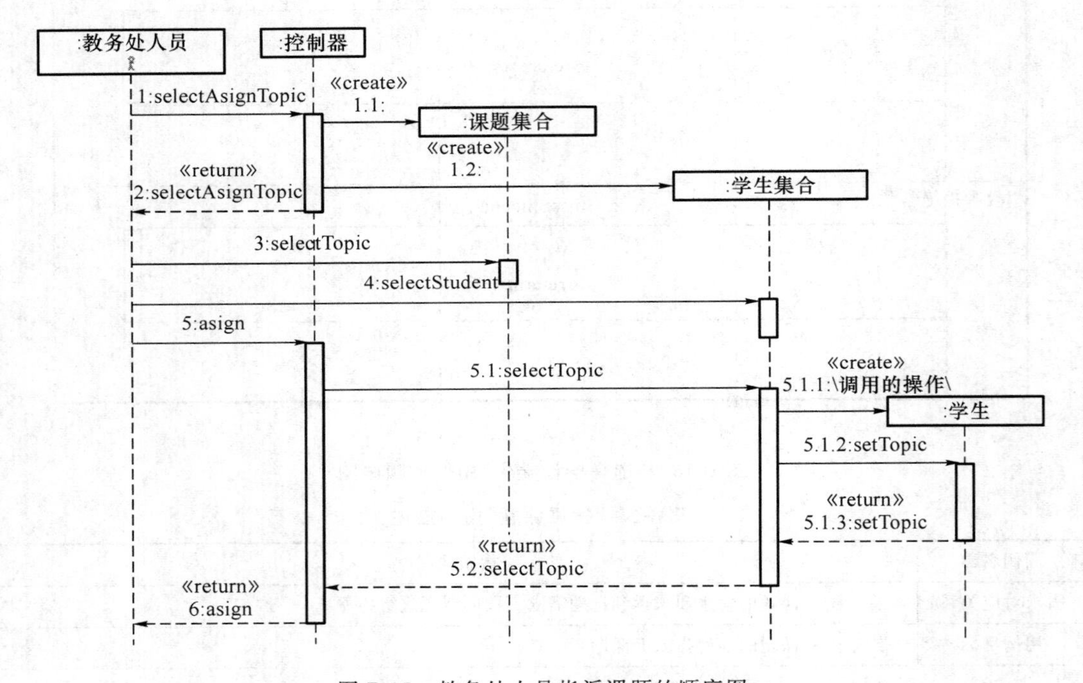

图 B-17　教务处人员指派课题的顺序图

C.　状态机图

通过动态结构的建模明确一个系统事件需要多少个软件对象,进而确定软件对象的响应系统事件的方法;对所有系统事件建模后,发现一个软件对象可能具有多个方法,此时如果一个软件对象的方法针对不同系统事件或者针对不同的用例时,须进一步确定该软件对象在何种状态下哪一个方法可以被调用,因为对象的状态决定此时此刻对象所能够执行的操作。状态机图是 UML 中对系统状态及转换进行建模的工具,描述一个对象在其生命周期内所经历的各种状态，以及状态之间的转移、发生转移的原因、条件和转移中所执行的活动。

C.1 基本状态机图

C.1.1 基本概念

状态(State)：对象在某个事件到达之前某时刻属性的取值，例如“开灯”事件到达之前，对象“灯泡”的属性“状态”取值为“关闭”。

事件(Event)：能引起对象的某些属性发生变化的外部或内部消息(或事情)，例如“开灯”这个动作可认为是一个引起对象“灯泡”状态由“关闭”变为“开启”的事件。

转换(Transition)：对象的某个属性值由于事件的作用而发生改变，也可理解为两个状态之间的关系，例如由于“开灯”事件得到达，对象“灯泡”状态由“关闭”转变为“开启”状态。

C.1.2 状态机图的组成

UML 状态机图(State Machine Diagrams)用来表示一个对象、模块、设备或者系统所处的可能状态，以及导致这些状态变化的事件及条件，并给出状态变化序列的起点和终点。

状态机图具有四个基本的图形元素，对象的初始状态、表示对象状态转换的事件、对象状态及对象的终止状态，如图 C-1 所示。其中，对象的初始状态和终止状态也可称为对象的伪状态，对象实例创建时，对象自动从初始伪状态转换到另一个状态；同理，对象实例删除时，对象由一个状态自动转换成终止状态。UML 用实心圆表示对象的起始状态，用内含实心圆的圆圈代表对象的终止状态。

图 C-1 基本状态机图

C.1.3 状态的表示

UML 用圆角矩形表示对象的状态，内部由两个区域组成，上面的区域表示对象此时所处的状态名称，下面的区域描述对象在此状态下可以执行的动作，如图 C-2 所示。

在进行系统的动态模型的建模过程中，对象的状态决定该对象是否可以提供请求的服务，以及在该状态下该对象可以执行的一系列动作，所以该对象能否提供服务一定程度上取决于该对象此刻的状态值。

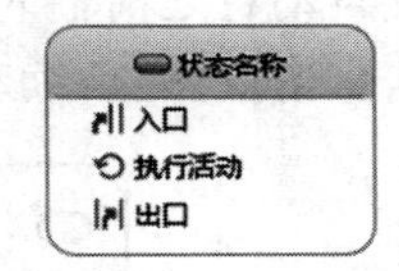

图 C-2 UML 的状态

C.1.4 状态的转换

对象状态之间的转换(Transition)由事件(Event)引发，其中事件还具有相关的触发条件(Guard)。UML 用指向目标状态的箭头表示状态转换，上边标识引起转换的事件、触发条件及后续动作，箭头指向的状态称为目标状态，另一端称为源状态，如图 C-3 所示。

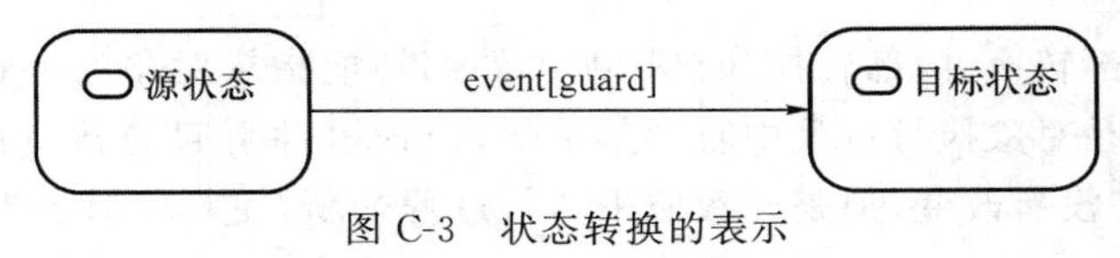

图 C-3 状态转换的表示

上述转换的含义是事件发生、触发条件满足、执行后续动作后,对象的状态由源状态转换至目标状态。事件、触发条件和后续动作都是可空的,如果三者都没有,表明对象的状态在执行完内部的动作之后自动转换到下一个状态。

1. 事件

一个事件的发生触发状态的转换。事件既可以是内部事件,例如系统异常;可以是外部事件,例如按下按钮。能够引起状态变化的事件包括:调用事件、信号事件、变化事件、时间事件和延迟事件。

- 调用事件:一个对象调用另一个对象的操作,表示向该对象发送一个调用事件。
- 信号事件:信号是由对象异步地发送并由另一个对象接收的具有名称的实体,用于代表系统中某个事件发生。
- 变化事件:状态中某些属性发生变化或某些条件满足时,发生变化事件。
- 时间事件:指经过一定时间或达到某个绝对时间后,事件发生。
- 延迟事件:系统对某些事件的响应延迟到某个合适的时刻执行,此类事件被称为延迟事件。

2. 触发条件

触发条件是一个布尔表达式,决定事件引起的转换是否发生。事件发生时,如果触发条件为真,则转换发生,如果触发条件为假,则转换不发生。例如,CD播放机平时处于“停止”状态,单击“播放”按钮事件发生时,只有当播放机里有光盘,它的状态才转换为“播放”,否则还是在“停止”状态,如图C-4所示。

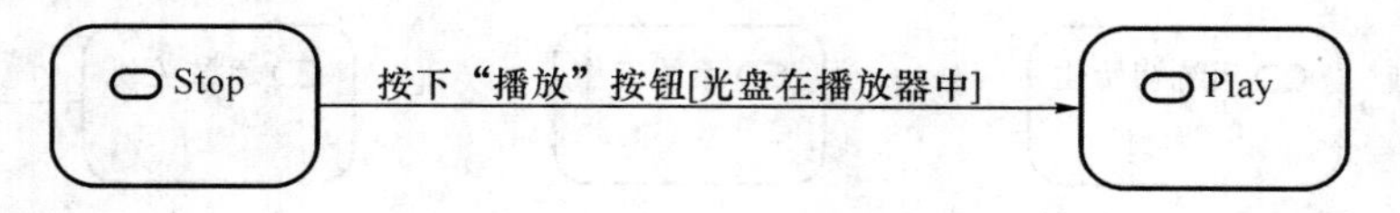

图C-4 带触发条件的转换

3. 后续动作

后续动作是事件发生后,待完成状态转换必须执行的动作。例如,在登录某系统时,如果输入的用户名或密码出错,则系统进入登录失败状态,在该状态下,用户执行“重试”操作,系统自动将之前输入的信息清空,之后回到输入用户名和密码状态。其中“自动将之前输入的信息清空”是后续动作。该动作必须执行后才能实现状态转换,具体表示如图C-5所示。

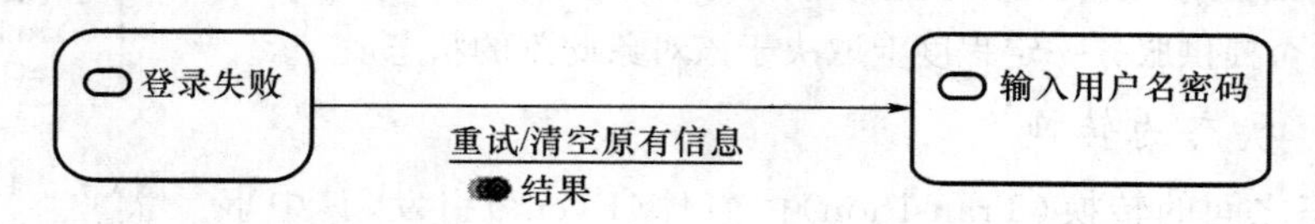

图C-5 带后续动作的条件转换

如果事件发生时须执行多个动作,可以用逗号对其进行分隔。

4. 转换的分类

“转换”分为外部转换、内部转换和自转换。外部转换指从对象的一种状态转换到另一种状态。自转换指在对象执行过程中收到某事件,由该事件引起的转换目标状态仍然是该状态,此时虽然状态没有改变,但是导致原来执行过程中断,使对象退出当前状态,然后又立即返回该状态。由于自转换包含退出状态后再进入状态的过程，所以须执行相应的出口动作和入口动作。自转换如图 C-6 所示。

内部转换指在对象执行过程中，其状态没有发生任何改变的情况。由于没有出入状态，所以对象在执行的过程中无须执行出口动作和入口动作。

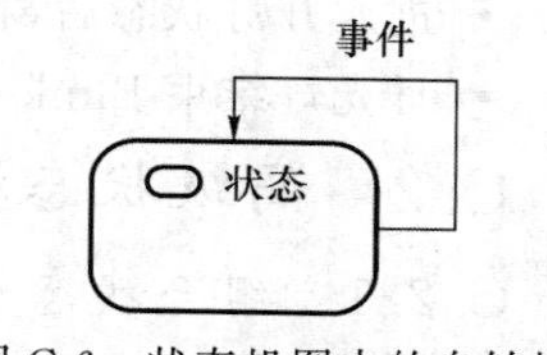

图 C-6 状态机图中的自转换

C.1.5 状态内的行为

状态表示图用分栏给出对象在这个状态中所执行的动作、活动和内部转换，如图 C-2 所示。此外，延迟事件可以在状态内进行定义。下面分别介绍有关动作、活动、内部转换和延迟事件的内容。

1. 入口和出口动作

入口动作用关键字 entry 表示，其使用方式为 entry/动作表达式。入口动作表示在进入状态时，执行相应的动作表达式规定的动作。

出口动作用关键字 exit 表示，其使用方式为 exit/动作表达式。出口动作表示在退出状态时，执行相应的动作表达式规定的动作。

入口和出口动作后面不能有参数或监护条件。

2. 活动

活动是在一个状态内执行的处理过程，是一个动作或动作的集合。若活动是一个动作的集合，则它在执行中可以被打断，因为这样不影响对象的状态，这一点和动作表达式是不同的。使用关键字 do 来表示活动，其后是一个冒号和一个或多个活动。

活动在状态的入口动作执行后开始执行，并且它与其他的工作或活动是并发的。活动完成之后，如果状态仍是活动的，产生完成事件；如果存在一条完成的外出“转换”，退出状态。如果活动仍在执行中，由于外出转换的激发而导致状态的退出，中断活动。

3. 内部转换

在某个给定状态下，对象可能收到一些事件，它们不引起对象状态变化，但触发对象的响应，这种情形称为内部转换。内部转换的一般形式为事件名[(用逗号分隔的参数表)][监护条件]/ 动作表达式。

4. 延迟事件

延迟事件是指在当前状态下暂不处理、推迟到该对象的另一个状态下排队处理的事件。所有被延迟的事件保存在一个列表中，这些事件在状态中延迟，直到对象进入一个无须再延迟这些事件并需要它们的状态时，列表中的事件才发生，并触发相应的“转移”。一旦对象进入一个不延迟且没有使用这些事件的状态，它们从列表中删除。

用特殊的动作 defer 表明一个事件被延迟，格式为事件/defer。

5. 状态内行为描述举例

图 C-7 给出日光灯开灯的内部行为表示，每部分的含义如下所述。

- 在进入该状态时，执行 powerOn 动作，进入开灯状态；

图 C-7 日光灯开灯的内部行为表示

- 进入开灯状态后,日光灯对象可以执行5次Blink动作;
- 日光灯结束Blink动作后,执行亮灯动作Light,进入下一个状态。

C.2 高级状态机图

C.2.1 组合状态

对象在某个特定状态下还可以执行一系列的动作,一个动作转换到下一个动作时,对象的某些属性值被修改,而这些属性值可被看作是对象在某个状态下的子状态。比如,描述一辆汽车处于行驶状态时,该汽车的运行方向可能是向前运行子状态,也可能是向后运行子状态;描述运动速度时,有可能是高速运行子状态,也可能是低速运行子状态。

UML引入组合状态对这种复杂的状态进行建模,在状态内部还可以包含一个或多个子状态机图。组合状态如图C-8所示。

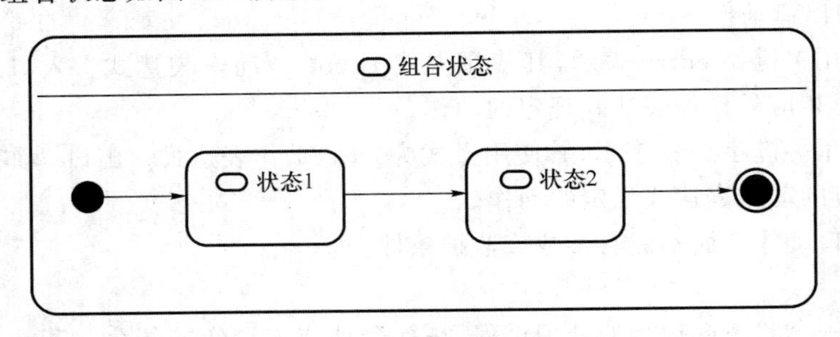

图C-8 组合状态的表示

加入组合状态的状态机图,如果状态从某种状态转换到组合状态时,该转换的目标状态可能是该组合状态本身,也可能直接指向其中某个具体的子状态。在组合状态的某个子状态下,发生事件后,转换到组合状态中的另一个子状态,此时发生内部转换;在子状态下,也可能由于某事件发生,使对象状态转换到组合状态以外的状态,此时发生外部转换。如果没有转换事件,则执行完子状态机的终止状态后,自动转换到下一个状态。

组合状态只包含一个子状态机图时,如果目标状态是组合状态本身,则进入组合状态时首先执行入口动作,然后进入子状态机的初始状态,并以此为起点开始运行。如果目标状态是某个具体的子状态,那么在执行完入口动作后,直接以该子状态为起点开始运行。

如果组合状态包含多个状态机图,则每个状态机图属于一个区域,每个区域用虚线进行分隔。进入组合状态时,如果目标状态是组合状态本身,则首先执行入口动作,之后同时启动每个子状态机开始并发执行。如果并发子状态机中有一个比其他子状态机先到达它的终止状态,那么先到达的子状态机在它的终止态等待,直到所有子状态机都到达终止态后,再向下一个状态转换。在执行过程中,如果任何一个子状态由于事件发生导致状态转移到组合状态以外的状态,则其他子状态机立即停止执行。图C-9给出准备婚礼的状态机图。

C.2.2 伪状态

伪状态指状态机图中非实际对象状态的节点。初始状态和终止状态是最基本的伪状态,除此之外,UML 2.0中还定义决策点、并发、汇合等伪状态,以提高状态机图的表达能力。

决策点用空心菱形表示,往往用于某个状态在不同情况下转换到多个目标状态的某一种状

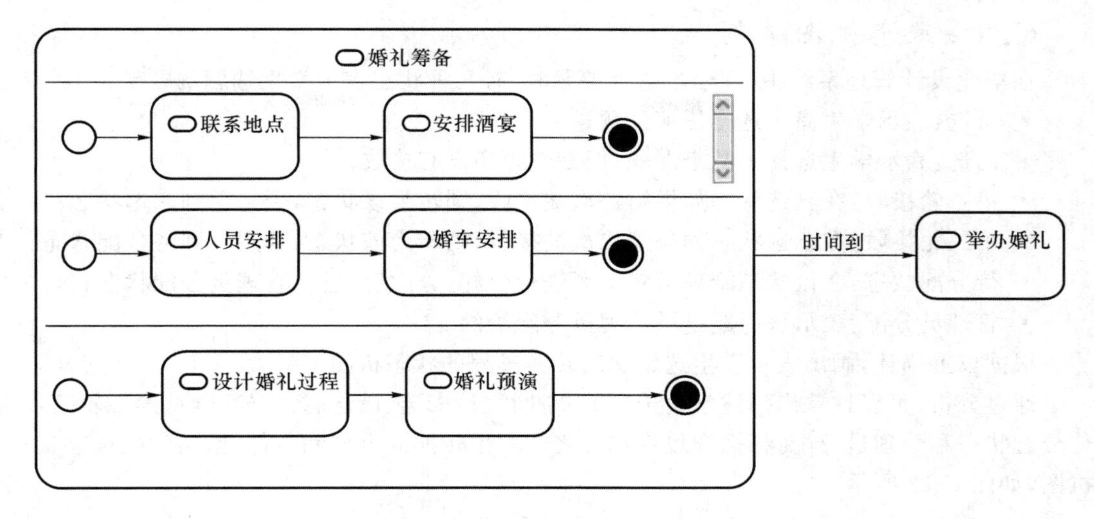

图 C-9　准备婚礼状态机图

态。决策点可以极大提高状态机图的清晰程度，带有决策点的状态机图如图 C-10 所示。

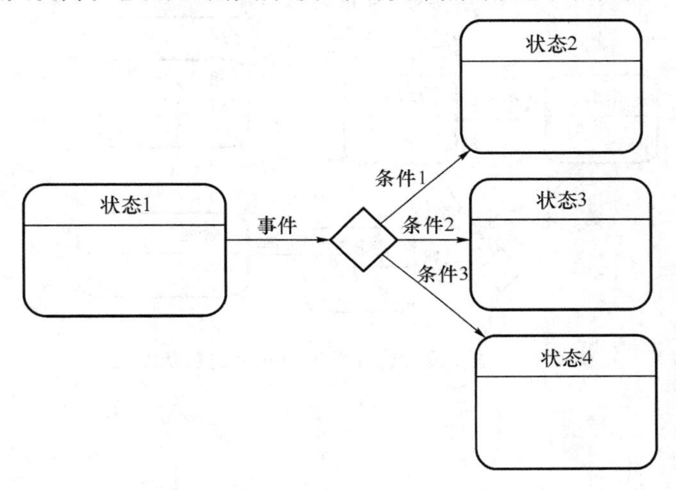

图 C-10　带决策点的状态机图

“并发”与“汇合”与活动图中的“并发”具有类似的含义，并发点后的状态转换同时激活，并发执行。汇合点将前边的不同“转换”汇合为一个“转换”，再继续后边的状态转换过程。带有“并发”和“汇合”的状态机图如图 C-11 所示。

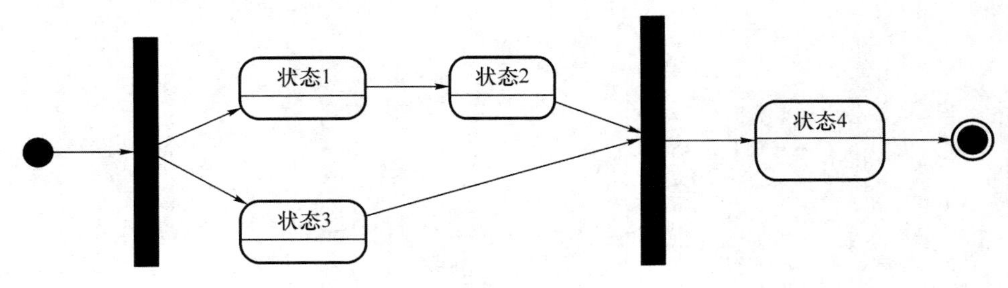

图 C-11　带并发和汇合的状态机图

C.3 状态机图举例

在毕业设计管理系统中,在学生选择课题时,有几种状态表示学生选题的结果:

- 未选:表示学生尚未选择任何课题;
- 已选:表示学生选择了某个课题,但是教师还没有接收;
- 第一轮接收:在已选状态如果第一次被接收,则转为该状态,否则回到未选状态;
- 第二轮接收:在已选状态如果第二次被接收,则转为该状态,否则转到待分配状态;
- 待分配状态:在该状态管理员对课题进行分配,分配后,进入管理员分配状态;
- 管理员分配:表示该课题是被管理员分配给的。

根据以上描述,画出表示学生选题状态转换过程的状态机图。

通过分析,可以抽象出描述学生选题的6种状态:未选、已选、第一轮接收、第二轮接收、待分配状态和管理员分配,根据导致各状态之间发生转换的事件和条件,给出学生选题状态机图,如图C-12所示。

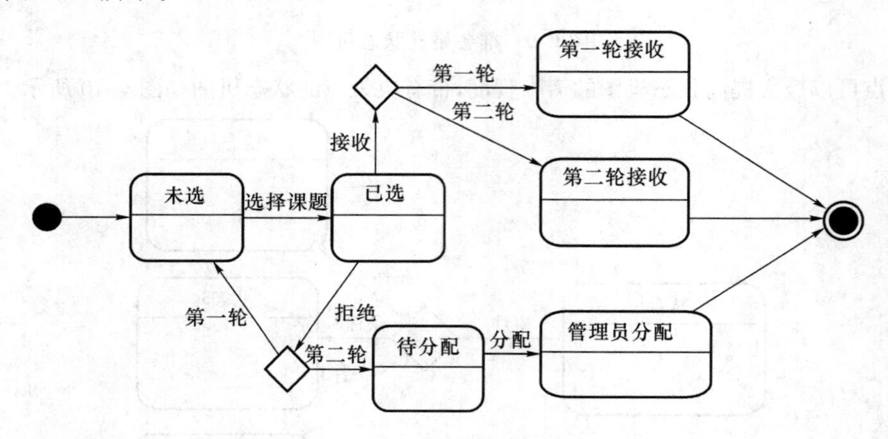

图C-12　毕业设计管理系统中学生选题状态机图